AF558177

Python regius

Atlas der Farbmorphen
Pflege und Zucht

Stefan Broghammer

1310 Abbildungen

INHALTSVERZEICHNIS

Bildnachweise des Schutzumschlages:
Cover großes Bild: *Python regius* Foto: A. Gibert, M&S
Cover kleine Bilder (von oben nach unten): Clown-Enchi-Fire Foto: J. Kobylka; Piebald Dalmatiner Line Foto: R. Caspani; Genetic Stripe-Piebald Foto: TSK
Rückseite (von oben nach unten): Piebald Foto: A. Gibert; Axanthic-Piebald-Orange Dream-Yellowbelly Foto: J. Kobylka; Bourgogne-Cinnamon Foto: J.P. Paynot; Piebald mit Smiley Foto: K. Kunz
Einklapper vorne (von oben nach unten): Clown-Cinnamon Foto: M&S Reptilien; Axanthic VPI-Line Foto: A. Gibert; Banana Foto: A. Gibert; Lesser-Super Pastel-Vanilla Foto: S. Broghammer; **Einklapper hinten**: Der Autor, Stefan Broghammer Foto: A. Gibert

3., aktualisierte Auflage 2025

ISBN: 978-3-86659-403-6

An der Kleimannbrücke 39/41
48157 Münster
Tel.: 0251-13339-0, www.ms-verlag.de

Geschäftsführung: Matthias Schmidt
Lektorat: Kriton Kunz
Layout: Mirko Barts
Druck: Alföldi, Debrecen

GELEITWORTE

Es ist so weit, Stefans Neuauflage erscheint, und ich freue mich, wieder ein Geleitwort schreiben zu dürfen. Ich züchte Königspythons nun schon seit vielen Jahren und bin noch immer fasziniert und begeistert. Vor allem, wenn ich im Inkubatorraum stehe und neugierig darauf warte, dass die Babys ihre Köpfe aus den Eiern stecken, und ich voll Freude sehe, welch tolle Tiere oft schlüpfen.
Inzwischen gibt es diese hübsche Schlange in vielen Farb- und Zeichnungsvarianten, was dieses Buch mit schönen Bildern und Beschreibungen dem Leser aufzeigt.
Trotz alledem sind noch unendlich viele Möglichkeiten offen – für den Königspython-Einsteiger sowie auch den langjährigen Züchter –, völlig neue Farb- und Zeichnungskombinationen zu kreieren, sodass man die eine oder andere Welterstnachzucht sein Eigen nennen kann.
Ich hoffe, dass diese wunderschönen, friedlichen Tiere auch weiterhin viele Reptilienfreunde in ihren Bann ziehen werden.

Gerlinde Hiendlmeyer, Royalsnakes, Deutschland

15 Jahre ist er her, mein erster Kontakt zu Stefan. Damals hatte er gerade die ersten Hetero-Albino-Königspythons angeboten. Seit dieser Zeit begleitet er mich als Fachmann, Partner und Freund bei meiner und seiner Faszination Königspython.
Mittlerweile sind es Stunden, die wir gemeinsam fachsimpelnd und diskutierend bei einem guten Glas Rotwein verbracht haben.
Diese Faszination, gepaart mit jeder Menge Fachwissen, findet sich in den Büchern von Stefan wieder. Den Leser erwartet auch in dieser Neuauflage wieder eine fast nicht enden wollende Menge an Farbkombinationen des Königspythons. Mit Stolz erfüllt es mich, einen Teil zu diesem Buch beitragen zu dürfen. Mit Sunset, Black Ball, Confusion, Stranger, Mandarin und was noch alles kommen mag freue ich mich auf die nächsten 15 Jahre.

Willi Obermayer, Austrian Reptiles, Österreich

Congratulations on the new book and thanks for letting us being part of it. The fantastic world of Ball Pythons has given us the opportunity to create some incredible animals but most of all has enabled us to meet some great people from all over the world, Stefan Broghammer being at the top of the list. All the best in the future.

Ken and Pascale, KGB Reptiles, Toronto, Kanada

The Ball Python was, like in most herpers, my very first snake as a teenager. I remember my first trip to Togo more than 20 years ago when the Ball Python was just an inexpensive, common and easy snake to start with. At that time some weird colors have been selected for me as a gift in my shipments. Not an eye catching color like albino or piebald, but these snakes would be called today spider, pastel or caramel! I kept them without any idea in mind as they were just different. If selectively bred corn snakes brought diversity to the reptile world, the Ball Python breeding brought value and investment to a new generation of reptile enthusiasts. Regular or selected, this is still a wonderful species to learn from. My friend Stefan Broghammer understood it long ago.

Karim Daoues, Paris, Frankreich

The name Stefan rings a bell even in the remotest parts of the Ball Python collection range in West Africa, particularly Ghana, Togo and Benin. Stefan has religiously kept a date with the hunters of the region every year with gossip of his arrival starting in mid April. Stefan, you are a great friend of the African herp community and for this I release to you a picture of the mother of all Ball Pythons, The Kente Ball (*Python regius* "multicolor"), to be included in your upcoming book. I recommend this book to all herp loving people worldwide.

E. B. Noah, Supreme King and the "Pope" of Ball Python, Accra, Ghana

02/02/2018

G.M.C Sarl 02 BP 55 Zakpo

objet: Remerciement à Stephane.B.

Bonjour Stephane! Nous te remerçions pour le trajet que tu â fait avec nous depuis 15ans jusqu'â aujourd'hui. le travail de reptile est une activité qui donne beaucaup d'argent, mais qui est très difficile â réussir 100%. Nous sommes reconnaisant pour taut les efforts que tu as faurnit pour notre évolution, pour les conseils que tu naus donne et aussi pour les matériels que tu fournit gratuitement. Tes aides nous ont fair évolue dans notre activité de reptile! Naus prions Dieu de te guarder pour que nous bénéficions de plus des conseils et des matériels dans cette activité. Que Dieu protège toute ta famille.

Merci!

DE. Avehou Lambert

Stefan is the native king of ball pythons. He follows field collectors to unimaginable places with his scientific instruments to have good understanding of the true nature of ball pythons. He rides behind two stroke engines motor bikes to reach places, some of us who call ourselves wildlife exporters in West Africa, never venture to go.
Every hamlet or cottage that is in the reptile trade in West Africa knows Stefan.
Stefan has such a wonderful relation with anyone in the ball python fraternity, from the local field collectors, through the middle men to the exporters.
You cannot talk ball python, without mentioning Stefan in West Africa.
We all look up to his yearly visits.

Tetteh Oman, Eublah Exotics, Accra, Ghana

As a teen in the 1990's I came to love a species that had been so ignored because of its import status known to be cheap, non-feeding, parasite laden and overall unwanted, *Python regius*, the Royal? No in America THE BALL PYTHON! I starved for information, traveling to shows and watching these new proven mutations begin to sell for 5 figures. I found little information aside from a simple pet keeping care guide. That is until I was introduced to Stefan Broghammer from Germany who released a book on these animals geared towards the serious breeder with interest and specific focus on genetic and possibly genetic mutations! Clowns were just proven inheritable a couple of years prior. Animals like the Spider, Pinstripe, Yellowbelly and Platinums were just becoming understood as these morphs and the breeders with which they began, paved the way for an entire future of professional and aspiring professional breeders, no... ARTISTS! I am an ARTIST, yes I utilize an amazing and variable species as my canvas, the amazing aspect of evolution in nature, mutation, as my paints! My masterpiece is born... and it's ALIVE!!

Sean Bradley Exotics by Nature Louisiana USA

To every Ball Python hobbyist, breeder and dreamer, books like this serve as a challenge and inspiration. A marker in the sand of what has been and a guidepost toward what can be.
Ball Pythons are an international cultural phenomenon. The collection and study of this amazing species has become an ever-growing obsession for thousands and a web of connection between reptile enthusiasts around the world. Stephan has proven adept at demonstrating the many layers of Ball Python combos and we thank him for his dedication the craft.

Justin Kobylka, J. Kobylka Reptiles, USA

Most people will know us for being the founder of the Stranger gene. We have been keeping and breeding ball pythons from 2006 but in 2012 we were very lucky to find this mind-blowing gene and as I write this, we are working on a new promising gene we recently discovered. Keeping and breeding ball pythons is so much fun!
I want to give a big thanks to you Stefan, for reaching out to us and giving us the opportunity to show some of our finest snakes in this book. We, from IRES Reptiles, really appreciate that!

For you readers, I will keep this foreword short so you can go enjoy this magnificent book.

Roland van den Oever, IRES Reptiles, Niederlande

Die ständige und schnelle Weiterentwicklung in der Farbenzucht macht die Aktualisierung der „Köpy-Bibel“, wie Broghammers „Atlas der Farbmorphen; Pflege und Zucht“ in Liebhaberkreisen liebevoll abgekürzt wird, schon fünf Jahre nach Erscheinen der Erstausgabe erforderlich. Stefan teilt erneut seinen Wissensschatz, den er durch Erfahrungen mit seiner eigenen Zucht, auf vielen Reisen in das natürliche Verbreitungsgebiet von *Python regius* und seine weltweiten persönlichen Kontakte zu anderen Züchtern ständig aktualisiert. Seit der Eröffnung seines Groß- und Einzelhandelsgeschäftes (in dem er schon vor knapp 30 Jahren Tiere ausschließlich aus Nachzuchten von Terrarientieren anbot) sind wir befreundete Weggefährten. Ich freue mich sehr, dass Stefan die Arbeit mit der neuen Auflage angenommen hat, und bin gespannt auf viele neue Farbformen und Kombinationen, die er uns in seiner neuen „Köpy-Bibel“ vorstellen wird.

Hans-Jörg Winner, Waldkirch, Deutschland

We are so excited for a long waited new book by a leading expert on ball pythons, Stefan Broghammer! This book will inspire you to collect more ball pythons.

Japanese version ヨーロッパのボールパイソンの第一人者ステファンの待望の新刊！　僕もずっと発売を楽しみにしてました！　またボールパイソンを集めてしまう予感。

Genki Matsutani, Tropical Gems, Saporro, Japan

02/02/2018

GMC Sarl 02 BP 55 Zakpo

Subject: Thanks to Stephane.

Hello Stephane. We thank you for the journey you have made with us since 15 years until today. Reptile Work is an activity that gives a lot of money but very difficult to achieve 100%. We are grateful for all the effort that you have provided for our evolution, for your advice to us, for the materials that you provide us for free. These helpers have have made us evolve in our activity of reptiles. We pray God to protect you and your family so that we benefit from more than tips and materials in this activity.

Thanks.

DG Avottou Lambert

Over the years I have come to know Stefan Broghammer in many capacities. First as a vendor at the Hamm, Germany reptile show, as a breeder of cutting edge Ball Python morphs, as a videographer and as a book author. He has made frequent trips to West Africa since 1999 where he has immersed himself in the natural history of the Ball Python as well as the culture of West Africa. Most importantly, I know Stefan as a friend after meeting him at different reptile shows around the world and having done a number of business transactions with him over the years. Because of his broad range of talents and experiences Stefan is able to bring into one book the husbandry practices, natural history, local trade practices, cultural impact and historical perspective of the Ball Python. He also addresses the impact of the reptile trade on the populations of Ball Pythons in West Africa. I encourage every interested reptile keeper to gain from the decades of experience that Stefan brings to this important work.

Bill Brant; Geezer Reptile, Newberry, FL

VORWORT

Dedicated to the memory of my dear friend Saka († 2016) and to all my other African friends. May God richly bless you!
„Der Regius-Boom ist gestorben." Das höre ich immer wieder – oftmals von enttäuschten Terrarianern, die das große Geld gerochen haben, in die Zucht eingestiegen sind und jetzt feststellen, dass die Tiere nur noch einen Bruchteil von dem wert sind, was sie noch vor einigen Jahren gekostet haben. Das sind aber auch meist diejenigen, die in jedem zweiten Satz beteuern, es gehe ja nicht um das Geld, sondern um das Hobby. Dann frage ich mich: Wo ist das Problem?
Sicherlich war der ganz große Königspython-Boom etwa zwischen 2005 und 2010. Damals wurden für neue Morphen Unsummen aufgerufen. Jeder wollte in die Königspython-Zucht einsteigen. Andere tolle Reptilien wurden auf die Schnelle „verramscht" oder gegen *Python regius* eingetauscht. Diese Zeit ist jetzt sicher vorbei. Die voreilig hergegebenen Tiere sind jetzt wieder gesucht: australische Pythons, seltene Echsen, schöne Boas, imposante Nattern wie Indigos, rare Schildkröten. Das alles ist wieder heißbegehrt.
Aber die Nummer eins unter den Schlangen ist immer noch der Königspython. Es gibt mehr Halter denn je – aber halt auch mehr Züchter denn je. Das führt zu einem Überangebot. Die letzten Jahre waren zu viele Tiere auf dem Markt, besonders zu viele Farbmorphen. Vor allem „kleine" und unbekannte Züchter hatten Mühe, ihre Tiere noch loszubekommen, ob billig oder teuer. So etwas führt bei uns erfolgsverwöhnten Terrarianern zu Frust. Jahrzehntelang konnte man züchten, was man wollte, es fand sich immer ein Abnehmer, der froh war, eine gesunde Nachzucht zu erwerben und nicht auf Wildfänge zurückgreifen zu müssen. Wenn ein Tier nicht kurzfristig verkauft war, machte man es etwas billiger, spätestens dann war es weg. Und jetzt plötzlich bleibt man auf einigen Tieren sitzen? Das ist in der Tat nicht das, was wir uns vorstellen. Aber derzeit ist einfach das Angebot höher als die Nachfrage.
Gleich vorneweg im Vorwort: Natürlich geht es hier um Tiere und um ein Hobby. Aber es ist einfach verbunden mit Geld und somit leider auch mit marktwirtschaftlichen Regeln. Ich bin nicht so jemand, der sein Geld mit Reptilien verdient, sich aber nach außen so gibt, als wäre das völlige Nebensache. Ich liebe Reptilien und vor allem Schlangen. Seit Kindesbeinen bin ich davon fasziniert. Aber man muss offen, ehrlich und geradlinig sein. Jeder ist froh, wenn er mit dem Verkauf seiner Nachzuchten zumindest seine Kosten deckt. Oder sich ein neues Traumtier davon leisten kann. Und vor allem vergessen wir nicht, dass es die mehr oder weniger professionellen Hobbyzuchten sind, die Wildfänge fast oder ganz überflüssig machen, die Reptilienarten in menschlicher Obhut erhalten, die in der Natur fast oder ganz ausgestorben sind.
Womit wir schon beim nächsten Thema sind, das mir sehr am Herzen liegt: Seit jeher gibt es sogenannte Tierrechtsgruppen, die mit sehr viel Geld und intensiver Lobbyarbeit versuchen, die Politik dahingehend zu beeinflussen, dass die Haltung von Tieren, speziell Haustieren, immer mehr eingeschränkt werden soll.
Da fallen dann Schlagworte wie „exotische Tiere" – was immer das sein soll. Reptilien sind auf jeden Fall gemeint, bei Meerschweinchen aus den Anden bin ich nicht so sicher. Ein Reitpferd ist vermutlich nicht mit dabei. Hund und Katze leben schon lange u. a. in Hochhäusern, sind also wohl nicht exotisch. Aquarienfische gibt es auch recht viele, deren Haltern kommt man als Tierrechtler daher besser ebenfalls nicht ins Gehege.
Terrarianer dagegen sind eine überschaubare Größe, die bieten sich ganz gut für Attacken an. Die kleinen Wanderzirkusse mit lebenden Tieren hat man die letzten paar Jahre fast im Handstreich überrannt. Also sind nun wir ein beliebtes Ziel.
Ich kann nur appellieren, dass wir uns nichts aufzwingen lassen. Ein wechselwarmes, auf Energiesparen ausgelegtes Wirbeltier wie der Königspython eignet

sich aus meiner Sicht besser als jedes andere Tier als Haustier. Es will nicht Gassi gehen, es will sich nicht die Füße (oder die Bauchschuppen) vertreten wie ein Säuger. Es will nicht umherfliegen. Es ist ein Lauerjäger, der gerne versteckt ist, der sich wenig bewegt, um eben keine Energie „sinnlos" zu vergeuden.
Wir brauchen uns von niemandem sagen zu lassen, diese Tiere seien ungeeignet als Haustier. Genau das Gegenteil ist der Fall, sie eignen sich dazu geradezu perfekt! Wir schaffen es, sie optimal zu versorgen, auch ohne einen „Führerschein", einen sogenannten Befähigungsnachweis. Wir können das so gut wie die Halter von Säugetieren – vielleicht sogar noch besser. In keinem anderen Heimtierhobby wird so viel gelesen und sich so viel ausgetauscht wie in der Terraristik. Das lässt sich anhand von Social-Media-Daten belegen, und es war in der Terraristik schon immer so. Früher geschah dies über „Rundbriefe", Treffen und Literatur in jeglicher Form – eben weil wir die Tiere artgerecht halten und am besten sogar zur Nachzucht bringen wollen.
Das schaffen wir ohne Bürokratie und ohne es irgendjemandem nachweisen zu müssen – vielleicht sind wir auch gerade deshalb so gut darin. Ein staatlich geforderter Nachweis würde unser Hobby kaputt machen, unseren Terrarianer-Nachwuchs im Keim ersticken. Kinder und Jugendliche, die mit Heimtieren – und aus meiner Sicht speziell mit Reptilien – aufwachsen, werden Natur und Umwelt sicher besser und lieber schützen als ein „Cyber-Kind", das per Konsole, TV und Handy animierte Reptilien oder Dinos durch die virtuelle Welt jagen sieht.
Nach all den Emotionen noch eine kurze Anmerkung zur neuen Auflage dieses Buchs: Vieles ist im Vergleich zur 2013 erschienen Erstauflage unverändert geblieben. Es stimmte einfach so, wie es da stand, da kann man das Rad nicht neu erfinden. Aber es kam auch viel Neues dazu, im allgemeinen Teil sowie bei den Morphen und Combos. Für diejenigen, die bereits die Erstauflage haben, hoffe ich, dass in dieser Neuauflage genug dabei ist, um ein „Wow-Erlebnis" zu genießen. An die „Neuen" ein herzliches „willkommen in der bunten Welt des *Python regius*"!
In diesem Sinne viel Spaß beim Schmökern und beim Bestaunen der Bilder!

Stefan Broghammer, Villingen-Schwenningen, 2018

Wildfarbener Königspython
Foto: M. Barts

Piebald
Foto: B. Trapp

I
ALLGEMEINER TEIL

Python regius ist mit einer durchschnittlichen Gesamtlänge von 110–150 cm eine relativ kleine Riesenschlange innerhalb der Familie Boidae und mit einer maximalen Gesamtlänge von 2 m der kleinste Vertreter seiner Gattung. Königspythons sind recht weit verbreitet in tropischen Gebieten West- und Zentralafrikas. Sie leben dort als dämmerungs- und nachtaktive Lauerjäger, die sich tagsüber in Erdhöhlen, Nagerbauen und Termitenhügeln versteckt halten. In manchen Gebieten Afrikas gelten Königspythons als heilig. Durch Ranching-Programme und festgelegte Exportquoten bemühen sich einige westafrikanische Länder um eine bestandsschonende Nutzung der „Ball Pythons".

Königspython (*Boa Regia*)
Quelle: SHAW, G. (1802): General Zoology, or Systematic Natural History. Vol. III, Part II. Amphibia. - G. Kearsley, Fleet Street, London.

SYSTEMATIK

Die Erstbeschreibung des Königspythons geht auf SHAW zurück, der ihn im Jahre 1802 in seinem Werk „General Zoology" als „*Boa Regia*" vorstellte, bevor DUMÉRIL & BIBRON die Art 1844 als *Python regius* in die Gattung *Python* überführten.
Der Artname *regius* ist vom lateinischen Wort „rex" („König") abgeleitet, weshalb diese Schlange im deutschsprachigen Raum den Namen Königspython erhielt. In den USA dagegen ist „Ball Python" für *Python regius* der weitaus gebräuchlichere Name, abgeleitet von dem Abwehrmechanismus der Schlange, sich zu einem Ball zusammenzurollen. Seltener findet in Amerika auch die Bezeichnung „Royal Python" Verwendung, die standardmäßig auch in Afrika sowie in französisch sprechenden Ländern benutzt wird.

DIE SYSTEMATISCHE STELLUNG DES KÖNIGSPYTHONS

Klasse:	**Reptilien (Reptilia)**
Ordnung:	Schuppenkriechtiere (Squamata)
Unterordnung:	**Schlangen (Serpentes)**
Überfamilie:	**Pythons und Verwandte (Pythonoidea im weiteren Sinne)**
Familie:	**Pythons (Pythonidae)**
Unterfamilie:	**Pythons (Pythoninae)**
Gattung:	Eigentliche Pythons (*Python*)
Art:	**Königspython (*Python regius*)**

AUSSEHEN UND GRÖSSE

Python regius ist mit einer durchschnittlichen Gesamtlänge von 110–150 cm eine eher kleine Riesenschlange und zudem der kleinste Vertreter seiner Gattung. Der Körper ist kräftig und der Kopf stark abgesetzt, die schwarzen Augen sind normal groß. Sein Schwanz ist kurz und macht weniger als 10 % der Körperlänge aus.
Die Grundfarbe von *P. regius* ist ein dunkles Braun bis Schwarz mit einer bei Jungtieren stark gelblichen, später dann eher beigefarbenen Zeichnung. Die Bauchseite ist elfenbeinfarben, weißlich oder beige, meist mit dunklen Sprenkeln. Der Kopf ist ebenfalls dunkel und weist zwei markante helle „Lidstriche" auf, die von den Nasenöffnungen über die Augen bis zum Mundwinkel oder Halsansatz reichen. Durch diese Farbgebung ist der Königspython gut an das Leben in der Grassavanne angepasst. Im meist eher trockenen Gras und auf dem sandigen, lehmigen Boden ist er gut getarnt, denn seine Zeichnung fügt sich gut ins Licht- und Schattenspiel von Sonne, Gras und Boden ein.
Die Subralabialia (Oberlippenschilde) weisen auf jeder Seite vier Labialgruben und die vorderen 2–3 Infralabialia (Unterlippenschilde) je eine Labialgrube auf, die zur Wärmewahrnehmung der Beute dienen. Die Anzahl der Dorsalia (Rückenschuppen) in einer Querreihe um den Körper beträgt 51–63 (Mittelwert bei 200 untersuchten Tieren: 55,7; E. EDWARDS 1997, pers. Mitteilung). Die Anzahl der Ventralia (Bauchschuppen) beträgt 191–210 (Mittelwert bei 200 untersuchten Tieren: 202,2), die der paarigen Subcaudalia (Unterschwanzschuppen; Kloake bis Schwanzspitze) 27–37 (Mittelwert bei 200 untersuchten Tieren: 31,3). Der Analschild kann ungeteilt oder geteilt sein, wobei er deutlich öfter ungeteilt ist.
Die Aftersporne sind beim Königspython deutlich ausgeprägt. Allerdings lässt sich nicht, wie bei manch anderen Riesenschlangen, ein gravierender Größenunterschied bei Männchen und Weibchen als Merkmal zur Geschlechtsbestimmung erkennen. Auch der kurze, eher dünne Schwanz lässt beim Männchen keine deutlichen Verdickungen durch die Hemipenes erkennen.
Die Maximalgröße von *P. regius* dürfte bei rund 2 m liegen. Tiere mit dieser Länge sind gelegentlich in der Natur oder bei Tierexporteuren anzutreffen, wobei es sich dann ausschließlich um Weibchen handelt; Männchen bleiben rund 10 % kleiner. Bei einer Studie, die 1997 in Ghana im Auftrag des CITES-Sekretariats durchgeführt wurde,

ermittelte man folgende Größen (Gorzula et al. 1997): Von 206 gefangenen adulten Tieren hatten die Weibchen eine Größe von 83,9–185,9 cm (im Mittel 123,2 cm) und die Männchen von 99,9–170,4 cm (im Mittel 125,2 cm). Knapp die Hälfte der gefangenen Exemplare (98 Stück) war über 125 cm lang. Das Gewicht eines adulten Tieres liegt bei etwa 2 kg, wobei sehr große Tiere mit fast 2 m Länge knapp 6 kg wiegen dürften. Mein größtes und schwerstes Tier wiegt aktuell rund 5 kg (Stand Ende 2012).

Frisch geschlüpfte Königspythonbabys weisen eine Länge von ca. 28–49 cm (im Mittel 40,2 cm) und ein Gewicht von 25–90 g (im Mittel 55,7 g) auf. Hierfür wurden 1997 insgesamt 96 Schlüpflinge bei Exporteuren in Ghana untersucht (E. Edwards, pers. Mitteilung). Bei den besonders kleinen und leichten Tieren handelt es sich um Zwillingsgeburten, bei denen zwei Tiere aus einem Ei geschlüpft sind. Dies kommt regelmäßig vor, und anhand meiner Erfahrungen mit eigenen Tieren sowie meiner Beobachtungen in Afrika würde ich schätzen, dass auf 500 Eier ein Zwillings-Ei fällt.

Unter den Tausenden von Farmzuchten, die jedes Jahr in Afrika schlüpfen, gibt es auch immer ein paar sogenannte „Giant"-Tiere, also überdurchschnittlich große Exemplare. Diese sind auffallend größer und dicker und weisen ein Schlupfgewicht von bis zu 140 g (!) auf. Anfangs habe ich diese Tiere für sogenannte „Bush-Babys" gehalten, die bereits gefressen haben. Unter diesem Begriff versteht man Wildfangbabys, die zur Schlupfzeit von unseriösen Farmern unter die eigenen Farmzuchtbabys gemischt werden, wenn bei ihnen nicht genügend eigene Tiere schlüpfen. Mir wurde aber versichert, dass dies bei den größeren Jungtieren nicht der Fall sei. Im Laufe der Jahre habe ich dann regelmäßig bei zuverlässigen Partnern solche „Giants" vorgefunden. Viele davon waren unmittelbar

Es gibt sehr kleine Tiere, die auch aus sehr kleinen Eiern schlüpfen. Das bei uns bisher leichteste Tier hatte nur 18 g Gewicht.
Foto: S. Broghammer

Ein großes Zuchtweibchen mit 5 kg Gewicht
Foto: A. Gibert (M&S)

Giant-Baby (links) und normal großes Baby (rechts) Foto A. Gibert (M&S)

aus dem Ei geschlüpft oder standen noch vor der ersten Häutung. Interessanterweise sind diese Tiere – und vor allem die allergrößten – meiner Erfahrung nach fast ausschließlich immer eher gebändert als gestreift. Vielleicht deutet dies auch auf eine bestimmte Population innerhalb des Verbreitungsgebietes hin? Es wäre schön, wenn sich jemand fände, der sich die Mühe machen würde, mit diesen „Giants" eine Linienzucht zu betreiben. Vielleicht werden solche Exemplare dann später zu wirklichen „Riesen" von 2 m Länge und einem Gewicht von bis zu 7 kg?

Ein deutlicher Größenunterschied ist weiterhin zwischen den Tieren aus Ghana und Benin sowie Togo zu erkennen. Die vermessenen Weibchen aus Ghana in der CITES-Studie von GORZULA et al. (1997) waren mit Durchschnittslängen von 123,2 cm rund 10 % größer als 87 Weibchen aus Benin, die eine Größe von 92,9–133 cm bei einem Mittelwert von 109,7 cm aufwiesen (E. EDWARDS 1997, pers. Mitteilung). Auch Tiere aus Togo sind im Schnitt offenbar kleiner als die aus Ghana (AUBRET et al. 2005), und ein noch deutlicherer Größenunterschied scheint zu Tieren aus Nigeria zu bestehen (LUISELLI & ANGELICI 1998). Die Exporteure in Afrika bestätigen solche Größenunterschiede ebenfalls. Eine mögliche Erklärung hierfür könnte sein, dass Pythons aus Ghana weniger gejagt und gefangen werden, weil dort im Gegensatz zu Benin oder Togo ihre Verwendung als Medizin oder Fetisch weniger gebräuchlich ist. Möglicherweise erreichen die Exemplare deshalb in Ghana ein höheres Alter und werden entsprechend größer. Allerdings erklärt diese These noch nicht die größeren Schlüpflinge in Ghana. Das Klima in Ghana, und dort speziell in der Region, wo die meisten Weibchen gefangen werden, ist generell etwas milder und feuchter. Die Fanggebiete liegen nicht auf Meereshöhe, sondern auf 100–200 m ü. NN. Vielleicht begünstigt das dort nicht ganz so heiße Klima das Wachstum der Tiere ein wenig. In USA werden sogenannte Volta Giants angeboten. Die Volta-Region ist eine riesige, eher feuchte Steppe um den Volta-Stausee in Ghana, auf dem Weg nach Togo. Sie reicht vom Meer bis über 300 km in das Landesinnere. Dabei handelt es sich zusammen mit der Savannenregion nördlich von Accra um das hauptsächliche Fanggebiet in Ghana. Vermutlich rund 50 % der Ghana-Tiere kommen somit aus der Volta-Region. Das würde bedeuten, dass die Hälfte der Ghana-Tiere „Volta Giants" wären – aber das ergibt keinen Sinn. Bei den Volta Giants handelt es sich also vermutlich eher um große Ghana-Farmzuchten aus diversen Regionen. Aber meines Wissens existiert kein Verbreitungsgebiet mit deutlich überdurchschnittlich großen Königspythons.

VERBREITUNG UND LEBENSRAUM

Python regius besitzt ein recht großes Verbreitungsgebiet im gesamten West- und Zentralafrika. Es ist durch natürliche Barrieren grob eingegrenzt – südlich durch den tropischen Äquatorgürtel, im Norden durch die Sahara und ostwärts durch den Nil – und umfasst im Einzelnen folgende Länder (grob sortiert von West nach Ost): Senegal, Gambia, Guinea-Bissau, Guinea, Mali, Sierra Leone, Liberia, Elfenbeinküste, Ghana,

Togo, Benin, Burkina Faso, Niger, Nigeria, Kamerun, Zentralafrikanische Republik, Republik Kongo, Demokratische Republik Kongo, Uganda, Süd-Sudan und Tschad. Die größte Populationsdichte dürfte wohl im Zentrum des Verbreitungsgebietes in den Staaten Elfenbeinküste, Ghana, Benin und Togo liegen.

Im Osten soll der Königspython bis nach Uganda vorkommen. Ein Reptilienhändler aus Uganda hat mir *P. regius* angeboten, die angeblich aus einem Ort namens Adjumani im Nordwesten des Landes stammen sollen. Auf den leider sehr schlechten Aufnahmen, die ich zugeschickt bekam, sahen die Tiere jedoch völlig „typisch" aus und glichen den Tieren, die seit Jahren auf den Farmen „gerancht" werden. Vermutlich waren es lediglich Re-Exporte aus Westafrika und der angebliche Farmer wohl ein Händler, der die Tiere selbst eingekauft hat. Hätte ich keine Zweifel an seinen Angaben gehabt, so hätte ich versucht, die Tiere nach Deutschland zu importieren, denn es interessiert mich brennend, ob es innerhalb des riesigen Verbreitungsgebietes nicht vielleicht doch Unterschiede im Aussehen oder in der Größe der Tiere gibt. Immerhin läge ein solches Vorkommen in Uganda rund 4.000 km vom Zentrum des Verbreitungsgebietes entfernt. Bisher sind allerdings keine geografisch isolierten Populationen oder solche, deren Vertreter sich deutlich von anderen unterscheiden, bekannt geworden.

Das Verbreitungsgebiet von *Pythons regius* (schraffierte Fläche)

Anhand des Verbreitungsgebietes ist deutlich zu erkennen, dass der Königspython den immerfeuchten tropischen Regenwald generell meidet. Er bevorzugt vielmehr den Übergang von eher trockenen Savannen zu etwas feuchteren kleinen Wäldern, Buschlandschaften und besonders auch landwirtschaftlich genutzten Flächen. Hier ist *P. regius* aufgrund des reichlichen Futterangebots durch Nagetiere am häufigsten anzutreffen. Damit ist er ein Stück weit zum Kulturfolger geworden, denn er stellt den Nagetieren nach, die in den landwirtschaftlich genutzten Gebieten vermehrt auftreten. Besonders die kleinen Cassava-Felder der afrikanischen Kleinbauern werden grundsätzlich stark von *P. regius* besiedelt. Cassava – auch Maniok genannt – ist eine Knollenfrucht, die in Westafrika das Grundnahrungsmittel der Bevölkerung darstellt und dort zum traditionellen Fufu verarbeitet wird.

Python regius stört sich also nicht an der Nähe des Menschen, solange er ausreichend Nahrung und Wohnraum vorfindet. Möglich ist dies in diesem Fall durch die in Afrika vielerorts typische, einfache Landwirtschaft, ohne Einsatz großer Maschinen oder chemischer Mittel. Sollte sich dies jedoch in Zukunft ändern und dort eine moderne Landwirtschaft nach westlicher Art, mit großen Monokulturen sowie dem Einsatz von Chemikalien und großen Maschinen, eingeführt werden, so würde dies die Lebensgrundlage des Königspythons zerstören.

Zum Klima im natürlichen Verbreitungsgebiet, zu den dort herrschenden Temperaturen und klimatischen Besonderheiten im Jahresverlauf siehe auch das Kapitel „Klima" im Abschnitt „Das Terrarium".

Landwirtschaftlich genutztes Feld im Verbreitungsgebiet von *Python regius*
Foto: S. Broghammer

Gerne werden Termitenhügel als Versteck benutzt; in diesem Fall hatten Farmer beobachtet, wie eine Schlange in den Termitenbau gekrochen war. Beim Absuchen der Umgebung fanden wir eine weitere Höhle unmittelbar daneben. Darin befand sich das Weibchen mit bereits geschlüpften Jungtieren.
Fotos: S. Broghammer

LEBENSWEISE

Als Unterschlupf dienen dem Königspython in der Natur tagsüber verlassene Nagerbaue sowie besonders gerne verlassene Termitenhügel, vor allem solche, die noch recht „frisch“ sind, also von den Termiten erst seit kurzer Zeit nicht mehr bewohnt werden. Der Grund dafür liegt in dem von den Termiten durch bauliche Maßnahmen kontrollierten Klima im Inneren des Hügels. Da Termiten im Gegensatz etwa zu unseren einheimischen Ameisen lediglich einen sehr dünnen Chitinpanzer besitzen, sind sie empfindlich gegen übermäßige Hitze und vor allem geringe Luftfeuchtigkeit. Durch das Belüftungssystem und die aus der Erde aufsteigende Feuchtigkeit herrschen im Inneren des Hügels permanent eine angenehme Temperatur sowie eine konstant hohe Luftfeuchtigkeit – ideal auch für Königspythons. Sind die Hügel dagegen schon seit längerer Zeit nicht mehr von den Termiten bewohnt, so haben sie durch mechanische Beschädigungen diesen klimatisierenden Effekt verloren.

Nur nachts verlassen die Pythons ihre Verstecke, um vor dem Eingang ihrer Höhle Beutetieren aufzulauern oder aktiv auf Nahrungssuche zu gehen. *Python regius* ist ein ausgesprochener Bodenbewohner – man kann ihn sogar fast als Erd- oder Höhlenbewohner bezeichnen.

In der Regenzeit – also zwei Mal im Jahr, während der großen Regenzeit im Juni und der kleinen Regenperiode im Oktober/November – ändert sich das oben genannte Verhalten des Königspythons. Da jetzt die Bodenvegetation ebenfalls ausreichend Schutz bietet und das Klima entsprechend nicht mehr so heiß und trocken ist, sind die Tiere nun überwiegend im freien Buschland zu finden. In dieser Zeit ist es viel schwieriger, Exemplare zu beobachten, da man nicht weiß, wo genau man suchen muss. Die Termitenbaue sind leer, und die teils mannshohe Vegetation wahllos nach Pythons abzusuchen, verspricht wenig Erfolg. In dieser Jahreszeit werden auch von den Fängern keine Tiere gesammelt.

Die Weibchen können nach meiner eigenen Erfahrung die Geschlechtsreife in der Natur bereits im zweiten Lebensjahr, genauer gesagt mit etwas über 19 Monaten erreichen.

Bei den Männchen ist eine Paarung schon im ersten Lebensjahr mit einem Gewicht von 500–600 g möglich. Früher nahm man an, dass es drei oder gar vier Jahre dauern würde, bis die Tiere geschlechtsreif sind. Nach Aussagen der Trapper (so nennen sich in Afrika die Fänger, Kleinfarmer und -händler) und meinen eigenen Erfahrungen nach gibt es zur Schlupfzeit im April/Mai aber nur drei Größenklassen von Königspythons: zum einen die frisch geschlüpften Babys, dann mittelgroße Exemplare mit einem Gewicht von ca. 500–700 g sowie die adulten Tiere. Pythons der mittleren Größenklasse sind nicht so häufig anzutreffen; sie werden von den Einheimischen als „last year babies", also als Babys vom Vorjahr bezeichnet. Würden die Schlüpflinge bis zum Erreichen der Geschlechtsreife in der Natur 3–4 Jahre benötigen, so müsste man dementsprechend Jungtiere verschiedener Größenkohorten antreffen, also z. B. einjährige Tiere mit einem Gewicht von ca. 300 g, zweijährige mit rund 600 g und schließlich noch dreijährige mit etwa 900 g. Tatsächlich findet man aber keine solchen Zwischengrößen.

Vermutlich finden die Schlangen in der Natur reichlich Nahrung, sodass sie insgesamt schnell wachsen. Sie werden aber nicht das ganze Jahr über gleichmäßig viel fressen, denn es gibt Mangelphasen und Zeiten, in denen ein besonders großes Nahrungsangebot herrscht und die Schlangen entsprechend mehr Beute machen. Hier sei nur die Erntezeit erwähnt (im Verbreitungsgebiet oft zwei Mal im Jahr), in der durch reifes Korn und Getreide ein großes Futterangebot für Mäuse und andere Nager besteht und somit auch viel Futter für die Pythons vorhanden ist. Andererseits gibt es Phasen mit geringer Nahrungsaufnahme, wie beispielsweise die Hauptregen- und Haupttrockenzeit, in denen die Natur den Pythons praktisch eine Zwangspause verordnet, sich die Schlangen verkriechen und wenig bis keine Beute zu sich nehmen. Vermutlich ist dies auch die Ursache des Phänomens, dass *P. regius* im Terrarium trotz guter Haltung und optimalem Klima gelegentlich eine Fresspause einlegt – es scheint einfach ein natürlicher, fester Rhythmus zu sein.

Im Terrarium gehaltene *P. regius* erreichen meist innerhalb von zwei Jahren die Geschlechtsreife. Einige Kritiker sprechen bei dieser Form der Aufzucht zwar schon von „Powern" oder Überfüttern, doch letztlich geben diesen Rhythmus die Tiere selbst vor. Auf der anderen Seite versuchen manche Halter leider auch, ihre Weibchen so stark zu füttern, dass sie innerhalb eines Jahres die Geschlechtsreife erlangen. In der Regel bringen solche Tiere den übereifrigen Züchter wieder zurück auf den Boden der Tatsachen, indem sie nach einiger Zeit von selbst eine längere Fresspause einlegen.

Ein Nagerbau, das bevorzugte Versteck der Pythons in der Natur, dient hier als *P.-regius*-Höhle. Am Eingang lässt sich gut erkennen, ob die Höhle bewohnt ist; in diesem Fall ist er schön glatt und gut zugänglich, verursacht durch das regelmäßige Rein und Raus des Pythons.
Foto: S. Broghammer

Ein Weibchen, das während der grünen Klimaperiode (im Mai) im dichten Gras in einer Bodenmulde versteckt gefunden wurde. In der Regenzeit leben die Königspythons nicht generell in Höhlen, sondern lauern auch im dichten Gras auf Beute.
Foto: J. Pether

Savanne in der unteren Volta-Region, Ghana
Foto: S. Broghammer

Ein kleines Männchen paart sich mit einem großen Weibchen
Foto: A. Gibert (M&S)

Die Männchen dagegen können, wie bereits erwähnt, ihre Geschlechtsreife problemlos mit knapp einem Jahr erreichen. Auch in der Natur werden solche jungen Männchen versuchen, sich mit einem Weibchen zu paaren, denn die meisten von ihnen produzieren bereits ab einem Körpergewicht von etwa 500 g Spermien. Allerdings sind junge Männchen meist zaghafter und weniger aktiv als große Männchen, die über 1 kg wiegen. Zudem sind sie ihren größeren Geschlechtsgenossen bei den für *P. regius* in der Natur üblichen Kommentkämpfen unterlegen. Im Terrarium sollten solche Kämpfe natürlich vermieden werden..

Herkunftsbestätigung

Zum Nachweis der Besitzberechtigung gemäß § 49 Abs. 1 BNatSchG und § 6 Abs. 2 BArtSchV

Empfänger	Verkäufer
Name	Name
Straße	Straße
PLZ/Ort	PLZ/Ort

Tierart: Deutscher Name / Wissenschaftlicher Name

Kennzeichen

Andere Merkmale

Alter/Geburtstag Geschlecht

Gewicht Größe

Ich versichere, dass das (die) von mir o.g. abgegebene(n) Exemplar(e) aus

- ☐ Eigener legaler Nachzucht — Elterntiere: Männchen, Weibchen; Nachweisbuch-Nr.; Kennzeichen
- ☐ Eigenem legalem Bestand
- ☐ Rechtmäßiger Einfuhr — Einfuhrland; Einfuhrgenehmigungsnummer; Einfuhrdatum

stammt.

- ☐ Das Exemplar wurde bereits vor der Unterschutzstellung seiner Art in meinem Bestand gehalten

Als Legalitätsnachweis wurden dem Käufer weiterhin ausgehändigt:

- ☐ EU-Bescheinigung (Cites) Nr.
- ☐ Kopie Einfuhrgenehmigung
- ☐ Vermarktungsgenehmigung
- ☐ sonstige

Ort Datum Unterschrift des Verkäufers

Für jedes Tier muss eine Herkunftsbescheinigung ausgefüllt werden. Seit 2002 wird auf die Korrektheit der Angaben genauestens geachtet.
Foto: A. Gibert (M&S)

BAUM- ODER BODENBEWOHNER? KRITISCH HINTERFRAGT!

Ich muss hier noch meine Gedanken zur folgenden Studie loswerden: „Sexual size dimorphism and natural history traits are correlated with intersexual dietary divergence in royal pythons (*Python regius*) from the rainforests of southeastern Nigeria" von Luca Luiselli & Francesco Maria Angelici (Italian Journal of Zoology 2009). Online unter http://www.tandfonline.com/doi/abs/10.1080/11250009809386744

Es ist immer undankbar, die Arbeit anderer Personen anzuzweifeln, aber vieles an der Studie widerspricht doch zu sehr all meinen Erfahrungen, die ich bei über 30 Reisen nach Westafrika gemacht habe. Das allein wäre noch nicht problematisch. Leider wird diese Arbeit jedoch vom Bundesamt für Naturschutz und anderen Institutionen als Referenz herangezogen, wenn es darum geht, ob der Königspython ein Boden- oder ein Baumbewohner ist, dem man Kletteräste und ein hohes Terrarium zur Verfügung stellen muss.

Die Autoren ziehen ihren Schluss, es handle sich zumindest teilweise um einen Baumbewohner, vor allem daraus, dass im Magen der Tiere bzw. zum größten Teil in ihren Exkrementen Spuren von Vögeln gefunden wurden. Wer Vögel frisst, muss sich den Autoren zufolge zumindest regelmäßig in Bäumen aufhalten. Laut der Studie treffe dies vor allem auf Männchen und Jungtiere zu.

Folgende Punkte lassen mich an dieser Aussage zweifeln:

Zu Vögeln als Nahrung:

- Kein Trapper (so heißen die Reptilienfänger in Afrika) konnte mir bisher den Verzehr von Vögeln durch Königspythons bestätigen. Vielmehr ernähren sich die Schlangen nach Angaben der Einheimischen ausschließlich von Nagern. Bietet man einem Kö-

nigspython in der Terraristik Vögel (Wachteln, Eintagsküken) als Futter an, werden sie meistens abgelehnt.
- Die afrikanischen Exporteure haben immer das Problem der Futterbeschaffung, wenn sie Königspythons für einen längeren Zeitraum halten wollen. Mäuse und Ratten sind erhältlich in Afrika, aus Versuchstierzuchten und von Universitäten beispielsweise, aber sehr teuer mit 1 bis 2 $. Wachteln und junge Hühner wären sehr viel billiger, sie werden von den Pythons jedoch nicht angenommen.
- Die meisten Schlüsse wurden aus den Exkrementen der Pythons gezogen. Ich kann mir nicht vorstellen, wie man mit den einfacheren Mitteln einer Feldstudie sicher erkennen kann, ob Nager oder Vögel gefressen wurden und sogar welche Arten – ich würde es mir nicht zutrauen. Die Verdauung ist sehr intensiv. Es blieben sicher keine Federn oder Fell übrig, ebenso wenig wie deutlich erkennbare Krallen oder Klauen.

Zum Habitat der Tiere generell und zum Habitat der laut der Studie gefundenen Tiere:
- In Nigeria selber leben fast keine Königspythons. Im Norden wird es zu trocken, im Süden ist es stellenweise zu feucht. Der Python bewohnt die Savanne. Diese gibt es in Nigeria kaum oder sie ist zu dicht bebaut. Königspythons als Nahrung (Bush Meat) oder auch von Tierexporteuren zum Verkauf werden in Ghana, Togo und vor allem im Nachbarland Benin gekauft. Wie können die Autoren dann eine Studie in Nigeria durchführen, wenn es dort kaum bis gar keine Königspythons gibt?
- Der Biotop von *Python regius* ist wie gesagt die Savanne. In sehr feuchten Gebieten, Wäldern sowie direkt an Flüssen sind sie nicht anzutreffen – das sind vielmehr Biotope von *Python sebae* (Felsenpython). Die Autoren schreiben von überfluteten Sumpfgebieten, buschigen Regenwaldgebieten und Flussbänken. Dies sind durchweg keine *Python-regius*-Biotope – das passt überhaupt nicht zu deren bevorzugtem Habitat.
- Persönliche Gespräche mit zahllosen Trappern belegen durchweg, dass *Python regius* immer am Boden gefunden wird, und zwar je nach Jahreszeit im hohen Gras oder – in der trockenen Zeit – in Nager- bzw. Termitenbauen.

Es gibt noch ein paar weitere Details in dieser Studie, die mich verwundern. So hat man z. B. versucht, den Tieren die herausgewürgte Nahrung nach der Untersuchung wieder einzuführen – das hätte ich gerne gesehen. Wer kommt auf solch eine Idee?

Die Geschlechter der Tiere wurden durch Bestimmung des Verhältnisses von Schwanzlänge zu Körper bestimmt (zum damaligen Zeitpunkt noch üblich, aber sicher sehr ungenau). Laut dem Bericht wurden die Tiere mit Fallen (Pitfalls), Zäunen (Drift Fences) und mit als Unterschlupf aufgestellten flachen Objekten, die regelmäßig kontrolliert wurden, gefangen. Ich behaupte, mit keiner dieser Methoden kann man einen Königspython erbeuten! Außerdem wurden Tiere auf den Märkten und von Einheimischen gekauft. Das ist sicher richtig und möglich. Womit wir aber vermutlich bei importierten Benin-Tieren sind, was in dem Fall der Studie an sich zwar keinen Abbruch tut – allerdings sind solche Exemplare sicher nicht „frisch“ gefangen, haben also auch keinen verwertbaren Mageninhalt mehr.

Ich will die Autoren auf keinen Fall diskreditieren und bin jederzeit zu einer Diskussion über diese Studie bereit. Wie es zu diesen falschen Ergebnissen kommt, kann ich mir nicht erklären. Ich hatte schon vermutet, dass Exemplare von *P. regius* mit dem Felsenpython, *P. sebae*, verwechselt wurden, der wie gesagt die feuchteren Biotope bewohnt und sicher öfter in Bäumen anzutreffen ist, zumal er aufgrund seines schlankeren Körperbaus ein besserer Kletterer ist. Aber das wäre vermutlich zu simpel und die Unterscheidung beider ist doch zu einfach.

Aber schlussendlich kann es nicht sein, dass diese eine Studie, die so viele Fehler und Ungereimtheiten enthält, als Standard dazu verwendet wird, den Königspython vom Boden in die Bäume zu lupfen. Den Schluss zu ziehen, der Königspython sei teils ein Baumbewohner, ist schlichtweg falsch. In diesem Punkt sollten sich die Behörden bitte (auch) an andere Quellen halten, gerne auch an mich und mein Buch. Leider scheint die Tatsache, dass ich ein Reptilienhändler und Züchter bin, mich da aus dem Rennen zu nehmen, egal wie groß meine Erfahrung dazu ist.

Die Jahresausbeute an sogenannten Specials: früher viel Geld, heute nur noch ein paar Hundert Dollar wert

Foto: S. Broghammer

SCHUTZSTATUS

Im Washingtoner Artenschutzabkommen CITES (Convention of International Trade in Endangered Species of Wild Fauna and Flora) ist *Python regius* im Anhang 2 gelistet. Das bedeutet, dass die Tiere zwar unter Schutz gestellt sind, aber kontrolliert gehandelt werden dürfen. Die exportierenden Länder müssen Export-Genehmigungen ausstellen, die vom Importland kontrolliert werden. In der Europäischen Union muss eine Einfuhrgenehmigung vorab erteilt werden, die USA oder Kanada dagegen kontrollieren diese Papiere erst beim Eingang der Tiere am sogenannten „port of entry", der Eingangszollstelle. Bis 2005 mussten in Deutschland alle *P. regius* beim zuständigen Regierungspräsidium bzw. bei der zuständigen Naturschutzbehörde des Regierungsbezirks bei Erwerb an- sowie bei Abgabe oder Tod des Tieres wieder abgemeldet werden. Seit 2005 gilt diese Meldepflicht nur noch für den gewerbsmäßigen Handel. Allerdings muss man den rechtmäßigen Erwerb eines Königspythons jederzeit belegen können, weshalb man vom Züchter stets einen eindeutigen Herkunftsnachweis verlangen sollte. Somit besteht für *P. regius* zwar nach wie vor eine Nachweispflicht, z. B. durch Cites-Bescheinigungen oder Herkunftsnachweise, die an Käufer weitergereicht werden, aber keine Meldepflicht bei den Behörden mehr.

Die exportierenden Länder beschränken die Anzahl der zum Export genehmigten Tiere über Quoten. Diese werden regelmäßig neu festgelegt und sollen die Anzahl der Tiere widerspiegeln, die der Natur entnommen werden können, ohne damit den natürlichen Bestand zu gefährden. Unterschieden wird dabei in der Regel zwischen lebenden Tieren und Häuten.

Leider ist in einigen Ländern der wirtschaftliche Druck so groß, dass die Quoten über dem naturverträglichen Maß liegen. So haben z. B. kleine Länder wie Togo und Benin Quoten, die um ein Vielfaches höher sind als die von Ghana. Des Weiteren werden Quoten auch dazu benutzt, Preise stabil bzw. durch geringe Quoten hoch zu halten. Dies funktioniert aber nur dann, wenn sich alle Exportländer daran beteiligen.

RANCHING-PROGRAMME

Anfang der 1990er-Jahre wurde in Afrika damit begonnen, sogenannte Ranching-Programme aufzubauen. Sie haben den Zweck, Reptilien wirtschaftlich zu nutzen und somit der Bevölkerung eine Einnahmequelle zu bieten – unter Berücksichtigung des Artenschutzes und der Arterhaltung. Am Anfang dieser Ranching-Bemühungen stand der Königspython, doch wird Ähnliches seit einiger Zeit auch mit diversen afrikanischen Landschildkröten versucht. Des Weiteren laufen Versuche mit dem Nilwaran (*Varanus niloticus*) und dem Steppenwaran (*V. exanthematicus*) sowie dem Felsenpython (*Python sebae*). Letzterer ist jedoch aufgrund seiner Größe und seines Temperamentes für die Terraristik weniger geeignet.

Am Beispiel von *P. regius* in Ghana soll das Ranching kurz beschrieben werden: Man hatte in diesem Land 1991 damit begonnen, einigen Exporteuren zu genehmigen, adulte Männchen und Weibchen im Verhältnis von 1 : 3 oder 1 : 4 der Natur zu entnehmen und damit zu züchten. In der Paarungszeit von Oktober bis November wurden die Zuchttiere gefangen und zusammengesetzt. Paarung, Eiablage und Schlupf erwiesen sich als problemlos, und das Projekt schien bis zu diesem Punkt ein Erfolg. Allerdings trat nach der Eiablage das Problem der Fütterung auf, denn es zeigte sich, dass die adulten Tiere nur schwer oder gar nicht Futter aufnahmen und immer schwächer wurden. Die Pythons wurden daher an das Ghana Wildlife Department übergeben, das sie wieder in die Natur entließ.

Zwei Jahre später, 1993, wurde in Zusammenarbeit mit dem CITES-Sekretariat und der Regierung Ghanas das Ranching-Programm in seiner jetzigen Form begonnen: Man fängt in diesem Rahmen nach der Paarungszeit trächtige Weibchen in der Natur und hält sie bis zur Eiablage in den Farmen. Danach werden die adulten Tiere von der Wildlife-Behörde eingesammelt und wieder in die Natur entlassen. 1995 wurden erstmals die Unterbringungsmöglichkeiten aller infrage kommenden Exporteure begutachtet, und man legte aufgrund der

Zuchtraum bei einem Exporteur, mit Plastikbehältern, in denen die Weibchen einzeln bis zur Eiablage gehalten werden

Foto: S. Broghammer

bestehenden Platzverhältnisse eine Zahl von 20.000 Schlüpflingen pro Jahr fest. Dies entsprach einer errechneten Menge von 3.540 Weibchen, die zur Eiablage der Natur entnommen werden durften. Zur Auflage wurde gemacht, neben den Weibchen auch 10 % der geschlüpften Jungtiere wieder in die Natur zu entlassen. Ursprünglich war geplant, Felsenpythons sowie den Erdpython (*Calabaria reinhardtii*) ebenfalls in das Projekt mit einzubeziehen, was man aufgrund der geringen Nachfrage nach diesen Tieren dann aber unterließ. Darauf aufbauend, leitete das CITES-Sekretariat 1997 ein weiteres Projekt in die Wege, das den Bestand und die Auswirkung des Ranchings auf *P. regius* untersuchen sollte. Daran beteiligt waren Dr. Stefan Gorzula vom CITES-Sekretariat, William Owusu Nsiah vom Ghana Wildlife Department sowie Dr. William Oduru von der Wissenschaftlichen Universität in Kumasi, Ghana. Über den Zeitraum von mehreren Wochen wurden in vier verschiedenen Regionen Ghanas insgesamt 202 adulte *Python regius* gefangen, vermessen und bis nach der Eiablage untergebracht (Gorzula et al. 1997). Die Projektmitglieder waren sehr überrascht, in welch kurzer Zeit eine so große Anzahl an Tieren gefangen wurde; an manchen Tagen konnten bis zu 15 Tiere eingesammelt werden. Dies war vor allem den professionellen Fängern zuzuschreiben, die hierfür angeheuert wurden.

Trapper und Farmer in Benin: Es wurde vor Ort ein Caramel gefunden, große Aufregung und die Aussicht auf viel Geld für den Trapper – so hat man schnell viele Freunde
Foto: S. Broghammer

Um einen Überblick über die Bestandsdichte des Königspythons in Ghana zu bekommen, wurden Areale entlang einer geraden Linie (sogenannte Transekte) von je 3.000 m × 3 m untersucht. Anhand der darin aufgefundenen Exemplare ermittelte man eine Dichte von 2,34 adulten Pythons auf einem Hektar Fläche, und in Anbetracht der infrage kommenden Biotope wurde eine Populationsgröße von insgesamt zwischen 6 und 18 Millionen Tieren errechnet. Bei den gesammelten Individuen zeigte sich ein Geschlechterverhältnis von 2 : 1 zugunsten der Männchen. Auch das Verhältnis trächtiger zu nicht trächtigen Weibchen wurde erhoben. Mit beiden Angaben konnte man auf eine Menge von 11–32 Millionen befruchteten Eiern pro Jahr schließen. Bei einer Schlupfrate von über 85 % und auf der Tatsache basierend, dass keine ins Gewicht fallenden Eiräuber bekannt sind, ging man von einem jährlichen Schlupf von 9–13 Millionen Königspythonbabys in Ghana aus.

Wenn man all dies berücksichtigt und noch einen 10fachen Toleranzfaktor einbezieht, kommt man zu dem Schluss, dass eine Entnahme von 3.500 trächtigen Weibchen aus der Natur den natürlichen Bestand nur minimal betrifft. Aus diesem Grund wurde vorgeschlagen, die ursprünglich geplanten 10 % der Schlüpflinge nicht in die Natur zu entlassen, sondern ebenfalls zu veräußern, den daraus erzielten Gewinn bei den Exporteuren einzusammeln und besser in die Schutzprojekte zu investieren.

Seit 1993 werden Königspythons in Ghana nun wie hier beschrieben „gerancht", und es wurden bisher keine Nachteile für die natürlichen Bestände festgestellt: Jeder Exporteur bekommt eine individuelle Quote zugewiesen, wie viele Weibchen pro Jahr er fangen darf. Anhand dieser Weibchenzahl wird dann die Quote der zum Export freigegebenen Babys errechnet. Somit kann indirekt auch sichergestellt werden, dass die Exporteure die Anzahl der gefangenen Tiere nicht gravierend überschreiten – dies würde keinen Sinn ergeben, denn für die überzähligen Babys besteht aufgrund der fehlenden Exportpapiere (die zahlenmäßig gleich der Quote sind) keine Absatzmöglichkeit.

Die gesammelten Weibchen werden auf den Farmen mit Fangdatum, Fundort, Datum der Eiablage und Anzahl der Eier registriert, nach der Eiablage vom Wildlife Department eingesammelt und an einem unbekannten Ort wieder in die Natur entlassen. Beim Freilassen legt man bislang leider keinen Wert darauf, die Tiere an ihrem ursprünglichen Fundort auszusetzen. Dadurch werden einzelne Populationen wahllos vermischt, sodass eventuelle lokale Besonderheiten (die bislang aber nicht bekannt sind) theoretisch immer weiter verwischen.

Einer der ersten Leuzisten wurde von diesem Farmer in Togo gerancht. Das Tier war über 100.000 US-$ wert; damals war die Welt noch in Ordnung.
Foto S. Broghammer

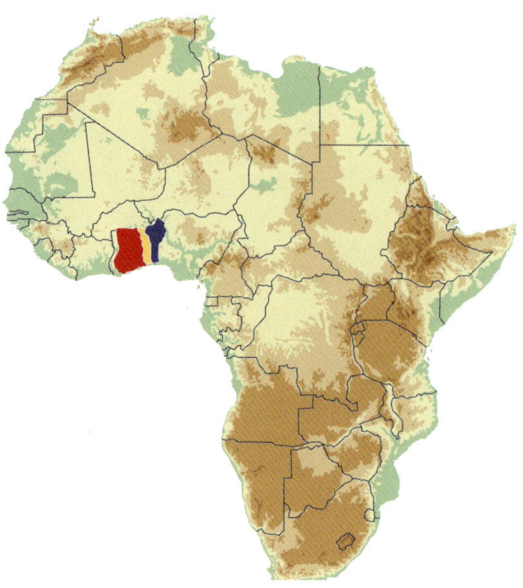

In diesen drei westafrikanischen Staaten (Ghana: rot, Togo: gelb, Benin: lila) werden Ranching-Programme betrieben

Andererseits ist der lokale Bestand an Pythons in den meisten Gebieten so hoch, dass die Trapper wirklich direkt vor ihrer Haustüre sammeln – sie müssen sich gar nicht erst die Mühe machen, in entlegene Gebiete zu fahren, und das gilt auch für das Wiederaussetzen der Tiere nach der Eiablage. Die Fänger wohnen alle in der Nähe der Exportzentren, in Ghana z. B. in der Nähe der Hauptstadt Accra, in Togo bei Lomé und in Benin zwischen Cotonou und Abomey. Die Tiere werden dort alle in einem Radius von jeweils nur rund 100 km gefangen, denn es ist sinnlos für die Fänger, in weiter abgelegene Gebiete zu fahren, wenn genügend Tiere in der unmittelbaren Nähe gefunden werden – die Transportwege wären zu lang. Somit sollte das Ranching letztlich auch keinen größeren Einfluss auf bestimmte, falls überhaupt vorhandene verbreitungsabhängige Merkmale bestimmter Pythonpopulationen haben.
Zwischen den drei hauptsächlichen Königspython-Exportländern Ghana, Togo und Benin herrscht über die Landesgrenzen hinweg ein reger Handel, und so werden die Schlangenbabys eifrig zwischen den Exporteuren sowie von den Trappern zu den Exporteuren gehandelt. Zu Beginn einer Saison werden die meisten und zudem billigsten Königspythonbabys in den östlichen Gebieten Afrikas angeboten, zum Ende der Saison dann in den westlichen. Togo und Benin verfügen über viel höhere Quoten als Ghana, wobei Ghana im Ausland als Exporteur beliebter ist, da die Tiere von dort als kräftiger gelten. Aufgrund des regen Handels mit Pythonbabys zwischen diesen drei Ländern muss es aber noch lange nicht bedeuten, dass ein junger Python wirklich aus Ghana stammt, nur weil es so auf den Importpapieren vermerkt ist. Die trächtigen Weibchen hingegen werden meines Wissens tatsächlich überwiegend im eigenen Land bezogen. Dies liegt vermutlich an deren im Vergleich zu den Jungtieren viel größeren Gewicht und dem sonst damit verbundenen Mehraufwand beim Transport.

DER UNTERGANG DES RANCHINGS

Es sei hier angemerkt, dass sich diese Form des Ranchings auf einem absterbenden Ast befindet, denn durch den Königspython-Boom der letzten Jahre und die vielen Farbvarianten werden mittlerweile Hunderttausende Tiere in Menschenhand von Hobby- oder auch Profi-Terrarianern gezüchtet.
Die natürlich gefärbten Tiere sind dabei eher „Beifang", der billig verkauft wird – Ziel sind die wertvolleren Farb- und Zeichnungsvarianten. Somit entsteht ein Überangebot an normal gefärbten *Python regius*. Die Farmzuchten lassen sich daher nur noch schwer bzw. bestenfalls über günstige Preise verkaufen – in naher Zukunft wird man auf Ranching-Tiere wohl weitgehend verzichten.
Die gelegentlich auf den Farmen schlüpfenden Tiere mit ausgefallenen Farben und Zeichnungen, die in den letzten Jahren noch ein sehr gutes Zubrot lieferten, haben ebenfalls ihren Wert fast ganz verloren. Ein Piebald-Python z. B. war einmal über 10.000 US-$ wert, auch in Afrika. Jetzt bringt er vielleicht noch 100 US-$, Tendenz fallend. Selbst eine neue Farbmutation lässt sich, wenn sie nicht wirklich spektakulär aussieht, kaum mehr verkaufen. Von europäischen oder amerikanischen Händlern werden nur noch die spektakulärsten Tiere herausgepickt, und das zu Preisen, die bei weniger als einem Zehntel der Beträge liegen, die noch vor wenigen Jahren gezahlt wurden. Den Rest der Pythons kann der Exporteur wieder freilassen oder als normale Tiere verkaufen.
Heutzutage will sich kaum jemand mehr die Mühe machen, durch gezielte Zucht zu testen, ob sich hinter solchen Tieren vielleicht eine wertvolle genetische Variante verbirgt – geschweige denn, auch noch viel Geld dafür ausgeben. Da mittlerweile die schönsten Farbmorphen auf dem Markt verfügbar sind, bekommt ein afrikanischer Farmer oder Trapper für die normalen wildfarbenen Tiere nur noch etwa die Hälfte des Preises wie noch Anfang der 2000er-Jahre. Ein Piebald, Albino oder Ghost, der jetzt schlüpft, bringt zwar immer noch ein paar Hundert Dollar extra, doch früher machte der Verkaufspreis eines solchen Tieres oft ein ganzes Jahresgehalt aus!
Bei klassischen Wildfangimporten anderer Terrarientiere wäre eine solche Entwicklung wünschenswert; aus züchterischer Sicht hat *P. regius* tatsächlich eine regelrechte Erfolgsstory geliefert, was vor allem den hohen Preisen der Farbvarianten zu verdanken ist. Aus Sicht der afrikanischen Fänger und Exporteure dagegen ist die Situation traurig und ausweglos, da sich den betroffenen Menschen kaum Alternativen bieten.

Daddy und Auntie Oguns, die Leitung der Firma, sowie eine Nichte

Foto: S. Broghammer

MENSCHEN UND PYTHONS IN AFRIKA

Wenn man über Königspythons diskutiert, kommt man nicht umher, auch über Afrika zu reden – und das sind in erster Linie die Menschen dort. Ich will in diesem Kapitel einen kurzen Überblick über die wichtigsten Personen in Afrika geben, die in das Python-Business involviert sind – von West nach Ost, also von Ghana über Togo nach Benin –, auch wenn dieses Kapitel natürlich nicht vollständig sein kann.

Jim, das Oberhaupt bzw. der Senior von Safari Pets
Foto: S. Broghammer

GHANA

Eigentlich alle Exporteure des Landes sind in der Hauptstadt Accra ansässig. Grund dafür ist zum einen die Nähe zum Flughafen und zum anderen, dass die Königspythons sich dort sozusagen direkt vor der Haustüre befinden. Sobald man die Hauptstadt ein paar Kilometer entlang der Ausfallstraßen verlässt, befindet man sich bereits direkt im Königspython-Biotop. Die folgenden Personen sind derzeit, zumindest was *Python regius* betrifft, die wichtigsten und aktivsten Exporteure in Ghana – es gibt noch eine Handvoll andere Exporteure, die in den letzten Jahren aber wenig oder gar nicht im Python-Business aktiv waren.

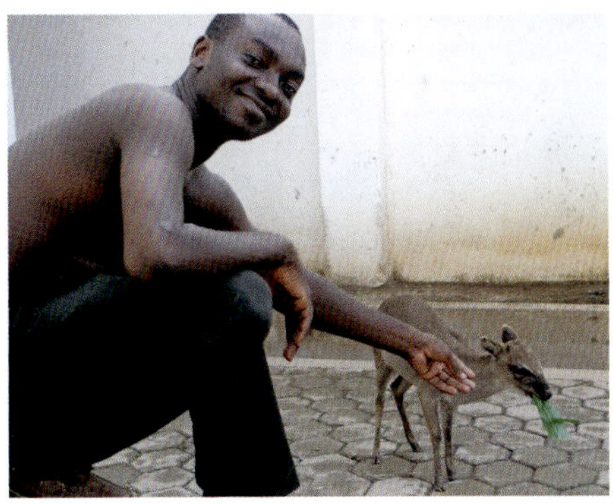

Tetteh
Foto: S. Broghammer

DER OGUNS-CLAN

Seit Jahrzehnten einer der größten Reptilienexporteure in Ghana. Das Geschäft wird geleitet von Auntie Oguns („Auntie" ist in Schwarzafrika ein respektvoller Ausdruck für Damen mittleren bis älteren Jahrgangs, die in der Regel die Familie anführen). Auntie Oguns genießt in Westafrika auch bei anderen Exporteuren ein sehr hohes Ansehen. Für mich persönlich ist Auntie sozusagen meine Ersatzmutter in Afrika – egal ob es darum geht, für mein leibliches Wohl zu sorgen, indem ich dort bekocht werde, wann immer ich auftauche, oder mich aus einer misslichen Lage zu befreien: Auntie regelt es! Vor einigen Jahren hatte ich einmal aus Unwissenheit nur ein Einzel-Visum für Ghana beantragt. Sobald man damit nur ein Mal ausreist, ist es nicht mehr gültig. Dies erfuhr ich allerdings erst, nachdem ich bereits nach Togo weitergereist war – und mein Rückflug ging von Ghana. So bat ich in meiner Not Auntie darum, sich meines Problems anzunehmen. Und tatsächlich: Auf dem Rückweg, an der Grenze von Togo und Ghana, hieß es zu mir: „Are you Mr. Stefan?" „Yes!" „This way, please, you are already done,

Noah
Foto: S. Broghammer

Der Autor mit Sammy und dem leider verstorbenen Sakka von Allo Export
Foto: S. Broghammer

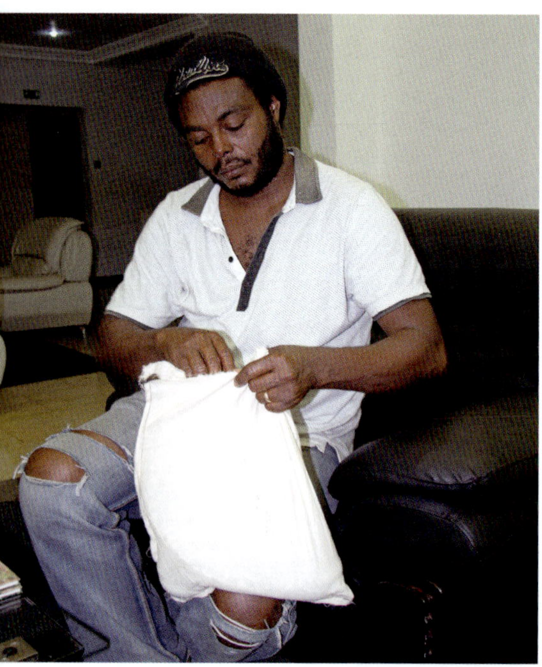

Michael Ashkar aus Ghana
Foto: S. Broghammer

Mme Josée Sambo aus Togo, Herrin über eine der größten Pythonzuchten in Afrika.
Foto: S. Broghammer

Patrice (in Blau) mit einigen seiner insgesamt über 20 Kinder
Foto: S. Broghammer

thank you and have a nice day". Heute sagt sie zwar, sie habe nichts damit zu tun gehabt – doch wer denn sonst? Wer schon einmal erlebt hat, wie es mit Beamten oder Zöllnern in Afrika auch laufen kann, versteht sicher, warum man solche Hilfen als Ausländer nur zu gerne und ohne Scham in Anspruch nimmt.

NOAH

Seit 2016 hat sich Noah aus der Zucht etwas zurückgezogen. Es wird so viel in den USA und Europa gezüchtet, dass die Nachzuchten aus Afrika nicht mehr so gefragt sind. Das hängt mit den hohen Frachtkosten beim Versand zusammen, die sich nur bei einer Bestellung mehrerer Tiere oder sehr teurer Exemplare rechnen.

So widmet sich Noah seither vor allem der Zucht von Wachteln und dem Verkauf von Wachteleiern. An sich schade – viele tolle, neue Morphen kamen während der letzten Jahrzehnte vom ihm. Aber vielleicht gibt es dann auch bald Wachteln als Bamboo, Champagne oder Piebald.

CYNTHIA

Die „rechte Hand" von Noah. Früher dachte ich, Cynthia sei eine eigenständige Exporteurin, weil sie aus meiner Sicht im Alltagsgeschäft das meiste erledigt und z. B. auch die Abfertigungen und Sendungen am Flughafen managt. Die ersten Tiere unserer Geschäftsbeziehung, z. B. den spektakulären Calico Champagne, bekam ich im Jahr 2010 ebenfalls von ihr. Erst nach einiger Zeit habe ich erkannt, dass letztlich alles zu Noahs Business zählt.

ALLO EXPORT

Allo Export ist ebenfalls schon lange im Business und hat eine Zeitlang sogar die meisten Königspythons in Ghana gerancht – in den besten Jahren weit über 10.000 Tiere pro Saison. Zuverlässige Leute mit tadellosen Tieren. Aktuell führt nur noch Sammy die Geschäfte. Leider hat Sakka 2015 den Kampf gegen seine Krankheit verloren. Er hinterlässt eine große Lücke, vor allem in der afrikanischen Ranching-Szene und bei mir persönlich ebenfalls. Durch ihn habe ich viel über Afrika erfahren und verstehen gelernt – über die Natur dort, aber auch über die Menschen und die Unterschiede im Leben, wenn man auf dem Schwarzen Kontinent geboren wurde und nicht wie ich im Westen. Er war eine Inspiration in meinem Leben. Wir sind viel zusammen herumgefahren, auf der Suche nach Pythons und nach allen möglichen anderen Dingen, die wir aus Afrika exportieren wollten. Anekdoten wie „help the glass" werden immer in meiner Erinnerung bleiben.

SAFARI PETS

Auch Jim und sein Sohn Lesley sind seit Beginn des *regius*-Booms dabei und haben schon viele Tiere nach England und in die USA geschickt.

TETTEH OMAN

Der studierte Tetteh ist neben seinem Job als Exporteur auch an der Universität in Accra als Lehrer aktiv. Er ist immer bereit, etwas Neues zu probieren oder zu züchten, z. B. madagassische Chamäleons auf einer kleinen Insel oder als Erster in Westafrika Bartagamen.

MICHAEL

In der Hochzeit der sogenannten Specials einer der aktivsten Exporteure, der sich vom kleinen Helfer und Trapper zum eigenen Exporteur entwickelt hat. Er züchtet selbst und ist auch genetisch bzw. mit den einzelnen Farbmorphen bewandert.

BASIL

War in der Anfangszeit der *regius*-Farmen einer der größten Farmer. Einige spektakuläre Morphen sind bei ihm geschlüpft, z. B. Spider oder Derma Ball. Jetzt ist er ein „König"

Lambert, Bienvenue, der Autor und Francois (von links nach rechts)
Foto: S. Broghammer

in Zentral-Accra, mit allem Geld, Ruhm und der Ehre, die dazu gehören. Trotz allem hat er nach wie vor Interesse an Reptilien und ranched jedes Jahr noch einige Hundert oder Tausend Königspythons.

TOGO

In Togo gibt es vor allem zwei aktive Exporteure, beide in der Hauptstadt Lome ansässig.

JOSÉE SAMBO, REP. TOGO

Ich glaube, bei Josée Sambo werden derzeit pro Jahr die meisten *P. regius* in Afrika gerancht. Die tolle Farm ist sehr sauber und professionell, außerdem meine Anlaufstelle für alle Wünsche in Togo – sei es ein Feldtrip, um Tiere in der Natur zu finden und zu filmen, oder sei es, um auf der Farm zu fotografieren. Oder auch einfach nur als Anlaufstelle für ein gutes Essen – Josée Sambo hat immer offene Arme.

Jules, einer der größten Pythonzüchter in Benin. Er hat im Jahr ca 20.000 bis 30.000 Pythonbabys.
Foto: S. Broghammer

TOGAMIN

Jean Pierre Fouchard war ein Franzose, der schon in den 1950er-Jahren nach Westafrika ging und dort vor allem mit Krokodilhäuten Geld verdiente. Nach und nach stieg er in das Wildlife-Business ein und begann als einer der Ersten, auch *P. regius* zu ranchen. Er starb Ende der 90er-Jahre, und das Geschäft übernahm sein Sohn Eric, der nach wie vor einer der zahlenmäßig größten Python-Exporteure in Westafrika ist – und auch der einzige Europäer bzw. Weiße, der im westafrikanischen Reptilienexport mitspielt.

BENIN

In Benin finden sich die *P.-regius*-Exporteure auf zwei Gebiete verteilt. Nur wenige (die ersten beiden der nachfolgenden Liste) sitzen direkt in der wirtschaftlich wichtigsten Metropole Cotonou, wo sich auch der Flughafen befindet. Die bedeutendsten Exporteure und Farmen sind vor allem im Landesinneren ansässig, nämlich in Bohicon bzw. in Abomey, das direkt daneben liegt. Ich vermute, dass sich die meisten Reptilienfarmen aus klimatischen Gründen im Landesinneren angesiedelt haben, denn dort ist es noch um einiges heißer als an der Küste in Cotonou.

SAX FAUNA

Die zwei Brüder Ignace und Simon sind zwar schon lange im Wildlife-Business tätig, bei Königspython-Morphen halten sie sich aber sehr zurück. Ich glaube, nur wenige bis gar keine Morphen kamen von den beiden bisher.

PHILIP, REPTIZONE

Auch dieser Exporteur mischt meines Wissens nicht viel im „ball python Business“ mit.

PATRICE, ZOO CLUB

Am längsten in Benin im Geschäft ist Patrice, der vor fast 20 Jahren auch die ersten Lavender-Albinos und die ersten Leuzisten verkaufte. Allein seine 12 Ehefrauen machen ihn etwas speziell, aber seine langjährigen Erfahrungen im Wildlife-Business sind überaus hilfreich.

Bienvenue (Mitte, „oben ohne”) mit seiner Familie
Foto: S. Broghammer

LAMBERT UND FRANCOIS

Die zwei Brüder waren bzw. sind in Benin noch immer die größten und einflussreichsten Exporteure für Königspythons – vor allem für Farbvarianten. Sie hatten in den Jahren 2000–2010 auch großen Einfluss im Geschäft mit den Specials, denn fast alle besonderen Tiere aus Benin gingen durch ihre Hände. Dadurch konnten sie sich von kleinen Helfern zu anerkannten Exporteuren hocharbeiten. Leider wurden die beiden vom Ende des Special-Booms auch am härtesten getroffen. Die Pythons waren danach nicht mehr viel wert – und viele unspektakuläre Specials sind, wie schon beschrieben, heute nicht mehr zu verkaufen. So schnell, wie es im Geschäft bergauf ging, kam auch der Einbruch. Ich hoffe für die beiden, dass sie auch weiterhin ein Auskommen im Geschäft mit den Pythons finden – wenn es auch sicher nicht mehr so einfach sein wird wie in den boomenden Jahren.

BIENVENUE

Ein „Bruder" von Lambert und Patrice (genau genommen ein Cousin), der den beiden viele Jahre geholfen und dort mitgearbeitet hat. Seit einigen Jahren arbeitet er nun selbst als „Supplier" für die afrikanischen Exporteure bzw. auch als Exporteur. Bienvenue hat derzeit sicherlich die meisten und besten Kontakte in Afrika und kann dadurch ein interessanter Partner sein. Leider ist er auch etwas chaotisch, allerdings auf eine nette Art. Eine lustige Geschichte ereignete sich einmal, als wir zusammen von Ghana nach Benin flogen – Fahren ging wegen Unruhen in Togo nicht: Bei der Ausreise am Flughafen musste man sein Geburtsdatum eintragen, doch er wusste seines nicht. Nach 10 Minuten kam ihm schließlich der Gedankenblitz: „Ah, I remember it was November!" Es gibt einfach Dinge, die in Afrika nicht so wichtig sind wie bei uns.

WEITERE FARMER

Außerdem gibt es um Bohicon und Abomey herum noch viele kleinere Farmen, die Python-Eier ausbrüten und die Jungtiere dann an Exporteure und Großhändler verkaufen. Bei diesen Farmern schlüpfen vermutlich jedes Jahr die meisten Python-Morphen. Zu erwähnen wären Jean Claude aus der Nähe von Cotonou, der den ersten Albino-Königspython besaß, Jules aus Abomey, der zurzeit vermutlich die meisten Eier pro Saison in Benin ausbrütet, sowie außerdem La Tome, Tall und Small Mathieu, Alexis, Boniface und Wampoo, die alle dazu beitrugen und beitragen, dass wir bei *P. regius* mittlerweile einen fast endlosen Pool an Farben und Formen haben, mit dem wir in den nächsten Jahrzehnten sicher noch Überraschungen erleben werden.

Nagerzucht in Afrika

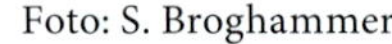

Foto: S. Broghammer

WIRTSCHAFTLICHE BEDEUTUNG

Den größten wirtschaftlichen Nutzen für die Herkunftsländer hat der Königspython zweifellos als natürlicher Schädlingsvernichter. Allein in Ghana wird dieser landwirtschaftliche Nutzen auf mehrere Millionen US-$ beziffert. Ein Teil der Bauern hat dies auch erkannt, dem überwiegenden Teil der Bevölkerung ist diese Tatsache allerdings nicht bewusst, denn die Tiere werden weiterhin erschlagen, sobald man ihnen begegnet. Aus Unkenntnis und der traditionellen Furcht vor Schlangen werden generell meist sämtliche Arten als giftig betrachtet.
Wenngleich in allen Ländern des Verbreitungsgebiets des Königspythons Ethnien leben, bei denen Schlangen traditionell auf dem Speiseplan stehen, ist die Menge der zu diesem Zweck erlegten Tiere relativ gering. Man bekommt in der Regel auch keine Schlangen auf Märkten oder dergleichen angeboten, wie es z. B. in Asien oft der Fall ist. Eine Ausnahme hiervon ist die aktuelle Entwicklung in Benin, wo der Königspython als Bushmeat, also Wildfleisch, das von der Bevölkerung erjagt wird, auch für den nigerianischen Markt angeboten wird (siehe Kapitel „Bestandssituation").
Da der Königspython aufgrund seiner geringen Größe für die Lederindustrie nicht

Fetisch-Markt: Hier soll man auch „Bushmeat“ bekommen

Foto: S. Broghammer

interessant ist, leben nur wenige Personen direkt vom Fang oder Verkauf der Tiere. In Ghana waren 1997 lediglich 26 Fänger registriert, die Zahl der nicht registrierten Fänger dürfte noch einmal so hoch sein. Dazu kommen etwa zehn Exporteure mit je einigen Angestellten – insgesamt also knapp hundert Haushalte, die direkt von den Pythons leben. Dies entspricht bei den afrikanischen Großfamilien mit mehreren Generationen unter einem Dach knapp 1.000 Personen.

Weiterhin am Königspython-Business beteiligt sind die in den Industrieländern als „Zulieferindustrie“ bezeichneten Unternehmen, in diesem Fall sind das u. a. lokale Schreiner oder Zimmermänner, die Versandboxen und Käfige herstellen, oder auch Schneider, die die Transportsäcke liefern. Gemessen an der Gesamtbevölkerungszahl von über 17 Millionen Menschen in Ghana ist dies nur ein kleiner Anteil, der vom Ranching der Königspythons lebt.

Ein ernstes Problem für die Betreiber der Schlangenfarmen ist indes der ständig fallende Preis, der von Importländern, hauptsächlich den USA und Europa, für die Tiere bezahlt wird. Kostete ein Königspython in Afrika 1975 noch ca. 20–25 US-$, liegt der Preis heute deutlich unter 10 US-$, zum Teil sogar bei nur noch rund 5 US-$. Vor allem in den USA wird intensiv versucht, den Verkauf über den Preis zu forcieren. Für die Exporteure und Fänger ist mittlerweile schon ein Punkt erreicht, wenn nicht gar überschritten, der an der Rentabilitätsgrenze liegt.

Da sich mit einer Farbvariante wie einem Albino oder Piebald, der in einer Farm aus dem Ei schlüpft oder vielleicht auch zufällig in der Natur gefunden wird, mehr verdienen lässt als mit naturfarbenen Babys, versuchen einige Farmer mittlerweile auch, gezielt solche Morphen zu züchten. Für die Zucht besteht in Afrika allerdings nach wie vor das große Problem der Futterbeschaffung. Es ist sehr mühsam, Nagetiere in der Natur selbst zu fangen, und der Kauf solcher Futtertiere ist schwierig und dann auch noch sehr teuer. So kostet eine Maus in Westafrika derzeit 1 US-$, Futterratten sind fast gar nicht zu bekommen. Für eine eigene Futtertierzucht müssten Käfige und Nagerfutter beschafft werden – beides ist ebenfalls nur bedingt bzw. schwer erhältlich, und ein Versand aus dem Übersee-Ausland ist mit enormen Frachtkosten verbunden; außerdem muss ein Zuchtraum entsprechend klimatisiert werden. Alles in allem würde es großer Investitionen bedürfen. Unter diesen Voraussetzungen ist eine Pythonzucht, wie wir sie kennen, in Afrika weitaus schwieriger zu bewerkstelligen als bei uns in der „modernen“ westlichen Welt – trotz des perfekten Klimas in den Herkunftsländern.

BESTANDSSITUATION

Für die Fänger und Exporteure von Königspythons stellen Kassava-Felder (Maniok) die bevorzugten Fangplätze dar. Untersuchungen haben gezeigt, dass hier die Populationsdichten am höchsten sind, und ein erfahrener Fänger kann an einem guten Tag mehr als zehn Exemplare finden. Einheimische berichten in bestimmten Gebieten sogar von einer Zunahme der Pythons in den letzten Jahren, was auf die Vergrößerung der landwirtschaftlichen Flächen und damit einhergehend auf eine Zunahme der Nagetiere als Futter der Pythons zurückzuführen ist.

In Ghana gibt es bis heute starke Naturbestände von *Python regius*, während sie in Benin in den letzten Jahren allgemein zurückgegangen sind. Speziell in Benin wird den Pythons nachgestellt, um sie als sogenanntes Bushmeat (also als Nahrungsmittel) für den Export nach Nigeria zu verkaufen, denn dort gibt es nur wenige bis gebietsweise gar keine Königspythons. Gleichzeitig ist die Bevölkerungsdichte Nigerias viel höher als im benachbarten Benin oder in anderen westafrikanischen Ländern. Zudem sind die Menschen in Nigeria überwiegend sehr arm, und Fleisch sowie andere eiweißreiche Lebensmittel sind teuer, weswegen die Nachfrage nach verhältnismäßig billigem Bushmeat, u. a. eben von Pythons, in den letzten Jahren sprunghaft angestiegen ist. Bei meinem ersten Besuch 1998 in Benin war von diesem Phänomen noch nichts zu hören, doch klagen die Trapper mittlerweile über immer weitere Wege, die sie zurücklegen müssen, um überhaupt noch weibliche Königspythons für ihre Ranching-Programme zu finden.

Offiziell sind Handel und Verkauf von Königspythons in Benin – wie auch in anderen afrikanischen Ländern, wie z. B. Togo und Ghana, in denen Bushmeat allerdings kaum eine Rolle spielt – ohne entsprechende Lizenz verboten. Der illegale Handel blüht vor allem auf den Lebensmittelmärkten. Dort werden die Tiere – tot und teils getrocknet – hauptsächlich von Kleinhändlerinnen angeboten, die sie unter Gemüse und anderer Ware verstecken und nur unter der Hand verkaufen. So jedenfalls berichteten es mir Einheimische; ich selbst konnte das bisher nie beobachten oder gar fotografieren. Die Verkäuferinnen sind sich ihrer illegalen Ware bewusst und mir als Weißem gegenüber entsprechend vorsichtig.

Tote Schlangen, Krokodile, Affen und andere Tiere als Fetische auf einem afrikanischen Markt
Foto: S. Broghammer

Große Teile des Verbreitungsgebiets von *P. regius* dürften noch immer unberührt vom Fang sein, denn in der Regel hat die Bevölkerung der ländlichen Gebiete zu große Angst vor Schlangen, um ihnen nachzustellen. So sollen starke Vorkommen von *P. regius* beispielsweise noch in der Elfenbeinküste existieren. Aufgrund der instabilen politischen Lage ist es derzeit leider nicht so einfach möglich, dies nachzuprüfen – und es nimmt niemand solche Mühen auf sich, da ja eigentlich auch kein Bedarf an Königspythons aus diesem Gebiet besteht. Die Exporteure finden derzeit genug Weibchen in den schon bekannten Gebieten, um den Bedarf in der Terraristik zu decken. Aber wer weiß, vielleicht nimmt sich ja in naher Zukunft einmal ein engagierter Biologe dieses Themas an?

VERGÖTTERT, GESCHÜTZT UND GEHASST – DER KÖNIGSPYTHON ALS FETISCH

Leider töten viele Menschen in Afrika jede Schlange, die sie zu Gesicht bekommen. Da alle Schlangen als giftig und gefährlich gelten, tut man dies guten Gewissens. Oft werden die erlegten Tiere anschließend auf einen Stock gespießt und zur Schau gestellt. Diese Furcht vor Schlangen ist sicher kein typisch afrikanisches Problem, sondern lässt sich auf der ganzen Welt – auch in Industrieländern – beobachten.

Es gibt allerdings auch einige Stämme, die den Königspython als Gottheit oder zumindest als Symbol einer Gottheit verehren und schützen. So werden Königspythons in dem Ort Vill in Togo, in der Nähe der Hauptstadt Lomé, als eine Art Gott verehrt, aber auch in Benin in der Provinz Oluidah. Die dort ansässigen Priester fordern die Menschen auf, Pythons in die Stadt zu bringen, wo sie dann frei gehalten werden. Der ursprüngliche Grund und praktische Nutzen hierfür ist vielleicht die Tatsache, dass die Schlangen die Nagerbestände reduzieren, die sonst großen Schaden in den dortigen Getreidespeichern anrichten.

In Ghana wird *Python regius* in Afife in der Volta-Region und auch im Osten, in Somanya, als Gottheit verehrt – er wird als „Togbe Dagbe“ bezeichnet, was so viel wie „gesegneter Ahne“ oder „gesegneter älterer Bruder“ bedeutet. Zu Ehren der Pythons werden zu Jahresanfang große Feste gefeiert, und alte Fetisch-Priester behaupten von sich, mit den Tieren kommunizieren zu können. Es gilt als Segen und Ehre, wenn ein Königspython in einem Haus gefunden wird; das Tier wird anschließend wieder zurück in die Natur gebracht.

In Afife glaubt man, dass es keinen Regen gibt, wenn jemand einen Königspython tötet, weshalb derjenige, der doch ein Tier umgebracht hat, einen Topf kaufen und darin das tote Tier barfüßig nach Afife tragen muss, um es dort zu beerdigen. Die aufwendige Beerdigungszeremonie soll andere Menschen abschrecken, Pythons zu töten. Auch die Jagd und der Fang dieser Reptilien sind verboten, und wer dabei erwischt wird, wird vom Stammesoberhaupt bestraft. Selbst Tiere, die versehentlich auf der Straße überfahren werden, werden mit Blättern oder Kleidung abgedeckt. Es kommt sogar vor, dass Autofahrer angehalten und aufgefordert werden, aus Rücksicht auf die Königspythons langsamer zu fahren.

Die Bevölkerung in der Gegend um Afife gehört zum Stamm der Ewe und kommt ursprünglich aus einem Gebiet, das heute zu Nigeria zählt. Dieser Stamm hat sich im vorletzten Jahrhundert über Benin und Togo bis nach Ghana ausgebreitet. Auf seiner Wanderung von Nigeria aus wurde er der Legende nach von Pythons begleitet, und als er schließlich in der Volta-Region ankam, errichteten die Menschen einen Altar, wo sie den Königspython als Gottheit verehrten. Trotz der Christianisierung in den letzten Jahrhunderten hat sich diese Tradition erhalten, und so leistet der Stamm bis heute in gewissem Umfang so etwas wie Aufklärungsarbeit. Zwar vergöttern nicht mehr alle Ewe den Königspython, aber sie wissen um die „Freundlichkeit“ dieser Schlange und lassen sie deshalb am Leben. So werden Tiere, die in Häusern angetroffen werden, einfach mithilfe eines Stocks zum nächsten Gebüsch getragen und freigelassen. Andere Stämme, die in der gleichen Region leben, wissen von dieser Verehrung und töten die Schlangen aus Respekt vor ihren Nachbarn ebenfalls nicht. Fast alle Reptilientrapper (Fänger), die ich bisher in Westafrika getroffen habe, gehören der erwähnten Ewe-Etnie an. Sie haben einfach ein Gefühl für die Tiere und einen Bezug zu den Reptilien.

Das andere Gebiet in Ghana, in dem der Königspython als heilig gilt, ist Somanya im Osten. Dort leben über 20.000 Menschen, und es ist den Bewohnern sogar verboten, die Tiere überhaupt nur anzufassen oder in ihrer Ruhe zu stören. Kommt ein Königspython zufällig in ein Haus, gilt dies als Segnung, und es wird eine festliche Zeremonie abgehalten. Leider sterben diese traditionellen Bräuche langsam aus. Gegen Ende des letzten Jahrtausends waren sie noch täglich präsent, während man heute kaum mehr Menschen trifft, die mit diesen alten Gebräuchen leben – die nächste Generation wird sie vermutlich nicht mehr kennen.

Python regius wird natürlich nicht nur durch solche religiösen Bräuche geschützt, sondern auch über Gesetze: In Ghana sind rund 13.000 km^2, also über 5 % der Landesfläche als Naturschutzgebiete ausgewiesen, in denen keine Tiere gefangen oder getötet werden dürfen.

Getrocknete Schlangen werden als Fetische angeboten
Foto: S. Broghammer

Als BB Ball-Champagne gekauftes Tier; in Wirklichkeit „nur“ ein Super Cinnamon. Wir züchteten damit und bekamen schöne Cinnamons.
Foto: A. Gibert, M&S Reptilien

II

HALTUNG UND ZUCHT

Der Königspython ist eine prächtig gefärbte und sehr umgängliche Riesenschlange, die heute zu den häufigsten Terrarientieren überhaupt zählt. *Python regius* war schon zu Beginn des Terraristik-Booms gegen Ende des 20. Jahrhundert eine Art „Einsteigerschlange", die in großen Mengen über den Zoohandel verkauft wurde, und ist mittlerweile zur unangefochtenen Nummer eins in der Terraristik aufgestiegen. Zum Boom bei dieser Art haben neben der optimalen Größe als Terrarientier und dem ruhigen Gemüt auch die vergleichsweise problemlose Haltung und Zucht beigetragen. Galt ihre Pflege vor 20–30 Jahren noch als schwierig, werden Königspythons mittlerweile selbst von Einsteigern gezielt und in größeren Mengen nachgezogen.

Krankes Tier mit leicht geöffnetem (da verschleimtem) Maul
Foto: A. Gibert (M&S)

ERWERB

Bei der Anschaffung eines Königspythons muss jeder selbst entscheiden, ob er das Tier bei einem Züchter – hier gibt es sowohl Hobby-Terrarianer, die *Python regius* in kleinerem Maßstab vermehren, als auch professionelle Züchter – oder im Zoohandel kaufen möchte. Kontakte bekommt man z. B. über Annoncen im Internet, auf Terraristikbörsen oder über Fachzeitschriften wie REPTILIA und TERRARIA (siehe „Weitere Informationen").

Ideal ist es, wenn Sie die Möglichkeit haben, ihre Schlange direkt vor Ort bei einem Züchter zu erwerben, also nicht per Versand, auf einer Börse oder bei einem sonstigen Treffen. So können Sie sich direkt einen Gesamteindruck von der Terrarienanlage und der Unterbringung der Pythons machen, während Sie beim Kauf auf einer Reptilienbörse oder über das Internet im Vorfeld versuchen sollten, Referenzen einzuholen. Wichtig ist auf jeden Fall, dass Sie sich ein gesundes Tier aussuchen! Kranke Tiere aus schlechter Haltung gibt es leider immer wieder, deshalb gilt es, beim Kauf auf einige wichtige Dinge zu achten.

Im besten Fall erwerben Sie Ihren Königspython also direkt vor Ort. Achten Sie dabei genau auf den Zustand und die Sauberkeit der Anlage sowie der Tiere selbst. Sieht die Anlage bereits fragwürdig aus, drehen Sie am besten um und gehen wieder! Warum sollten die Königspythons hier gesund sein, wenn es rundherum von Keimen, Bakterien, Viren oder Parasiten nur so wimmelt?

Ist der erste Eindruck in Ordnung, können Sie sich erst einmal in Ruhe die Behausung der Schlange anschauen. Sind die Scheiben von innen mit Kot, Speichel oder Einstreu verschmiert? Verschleimte Tiere (z. B. aufgrund einer Lungenentzündung) bekommen

Die schöne, tief gespaltene Zunge beim Züngeln eines gesunden Pythons
Foto: A. Gibert (M&S)

die als Bodengrund dienende Einstreu oft ins Maul und versuchen, diese dann wieder an der Scheibe abzustreifen. Wenn sich Schlangenkot an der Scheibe befindet, so kann dies – vorausgesetzt, es ist frischer Kot – auch einmal ein unglücklicher Zufall sein: Die Schlange könnte dort vor kurzem zufällig entlang gekrochen sein. Daher gilt es, die Beschaffenheit des Kothaufens zu begutachten, möglicherweise leidet das Tier ja an einem Infekt. Der Kot sollte fest und gleichmäßig aussehen, keinesfalls schleimig, blutig oder nur halbverdaut.

Macht die Anlage insgesamt einen sauberen und gepflegten Eindruck, gilt es, den Python selbst genauestens anzuschauen. Achten Sie dabei vor allem auf folgende Dinge: Züngelt das Tier normal, mit sauber getrennten Zungenspitzen, und ist das Maul richtig geschlossen? Es darf sich kein Schleim am Maul oder an den Nasenlöchern befinden, und es dürfen auch keine auffälligen Atemgeräusche zu hören sein (allerdings nicht mit Fauchen verwechseln, das die Tiere bei Bedrohung zeigen!).

Weist das Tier äußere Parasiten auf? Dies können Sie z. B. feststellen, wenn Sie die Schlange durch ein weißes Tuch kriechen lassen. Milben lassen sich dann leicht als kleine schwarze oder auch rote Punkte auf dem Stoff nachweisen (siehe Kapitel „Außenparasiten").

Achten Sie weiterhin darauf, dass auch die Bauchseite des Tieres gesund aussieht und die Kloakenregion sauber ist. Natürlich darf die Schlange keine Nekrosen, offene Wunden oder rot unterlaufene Schuppen aufweisen.

Hat sich das Tier sauber gehäutet, oder befinden sich noch alte Hautreste am Körper oder auf den Augen?

Ist die Wirbelsäule gerade, oder weist die Schlange Deformationen auf? Dies kann man am besten erfühlen, indem man vorsichtig mit der Hand oder den Fingern vom Kopf über den Rücken der Schlange fährt. Dabei sollten keine Auffälligkeiten wie Beulen oder Verhärtungen spürbar sein.

Wie verhält sich die Schlange generell? Macht sie einen kräftigen Eindruck? Versucht sie, zu kriechen, oder hängt sie schlapp wie ein Fahrradschlauch über der Hand? Zeigt sich das Tier vielleicht gar ein wenig aggressiv? Letzteres mag zwar Neulinge in der Königspython-Haltung erschrecken und nicht gewünscht sein, ist aber doch meist ein Zeichen dafür, dass die Schlange gesund ist.

Wenn Sie auf all diese Dinge geachtet haben und die Schlange insgesamt einen gesunden und agilen Eindruck macht, erachte ich es nicht für notwendig, ihr auch noch mit Gewalt das Maul zu öffnen, um dort nach möglichen Belägen oder Schleim zu schauen. Da beim gewaltsamen Öffnen des Mauls Zähne abbrechen oder die Tiere sonst wie verletzt werden können, rate ich nur im wirklichen Verdachtsfall zu dieser Art der Untersuchung – selbst wenn sie noch vor einigen Jahren durchaus üblich war. Wichtig ist in diesem Zusammenhang vielmehr, auf ein ordentliches, arttypisches Züngeln des Tieres zu achten. Gegebenenfalls kann man mit dem Daumen die Unterlippe ein wenig nach unten ziehen, um sicher zu gehen, dass die Schlange im Maulinneren keine Erkrankungen aufweist.

Sind all diese Punkte erfüllt, können Sie das Tier guten Gewissens kaufen. Wichtig ist außerdem, dass der Verkäufer auch nach dem Kauf des Tieres für Sie erreichbar ist, beispielsweise wenn Sie Fragen haben oder unerwartete Probleme auftreten sollten. Das Schnäppchen auf der Börse kann schnell zum Reinfall werden, wenn der Verkäufer im Problemfall nicht mehr erreichbar ist. Das gilt besonders dann, wenn Sie Tiere erwerben, die über eine bestimmte wertvolle, äußerlich nicht erkennbare genetische Ausstattung verfügen sollen, also beispielsweise wildfarben sind, aber Träger bestimmter Farbeigenschaften sein sollen. So ist ein Pärchen, das laut Verkäufer heterozygot für Piebald sein soll, schließlich nur dann gut und günstig, wenn bei der Zucht nachher auch wirklich Piebalds herauskommen.

Sie sehen: Der Kauf eines Königspythons ist nicht nur im Hinblick auf den Gesundheitszustand des Tieres Vertrauenssache.

Python mit verdreckter Kloake
Foto: S. Broghammer

Autor Stefan Broghammer mit einem kleinen Stand auf der Breeders' Expo. Unten: Königspython-Display auf Amerikanisch. Viele Länder haben nicht die strikten Börsenrichtlinien zu den Behältern wie wir in Deutschland.
Fotos: B. Trapp

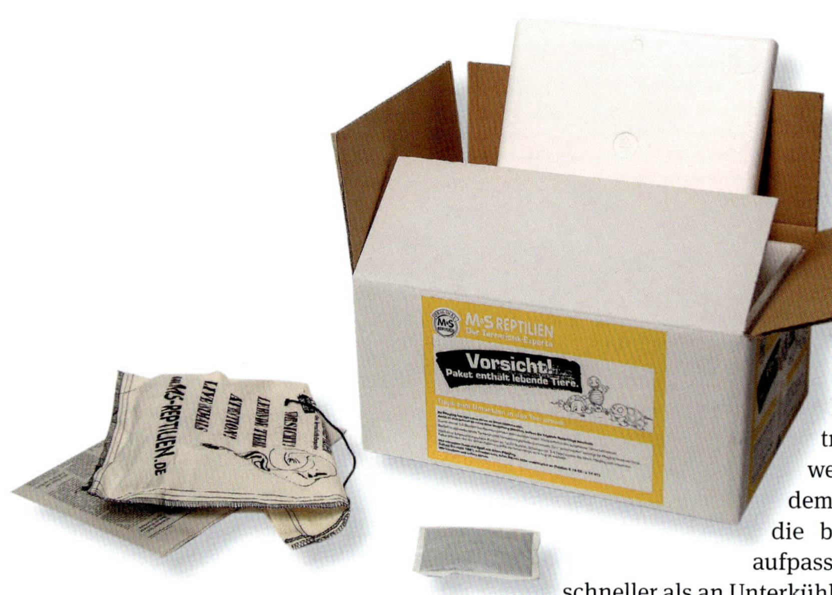

Zunächst ein Blatt Zeitungspapier in eine Baumwolltasche geben, als „Versteck" und um Feuchtigkeit wie Urin aufzusaugen. Dann kommt das Tier in die Tasche, die anschließend fest verschnürt wird, wobei natürlich darauf geachtet werden muss, dabei die Schlange nicht einzuschnüren. Den Beutel dann in viele Lagen Zeitung einwickeln. Keine Angst, es kommt trotzdem genug Luft zum Tier. Schließlich den Beutel mit der Schlange in eine Styroporbox legen und sie dort durch zerknülltes Zeitungspapier gegen Verrutschen sichern. Einige Luftlöcher in der Styroporbox sind wichtig, aber zu viele machen die Wärmedämmung zunichte. Bei einem kleinen Tier in einer großen Box sollte sogar ganz darauf verzichtet werden, denn das Luftvolumen in der Box würde viele Tage reichen. Bei Taschenwärmern, Heatpacks etc. nicht vergessen, dass eine Überhitzung schneller schaden kann als kurzzeitig niedrige Temperaturen.

Foto: A. Gibert, M&S Reptilien

TRANSPORT

Zum Transport des Pythons empfehle ich einen Leinenbeutel, darin ein Blatt Küchenpapier oder zerknüllte Zeitung. In solch einem engen Behältnis findet das Tier Schutz und ist weniger gestresst als in einer großen Transportbox, in der es möglicherweise während der Autofahrt hin- und herrutscht.

Selbstverständlich darf das Tier während des Transportes keinen extremen Temperaturen ausgesetzt werden. Daher rate ich zu einer thermostabilen Box, z. B. einer Styroporbox, in der der Beutel mit der Schlange transportiert wird. Noch besser ist es meiner Meinung nach, wenn Sie den Schlangenbeutel direkt unter der Jacke oder dem Pulli am Körper tragen. Hier herrscht zumindest im Winter die beste Temperatur! Im Sommer müssen Sie entsprechend aufpassen, dass das Tier nicht überhitzt; daran verendet es noch schneller als an Unterkühlung. Also keinesfalls die Schlange auf dem Heimweg im Auto liegen lassen und erst mal an der Raststätte gemütlich einen Kaffee trinken, während sich das Fahrzeug in der Sonne auf 50 °C oder mehr aufheizt!

Eine kalte Nacht während des Versands schadet einem gesunden Königspython dagegen nicht, selbst wenn die Temperatur kurzfristig bis auf etwa 10 °C absinkt. Wichtig ist nur, dass das Tier anschließend nicht sofort wieder auf 30 °C erwärmt wird, sondern es sich bei Raumtemperatur langsam akklimatisieren kann. Ich habe noch nie erlebt, dass ein Königspython von einer einzigen kalten Nacht eine Lungenentzündung bekommen hat. Natürlich darf dies nur eine Ausnahme sein, und sowohl vorher als auch nachher muss für optimale Temperaturen gesorgt werden.

Ebenso sollte die Schlange nicht gerade kurz vor einem Transport gefressen haben.

Selbstverständlich ist der Erwerb vor Ort mit anschließendem persönlichem Transport für das Tier im Allgemeinen am besten, doch kann aus ökologischer Sicht im Einzelfall auch ein zuverlässiger Tierversand sinnvoll sein – wenn man nämlich selbst mit dem Auto quer durch Deutschland fährt und dabei unter Umständen 100 Liter Benzin für eine einzige Schlange in die Umwelt bläst! Dies als kleine Anmerkung für die Kritiker des Tierversands.

UMGANG MIT DEM PYTHON

Ich kann mich noch gut erinnern, wie es damals war, als ich meinen ersten Königspython bekam. Wahrscheinlich stellte ich mir dieselben Fragen wie auch heute noch jeder Einsteiger in das Hobby: Wie gehe ich an das Tier heran? Wann beißt der Python und wann nicht? Wie oft darf ich ihn aus dem Terrarium herausnehmen? Wie halte ich das Tier richtig in der Hand?

Einige Leser werden sich vielleicht fragen, ob es überhaupt notwendig ist, dass man mit der Schlange hantiert. Die Frage ist berechtigt, denn vermutlich will auch ein Königspython am liebsten seine Ruhe haben. Das gilt ganz besonders nach dem Fressen oder in der Häutungsphase. Aber es hat durchaus auch Vorteile, wenn das Tier an ein regelmäßiges Handling gewöhnt ist. Ein solcher Königspython reagiert weniger scheu auf Störungen und die bei der Pflege nötigen Kontakte. Langfristig gesehen erfährt er dadurch weniger Stress beim alltäglichen Umgang durch Füttern, Reinigen, Behandeln von Krankheiten, bei der Zucht – wenn man das Tier z. B. auf Eier oder Follikel untersuchen muss – oder durch die bloße Anwesenheit des Pflegers.

Ein anderer Grund für regelmäßiges Handling ist ganz einfach der, dass der Mensch nun einmal das Bedürfnis hat, Tiere anzufassen, zu erfühlen oder womöglich zu streicheln und in gewisser Form zu hätscheln. Auch wenn bei diesem Gedanken sicher viele zusammenzucken, so hat das Bedürfnis des Menschen nach Kontakt zum Tier auch seine

guten Seiten. Ich denke, wir alle sind begeistert und fasziniert vom Körper und der Ausstrahlung einer Schlange. Um diese Reptilien richtig erleben und begreifen zu können, gehört auch das Anfassen dazu – bei allem Respekt vor dem Tier!
Des Weiteren lässt sich im direkten Kontakt mit der Schlange besser erkennen, ob sie gesund ist oder vielleicht Anzeichen einer Krankheit zeigt. Man kann so z. B. den Zustand der Bauchschuppen untersuchen oder einfacher auf Atemgeräusche achten, die eventuell ein Hinweis auf eine Atemwegserkrankung sind. Es kann also durchaus von Vorteil sein, wenn man den direkten Kontakt zu seiner Schlange pflegt.

Auch beim Autor kann es mal zu einer (harmlosen) Bissverletzung kommen
Fotos: A. Gibert (M&S)

Die Frage, wie oft das Handling geschehen sollte, beantwortet sich eigentlich von selbst. Zu Beginn der Haltung wird der Pfleger sicher öfter das Bedürfnis haben, seine neue Schlange auch einmal in der Hand zu nehmen. Schließlich ist die Faszination für den Königspython der Grund, warum man sich für seine Haltung entschieden hat. Solange der Raum, in dem mit der Schlange hantiert wird, gut beheizt ist und keine Zugluft auftritt, sehe ich selbst in einem täglichen Umgang mit dem Python kein Problem. Allerdings sollte das Tier nicht gerade frisch gefressen haben, denn dann benötigt es Ruhe für die Verdauung, und man sollte ihm hierfür mindestens drei Tage Ruhe gönnen. Gleiches gilt, wenn sich das Tier kurz vor bzw. in der Häutungsphase befindet. Mit der Zeit wird diese Form des direkten körperlichen Kontakts zur Schlange automatisch weniger werden.
Wie aber gehe ich mit einem scheuen und schreckhaften Python um, der schnell faucht oder gar beißt? Diese Frage bekomme ich oft gestellt, umgangssprachlich wird oft auch von einer „aggressiven“ Schlange gesprochen. Zunächst einmal: Ein Tier, das etwas nervöser und ängstlicher ist, zeigt ein natürliches und vor allem auch gesundes Verhalten. Kranke Tiere sind in der Regel apathischer, was man fälschlicherweise als „Zahmheit“ deuten könnte. Das bedeutet im Umkehrschluss aber natürlich nicht, dass jeder umgängliche Königspython krank sein muss. Tatsächlich sind diese Tiere von Natur aus recht umgänglich. Selbst ein

Handling der Schlange mit einem Schlangenhaken
Foto: A. Gibert (M&S)

Exemplar, das frisch in der Natur gefangen wird, versucht nur selten zu beißen; vielmehr nimmt es meist die typische Ballstellung ein, was dem Königspython seinen englischen Namen „Ball Python“ eingebracht hat. Aber es gibt natürlich auch Ausnahmen: Einige Exemplare, vielleicht 3–5 % der Tiere, sind eben doch etwas nervöser und ängstlicher – und teilen dies dann durch Bissversuche mit. Einem erfahrenen Königspythonhalter ist das vermutlich egal, ein Neuling hat damit schon mehr Probleme.

Ich kann mich noch gut an meine Anfangszeit der Schlangenhaltung erinnern. Der Respekt vor dem Python war groß, die Unkenntnis auch, und plötzliche Bissversuche meiner Schlange führten bei mir fast zu Atem- und Herzstillstand! Schuld daran war weniger Schmerz als vielmehr der Schreck. Gegen diese anfängliche Angst vor einem Biss kann man nicht trainieren, sie verliert sich meist von selbst. In der Regel sind es nur harmlose Abwehrbisse, nach denen der Python sofort wieder loslässt. Der Vorgang hinterlässt lediglich ein paar kleine rote Pünktchen in der Haut, aus denen einige Tröpfchen Blut fließen – das war es schon. Der Biss einer Maus oder gar einer Ratte ist dagegen viel schmerzhafter.

Ein Beutebiss, bei dem die Schlange sich mit den Zähnen festbeißt und zu „würgen“ beginnt, ist schon etwas unangenehmer, wenn auch nicht wirklich schlimm oder schmerzhaft – zumindest nicht bei einem Jungtier. Handelt es sich um einen solchen Beutebiss, sollte man einige Momente warten, bis die Schlange von selbst wieder loslässt. Man kann das im Notfall beschleunigen, indem man das Tier kurz unter fließendes Wasser hält oder – noch wirkungsvoller und einfacher – kräftig in das noch festgebissene Maul des Tieres pustet. Dann lässt die Schlange in der Regel sofort los.

Ich würde sicherheitshalber raten, eine frische Bisswunde mit einem Antiseptikum wie z. B. Betaisodona zu behandeln. Außerdem ist eine Tetanusimpfung angebracht, zumindest für einen Halter, der mehr als nur eine oder zwei Schlangen pflegt.

Der wichtigste Punkt beim Handling ist ein ruhiger und bedächtiger Umgang mit dem Tier, ohne Gewalt oder übertriebenes Festhalten. Insbesondere der feste Griff hinter dem Kopf sollte vermieden werden. Wenn die Schlange aus dem Terrarium entnommen wird, sollte dies zügig und beherzt, nicht etwa zögerlich oder ängstlich geschehen. Gegebenenfalls kann man den Kopf des Tieres mit einem Schlangenhaken etwas zur Seite schieben oder das ganze Tier damit anheben.

Vor allem bei großen Exemplaren ist es generell sinnvoll, das Tier vor dem Anfassen mit dem Schlangenhaken zu berühren. Durch das Antippen mit dem Haken gibt man der Schlange Gelegenheit, zu erkennen, was gerade passiert, und das Tier merkt schnell, dass es sich lediglich um den Pfleger handelt, der sich nähert. Ansonsten könnte der Python die warme Hand des Pflegers durchaus einmal mit einem Futtertier verwechseln.

Wenn Sie anfangs befürchten, von Ihrer Schlange gebissen zu werden, bietet sich das Tragen von Lederhandschuhen an.

Noch ein wichtiger Punkt zum richtigen Anfassen der Schlange: Nähern Sie sich der Schlange generell mit der flachen Hand, sodass Sie dem Tier keinen Angriffspunkt bieten, in den es hineinbeißen könnte – und bewegen Sie Ihre Hand nicht direkt von vorne auf den Kopf der Schlange zu, so wie man es beispielsweise bei einem Hund tut. Eine Schlange deutet dies als Angriff und kann dementsprechend zubeißen! Meiner Erfahrung nach ist es am besten, wenn Sie sich dem Python mit der flachen Hand von schräg vorne nähern und ihn dann in der Körpermitte aufnehmen. Dies sollte wie erwähnt nicht zu zaghaft geschehen, auch sollten Sie die Hand nicht wieder zurückziehen, da dies das Tier unnötig nervös machen würde.

Sollte sich der Python anschließend in der Hand winden und zu entkommen versuchen, lassen Sie das Tier ruhig durch die Hände gleiten und fassen dabei immer wieder nach, ohne die Schlange selbst festzuhalten. Nach einiger Zeit verliert sie an Elan und entspannt sich. Ich selbst wende bei sehr scheuen Tieren eine besondere Vorgehensweise an, für die ich von anderen Haltern allerdings meist Gelächter ernte (siehe auch Kasten): Ich setze mich mit dem Tier eine Viertelstunde vor den Fernseher! Das Programm hat natürlich keinen direkten Einfluss auf den Python, aber es hilft dem Pfleger, sich zu entspannen, sodass er sich nicht mehr ängstlich auf die Schlange konzentriert. Sobald beim Pfleger Anspannung und Nervosität nachlassen, wird auch das Tier schnell ruhiger. Wenn Sie dies eine Zeitlang, z. B. jeden zweiten Abend, mit der Schlange machen, werden Sie innerhalb kurzer Zeit „dicke Freunde“.

DAS TERRARIUM

Die meisten Königspython-Halter pflegen ihre Tiere in Glas- oder Holzterrarien. Welchem Material man den Vorzug gibt, ist letztlich Geschmackssache. Ein Holzterrarium mit Frontscheiben aus Glas lässt sich recht einfach selbst bauen, ein Glasterrarium hat aber den Vorteil, dass Glas im Gegensatz zu Holz nicht so schnell altert. Bei sachgerechter Behandlung kann ein Glasbecken auch nach zehn Jahren noch so aussehen wie am ersten Tag. Allerdings empfiehlt es sich, bei Vollglasbecken zumindest die Rückwand sowie eine oder zwei Seitenscheiben mit einem isolierenden Material wie z. B. Kork zu verkleiden, um den Wärmeverlust gering zu halten. Außerdem fühlt sich der Python sicherer, wenn der Behälter nicht von alle Seiten einsehbar ist.

Laut dem Gutachten über die Mindestanforderungen an die Haltung von Reptilien, das 1997 im Auftrag des Bundesministeriums für Ernährung, Landwirtschaft und Forsten, Referat Tierschutz, erstellt wurde, soll die Mindestbehältergröße für zwei *Python regius* 1,0 × 0,5 × 0,75 cm (Länge × Breite × Höhe) betragen – wobei diese Faktoren mit der Körperlänge des größeren Tieres zu multiplizieren sind. Für ein durchschnittlich großes Pärchen mit etwa 125 cm Länge bedeutet

5 TRICKS FÜR DEN UMGANG MIT DEM KÖNIGSPYTHON

1
Man sollte immer ruhig mit dem Tier hantieren. Ist man selbst nervös oder ängstlich, überträgt sich dies auf den Python.

2
Möchte man das Tier ergreifen, so sollte man beherzt zufassen und nicht etwa ein paar Mal an der Schlange „herumtatschen", bevor man sie richtig greift. Dadurch könnte die Schlange sich provoziert fühlen.

3
Man nähert sich dem Python am besten schräg von vorne oben mit der flachen Hand oder dem Unterarm, wobei man sich ruhig, aber zügig nähert, um das Tier dann in der Körpermitte zu ergreifen.

4
Hat man großen Respekt vor dem Python, können zum Schutz und zur eigenen Entspannung Handschuhe angezogen werden.

5
Ein guter Tipp, für den ich immer wieder Spott einfange: Besonders scheue *Python regius* nehme ich über mehrere Abende hinweg aus dem Terrarium und lasse sie, entspannt auf der Couch vor dem Fernsehgerät sitzend, 15–30 Minuten lang (im gut beheizten Raum!) durch meine Hände gleiten oder auf dem Schoß liegen, bis sie allmählich ruhiger werden – durch die Ablenkung des Pflegers wird auch der Python schnell entspannter. Die Wahl des Fernsehprogramms ist übrigens zweitrangig ...

Typisches Königspython-Terrarium
Foto: A. Bonsels

Naturnah eingerichtetes Terrarium
Foto: K. Horschig

dies ein Terrarium mit den Maßen 125 × 62,5 × 93,75 cm. Für jedes weitere Tier ist ein Volumen von 20 % hinzuzurechnen.

Aufgrund seiner für eine Riesenschlange geringen Größe lässt sich der Königspython gut und mit moderatem Aufwand auch in einem sogenannten „Rack" pflegen. Gerade die Rackhaltung ist bei vielen Züchtern in den letzten Jahren sehr populär geworden. Rechtlich ist diese Form der Haltung noch eine gewisse Grauzone, denn sie widerspricht in Deutschland und anderen EU-Ländern den geltenden Richtlinien, zumindest was die Höhe bei der Unterbringung angeht. Kurioserweise führt das Bundesministerium für Ernährung, Landwirtschaft und Forsten, Referat Tierschutz, in seinem Gutachten von 1997 den Königspython noch als Baumbewohner und nennt für die Haltung daher unpraktikable Terrarienhöhen. Wie im Kapitel Lebensweise angesprochen, halte ich die Studie, die dieser Einstufung zugrunde liegt, für extrem fragwürdig.

Andererseits ist die Rackhaltung in der Praxis sehr erfolgreich, und es hat sich gezeigt, dass *P. regius* dabei gut frisst, gedeiht und sich auch vermehren lässt. Dies liegt mit Sicherheit daran, dass der Königspython auch in der Natur die meiste Zeit in Höhlen und unterirdischen Gängen lebt und die vergleichsweise enge, aber geschützte Terrarienhaltung seinem Wesen entgegenkommt.

Bei einem Rack handelt es sich um eine Art Schubladenregal, wobei die einzelnen Kunststoffwannen, die meist eine Höhe von 15–25 cm aufweisen, als Terrarium dienen. Der obere Regalboden dient zugleich als Deckel für die darunterliegende Schublade. Die einzelnen Wannen lassen sich bequem ein Stück weit herausziehen, sodass man ohne großen Aufwand die Schlangen füttern oder das Rack reinigen kann.

Kunststoffbox als praktisches Aufzuchtterrarium
Foto: A. Gibert (M&S)

Die Abmessungen der Wannen im Racksystem richten sich nach der Größe der gepflegten Königspythons und reichen von 35 × 25 cm für Babys bis zu 60 × 80 cm für adulte Tiere.

Die Einrichtung der Wannen ist meist spartanisch: Neben Einstreu als Bodengrund weisen die Racks lediglich eine Wasserschale und ein Versteck für die Schlange auf. Beheizt werden die Wannen entweder im hinteren Drittel mittels Heizmatte oder -kabel, oder aber der ganze Raum wird so beheizt, dass entsprechende Temperaturen im Inneren des Racks herrschen. Generell ist die Rackhaltung nur anzuraten, wenn der Raum selbst schon sehr warm ist und eine Temperatur von deutlich über 25 °C aufweist. In einem normalen Wohnraum, wo üblicherweise maximal 21 °C am Tage herrschen und die Werte nachts auf unter 20 °C sinken, ist ein Rack ungeeignet, denn die benötigten hohen Werte von 30 °C lassen sich in den Wannen dann kaum erreichen – zu viel kalte Raumluft würde durch die Lüftungslöcher hineingelangen, was die Schaffung eines relativ gleichmäßigen warmen Klimas im Inneren verhindert.

Neben Racksystemen und herkömmlichen Terrarien haben sich bei mir besonders für die Aufzucht von Jungtieren entsprechend große Kunststoffboxen bewährt. Diese statte ich mit je einer seitlichen Lüftungsfläche oben und unten aus. Dazu reicht jeweils eine

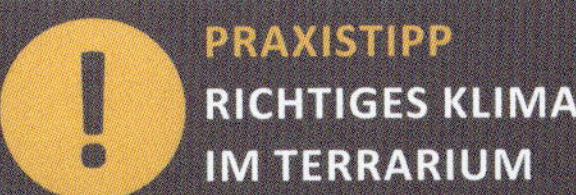

PRAXISTIPP

RICHTIGES KLIMA IM TERRARIUM

Ein häufig begangener Fehler bei der Haltung von Königspythons ist die Unterbringung der Tiere in einem zu kühlen Terrarium, in dem eine allgemeine Lufttemperatur von beispielsweise 25 °C herrscht und die gewünschten 30 °C (oder mehr) mittels Heizmatte nur in einer Ecke erreicht werden. Das ist für Königspythons kein Terrarienklima, sondern eine Klimakatastrophe im Miniformat!

Die richtige (hohe) Lufttemperatur ist für diese Art wichtig und muss stimmen. Stärker erwärmte Sonnenplätze dürfen zwar vorhanden sein, sind aber gerade bei *P. regius* weniger von Bedeutung – der Königspython ist kein Tier, das lange Sonnenbäder nimmt, es sei denn, er ist dazu gezwungen, um sich in seiner kalten Behausung wenigstens etwas aufzuwärmen (dieser Gedanke erinnert mich immer an Szenen aus amerikanischen Spielfilmen von Obdachlosen auf Straßen, die um eine Eisentonne mit Feuer stehen ...).

Wir wollen keine „frierenden Schlangen", sondern gesunde Pfleglinge. Dazu benötigt man ein gleichmäßig warmes Klima im Terrarium, mit dauerhaften Werten von nachts 25–26 °C und tagsüber 30–31 °C. Solche Temperaturen sind in einem 21 °C „kalten" Wohnzimmer und mit Lüftungsschlitzen gespickten Terrarium, in das die kühle Luft der Umgebung hineinzieht, nur sehr schwer zu bewerkstelligen. Auch eine einfache Beheizung von unten (z. B. durch Heizkabel oder Heizmatte), die das Terrarium lokal auf 30 °C erwärmt, in dem aber ansonsten eine Lufttemperatur von nur 24–25 °C herrscht, reicht nicht aus – die Luft muss zusätzlich von oben mittels Licht- oder Wärmestrahler, sog. Heat Panels, erwärmt werden. 2016 kamen die so genannten Heat Panels neu auf den Markt. Sie sind ein Meilenstein in der Terraristik. Es handelt sich um eine ganz einfache Konstruktion: lediglich eine Platte, die nach unten wärmt und nach oben hin isoliert ist. Dadurch, dass die Wärme nicht sinnlos nach oben verloren geht wie bei einem Strahler, kann man über 30 % der Energie beim Heizen einsparen. Außerdem muss man nicht umständlich mit Schutzkörben arbeiten, die weit in das Terrarium ragen. Die Panels werden einfach oben festgeschraubt oder -geklebt. Sie werden nicht so extrem heiß, nur bis ca. 55 Grad. Somit können sich die Tiere nicht daran verbrennen.

Ich rate dazu, keine Panels zu verwenden, die zu viel Leistung auf eine zu kleine Fläche bringen. Dann wird die Oberfläche nämlich doch zu heiß, ähnlich wie beim Strahler, und die Tiere können sich daran verbrennen. Etwa 60 Watt auf einen Viertelquadratmeter sind nach meiner Erfahrung perfekt. In größeren Terrarien muss man dann einfach mehrere Panels anbringen bzw. ich vermute, dass die Industrie in den nächsten Jahren auch größere Panels mit entsprechend höherer Leistung auf den Markt bringt, also nicht einfach gleich große mit höherer Leistung.

In einem Schlangenterrarium ist die richtige Temperatur das A und O. An diesem Punkt sollten Sie auf keinen Fall sparen! Die Beheizung ist bei Schlangen – wie das richtige Licht bei vielen Echsen und Schildkröten – diejenige Technik, für die Sie das meiste Geld (sinnvoll!) ausgeben sollten.

Damit kommen wir dann auch zu einer alten Terrarianerweisheit, der Wichtigkeit eines Temperaturgefälles. Das Tier soll sich innerhalb dieses Temperaturgefälles die passende Stelle aussuchen können. Ich habe diese Forderung selbst jahrelang gepredigt. Mittlerweile allerdings bin ich zu der Erkenntnis gekommen, dass sie in dieser Form beim Königspython keine Gültigkeit hat. Die Temperatur an einem Tag in seinem Verbreitungsgebiet beträgt nun mal 30–32 °C im Schatten. Genau hier, wo ich (bildlich gesprochen) stehe, aber auch einen halben Meter weiter rechts oder links. Da herrscht auch kein Gefälle. Es gibt Sonne und Schatten oder Höhlen, die etwas kühler sind, aber kein Gefälle. Also: Warum sorgen wir im Terrarium eines Königspythons für ein solches Gefälle? Ich glaube, dass dadurch sogar grobe Fehler passieren. Die Lufttemperatur im Terrarium misst dann unter dem Panel oder dem Strahler die benötigten 31 °C, aber auf der anderen Seite des Beckens nur noch 25 °C. Das ist falsch bzw. an sich verschenkter Platz. Was nutzt ein großes Terrarium, in dem nur ein Teil das richtige Klima hat? Dann kann ich es auch kleiner und richtig machen. Oder noch besser: größer und richtig. Die Luft im ganzen Terrarium eines Königspythons muss die tropischen 30–31 °C aufweisen. Durch Einrichtung und Strahlung bzw. Nähe zum Heizelement (Sonnenplatz) gibt es dann immer noch verschiedene Temperaturen, vor allem höhere. Niedrigere Werte entstehen nur in der Nacht. Ich bin sicher, dass sich durch die passende Wärme 90 %, wenn nicht fast 100 % der Atemwegserkrankungen vermeiden lassen.

Das Optimum für die Haltung von Königspythons ist ein separates, entsprechend klimatisiertes Terrarienzimmer, in dem die Temperaturen so weit angehoben werden können, wie sie für diese Art wichtig sind.

Reihe gebohrter oder mit dem Lötkolben geschmorter Löcher mit 5 mm Durchmesser im Abstand von 3 cm aus. Die Einrichtung besteht aus einer Wasserschale, einer Versteckbox mit feuchtem Moos und je nach Belieben noch einem Kletterast. Als Bodengrund verwende ich feine Holzeinstreu. Wichtig ist, dass man eine Sorte wählt, die bei Feuchtigkeit nicht schimmelt – so kommen die etwas gröberen Buchenholzspäne, die sich bei der Haltung von Nattern gut bewährt haben und dort häufig verwendet werden, für Pythons besser nicht infrage, denn sie schimmeln, wenn Sie längere Zeit nass sind!

Ich persönlich finde es wichtig, dass die verwendeten Boxen – egal ob nun im Rack oder als einzelnes Terrarium – transparent sind. Ich bin kein Freund von undurchsichtigen Schubladen, die erst geöffnet werden müssen, damit man die Schlange sehen kann. Einerseits bedeutet ein häufiges Öffnen der Schublade zu Kontrollzwecken unnötigen Stress für das Tier, andererseits erkennt man mögliche Veränderungen, wie z. B. Krankheiten, Häutung, Ovulation oder Paarung, nicht einfach so „im Vorbeilaufen". Wenn man nur alle paar Tage einmal die Schublade öffnet, um nach dem Tier zu sehen, besteht die Gefahr, dass man schnell etwas übersieht.

Übrigens: Ich bin überzeugt, dass *P. regius* am liebsten allein ist. Die Einzelhaltung wirkt sich überaus positiv auf Gesundheit und Fressverhalten aus. Lieber das Terrarium etwas kleiner mit nur einem Exemplar als ein riesiger Behälter, der mit einer ganzen Gruppe an Tieren besetzt ist. Das geht auf Dauer nicht gut!

Wenn man sich als Halter an den natürlichen Lebensgewohnheiten von *P. regius* orientieren will, ist die ideale Unterbringung für einen Königspython eigentlich ein Terrarium,

Heat Panel im Terrarium Foto: T. Demel

KOMMENTAR

NICHT TIERSCHUTZGERECHT? ANMERKUNGEN ZUR RACK-HALTUNG VON KÖNIGSPYTHONS

Seit Jahren schon tobt eine leidenschaftliche Diskussion, ob man *Python regius* in sogenannten Racks (also: Schubladen-Systemen) halten soll, darf oder sogar – um die Art erfolgreich zu züchten – muss.

Schauen wir uns erst einmal den Lebensraum der Tiere in Afrika an. Ich war schon über 20 Mal in Westafrika und unternahm dabei fast jedes Mal eine private Fotosafari, um Königspythons zu suchen, zu fotografieren oder zu filmen. *Python regius* lebt in den Savannengebieten Westafrikas. Die Art bevorzugt inzwischen landwirtschaftlich genutzte Flächen, vermutlich, weil die Nager-Population hier besonders hoch ist. Der Königspython benutzt als Versteck verlassene Nagerbaue oder Termitenhügel. Diese bieten den Reptilien Gänge und kleine Höhlensysteme. In den „grünen Jahreszeiten", nach Regenfällen, findet man die Pythons auch außerhalb ihrer Verstecke in Mulden direkt am Boden, also unter der Grasnarbe an den Graswurzeln. Auch hier formen sie sich eine Art Gänge und enge Höhlen, die nach oben hin völlig vom sehr dichten Gras bedeckt sind. Das Klima dort ist feuchtwarm, der Königspython scheint diese Hitze zu lieben. In Wäldern dagegen und selbst unter größeren Bäumen findet man keine Exemplare. Die Trapper in Afrika sagen, dass es dem Python im Schatten zu kühl ist.

Gehen die Trapper vor Ort auf Pythonjagd, tun sie dies immer am Tag. Nachts mit Taschenlampe wird nicht nach Pythons gesucht – das hat einfach keinen Erfolg. Die Tiere sind zu sehr an die Höhlen und Verstecke gebunden und gehen nicht aktiv auf die Jagd wie andere Schlangen. Lediglich in der Paarungszeit werden die Männchen aktiv und kriechen umher, um eine Partnerin zu suchen.

Zum Fangen der Tiere sucht man entweder nach Höhlen bzw. Termitenbauten und gräbt diese auf, oder – was erfolgversprechender ist – man fragt Bauern, ob sie ein Exemplar gesehen haben. Meist hat man Glück, und die Bauern führen einen zu einem Loch, an dem sie (in der Regel morgens) einen Python gesehen haben. Dieses Loch dann aufzugraben, führt fast zu 100 % zum Ziel. Die Methode dagegen, auf gut Glück wahllos Baue aufzugraben, ist sehr mühsam, und ich würde schätzen, dass sie nur zu ca. 20 % erfolgreich ist.

Das alles ist für mich ein Indiz dafür, wie standorttreu und wie gebunden an „ihre" Höhle die Tiere leben. Übrigens findet man dort immer nur einen Python bzw. allenfalls zur Paarungszeit ein Pärchen oder zur Schlupfzeit ein Weibchen mit frisch aus dem Ei gekrochenen Jungtieren. Es gibt keine „Ansammlungen", wie es bei anderen Schlangen oft der Fall ist. Die Tiere scheinen in der Natur am liebsten allein zu hausen.

Das Leben eines *P. regius* spielt sich also fast komplett in der Höhle bzw. im Versteck ab. Er lauert dort auf Beute, nämlich kleine Nager, die auf Futtersuche sind. Nur in sehr trockenen Zeiten machen die Tiere eine Art Ruhepause, fressen nichts und ziehen sich noch weiter zurück, bis es wieder feucht und grün wird und die Nager erneut aktiv sind. Ich schließe aufgrund des schnellen Wachstums auf ein hohes Futterangebot außerhalb der extremen Trockenzeiten. Jungtiere in Afrika sind schon wenige Wochen nach dem Schlupf größer als die meisten gleichaltrigen Exemplare in menschlicher Obhut bei wöchentlicher Fütterung. Jedes Jahr werden in Afrika sogenannte Buschbabys angeboten, also in der Natur geschlüpfte Jungtiere, ca. 4–8 Wochen nach der Schlupfzeit. An ihnen lässt sich dieses im Vergleich zu Terrarienexemplaren schnelle Wachstum sehr gut ermessen.

Also macht ein Königspython die meiste Zeit nichts anderes, als sich in seiner Höhle zu verstecken und Nahrung zu verdauen, am Eingang auf neue Beute zu lauern und (laut Berichten der Trapper) morgens auch mal 30–60 Minuten vor der Höhle in der Sonne etwas Wärme aufzunehmen. Bäume befinden sich keine in unmittelbarer Nähe, der Schatten eines Baumes macht das Versteck zu kalt. Die Höhle liegt in der Sonne, dadurch herrschen dort rund 30 °C am Tag. Nachts hält sich die Wärme sehr gut, die Temperaturen sinken nur um wenige Grade ab.

Königspythons als Baumbewohner?

Im Gutachten zu Mindestanforderungen an die Haltung von Reptilien, das vom Bundesministerium für Ernährung, Landwirtschaft und Verbraucherschutz in Auftrag gegeben wurde, ist *P. regius* als Baumbewohner aufgeführt. Das ist völlig falsch, in der Natur wird man keinen Königspython jemals in einem Baum antreffen, nicht mal in einem Busch. Bäume sind ja wie erwähnt gar nicht in der Nähe. Ich machte mir vor ein paar Jahren einmal die Mühe, das BMELV auf den Fehler hinzuweisen. Ich habe zumindest einen netten Brief bekommen, aktuell gebe es da keinen Handlungsbedarf. Aber Königspythons zu Baumbewohnern zu erklären, ist nun einmal leider so, als würde man einen Hund als baumlebend betrachten und infolgedessen Kratz- und Kletterbäume für Hunde fordern.

Dabei ist schon allein der eher plumpe und untersetzte Körperbau von *P. regius* völlig ungeeignet zum Klettern. Ich weiß: Es gibt Fotos in der Literatur, auf denen ein Königspython in einem Baum hängt. Ich behaupte, dass diese Aufnahmen gestellt sind. Einfach der optischen Wirkung wegen, und weil sich die Tiere so natürlich leicht fotografieren lassen. Vermutlich sind die so gezeigten Tiere nicht mal in der Natur gefunden, sondern von einem Python-Farmer als Fotomodell ausgeliehen worden.

Dass ein Jungtier in einem Terrarium auch mal auf einen Ast klettert oder sich dort sogar ein Versteck sucht, ist möglich. Es tut dies dann aber normalerweise aufgrund der optimalen Temperatur an der betreffenden Stelle, mangels einer passenden Alternative in Form eines optimal klimatisierten Verstecks.

Folgerungen für die artgerechte Haltung

Bis vor rund zehn Jahren, als es noch nicht diesen Boom um die Morphen des Königspythons gab, wurden die Tiere klassischerweise in normalen Terrarien gehalten, so wie wir uns die Terraristik nun mal eben vorstellen. Zu dieser Zeit wurde diese Art noch nicht besonders erfolgreich nachgezüchtet. Königspythons galten als schwierig zu vermehren, als heikle Fresser und als anspruchsvolle Terrarientiere. Nicht zuletzt aufgrund der hohen Preise für Farbmorphen machten sich Terrarianer daran, die Haltungsbedingungen zu verbessern, allen voran die US-Amerikaner. Die Tiere wurden wärmer gehalten, stärker gefüttert, und statt großer Terrarien wurden flache Schubladen verwendet, die außer einem Versteck und Wasser nicht viel Einrichtung enthielten. Und plötzlich klappte die Zucht. Sogar so erfolgreich, dass mittlerweile zumindest nach Europa kaum noch Farmzuchten importiert werden (sehr zum Leidwesen der afrikanischen Farmer übrigens).

Es ist unbestritten, dass Königspythons besser fressen und gedeihen, wenn sie ein eher niedriges Terrarium bewohnen. Dazu gehört am besten noch ein enges Versteck, das zusätzlichen Schutz und mehr Kontakt zum Körper bietet. Dies wird sogar in der heftig diskutierten aktuellen Stellungnahme der erwähnten Verbände zur Rackhaltung so bestätigt. Jungtiere sollen dieser Stellungnahme zufolge kurzfristig in Racks gehalten werden dürfen, bis sie gut fressen. Damit wird implizit diese Erfahrung bestätigt!

Warum aber sollten dann nur Jungtiere im Rack gehalten werden, bis sie gut fressen? Verschärft formuliert: Sollen die Tiere nur so lange unter optimalen Bedingungen gepflegt werden, bis sie robust genug sind, auch schlechtere Haltungsparameter zu tolerieren? Reicht es dann mit der artgerechten Haltung? Ab dann müssen nicht mehr optimale Haltungsbedingungen geboten werden, damit die Unterbringung unseren Normen und althergebrachten, vermenschlichenden Vorstellungen entsprechen? Das soll Tierschutz sein? Für mich ist das völlig unverständlich.

Vor zehn Jahren gingen noch Tricks herum, wie man einen *P. regius* dazu bringt, ans Futter zu gehen. Zum Beispiel indem man das Tier in eine zerknüllte Papiertüte setzt, zusammen mit einem toten Futtertier, und es dann so über Nacht im Terrarium lässt. Dieser und alle ähnlichen Tricks zielten auf die höhlenbewohnende Lebensweise dieser Tiere ab und funktionierten folgerichtig auch meistens!

Eine kommerzielle Rack-Anlage bei Gourmet Rodent, Florida

Foto: S. Broghammer

Nach wie vor spricht nichts dagegen, sich ein schönes Terrarium für Königspythons ins Wohnzimmer zu stellen, es einzurichten, ansprechend zu dekorieren, zu beleuchten und natürlich optimal zu klimatisieren. Aber bei der Einrichtung muss man darauf achten, dass den Tieren enge Höhlen und Verstecke zur Verfügung stehen, denn dies entspricht den Verhältnissen in ihrem Lebensraum. Der obere Teil des Terrariums ist dann zwar streng genommen unnötig, aber das stört die Tiere ja nicht. Es sieht einfach schön aus – ein legitimes Ziel für die Hobbyhaltung. Das ist eine tolle Möglichkeit, wenn man ein, zwei oder auch drei Königspythons halten will. Wobei es allerdings am besten wäre, jedes Tier in einem eigenen Terrarium zu halten, denn wie gesagt: Die Pythons leben auch in der Natur am liebsten allein! Dies ist schöne, ansprechende Terraristik, aber für die professionelle Zucht leider völlig unpraktikabel.

Ich selbst halte und züchte Königspythons bis heute überwiegend ohne Racks, aber auch ich überlege, meine Zucht umzustellen. Schlechte Fresser halte ich schon jetzt in Racks. Lediglich die rechtliche Unsicherheit schreckt mich derzeit ab. Meine Terrarien sind eher flach, und ich stelle flache Kunststoffverstecke hinein, in denen sich die Tiere fast immer aufhalten. Selbst unter diesen Bedingungen habe ich manchmal noch Probleme mit Tieren, die nicht so gut ans Futter gehen bzw. übermäßig lange Fresspausen einlegen. Hier muss als kleiner Exkurs allerdings angemerkt werden: Königspythons legen Fresspausen ein, auch in der Natur, über Wochen und Monate. Diese fallen in die Trockenzeit, wenn es im Lebensraum keine ausreichende Nahrung gibt. Meist dauert diese Pause etwa 4–8 Wochen, danach fressen die Tiere umso mehr.

Für die Jungtieraufzucht verwende ich Boxen mit ca. 30 x 35 cm Grundfläche. Ich habe mich bisher für solche Boxen und nicht Racks entschieden, weil die aktuell angebotenen Racks meiner Meinung nach so flach sind, dass dies zu Problemen mit dem Veterinär führt. Denn laut Gutachten über die Mindestanforderungen an die Haltung von Reptilien muss jede Behausung für bodenbewohnende Schlangen mindestens 20 cm hoch sein.

Ich habe jetzt neue Racks bzw. Wannen fertigen lassen, die zumindest 20 cm hoch sind, um somit dem generell geforderten Minimum zu entsprechen. Sie haben eine Grundfläche von rund 90 x 50 cm. Ich bin überzeugt davon, dass eine optimale Haltung damit gewährleistet ist, wenn man von einer üblichen Endgröße der Tiere von 100–130 cm ausgeht. Als Nächstes werde ich noch Jungtierboxen anfertigen lassen, mit der gleichen Höhe, aber nur der halben bzw. einem Drittel der Grundfläche, für Babys bzw. für die weitere Aufzucht. Ich bin sicher, dass sich Königspythons so perfekt halten, aufziehen und züchten lassen.

Ich hoffe, dass wir eines Tages die nötige Rechtssicherheit bekommen und dass die Verantwortlichen die aktuellen Gutachten und Stellungnahmen noch einmal überarbeiten und dabei der tatsächlichen Lebensweise von *P. regius* Rechnung tragen werden. Dies besonders auch unter Berücksichtigung der in der aktuellen Stellungnahme zur Rack-Haltung bereits eingeräumten Tatsache, dass die Tiere in flachen Behältern besser fressen und gedeihen.

Übrigens: Auch ich bin kein Freund der Legebatterien bei Hühnern. Ein Huhn lebt und „legt" sicher besser und tiergerechter mit dem entsprechenden Freilauf. Aber beim Königspython kann man doch nicht einen Höhlenbewohner zum Baumbewohner erklären und dem natürlichen Lebensraum keine Rechnung tragen, nur weil dies den menschlichen Vorstellungen von viel Platz, Auslauf und Bewegung entspricht.

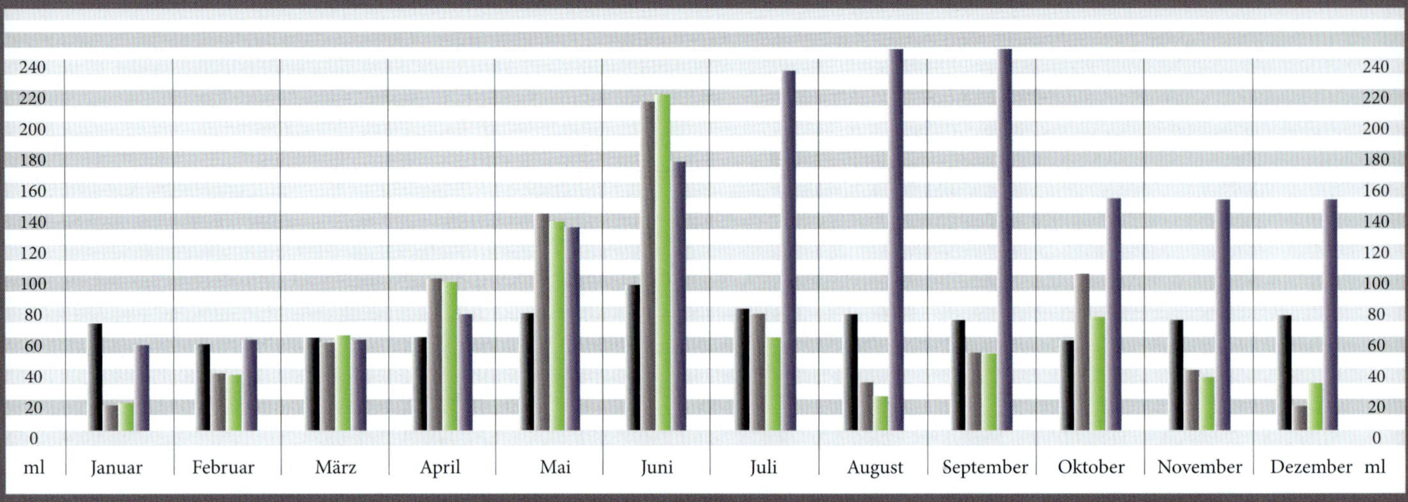

Vergleich der monatlichen (oben) und jährlichen (unten) Niederschlagsmengen in Millilitern (ml) in Deutschland (schwarz), Togo (grau), Ghana (grün) und Benin (blau)

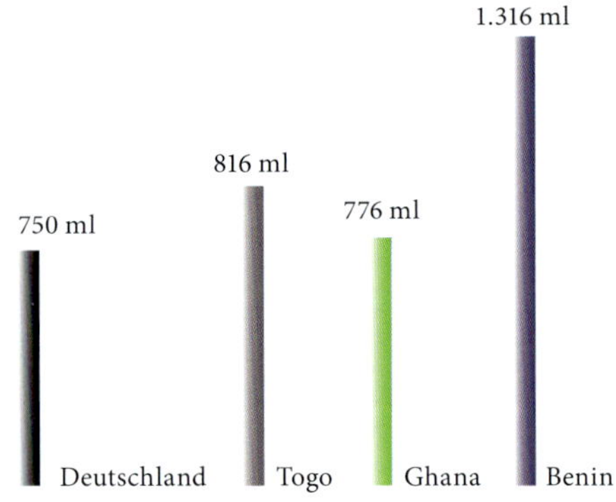

Einzelhaltung ist zu bevorzugen, aber in einem so großen, reich strukturierten Terrarium lassen sich auch ein Männchen und ein Weibchen oder zwei Weibchen zusammen pflegen
Foto: P. Dragon

das über einen doppelten Boden verfügt. Dazu müsste unter dem Terrarienboden eine Rackschublade angebracht werden, in der sich das Versteck befindet. Durch eine Öffnung kann die Schlange nachts in den oberen Bereich kriechen und in ihrem oberirdischen Revier beispielsweise auf Partnersuche gehen, während sie zum Beutefang als Lauerjägerin am Eingang der Versteckhöhle auf vorbeikommende Nager wartet.

Solch eine Unterbringung ist nicht nur optisch, sondern auch ethisch wohl die beste Lösung, mit der man zudem Kritiker der Rack- und Boxenhaltung überzeugen könnte. Zur gleichen Einschätzung kam übrigens schon Bick (2008) in seinem Artikel zu Pro und Kontra der Rackhaltung beim Königspython.

EINZELHALTUNG ODER VERGESELLSCHAFTUNG?

Kann ich einen Königspython alleine halten? Fühlt der sich dann einsam? Oder kann ich eine ganze Gruppe zusammen halten? Wie viele dürfen in das schöne, große Terrarium? Das sind häufige Fragen, vor allem von Einsteigern.

Züchter halten die Tiere fast das ganze Jahr einzeln, nur zur Paarung werden sie zusammengesetzt. Das hat Vorteile beim Versorgen, es geht einfacher und übersichtlicher. Ich kann die Tiere im Terrarium füttern und muss sie nicht stressen, indem ich alle heraushole und einzeln füttere.

Aber was ist mit dem tollen, geräumigen Schauterrarium im Wohnzimmer? Auch darin nur ein Tier pflegen?

Generell gilt: Ja, Einzelhaltung ist das Beste, was man für die Tiere tun kann. Königspythons sind auch in der Natur immer allein. In Afrika liegen nie zwei Exemplare im selben Loch – sie wollen scheinbar allein sein. Nur zur Paarungszeit ziehen die Männchen umher, suchen nach den Weibchen und bleiben dann zur Kopulation für kurze Zeit bei ihm – allerdings nehme ich an, auch nur für eine oder zwei Nächte. Dazu fehlt mir zwar leider eine konkrete Untersuchung in freier Natur, ich schließe es jedoch aus der Terrarienhaltung. Dort sind die Männchen meist nach ein bis zwei Nächten fertig mit Paaren und liegen dann getrennt von den Weibchen. Wenn sie es könnten, würden sie wohl ganz wegkriechen. Auch die Jungtiere verlassen binnen Stunden bis maximal weniger Tage nach dem Schlupf das Muttertier, das bis dahin die Eier bewacht bzw. bebrütet hat. Allein das viel höhere Gewicht der Mutter würde die Jungtiere stressen.

Aber was ist nun mit dem schönen Schauterrarium? Darin nur ein Exemplar zu pflegen, ist fast schade. Wenn das Raumangebot entsprechend groß ist und verschiedene gleichwertige Verstecke angeboten werden, kann man hier auch zwei Tiere zusammen halten. Drei finde ich schon zu viel.

Was aber auf keinen Fall geht, ist die gemeinsame Haltung zweier Männchen. Die würden in der Natur nie freiwillig zusammenbleiben, erst recht nicht in der Paarungszeit. Spätestens dann sind es Rivalen.

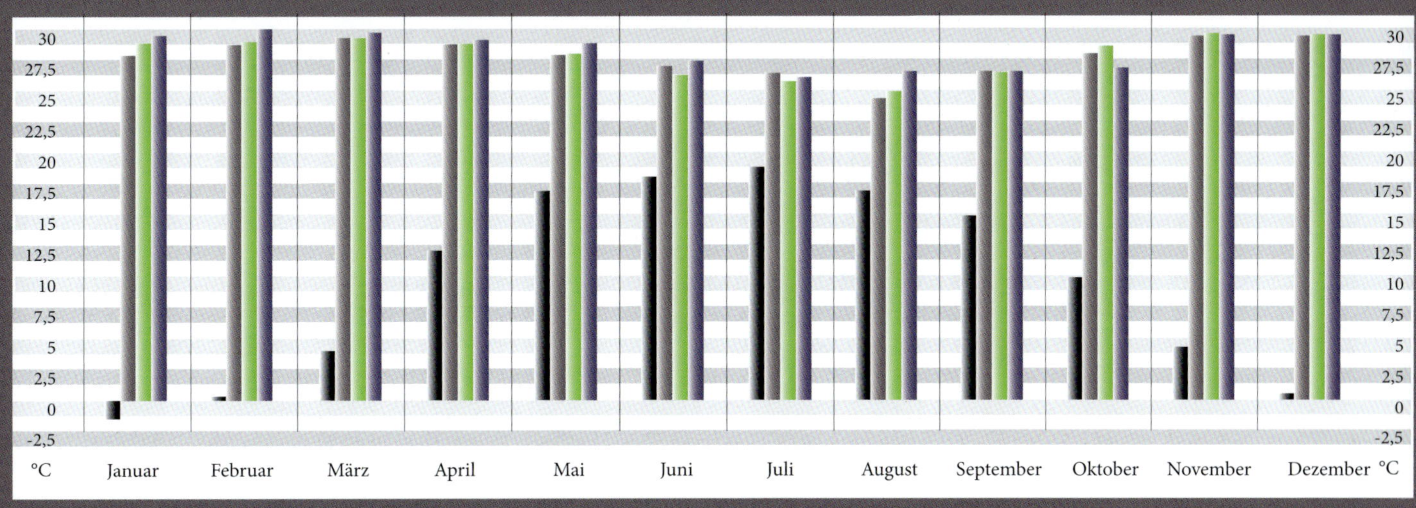

Vergleich der durchschnittlichen Monats- (oben) und Jahresmitteltemperaturen (unten) in Deutschland (schwarz), Togo (grau), Ghana (grün) und Benin (blau)

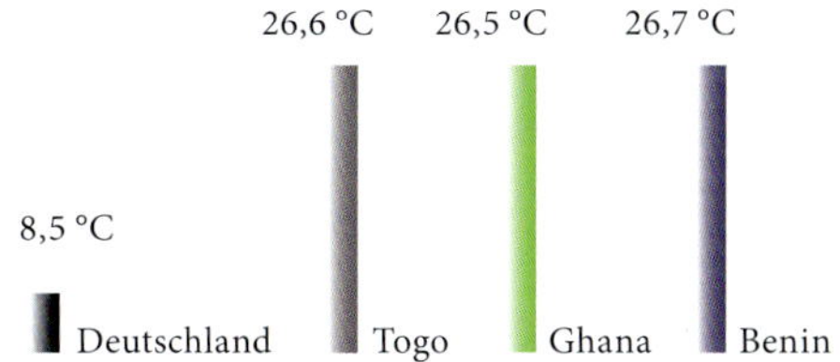

Also muss es für eine Gemeinschaftshaltung ein Pärchen sein oder zwei Weibchen. Das ist zu vertreten. Und natürlich sollten die Tiere gleich groß sein, also kein Jungtier zu einem adulten Tier setzen. Auch das wäre Stress für das kleine Tier, es frisst dann gar nicht mehr oder nicht mehr gut und entwickelt sich nicht richtig. Also ganz wichtig: gleich groß bzw. gleiches Gewicht, plus/minus einer Toleranz von höchstens 50 %.

Sicher wird jetzt der eine oder andere Leser sagen, bei ihm habe es auch mit anderen Konstellationen funktioniert, also der Gemeinschaftshaltung zweier Männchen, von größeren Gruppen oder verschieden großen Exemplaren. Das mag sein – die Tiere werden es über eine bestimmte Zeit ertragen, aber es bedeutet Stress für die Tiere, auch wenn wir das so nicht sehen. Dieser führt früher oder später zu Krankheiten, beginnend mit schlechtem Fressverhalten.

Ein Königspython ist kein Säugetier. Er fühlt sich nicht einsam, sondern er will allein sein. Ich vermute, das gilt für fast alle Reptilien!

KLIMA

Als Bewohner tropischer Lebensräume benötigt der Königspython auch im Terrarium konstant hohe Temperaturen. Kaum eine der in der Terraristik etablierten Schlangenarten braucht es so warm wie *P. regius*. Nur mal zum Vergleich: Die Jahresdurchschnittstemperatur im Verbreitungsgebiet in Cotonou/Benin beträgt 27,1 °C, in Leticia (ein klassisches *Boa-constrictor*-Habitat) im amazonischen Teil Kolumbiens dagegen „nur" 25,8 °C.

Dementsprechend sollte die Lufttemperatur im Terrarium für Königspythons tagsüber bei 30–31 °C liegen und auch nachts lediglich auf 25–26 °C absinken. Diese Werte sind etwas höher als die in den meisten Büchern (z. B. Kirschner & Seufer 1999; Kölpin 2002; McCurley 2007) empfohlenen Temperaturen und beziehen sich auf die unten beschriebene Haltung mit einer mit feuchtem Moos gefüllten Versteckbox – durch die Verdunstungskälte sinken die Temperaturen im Inneren des Verstecks um rund 1–2 Grad. Halte ich die Tiere in Racks ohne Moos, kann ich etwa ein Grad abziehen. Außerdem ist der Durchschnitt von Tages- und Nachtwerten wichtig.: Bietet man den Tieren nur eine geringe oder überhaupt keine Nachtabsenkung, so reichen auch durchschnittlich 28–29 °C. Obwohl es Züchter gibt, die ihre Pythons Tag und Nacht bei solchen annähernd konstanten Temperaturen halten, bin ich der Meinung, dass ein Tag-Nacht-Rhythmus für die Gesundheit der Tiere von Vorteil ist. In der nächtlichen kühlen Phase sinkt der Stoffwechsel der Schlangen, ihr Organismus kommt zur Ruhe, und die Tiere schöpfen Kraft. Anstrengende Tätigkeiten, wie z. B. die Eiablage, finden daher standardmäßig in den Morgenstunden statt.

In einem kühlen Wohnraum, der nicht von sich aus schon die benötigten hohen Temperaturen aufweist, muss mittels Strahler oder Heizmatte punktuell eine Temperatur von 35–40 °C erzielt werden, um im gesamten Terrarium, also auch in den äußersten

Temperaturmessung in einer natürlichen Python-Höhle

Foto: S. Broghammer

Zwei Mal im Jahr ist Regenzeit, dann steht die Welt still – und wohl auch die Nahrungssuche der Pythons

Foto: S. Broghammer

Ecken und in der Nähe der Lüftungsflächen, eine konstant hohe Lufttemperatur von rund 30 °C zu schaffen. Sehr hohe punktuelle Temperaturwerte wiederum sind allerdings für die Zucht nicht optimal, denn die Spermien und Eizellen von *Python regius* nehmen dann Schaden oder sterben möglicherweise ab. Nach eigenen Beobachtungen kann es zur Unfruchtbarkeit bzw. dazu führen, dass die Eizellen des Weibchens nicht befruchtet werden, wenn Männchen vor der Paarung – oder auch frisch verpaarte Weibchen – längere Zeit Temperaturen von deutlich über 30 °C ausgesetzt sind. Das geschieht unter Terrarienbedingungen offenbar gar nicht so selten, daher sollten extrem hohe punktuelle Temperaturwerte, zumindest in der Zucht, bestmöglich vermieden werden.

Der optimale Standort für ein Königspython-Terrarium ist ein entsprechend klimatisierter Raum, in dem dauerhaft die oben genannten, möglichst hohen Temperaturwerte herrschen. Steht das Terrarium in einem normal temperierten Wohnraum, dürfen die Werte nachts durch Abschalten der Terrarienbeheizung keinesfalls auf die zu geringen Zimmertemperaturen absinken, da dies von den Tieren kurzfristig mit Nahrungsverweigerung quittiert wird und früher oder später zu Erkrankungen führt (Atemwege oder Verdauungsapparat) – das Terrarium muss Tag und Nacht beheizt werden.

Als zusätzliche Terrarienheizung empfehle ich den guten alten Keramik-Wärmestrahler. Natürlich muss dieser mit einem Gitter geschützt werden, damit sich die Schlange nicht versehentlich beim Kontakt mit der heißen Oberfläche verbrennt. Steuert man diesen Strahler mit einem Thermostat, so ist dies eine bequeme Angelegenheit, denn der Regler sorgt automatisch für die notwendigen Temperaturen, inklusive Nachtabsenkung. Die benötigte Wattstärke des Strahlers ist von der Terrariengröße, der Bauweise (Isolierung und Größe der Belüftungsflächen) sowie der Umgebungstemperatur abhängig. Bei einer Behältergröße von 120 × 60 × 90 cm in einem 23–24 °C warmen Raum (Terrarienzimmer) wird z. B. ein Strahler mit ca. 100–150 Watt benötigt. Wird ein Thermostat verwendet, ist es besser, den Strahler mit einer nicht zu schwachen Leistung zu wählen, weil er sonst letztlich auf Dauerstrom läuft und die benötigte Temperatur trotzdem nur knapp erreicht.

Von der Verwendung von Heizmatten und -kabeln als Wärmequelle bin ich in den letzten Jahren abgekommen, zumindest wenn diese am Boden unter dem Substrat angebracht sind – Einstreu als Bodengrund hat eine recht hohe Isolierwirkung. Außerdem steht das Terrarium oft auf einer Matte oder einem Unterschrank aus isolierendem Material. In solchen Fällen ziehen Heizkabel oder -matte konstant Energie aus der Steckdose, und die Wärme kann nicht schnell genug in das Terrarium abgeleitet werden. Hierdurch kommt es zu einem Hitzestau, was bei einem Glasterrarium dazu führt, dass die Bodenplatte springt. Im schlimmsten Fall können die Heizelemente oder der Unterschrank – bei einem Holzterrarium auch die Bodenplatte – beginnen zu schmoren und schließlich Feuer zu fangen. Das ist einfache Physik, und da können weder das Terrarium noch die Heizmatte oder der Verkäufer etwas dafür! Wenn ich Heizmatten verwende, dann also nur noch in einem Quarantäne-Terrarium mit Zeitung als Bodensubstrat oder einer dünnen Substratschicht von weniger als 1 cm. Alternativ kann man Heizmatten auch an den Seitenwänden oder am Deckel des Terrariums anbringen, um Hitzestau zu vermeiden

Erfahrungsgemäß legen Königspythons primär Wert auf ein Versteck, und eine nicht optimale Temperatur darin wird notgedrungen in Kauf genommen, sofern sich keine Alternative bietet. Deshalb ist es wichtig, den Standort der Versteckbox so zu wählen, dass sie weder zu heiß noch zu kühl ist. Befindet sich, wie empfohlen, feuchtes Moos im Versteck, so sollte die Box an einer Stelle im Terrarium platziert werden, an der die Temperatur 1–2 Grad über dem optimalen Wert von 30 °C liegt. Durch die Verdunstungskühle wird dieser Temperaturunterschied wieder ausgeglichen.

Ich habe schon mehrfach in Afrika die Temperaturen in natürlichen Verstecken und Höhlen von *P. regius* mit einem Infrarot-Thermometer gemessen. In der Regel herrschten

Kinder schlafen im Sommer auf dem (fast) nackten Boden

Foto: S. Broghammer

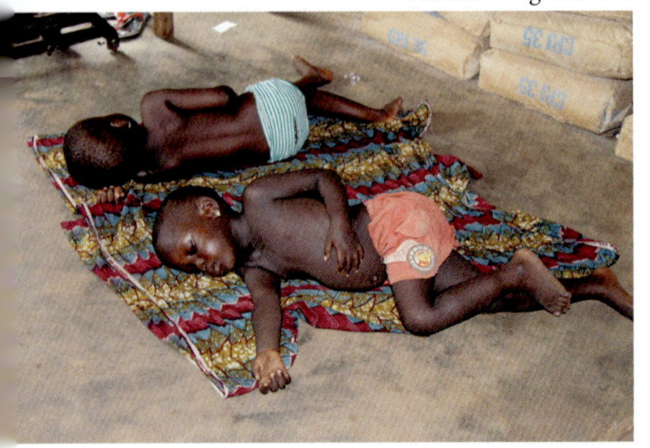

Klima im Jahresverlauf und jahreszeitliche Aktivitäten der Königspythons in Ghana (in Benin verschiebt sich das Ganze jeweils um einen Monat nach vorn, die Paarungen beginnen dort also schon im August). In Mitteleuropa ist der Jahreszyklus um etwa drei Monate nach hinten verschoben (in Klammern steht jeweils der Monat, der den Zyklus in unserem westeuropäischen Klima repräsentiert – bzw. wie ich empfehle, diesen Zyklus zu verschieben, um ihn unserem Winter anzupassen).

Monat (entspricht in Deutschland)	**Klima** (Lufttemperatur und Feuchtigkeit im Lebensraum)	**Verhalten der Königspythons** (nach Beobachtungen von Trappern)
Januar (April)	Tagsüber heißeste Zeit, relativ trocken, nur 1–2 Mal täglich kurze Nieselregen, nachts kühl durch Harmattan-Wind (v. a. erste Monatshälfte)	Python-Weibchen sind befruchtet, werden zum Ranching gefangen; trächtige Weibchen suchen nach Wärme, kommen manchmal am Morgen für 35 min zum Sonnen aus dem Versteck
Februar (Mai)	Tags heiß und sonnig, nachts langsam wieder wärmer; Landschaft trocken, ausgedörrt	Eiablagen ab Anfang Februar
März (Juni)	Tags und nachts sehr heiß und trocken, sonnig; Landschaft braun, ausgedörrt	Noch viele Eiablagen bis Mitte März; Weibchen kommen gegen 9 Uhr aus dem Versteck, bleiben in der Sonne und nehmen Wärme in den Bau, um Gelege zu erwärmen
April (Juli)	Tags und nachts heiß, Anfang bis Mitte April beginnt Regenzeit, Vegetation beginnt zu sprießen	Viele Jungtiere schlüpfen
Mai (August)	Große Regenzeit, tags und nachts heiß, viel Regen, Vegetation sprießt, Landschaft grün	Manche Jungtiere schlüpfen noch bis Mitte Mai; Boden weich, Nagetiere finden Futter, Nahrungsangebot hoch
Juni (September)	Große Regenzeit, höchste Niederschläge des Jahres; tags und nachts wird es langsam kühler	Viele Nage- und damit Beutetiere für Pythons, in der dichten Vegetation vielleicht auch aktive Jagd
Juli (Oktober)	Langsam trockener, gelegentliche Nieselregen; Juli bis September tagsüber und nachts die kühlsten Monate wegen vorangegangener Regenzeit; Ventilatoren in Häusern abgeschaltet, man kann nicht wie üblich auf dem Boden schlafen, Kinder bekleidet; Wind vom Meer (von Süden)	Pythons fressen viel
August (November)	Gelegentlich Nieselregen; kühler Monat, aber gefühlt wieder wärmer, da viel trockener	Pythons leben versteckt, weniger Futterangebot, da Boden hart und kaum Futter (v. a. Kassava) für Nager
September (Dezember)	Anfang bis Mitte September tags und nachts noch kühl, zweite Hälfte wärmer; kleine Regenzeit beginnt, Landschaft grün	Pythons anfangs noch versteckt; Paarungen fangen an
Oktober (Januar)	Wird immer heißer; kleine Regenzeit	Im Oktober die meisten Paarungen; Ende Oktober sind bei sezierten Tieren knapp 10 mm große Follikel sichtbar; gutes Futterangebot für Pythons, da Boden weich und viel Futter für Nager
November (Februar)	Kein Regen mehr, heißeste Zeit tagsüber beginnt	Paarungen; Follikel wachsen, Bäuche der Weibchen werden dick
Dezember (März)	Heißeste Zeit tagsüber, sehr trocken und staubig; nachts kühl durch beginnenden Harmattan-Wind aus der Sahara	Weibchen ovulieren (Auslöser Harmattan); befruchtete Weibchen werden gefangen; Boden trocken und hart, geringes Nahrungsangebot bis etwa April

im Eingangsbereich (also in dem Bereich, den ich mit dem Thermometer noch erreichen konnte) Lufttemperaturen von 28–31 °C.

In den Wintermonaten wird die Nachttemperatur über einen Zeitraum von 8–12 Wochen um 2–4 Grad abgesenkt. Die Tageswerte werden in dieser Zeit beibehalten. Eine lediglich geringe Nachtabkühlung genügt – sie wird durch die in unseren Breitengraden herrschenden äußeren Wintertemperaturen beinahe automatisch erzielt.

Es reichen in der Regel schon wenige kühle Nächte, um den Königspython in Paarungsstimmung zu bringen. Dies erklärt auch das „Stromausfall-Phänomen", von dem immer wieder berichtet wird: Demnach fangen diverse Reptilienarten (nicht nur *P. regius*) nach einem Stromausfall an, sich plötzlich zu paaren, weil die Temperatur im Terrarium für einige Stunden abgesunken war.

Typische Höhle, in der ein Königspython sich die meiste Zeit aufhält
Foto: S. Broghammer

Gerade bei Tieren, die wie der Königspython aus Verbreitungsgebieten kommen, in dem ganzjährig konstant hohe Temperaturen herrschen, müssen wir allerdings aufpassen, dass wir es mit den Schwankungen nach oben und unten nicht übertreiben. 1–2 Grad mehr in der heißen Jahreszeit (bzw. 1–2 Grad weniger in der kühlen) sind schon große Sprünge.
Die Kunst bei der Königspython-Haltung ist, das optimale Jahresklima trotz äußerer Wettereinflüsse ganzjährig möglichst konstant zu gewährleisten. Allerdings zieht die Kälte im Winter fast zwangsläufig auch bis in die letzte Ecke des Terrarienzimmers, sei dieses noch so gut und clever klimatisiert. Und im Sommer kann eine Hitzewelle die Temperaturwerte auch schnell um 1–2 Grad höher treiben, als wir es wünschen.
Ich kenne keinen Terrarianer, der es wirklich schafft, den Klimaverlauf der afrikanischen Heimat des Königspythons im heimischen Terrarium zeitgleich genau so nachzugestalten. Dementsprechend schlüpfen bei uns in Europa die Babys in der Regel rund 2–3 Monate später als in Afrika. Züchter in tropischen Gebieten, wie z. B. in Florida, sind dagegen kaum einem klimatischen Rhythmus unterworfen, und deren Pythons vermehren sich dort ganzjährig – was ich aber auch nicht als optimal empfinde. Meiner Meinung nach ist ein von der Natur vorgegebener Rhythmus für die Tiere wichtig; er wirkt sich auch positiv auf die Befruchtungsrate und die „Qualität" der Eier aus – was allerdings nicht heißen soll, dass die Züchter in Florida weniger erfolgreich sind!
Im Verbreitungsgebiet des Königspythons herrscht nicht nur ein sehr warmes, sondern abgesehen von der trockenen, sogenannten „Harmattan-Zeit" im Dezember und Januar fast ganzjährig auch ein sehr feuchtes Klima. Die relative Luftfeuchtigkeit erreicht in den Regenmonaten bis zu 90 % und fällt selbst in den regenarmen Monaten kaum unter 60 %. Nur der trockene, staubige Wüstenwind Harmattan, der vor allem im Dezember weht, senkt den konstant hohen Feuchtigkeitswert für etwa vier Wochen. Dieser Wüstenwind kommt von Norden, aus der Sahara, und bringt für westafrikanische Verhältnisse kühle, auf fast 20 °C abfallende Nächte sowie trockene, heiße Tage mit sich. Er ist bei den Weibchen Auslöser für die Ovulation.
Gerade die sehr hohen Feuchtigkeitswerte können wir in unseren Terrarien kaum konstant erzielen. Wir erreichen mit viel Sprühen und dem Einsatz von feuchtem Moos vielleicht eine relative Luftfeuchtigkeit von durchschnittlich 60–70 %, werden uns in den kalten und trockenen Wintermonaten aber selbst diesen Werten kaum annähren, sondern müssen uns mit oft nur 40–50 % relativer Luftfeuchtigkeit im Terrarium zufriedengeben. Andererseits reicht dies für die erfolgreiche Pflege durchaus aus, denn bei entsprechender Terrarieneinrichtung finden die Tiere die notwendige Feuchtigkeit, die z. B. für eine reibungslose Häutung unerlässlich ist, in ihrem Versteck. Die Werte in der Versteckbox liegen tatsächlich immer deutlich höher, wenn man, wie bereits beschrieben, feuchtes Moos einbringt. Von daher besteht auch keine zwingende Notwendigkeit, die allgemeine Luftfeuchtigkeit im Terrarium den jahreszeitlichen Schwankungen im natürlichen Lebensraum genau anzupassen; selbstverständlich sollte man aber versuchen, diese Verhältnisse bestmöglich nachzuahmen.
Zu beachten ist weiterhin, dass sich die Temperatur je nach Feuchtigkeit unterschiedlich „anfühlt", denn durch stärkeres Sprühen im Terrarium kann ich die Lufttemperatur leicht absenken. Wenn man also die Nachttemperatur während der kühleren Jahreszeit sowieso schon etwas reduziert hat, sollte man nicht auch noch viel Feuchtigkeit ins Terrarium bringen, sonst riskiert man unter Umständen eine Atemwegserkrankung bei den Tieren.
Auch ein Ultraschallvernebler ist im Terrarium, wenn überhaupt, nur sehr vorsichtig einzusetzen. Ich bin eher ein Freund von feuchtem *Sphagnum*-Moos, das ich, wie schon beschrieben, in der Versteckbox platziere und bei Bedarf auch noch zusätzlich in eine Terrarienecke geben kann. Das Moos wird regelmäßig mit einer kleinen Pumpflasche oder einer Gießkanne angefeuchtet. Ein Pumpsprüher ist zum Nachfeuchten weniger geeignet, da er – zumindest bei kurzem Einsatz – nicht die nötige Menge an Wasser abgibt.
Um das Klima im Terrarium zu kontrollieren, zählen ein Thermometer und ein Hygrometer zur Grundausstattung. Ich wundere mich immer, wenn mir ein Terrarianer sein Leid über einen schlecht fressenden Königspython klagt, auf meine Frage nach Temperatur und Luftfeuchtigkeit dann aber nur lapidar antwortet, dass diese Werte alle stimmen – obwohl er mir keine genauen Werte nennen kann, weil sich keine Messgeräte im Terrarium befinden.

PRAXISTIPP
LUFTFEUCHTIGKEIT IM TERRARIUM

von Jörg Pieters

Neben Tag- und Nachttemperatur ist für das richtige Klima im Terrarium auch die Luftfeuchtigkeit extrem wichtig. Man könnte sogar sagen, dass sie wichtiger ist, als die Temperatur auf das letzte Zehntelgrad genau hinzubekommen.
Leider ist das Einstellen der richtigen Luftfeuchte ziemlich problematisch. Denn während man die Temperaturen mit Heatpanel und Thermostat recht einfach im Griff hat, sieht das bei der Luftfeuchtigkeit anders aus. Aber es gibt Lösungen.

Ein wenig Physik

Wie fast immer diktiert die Physik das Geschehen, daher kommen wir hier um ein wenig Grundlagenwissen nicht herum.
Die Angabe der Luftfeuchtigkeit zeigt, wie viel Wasserdampf in der Luft vorhanden ist, und zwar in Relation zum möglichen Maximalwert – daher die Angabe in Prozent (%). Eine Luftfeuchtigkeit von 50 % bedeutet demnach, dass die Luft noch einmal die gleiche Menge an Wasserdampf aufnehmen könnte.
Nun kann jedoch warme Luft mehr Wasserdampf speichern als kalte Luft. Das ist der Grund dafür, dass man von „relativer Luftfeuchtigkeit" spricht, denn die Angabe gilt nur für die aktuelle Temperatur (und den aktuellen Luftdruck, was wir hier aber außer Acht lassen können). Und der Unterschied ist enorm: Die Menge des Wasserdampfs von 100 % Luftfeuchtigkeit (LF) bei 10 °C entspricht nur noch rund 30 % bei 30 °C.

Die Probleme

Der typische Wohnraum, in dem die meisten Terrarien mit Königspythons stehen, hat eine Temperatur von ca. 21 °C und eine relative Luftfeuchte (rLF) von 50–60 %. In einem Terrarium mit 30 °C blieben davon wohl nur 30–40 % übrig, wenn es keinen Wassernapf enthielte und man darin nicht sprühen würde.
Der Wassernapf erhöht die rLF ein wenig, wenn er im warmen Bereich steht – allerdings nur so marginal, dass dies lediglich eine geringe Hilfe ist. Wirksamer ist das Sprühen, etwa mit Sprühflaschen für Zierpflanzen in der Wohnung. Sie sind prinzipiell brauchbar, aber man sprüht sich damit fast einen Wolf …

Afrikanische Savanne im Norden von Ghana: grüne Landschaft mit hoher Luftfeuchtigkeit
Foto: S. Broghammer

Wer ein Holz- oder OSB-Terrarium nutzt, kann ohnehin nicht beliebig viel sprühen. Holz und selbst OSB quellen bei zu viel Feuchtigkeit auf oder verziehen sich zumindest. Wird die Einstreu zu nass gehalten, könnte sie anfangen zu schimmeln.

Die einfache Lösung

Die wirklich einfache Lösung lautet: Setzen Sie eine Wetbox ein! Dabei handelt es sich um eine geschlossene Box, die nur eine kleine Öffnung aufweist, durch die der Python sie aufsuchen oder verlassen kann. Sie wird für eine entsprechende Feuchtigkeit mit feuchtem Moos gefüllt, das auf diese Weise nicht mit der Einstreu oder dem Holzboden des Terrariums in Kontakt kommt. In der Box herrscht eine hohe rLF, da der kleine Eingang kaum Wasserdampf entweichen lässt.
Ich nutze als Wetbox die „Hide Box" von M&S in meinen Terrarien. Sie erfüllt alle Anforderungen perfekt. Durch den Magnetverschluss ist sichergestellt, dass die Schlange den Deckel nicht aufbekommt, ich aber beim Reinigen und Nachfeuchten keine Probleme habe. In dieser Wetbox, die zugleich ein Versteck ist, herrschen rund 80 % rLF. Meine Tiere nutzen diese Box sehr gerne, liegen ausdauernd darin und häuten sich dort sogar perfekt.
Alles, was man braucht, ist also so eine Box und etwas Moos. Der Rest des Terrariums kann dann problemlos nur 60–70 % rLF aufweisen. Um das zu gewährleisten, nutze ich einen „Pumpsprüher", mit dem ich morgens etwa 5–10 Sekunden in das Terrarium sprühe.

Klimadaten stammen oft aus dem Bereich großer Städte und unterschieden sich daher ggf. fundamental von den Werten im Biotop
Foto: S. Broghammer

Das richtige Klima ist das A und das O bei der Haltung von Königspythons, und selbst der erfahrenste Halter kommt nicht daran vorbei, Temperatur und Luftfeuchtigkeit im Terrarium seiner Pfleglinge ständig zu überprüfen.

Speziell die Fortpflanzung des Königspythons wird in der Natur durch klimatische Auslöser wie Regenzeit und Harmattan-Wind gesteuert, und man muss das Terrarienklima entsprechend nachbilden, um eine Nachzucht auszulösen. In den Regenzeiten schüttet es wie aus Eimern, sonst nieselt es mal etwas oder ist trocken. Den kühlen, staubigen und trockenen Harmattan-Wind, der im Dezember (und teilweise Januar) nachts aus der Sahara weht, erkennt man in den üblichen Klimatabellen kaum – er ist eine „gefühlte Sache", aber entscheidend als Auslöser der Ovulation bei den Python-Weibchen.

Die große Regenzeit findet in Ghana von Mitte April bis Juli statt sowie – als „kleine Regenzeit" – noch einmal im September und Oktober, wobei sich im Osten des Verbreitungsgebietes, z. B. in Benin, der Beginn der Regenzeit um etwa vier Wochen nach vorne verschiebt. Um die Regenzeit im Terrarium zu simulieren, sollte man in dieser Phase die Luftfeuchtigkeit auf 60–80 % erhöhen.

Im natürlichen Lebensraum fällt der Schlupf der jungen Königspythons auf den Beginn der großen Regenzeit im April, und das nicht zufällig: Die reichlich sprießende Vegetation bietet den Jungschlangen dann ausreichend Schutz, wenn sie ihre Schlupfplätze verlassen, um eigene Verstecke zu suchen – und auch genügend Nahrung durch die anwachsenden Nagerpopulationen. Denn letztlich spielt auch das Futterangebot eine wichtige Rolle: Es ist nur in der feuchten Zeit hoch, wenn die als Beute der Pythons dienenden Nager genügend Nahrung finden. Die Kleinsäuger fressen besonders gern Kassava (Maniok, eine unterirdische Knollenfrucht, ähnlich der Kartoffel), an die sie aber nur herankommen, wenn der Boden feucht und grabfähig ist. Ist es trocken und der Boden hart, gibt es wenig Futter für die Nager und somit auch kaum Nahrung für die Königspythons; daher auch die langen Fresspausen im Terrarium, für die *P. regius* so bekannt ist – das ist ganz schlicht auch in der Natur so der Fall, und zwar zwei Mal im Jahr.

Mit der Tabelle auf S. 45 möchte ich versuchen, ein Gefühl für dieses Jahresklima im natürlichen Lebensraum der Pythons zu entwickeln – eine nüchterne Klimatabelle kann nur blanke Zahlen zeigen, die nicht unbedingt mit den von den Schlangen „gefühlten" Temperaturen und Feuchtigkeitswerten übereinstimmen. Unter einer grünen Landschaft, einer nächtlichen kalten Brise oder insgesamt kühleren Tagen und Nächten, an denen sogar die Westafrikaner mit Pullis und Hosen herumlaufen, kann ich mir als Terrarianer etwas vorstellen.

Um die Fortpflanzung von Königspythons im Terrarium auszulösen, muss man den bei uns um etwa drei Monate zeitlich nach hinten verschobenen natürlichen Jahreszyklus der Tiere berücksichtigen. Hauptpaarungsauslöser sind in Afrika die 2–3 kühlsten Monate Juli, August und September. Bei uns ist dann Sommer, und man schafft es in dieser warmen Jahreszeit kaum – trotz guter Klimasteuerung in den Terrarien –, den afrikanischen Klima-Rhythmus zu imitieren. Erst wenn es bei uns draußen kälter wird, also ab Oktober oder November, kühlt es auch in den Terrarienräumen ab, sodass es anschließend zu Paarungen kommen kann.

Bei der Auswahl von Klimatabellen mancher Internet- und Literaturquellen für *P. regius* ist eine gewisse Vorsicht geboten, denn sie sind meiner Meinung nach oft irreführend. Auf den ersten Blick könnte man anhand dieser Tabellen meinen, dass im Verbreitungsgebiet der Art insgesamt eher kühle Temperaturen herrschen – so zeigen beispielsweise einige Klimatabellen aus Niger ein recht raues Klima mit hohen Ausschlägen der minimalen und maximalen Temperaturwerte in beide Richtungen. Doch ich bezweifle, dass es an solchen Orten viele bzw. überhaupt Königspythons gibt.

Ein anderes Beispiel ist die Hafenstadt Cotonou in Benin. Hier leben nördlich der Stadt im Landesinneren zahlreiche *P. regius*, keinesfalls aber direkt am Strand. So muss man wissen, wo die Klimadaten für Cotonou genau erhoben wurden und wie weit die Messstation vom Ozean entfernt ist. Wurden die Temperaturen direkt am Meer gemessen, so fallen sie wohl um einiges niedriger aus als im Hinterland – bereits wenige Hundert Meter landeinwärts stellt man schon beträchtliche Temperaturunterschiede fest. Laut Klimatabellen fallen die Nachttemperaturen in Cotonou auf nur 23–24 °C – sicher keine Idealbedingungen für Königspythons –, und das Gleiche gilt für Lomé, die Hauptstadt von Togo, die ebenfalls in unmittelbarer Nähe zum Meer liegt.

Sucht man nach Klimatabellen für Ghana, so stößt man häufig auf Angaben für die Stadt Kumasi, die allerdings auf einer Höhe von etwa 250 m ü. NN liegt und daher ebenfalls kein repräsentatives Klima für *P. regius* aufweist. Da dort auch keine Fänger ansässig sind, vermute ich, dass es tatsächlich nur wenige Königspythons gibt. Die Art scheint in ihrem Verbreitungsgebiet wirklich nur die wärmsten Gebiete mit geringen Temperaturunterschieden zwischen Tag und Nacht zu bevorzugen.

BELEUCHTUNG

Den Pythons selbst ist Licht mehr oder weniger gleichgültig, die Tiere meiden sogar das direkte Sonnen- bzw. UV-Licht – durch ihre nachtaktive Lebensweise und den dunklen Versteckplatz, in dem sie sich tagsüber aufhalten, unmittelbar verständlich. Der Einsatz von UV-Licht ist bei *P. regius*, wie bei fast allen Boiden, daher nicht angebracht, das Licht im Terrarienraum reicht in der Regel aus. Es gibt auch Züchter, die ihre Tiere in undurchsichtigen Kunststoffwannen halten, die nur minimal lichtdurchlässig sind.

Eine Terrarienbeleuchtung hat aber auch Vorteile. Zum einen ist da der optische Aspekt, denn ein Terrarium ist ja oft Teil der Wohnungseinrichtung. Ein schön beleuchtetes Terrarium kommt natürlich viel besser zur Geltung. Zum anderen kann Licht in Form eines Strahlers auch helfen, die gewünschte Lufttemperatur zu erreichen.

Höhle mit Magnetdeckel, wie im Handel angeboten (links), und Marke Eigenbau aus einer Box (rechts)

Fotos: A. Gibert (M&S)

In der freien Natur kann zum Ende der Regenzeit eine geringere Lichtintensität durch Bewölkung und dichte Vegetation die Pythons zum Verlassen ihrer Verstecke animieren. Sie halten sich dann öfter im dichten Gras außerhalb ihrer unterirdischen Behausungen auf.

Ich habe zudem den Eindruck, dass eine Reduzierung der Beleuchtung bzw. eine Verkürzung der Beleuchtungszeit die Tiere zur Paarung animieren kann. Daher schalte ich während der Paarungszeit hin und wieder an einem Sonntag das Licht in meinem Python-Raum ganz aus. Da der Raum kein natürliches Licht erhält, herrscht dann für fast einen Tag völlige Dunkelheit, und ich bilde mir ein, dass es immer montags nach dem „Schwarzen Sonntag" bei den Pythons besonders heiß hergeht und es vermehrt zu Paarungen kommt.

EINRICHTUNG

Königspythons sind, wie bereits erwähnt, Bodenbewohner, und dementsprechend sollte ihr Terrarium auch eingerichtet sein. Um die zur Verfügung stehende Bodenfläche zu vergrößern, können zusätzliche Flächen, z. B. leicht erhöhte Liegeplätze an Rück- und Seitenwand, angebracht werden. Kletteräste erhöhen den optischen Gesamteindruck des Terrariums, und zumindest junge Tiere halten sich auch gelegentlich darauf auf.

Der Königspython lebt in der Natur, wie oben erwähnt, meist in Nager- oder Termitenbauen, weshalb wir ihm auch im Terrarium ein Versteck anbieten müssen, das dieser Lebensweise und seinem Schutzbedürfnis entgegenkommt. Eine Schlupfkiste (eine Box pro Tier), die mit feuchtem *Sphagnum*-Moos gefüllt wird, sollte daher Grundausstattung eines jeden Terrariums für *P. regius* sein. Zu diesem Zweck haben sich z. B. geschlossene Kunststoff- oder Tupper-Dosen, die oben mit einem Einstiegsloch versehen werden, als perfekt erwiesen. Ein solches Behältnis soll den Nagerbau in der Natur ersetzen, in dem ebenfalls ein stets feuchtes Klima herrscht. Die Box ist einfach zu reinigen und hält die Feuchtigkeit gut, ohne zu schimmeln. Das Einstiegsloch muss nur ein klein wenig größer sein als der maximale Körperdurchmesser der Schlange; die gesamte Box sollte eher „eng" gewählt werden und ungefähr das doppelte Volumen der Schlange umfassen – die Tiere wollen Tuchfühlung und suchen den direkten Körperkontakt mit mehreren Wänden des Verstecks.

Es gibt im Terraristik-Fachhandel industriell gefertigte Höhlen, die mit Eingangsloch und abnehmbarem Magnetdeckel ausgestattet sind. Sie sind praktisch und sehen zudem recht natürlich aus. Alternativ kann aber auch einfach die oben erwähnte Kunststoffbox verwendet werden, in die man zuvor ein Loch in den Deckel geschnitten hat. Eine solche Schlupfkiste ist sicherlich kein optisches Highlight, aber zweckdienlich.

Der Königspython bevorzugt meiner Erfahrung nach Verstecke, die einen Eingang von oben aufweisen. Dies ist allerdings nicht zwingend, viele Halter verwenden auch die ursprünglich aus den USA kommenden Kunststoffhöhlen mit einer seitlichen Eingangsöffnung. Entscheidend ist, dass man in das Versteck feuchtes Moos gibt, das regelmäßig nachbefeuchtet bzw. auch ausgewechselt wird.

Im Terrarium können noch weitere Verstecke in Form von z. B. Korkrinde oder Tonschalen angeboten werden. Allerdings ersetzen ein Rindenstück oder eine Holzwurzel nicht die oben beschriebene Höhle, denn sie bieten dem Python nicht genügend Schutz und auch nicht das notwendige feuchte Mikroklima.

Verschiedene Sorten geeigneter Einstreu
Fotos: A. Gibert (M&S)

Lange Zeit war es bei Exporteuren in Westafrika üblich, Königspythons permanent in einer ca. 3 cm hoch mit Wasser gefüllten Wanne zu halten, ohne den Tieren auch eine trockene Stelle anzubieten – eine äußerst fragwürdige Methode, der hierzulande spätestens der staatliche Veterinär zu Recht ein Ende setzen würde. Ich halte es immerhin für erwähnenswert, dass die Pythons zumindest für einige Wochen erstaunlich gut darin gediehen, obwohl sie nach längerer Zeit Hautprobleme bekamen, vermutlich aufgrund von Bakterien im Wasser. In den letzten Jahren haben die afrikanischen Exporteure diese Haltungsmethode zum Glück wieder aufgegeben. Stattdessen werden die Tiere nun relativ trocken auf Holzstreu gehalten und alle paar Tage gebadet, was sich offenbar bewährt.

Auch für die Terrarienpflege ist eine „Wasserhaltung" natürlich keine Option; die klassische Unterbringung mit Einstreu und Wasserschale ist nach wie vor am besten geeignet. Als Bodengrund haben sich z. B. Holzspäne oder auch die seit einigen Jahren populäre Pinieneinstreu bewährt. Nach meinem Empfinden sind die meisten Einstreu-Sorten gleich gut geeignet, und es ist wohl eher eine Geschmacksfrage, ob man lieber helle Holzstreu oder die dunkle Pinienstreu verwendet.

Sand als Bodengrund zu wählen, wäre völlig falsch, denn Sand gibt es in der Wüste, an Stränden und in Sandkästen – aber das sind alles keine „klassischen" Königspython-Biotope. Zeitung kann man gut vorübergehend als Unterlage während der Quarantäne verwenden, sie muss aber regelmäßig ausgewechselt werden, weil sie auch nur bedingt Feuchtigkeit aufnehmen kann. Meiner Erfahrung nach kann man einen Königspython durch nichts anderes schneller ins Jenseits befördern als durch tagelange Haltung auf nassem Zeitungspapier! Man denke daran, wie schnell eine Wasserschale umgestoßen wird und das ganze Terrarium nass ist – eine Lungenentzündung ist dann vorprogrammiert. Zudem fühlt sich Zeitungspapier auf einem Glas-, Kunststoff- oder Holzboden noch kälter an als die übliche Einstreu. Man kann das mit einem Stein- oder Laminatfußboden im Wohnraum vergleichen, der immer kälter als ein Teppichboden wirkt. Dies ist einer der Gründe, warum ich persönlich kein Freund der sterilen Haltung auf Zeitungspapier bin, wie sie gerade in Racks häufig betrieben wird.

Ein mit Kletterästen und Pflanzen bestücktes Königspython-Terrarium sieht zwar schön aus, und ein Jungtier von *P. regius* wird vielleicht auch mal versuchen, einen Ast zu erklettern, letztlich ist eine Klettermöglichkeit im Terrarium aber mehr eine Zierde als ein Muss, denn *P. regius* ist ein Boden-, wenn nicht gar Höhlenbewohner. Andererseits haben solche Dekorationsgegenstände den weiteren Vorteil, dass man sie mit Wasser besprühen kann, um dadurch die Luftfeuchtigkeit im Terrarium zu erhöhen. Für die meisten Terrarianer ist es ein grundsätzliches Problem, die notwendige Luftfeuchte zu erreichen, besonders wenn das Terrarium im Wohnraum aufgestellt ist. In diesem Fall kann die Dekoration helfen, da sie das Wasser nach dem Befeuchten langsam an die Terrarienluft abgibt.

Neben Versteckplätzen und einem geeigneten Bodengrund darf auch eine Schale mit stets frischem Wasser nicht im Terrarium fehlen. Sie muss nicht unbedingt täglich, zumindest aber jeden zweiten Tag sowie bei groben Verunreinigungen sofort gewechselt werden. Königspythons trinken regelmäßig von dem angebotenen Wasser, oftmals direkt nach der Fütterung.

Früher herrschte die Meinung, dass die Wasserschale groß genug sein sollte, damit die Tiere auch darin baden können. Hiervon ist man mittlerweile abgekommen, denn ein Königspython badet eigentlich nie, wenn er andere Möglichkeiten hat, genügend Feuchtigkeit aufzunehmen, z. B. im Versteck. Selbst in einem Bestand von einigen Hundert Tieren wird man kaum eines davon je im Wasserbecken antreffen – es sei denn, die Schlangen werden von Außenparasiten wie Blutmilben geplagt. Sollte ein Tier also einmal in der Wasserschale liegen, muss dies als Alarmzeichen angesehen, und als erster Schritt sollte das Wasser auf abgeschwemmte Milben untersucht werden, die als kleine schwarze Punkte deutlich zu erkennen sind.

Während der Paarungszeit habe ich schon öfter beobachten können, dass sich Weibchen in der Follikelwachstumsphase um ihre Wasserschale legen und den Körper, vor allem den Bauch, an das kühlende Gefäß schmiegen. Dieses Verhalten scheint im Zusammenhang mit der Regulierung der Körpertemperatur zu stehen. Warum die Weibchen gerade in dieser Zeit Abkühlung suchen, ist nicht ganz klar. Möglicherweise beugen sie hiermit dem Erreichen einer kritischen Temperatur vor, die zum Absterben des aufgenommenen Spermas führen könnte. Ob die Weibchen ein ähnliches Verhalten auch in der Natur zeigen, ist bisher nicht bekannt.

Wer über botanisches Wissen und die entsprechende Geduld und Hingabe verfügt, kann sein Königspython-Terrarium dekorativ mit lebenden Pflanzen gestalten. Eine Bepflanzung mit echter Vegetation hat den Vorteil, dass sie sich positiv auf das Klima und speziell auf die Luftfeuchtigkeit im Terrarium auswirkt. Allerdings sind nur wenige Pflanzen robust genug, um den relativ hohen Temperaturen und den Kletterversuchen der Schlangen dauerhaft standzuhalten.

WUSSTEN SIE SCHON?

Folgende Gründe können ursächlich für ein „natürliches Verweigern" von Futter sein:

- Viele Weibchen legen zu Beginn der Paarungszeit natürlicherweise eine Fresspause von einigen Wochen ein. Dies kann sogar als Hinweis gedeutet werden, dass es Zeit ist, die Partner zusammenzusetzen.
- Auch am Ende der Paarungszeit, ca. 3–6 Wochen vor der Ovulation, nehmen die Weibchen keine Nahrung mehr zu sich. Dieses Verhalten dauert bis nach der Eiablage an, also insgesamt 2–3 Monate.
- Vor allem Jungtiere im Alter von 1–1,5 Jahren, mit einem Gewicht zwischen 500 und 1.200 g, die gut gefüttert wurden und kräftig sind, legen nach dem Umsetzen in ein größeres Terrarium oftmals eine Fresspause von mehreren Wochen oder auch Monaten ein. Gleiches gilt, wenn solche Exemplare frisch erworben werden. Offenbar können in diesem Alter bereits kleine Klimaveränderungen oder Stress der Auslöser sein.
- Besonders Männchen verweigern während der Paarungszeit jegliches Futter. Doch Vorsicht! Wenn die Männchen über einen längeren Zeitraum zu stark abnehmen, sollte man die Nachzuchtversuche beenden und die betroffenen Tiere von den Weibchen trennen.
- Mitunter wird ein Tier in einer Gruppe unterdrückt und stellt daraufhin die Futteraufnahme ein. Dies kann bereits geschehen, wenn zwei Tiere zusammen in einem Terrarium gehalten werden. Man muss das betroffene Tier dann einzeln setzen.
- Jahreszeitlich bedingt kann es zu weiteren Fresspausen kommen, und schon eine kleine Änderung im Terrarienklima kann beim Königspython ein Fasten auslösen. In der Natur legen die Tiere ebenfalls oft kleinere Fresspausen ein, in vielen Fällen muss man also gar nichts unternehmen – es ist ein ganz natürliches Verhalten.

Vorsicht jedoch bei neu erworbenen Pflanzen, vor allem bei billigen Schnäppchen, die nicht aus dem spezialisierten Fachhandel kommen. Manche von ihnen sind stark mit Pestiziden belastet. Da die Schlangen den Tau von den Blättern trinken, nehmen sie die Pestizide auf, was kurz- oder langfristig zu Erkrankungen führt. Es empfiehlt sich daher unbedingt, die Pflanzen gut abzuwaschen und am besten auch einen Teil der Erde auszuwechseln.
Auch Kunststoffpflanzen können – oft mit kleineren optischen Abstrichen – als dekorativer Ersatz dienen. Sie haben natürlich nicht den positiven Einfluss auf das Klima und die Luftfeuchtigkeit wie echte Pflanzen, dienen aber ebenfalls als Sichtschutz und helfen, das Terrarium insgesamt optisch ansprechender zu gestalten.

FÜTTERUNG

Es gibt in der Terraristik keine andere Schlange, über die hinsichtlich Fütterung bzw. speziell Futterverweigerung schon mehr berichtet, geschrieben, gefragt und gerätselt wurde. Vor einigen Jahren war die Ursache in den unzähligen halbwüchsigen oder adulten Wildfängen zu suchen, die aus Afrika importiert wurden. Diese waren fast alle notorische Futterverweigerer, die über Monate oder gar Jahre nichts annahmen. Manche konnten mit diversen Tricks schließlich doch noch ans Fressen gebracht werden; die meisten davon durch das Verfüttern von Wüstenrennmäusen, die offenbar besonderen Appetit auslösen.
Man nahm damals an, dass der Grund für die Futterverweigerung eine Nahrungsspezialisierung im Lebensraum der Schlangen sei. Aus heutiger Sicht war dies eine falsche Folgerung, denn tatsächlich frisst ein Königspython in der Natur alles, was er an Nagern nur bewältigen kann. Im Nachhinein vermute ich als Ursache für die langen Hungerphasen eine generell schlechte und vor allem zu kalte Haltung sowie Stress und Parasitenbefall. *Python regius* reagiert hier sehr empfindlich und verweigert, im Gegensatz zu gierigen Fressern wie z. B. dem Tigerpython (*Python molurus*), sofort die Nahrungsaufnahme.
Ein Befall mit Parasiten spielt bei den heutigen Farm- und anderen Nachzuchten keine so übergeordnete Rolle mehr wie noch vor rund 20 Jahren. Damals musste ein Python erst einmal „parasitenfrei" gemacht werden, bevor überhaupt ans Füttern gedacht werden konnte. Dennoch tritt Parasitenbefall auch heute noch relativ häufig auf, sodass z. B. regelmäßig durch Kotproben sowie Urinproben auf Einzeller geprüft werden muss, ob die Tiere frei von Innenparasiten sind. Auch sollten die Pythons regelmäßig auf einen Befall mit Außenparasiten untersucht werden. Blutmilben sind nicht zu unterschätzen und stellen eine ernste Gefahr für die Gesundheit unserer Pfleglinge dar (siehe auch Kapitel „Krankheiten") – sie sind also keinesfalls nur ein lästiges Übel, das gelegentlich eingeschleppt wird und das man dann halbherzig bekämpft.
Wenn man das Terrarium artgerecht eingerichtet und die klimatischen Ansprüche des Königspythons erfüllt hat – sowie auch ein Parasitenbefall ausgeschlossen werden kann –, sind alle Voraussetzungen erfüllt, dass die Schlange ans Futter geht und „normal" frisst. „Normal" kann aber durchaus auch bedeuten, dass der Python lange Fresspausen einlegt, wie er es in der Natur ebenfalls tut. Manchmal können solche Fastenzeiten mehrere Monate dauern!
Will man fastende Pythons wieder zum Fressen animieren, so kann man es mit der Gabe unterschiedlicher Futtertiere, wie Ratten, Mäuse, Vielzitzenmäuse, Wüstenrennmäuse oder Hamster, versuchen. Generell frisst ein Königspython lieber lebende als tote Beute, und man sollte ihn am besten während seiner aktiven Phase, also abends und nachts, füttern.
Hartnäckigen Futterverweigerern kann man auch mal über Nacht ein totes Futtertier mit dem Kopf voran genau in den Eingang der Höhle legen. So lässt sich manchmal ein besonders scheues Exemplar zur Nahrungsaufnahme überreden.
Aber Achtung: Es dürfen keinesfalls lebende Nager unbeaufsichtigt bei der Schlange gelassen werden! Leider passiert es immer wieder, dass sich Mäuse oder Ratten im Terrarium über die Schlange hermachen. Letztere muss dann mit teilweise verheerenden Wunden verarztet oder sogar eingeschläfert werden. Man darf allenfalls nestjunge oder tote Nager unbeaufsichtigt über Nacht im Terrarium belassen.

Schonender als Zwangsfüttern durch Stopfen: Die Maus wird ins Maul der Schlange gelegt
Foto: A. Gibert (M&S)

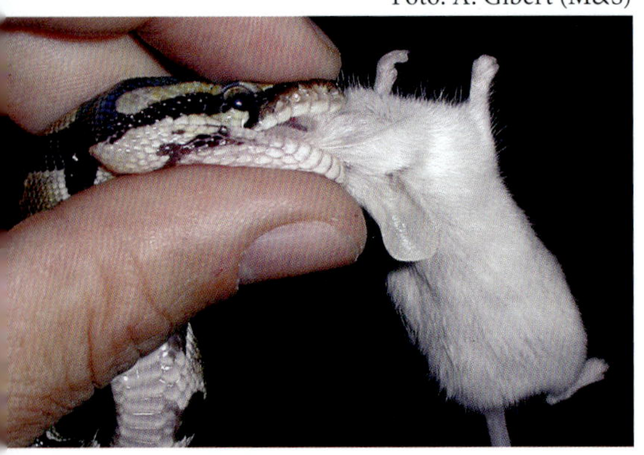

Nachdem die Schlange gefressen hat, sollte dies äußerlich sichtbar sein – wie das Jungtier nach einer verschlungenen Maus stark verdickt ist, sollte auch bei einem größeren Tier die Fütterung deutlich erkennbar sein. Ist dies nicht der Fall, müssen ein größeres oder zwei oder drei Beutetiere verfüttert werden.
Foto: S. Broghammer

Vom Zwangsfüttern durch das sogenannte Stopfen rate ich bei *Python regius* fast immer ab. Beim Stopfen wird der Schlange eine durch Flüssigkeit, in der Regel Wasser, gleitfähig gemachte Maus in die Speiseröhre geschoben und durch Massieren in den Magen transportiert. Der Stress für das Tier ist dabei sehr groß; gerade so sensible Tiere wie Königspythons reagieren äußerst empfindlich und „bestrafen" das Stopfen anschließend durch noch rigorosere Futterverweigerung.
Lediglich bei sehr schwachen Tieren, die womöglich noch aus einem anderen Grund wie z. B. einer Krankheit abgemagert sind, kann das Stopfen unvermeidbar sein. Es sollte dann mit recht kleinen Portionen und in entsprechend kurzen Abständen von 3–4 Tagen erfolgen. Wichtig dabei ist, dass das Fütterungsintervall nicht so groß ist, dass der Energieverbrauch des betroffenen Tieres in den dazwischen liegenden Tagen größer ist als die Portion an Kalorien, die man gestopft hat – die Schlange soll ja zu- und nicht weiter abnehmen. Ein Mäusebaby hält bei einem größeren Python nicht lange vor, das unterschätzt man beim Zwangsfüttern leicht!
Geht ein Tier wirklich nicht ans Fressen, hat es fast immer einen anderen Grund, den ich finden muss. Wir haben in der Saison vielleicht ein Tier unter 1.000, das wir wirklich zwangsfüttern. Bei allen anderen löst sich das Problem von allein oder es reicht, das Futter ins Maul zu legen, was ich gleich noch anspreche. Also bitte den Fehler erst mal nicht beim Tier suchen, sondern in der Haltung. Klima passt? Das Tier ist allein und hat keinen Stress durch Mitbewohner? Das richtige (zu Beginn lebende) Futter?
Eine viel bessere Methode, die man gelegentlich auch bei Königspythonbabys anwenden kann, die nicht selbstständig zu fressen beginnen, ist das „Ins-Maul-Legen" eines Futtertieres. Dies bedeutet zwar ebenfalls einen gewissen Stress für das Tier, ist aber weitaus schonender als das echte Stopfen. Mithilfe einer Pinzette oder eines Holzspatels (z. B. der Holzstiel eines „Schleckeises") wird hierbei der Schlange das Maul geöffnet und eine tote Maus hineingelegt. Danach hält man ihr mit Daumen und Zeigefinger das Maul mit der darin befindlichen Maus vorsichtig zu, und die Schlange wird wieder ins Terrarium zurückgesetzt. Wichtig ist, dass sich der Pfleger sofort außer Sichtweite der Schlange begibt und nicht etwa noch vor dem Terrarium wartet oder sich bewegt. Außerdem muss beim Zurücksetzen der Schlange der passende Moment abgewartet werden, in dem das Tier etwas entspannter ist und sich nicht mehr gegen die Maus wehrt. In der Regel verharrt die Schlange nach dem Loslassen für einen Moment, und die Chance, dass sie die Maus nicht wieder auswürgt, liegt bei 50 %.
Gegebenenfalls muss diese Prozedur noch ein paar Mal wiederholt werden. Mit etwas Geduld und – ganz wichtig! – nur wenn man vermeidet, sich anschließend vor dem Terrarium zu bewegen, etwa weil man das Tier beim Fressen beobachten möchte, verschlingen die Pythons in der Regel die Maus nach ein bis zwei Versuchen selbstständig. Bevor man einen Königspython stopft, sollte man immer erst diese schonendere Methode versuchen. Wahrscheinlich ist beim Stopfen gerade das Bemühen der Schlange, die ungewollt hineingeschobene Nahrung wieder auszuwürgen, der gravierende Stressfaktor, der viel Energie kostet und bei der anderen Methode des „Ins-Maul-Legens" wegfällt.
Bei Tieren, die schon eine längere Fresspause hinter sich haben, können beide Methoden zum Erfolg führen, indem sie den Stoffwechsel und den Appetit der Schlange

wieder anregen – oftmals beginnen die betroffenen Tiere unmittelbar danach wieder mit dem selbstständigen Jagen und Fressen.
Diese Ausführungen sollen nun nicht den Eindruck erwecken, dass der Königspython generell ein heikler Fresser sei. Wenn man gesunde Tiere besitzt, die aus einer Nachzucht oder von einer Ranching-Farm stammen, und wenn das Klima im Terrarium stimmt, werden sich solche Probleme kaum einstellen, sondern die Schlangen werden sich als gute und dankbare Fresser erweisen. Über die für *P. regius* typischen Fresspausen darf man sich nicht ärgern – wenn man sie kennt, weiß man, dass es dem Tier dennoch gut geht und es einfach momentan keinen Hunger hat – auch wenn das für den einen oder anderen Pfleger vielleicht schwer zu akzeptieren ist.

FÜTTERUNGSINTERVALL

Die Frage, wie oft Königspythons gefüttert werden sollten, wird gerne diskutiert, denn viele Halter fürchten, dass ihre Tiere möglicherweise verfetten könnten. Tatsache ist jedoch, dass unter der alten Prämisse „nur nicht überfüttern", die früher galt, fast keine Königspythons gezüchtet wurden. Vor allem die Weibchen brauchen reichlich Fettreserven, damit im Reproduktionszyklus die Follikel (Eibläschen) wachsen können. Außerdem müssen die Weibchen eine lange Fresspause von rund 4–5 Monaten überbrücken können (2–3 Monate vor der Eiablage und zwei Monate, in denen sie ihre Eier bebrüten – zumindest im Freiland ist das der Fall).
Das Anlegen von Fettreserven ist in der Natur ein sinnvoller Vorgang; nur wenn genügend Futter vorhanden ist, können sich die Tiere vermehren. Reicht die Nahrung dagegen nicht oder gerade so für die vorhandenen Exemplare einer Population, wäre es von Nachteil, wenn noch mehr Jäger, in diesem Fall junge Schlangen, nachkommen würden. Somit ist ein Überfüttern, zumindest bei Königspythons, mit denen gezüchtet wird, kaum möglich.
Jungtiere sollten in der Regel alle 5–7 Tage gefüttert werden. Auch adulte Tiere (ab ca. 1 kg Gewicht), mit denen man züchten möchte, erhalten alle sieben Tage Futter – bei kräftigen Männchen reicht eine Futtergabe alle 10–14 Tage. Bei adulten Tieren, mit denen ich nicht züchte, ist eine Fütterung alle 14–18 Tage ausreichend.
Die Größe der Futtertiere sollte so bemessen sein, dass man der Schlange nach der Fütterung deutlich ansieht, dass sie gefressen hat. Hat ein Jungtier eine Maus gefressen, so hat es einen prall gefüllten Bauch, und dies sollte auch bei größeren Exemplaren der Fall sein. Demnach muss man also entweder die Größe der Beute oder aber die Menge der gereichten Futtertiere anpassen. Jungtiere sollten ab einem gewissen Zeitpunkt daher zwei Mäuse pro Fütterung erhalten – oder man bietet ersatzweise kleine Ratten an. Letztere Variante wird von vielen Züchtern bevorzugt, weil die jungen Pythons dann etwas schneller wachsen. Dies liegt wahrscheinlich an einem höheren Nährwert der Ratten, aber natürlich auch an deren größeren Masse im Vergleich zu Mäusen.
Bei Verwendung von Frostfutter ist es ratsam, bei jeder zweiten oder dritten Fütterung ein Multivitaminpräparat beizugeben. Am besten gibt man je nach Dosieranleitung des Herstellers eine entsprechende Menge Präparat auf das Beutetier, sobald dieses

Ein Python, der sich schlecht gehäutet hat. Hier muss auf jeden Fall geholfen werden.
Foto: A. Gibert (M&S)

Tier vor der Häutung, mit den typischen trüben Augen
Foto: A. Gibert (M&S)

zur Hälfte verschlungen ist, oder man spritzt die Vitamine mit einer Kanüle in das tote Nagetier. Wenn das Futtertier vorab mit Flüssigvitaminen beträufelt wird, kann dies bei der Schlange zur Futterverweigerung führen, da vor allem Vitamine aus dem Vitamin-B-Komplex intensiv riechen.

Ob man seinen Königspythons nun lebende oder tote Futtertiere reicht, ist persönliche Geschmacks- bzw. Einstellungssache und jedem Pfleger selbst überlassen. Bei lebenden Futtertieren aus guter Zucht benötigt man keine Vitaminzugaben, und die Schlangen erhalten dennoch ein vollwertiges Futter. Reicht man dagegen Frostfutter – das vor der Futtergabe natürlich vollständig aufgetaut sein muss –, so sollten Vitamine, die durch das Einfrieren verloren gehen, hinzugegeben werden.

Die meisten Pythons bevorzugen lebende Beutetiere, lassen sich aber auch gut an tote Nahrung gewöhnen. Für viele Halter ist es praktischer, wenn sie ihren Python mit toten Futtertieren ernähren können, denn diese lassen sich als Frostfutter immer ausreichend in der (möglichst separaten) Gefriertruhe parat halten. Betreibt man selbst eine Mäuse- oder Rattenzucht, so verfüttert man die Futtertiere am besten lebend an die Pythons, die ihre Beute schnell töten. In einigen Ländern, wie z. B. der Schweiz, ist es allerdings – unverständlicherweise – verboten, lebende Futtertiere an seine Schlangen zu verfüttern. Unter Beachtung entsprechender Tierschutzgesetze müssen diese durch CO_2-Begasung oder mittels einer speziellen Zange, mit der man das Genick der Nager bricht, zuerst getötet werden.

Der Königspython lässt uns beide Möglichkeiten der Futtergabe offen, und so muss jeder Halter für sich herausfinden, welche Art der Fütterung er als praktischer, humaner oder angenehmer empfindet. Lediglich bei sehr heiklen Fressern oder bei neu erworbenen Tieren sowie frisch geschlüpften Königspythonbabys würde ich eine Fütterung mit lebenden Futtertieren immer empfehlen und erst nach einigen erfolgreichen Fütterungen auf tote Beute umstellen.

HÄUTUNG

Je nach Alter und Wachstum häuten sich Königspythons etwa alle vier Wochen (bei Jungtieren und starker Fütterung) bis zu einem Mal im Jahr (bei adulten Tieren, die wenig fressen).

Die Häutungsphase kündigt sich mit einer matten, am Bauch etwas milchigen Färbung der Tiere an, auch die Augen trüben sich deutlich ein, sodass sie milchig weiß wirken. Zwei bis vier Tage vor dem Abstreifen der Haut erscheinen die Augen dann wieder klar.

Ein nützliches Hilfsmittel zur Unterstützung der Häutung ist z. B. ein „Gummi-Fingerhut“ Foto: A. Gibert (M&S)

Nun wird die alte Haut, an den Lippenschilden beginnend, langsam und im Idealfall an einem Stück abgestreift. Bei *Python regius* geschieht dies aufgrund seiner dämmerungsaktiven Lebensweise meist in der Nacht.

Der gesamte Häutungsvorgang, von der ersten Trübung der Augen bis zum Abstreifen des Schuppenkleides, nimmt je nach Größe der Tiere etwa zwischen 10 und 20 Tagen in Anspruch. Früher war es üblich, die Schlangen während der kompletten Häutungsphase nicht zu füttern. Mittlerweile bin ich aber davon überzeugt, dass man auch noch Futter anbieten kann, wenn schon klar erkennbar ist, dass eine Häutung bevorsteht. Lediglich in den letzten 4–5 Tagen direkt vor der Häutung, wenn die Augen völlig milchig und trüb sind, ist es weniger sinnvoll, zu füttern, weil die Pythons ihre Beute dann meist nicht annehmen. Allerdings gibt es selbst jetzt noch Exemplare, die fressen, und ich konnte bislang keinen Nachteil für solche Schlangen, z. B. in Form einer schlechten Häutung oder einer Gesundheitsgefährdung, erkennen. In der Natur sind die Pythons während dieser Phase vermutlich tief im Boden versteckt – obwohl sich selbst dorthin dann und wann ein Futtertier verirren kann.

Gelegentlich kann es zu Problemen bei der Häutung kommen, und die Schlange streift ihre alte Haut nur unvollständig und in Fetzen ab. Die Hautreste müssen dann entfernt werden, da es sonst möglicherweise zu Entzündungen kommt, vor allem wenn sich die alte Haut über den Augen befindet und diese sogenannte Brille nicht sauber gehäutet ist. Man sollte das betroffene Tier in diesem Fall in lauwarmem Wasser baden oder mit feuchten (ebenfalls lauwarmen) Tüchern oder Zellstoffpapier bedecken. Dabei muss man unbedingt darauf achten, dass weder der Raum noch das Wasser zu kalt sind – ansonsten ist nach dieser Prozedur die alte Haut der Schlange zwar weg, dafür aber eine Lungenentzündung da!

Nach dem Bad oder Einweichen mit Tüchern über eine Dauer von 5–10 Minuten beginnt man nun, die restliche Haut vom Kopf zum Schwanz hin vorsichtig abzustreifen. Dies kann mitunter viel Zeit und Geduld erfordern, und es kann zwischendurch mehrmals nötig sein, die Schlange zu baden, um ihre Haut erneut aufzuweichen. Als Hilfsmittel zum Entfernen der alten Haut hat sich auch ein Fingerhut aus dem Schreibwarenbedarf als praktisch erwiesen.

Besondere Vorsicht ist, wie bereits erwähnt, an den Augen geboten. Ist die Haut lediglich um das Auge herum entfernt und befindet sich auf ihm noch, wie eine Kontaktlinse, die Brille, kann man vorsichtig versuchen, diese an ein Stückchen Tesafilm zu kleben und abzuheben oder mit dem Fingernagel bzw. einer Pinzette vom Augenrand aus zu entfernen. Eine solche Behandlung ist mit äußerster Vorsicht durchzuführen, da es sonst schnell zu einer Verletzung oder gar dem Verlust des Auges kommen kann. Im Zweifelsfall sollte die Prozedur von einem erfahrenen Terrarianer oder am besten einem Veterinär durchgeführt werden.

Als junger, unerfahrener Terrarianer bin ich einmal mit meinem ersten Königspython extra über 100 km an die Universität Hohenheim nach Stuttgart gefahren, wo Prof. Dr. Frank mit einigen Studenten eine wöchentliche Reptiliensprechstunde abhielt – damals die einzige fachkundige Anlaufstelle in der Umgebung. Das Tier hatte eine kleine Delle im sonst normal aussehenden Auge. Dies kann passieren, wenn die Schlange sich in der Häutungsphase zu einem Zeitpunkt, an dem unter der alten Haut schon die neue gebildet wird, am Auge stößt. Dann bekommt die empfindliche neue Brille unter Umständen eine kleine Delle, die ebenfalls mit aushärtet. Sie ist aber meist harmlos und schon nach der nächsten Häutung wieder verschwunden. In den Anfangsjahren der Terraristik musste man für eine solche Information noch einen halben Tag spazieren fahren!

Sind alle Hautreste mechanisch entfernt, gilt es, sich Gedanken über den Grund einer schlechten Häutung zu machen. In der Regel liegt dies an einer zu niedrigen Luftfeuchtigkeit im Terrarium und/oder einem zu trockenen Versteck. Dennoch darf man es nun nicht mit Feuchtigkeit übertreiben und aus der Behausung des Königspythons mittels Sprühanlage ein Regenwaldterrarium machen. Meist reicht schon ein etwas feuchteres Versteck oder feuchtes Moos in einer Ecke des Terrariums. Wenn man technische Hilfsmittel, wie die erwähnte Sprühanlage oder einen Ultraschallvernebler, verwenden möchte, dann nur genau dosiert und lediglich 2–3 Mal am Tag für wenige Minuten. Ist es permanent zu feucht im Behälter, hat dies schnell eine Lungenentzündung des Pythons zur Folge.

Ein weiterer Grund für schlecht verlaufende Häutungen kann Milbenbefall sein. Selbst nach einer Behandlung verläuft die anschließende Häutung oftmals noch nicht einwandfrei. Wurden die Milben erfolgreich bekämpft, sollte aber zumindest die übernächste Häutung wieder einwandfrei aussehen.

Es sind einige Vitaminpräparate auf dem Markt erhältlich, die einen guten Ablauf der Häutung versprechen. Ich persönlich halte es kaum für nötig, solche Mittel zu verabreichen, besonders dann nicht, wenn gesunde und gut ernährte, lebende Nagetiere verfüttert werden. Wird oft Frostfutter angeboten, kann man hingegen, wie im Kapitel „Fütterungsintervall" angesprochen, ein Multivitaminpräparat verabreichen, da durch das Einfrieren der Futtertiere ein Anteil an Vitaminen verloren geht.

Schwanz des Männchens (links) und des Weibchens (rechts) im Vergleich
Foto: A. Gibert (M&S)

VERMEHRUNG

Ich hoffe, durch meine Ausführungen dazu beizutragen, dass besonders junge Terrarianer noch mehr Lust auf die Zucht von *P. regius* bekommen – und dass der momentane Königspython-Boom noch lange anhält. Die Variationsmöglichkeiten der Farben und Muster sind fast endlos, und so dauert sie hoffentlich noch viele Jahre: die Erfolgsgeschichte der einst als heikle und schlechte Fresser verschrienen Königspythons.

GESCHLECHTSBESTIMMUNG

Wenn man mit seinen Tieren züchten möchte, ist es natürlich wichtig, zu wissen, welches Geschlecht sie haben. Der Königspython besitzt keine primären äußeren Geschlechtsmerkmale, Männchen und Weibchen lassen sich also äußerlich nicht eindeutig unterscheiden. Allenfalls kann man bei den Männchen einen etwas längeren Schwanz ausmachen, der zudem am Ansatz, direkt hinter der Kloake, etwas dicker erscheint. Der Grund für diese Verdickung und den etwas längeren Schwanz sind die beiden Hemipenes (das paarige Geschlechtsorgan), die sich – eingestülpt – parallel zueinander ca. 10–15 Schuppenreihen weit schwanzabwärts im Körper hinter der Kloake erstrecken. Hält man ein gleich großes Pärchen nebeneinander, lässt sich dies einigermaßen gut erkennen. Allerdings sind die Tiere, die man untersuchen möchte, nur selten genau gleich groß, sodass man dieses Merkmal kaum direkt vergleichen kann und sich die Methode in aller Regel auch nicht zur sicheren Geschlechtsbestimmung eignet.

Bei einigen Riesenschlangen wie z. B. der Südlichen Madagaskarboa (*Acrantophis dumerili*) besitzen die Männchen deutlich vergrößerte Aftersporne, die bei den Weibchen wesentlich kleiner ausgebildet bzw. überhaupt nicht zu erkennen sind. Beim Königspython sind diese Sporne bei beiden Geschlechtern aber gleich ausgeprägt, sodass auch sie keine Unterscheidung erlauben.

Eine weitere Methode zur Geschlechtsbestimmung, die bei vielen Schlangenarten recht gut und zuverlässig funktioniert, ist das Erfühlen der Hemipenes; bei jungen

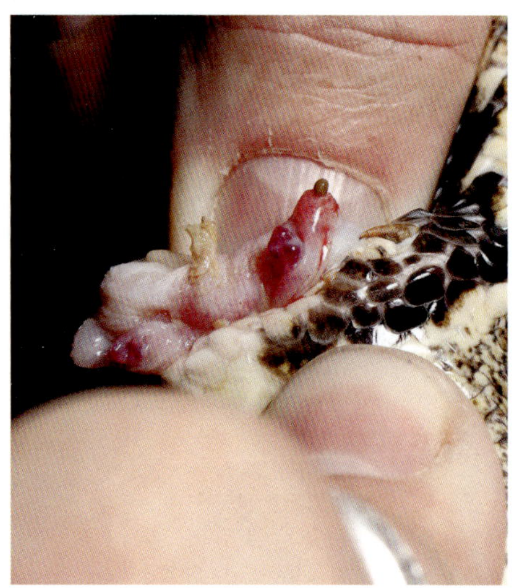

Weibchen mit relativ großen, ausgestülpten Taschen. Als Ausnahme treten solche Tiere auf, die irrtümlich eventuell als Männchen bestimmt werden können. Bei Männchen sind die Hemipenes allerdings doch deutlich größer und kräftig rot durchblutet (auf dem Bild ist sogar die abgehäutete Tasche erkennbar, die man vielleicht mit Spermafäden verwechseln könnte).
Foto: A. Gibert (M&S)

Abgottschlangen (*Boa constrictor*) ist dies sogar die einfachste und eine für das Tier risikolose Methode. Diese Art der Geschlechtsdetermination erfolgt, indem man mit Daumen oder Zeigefinger vorsichtig von der Kloake schwanzabwärts streicht. Bei den Männchen kann man dann deutlich die verdickten Enden der Hemipenes erfühlen; sie flutschen quasi unter dem Finger weg. Bei *P. regius* ist aber leider auch diese Methode nicht anwendbar, weil das Gewebe am Schwanz so dick und kräftig ist, dass sich nichts erfühlen lässt.

Um bei unseren Königspythons die Frage der Geschlechtszugehörigkeit klären zu können, bleiben somit nur noch das Sondieren oder das Herausmassieren eines oder beider Hemipenes. Letztere Methode, umgangssprachlich auch „Poppen" genannt, geschieht durch leichten Druck mit dem Daumen unterhalb der Kloake bei gleichzeitigem Dagegenhalten mit dem anderen Daumen oberhalb der Kloake. Da man hierbei beide Hände benötigt, muss zumindest bei größeren Tieren eine zweite Person die Schlange festhalten.

Das Poppen ist die sicherste Methode zur Geschlechtsbestimmung beim Königspython und zudem völlig ungefährlich. Sie erfordert aber einiges an Übung. Ich selber musste bestimmt erst Hunderte Tiere „belästigen", bis das Poppen endlich so einfach und problemlos klappte wie heute.

Die ganze Prozedur muss natürlich ohne Gewalt und mit viel Gefühl ausgeführt werden. Manche Tiere verkrampfen, sodass die Prozedur schwierig werden kann, während andere Exemplare weniger sensibel sind und sich sogar als „zeigefreudig" entpuppen, indem sie bereits bei leichtem Druck einen oder auch beide Hemipenes hervorstülpen. Nach meinen Erfahrungen gelingt das Poppen am leichtesten bei Jungtieren, die gerade frisch aus dem Ei geschlüpft sind. Zwar ist man zu diesem Zeitpunkt geneigt, die kleinen Tierchen erst einmal in Ruhe zu lassen, damit sie sich vom anstrengenden Schlupfvorgang erholen können, aber gerade bei ihnen geht das Poppen so schnell und leicht, dass man sie im Idealfall das erste und zugleich letzte Mal in ihrem Leben auf diese Weise belästigen muss. Leider ist es die Unsitte einiger Terrarianer, dass sie bei jedem Begutachten eines Pythons meinen, sich nebenher noch einmal vom Geschlecht des Tieres überzeugen zu müssen. Es schadet der Schlange zwar nicht direkt, aber man sollte annehmen, dass das Tier „froh" ist, nicht regelmäßig seine Hemipenes oder die Hemiklitores (bei Weibchen) ausstülpen zu müssen. Gegen ein letztmaliges Vergewissern beim Kauf eines Tieres ist sicher nichts einzuwenden – zwei oder drei Mal im Leben verkraftet jeder Königspython diese Prozedur, auch ohne physische oder psychische Schäden, aber alle paar Wochen muss das nicht sein.

Ich empfehle allen Haltern, die irgendwann regelmäßig züchten wollen, sich das Poppen von jemandem zeigen zu lassen, der bereits viel Erfahrung damit hat. Am besten übt man die Prozedur wie erwähnt an Jungtieren – wenn möglich an solchen, die gerade aus dem Ei geschlüpft sind. Wenn das Geschlecht der Tiere sicher bestimmt ist, lassen

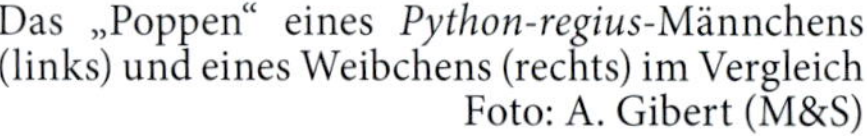

Das „Poppen" eines *Python-regius*-Männchens (links) und eines Weibchens (rechts) im Vergleich
Foto: A. Gibert (M&S)

sie sich später auch besser abgeben – der neue Besitzer möchte schließlich wissen, ob er nun ein männliches oder weibliches Tier erwirbt. Der Schlange ist damit ebenfalls geholfen, weil sie nicht irgendwann später einmal als älteres Tier – womöglich noch ungeschickt – sondiert wird, um die verpasste Bestimmung nachzuholen.

Relativ selten kommt es vor, dass ein Weibchen ungewöhnlich große Hemiklitores besitzt. Seine evertierten Geschlechtsteile ähneln dann denen der Männchen, wobei die der Weibchen eher hell oder weißlich gefärbt sind, nicht dunkelrot wie die männlichen Hemipenes. Dennoch werden solche Weibchen manchmal als Männchen fehlbestimmt. Ich selbst besaß einen Königspython, bei dem ich mir lange nicht sicher war, ob es nun ein Männchen oder Weibchen war. Ich tippte damals auf ein weibliches Tier und setzte vorsichtig ein Männchen dazu. Tatsächlich konnte ich bald Paarungen beobachten, und das mutmaßliche Weibchen legte Eier ab, womit das Geschlecht endgültig bestimmt war.

Obwohl das Evertieren die mit Abstand beste und sicherste Methode der Geschlechtsbestimmung beim Königspython ist, beobachte ich jedes Jahr ca. 10–20 Nachzuchttiere, bei denen das Geschlecht kaum zu bestimmen ist und man nicht eindeutig sagen kann, ob es sich nun um ein Weibchen mit großen Hemiklitores oder Männchen mit sehr kleinen Hemipenes handelt. Mittlerweile gehe ich davon aus, dass solche Tiere in der Regel Weibchen sind, wie das zuvor beschriebene Exemplar zeigte.

Die zweite regelmäßig angewandte Methode zur Geschlechtsbestimmung von Königspythons ist das Sondieren, das insgesamt zwar recht zuverlässig ist, aber viel Übung und Geschick erfordert und nicht einfach schnell anhand einer Buch- oder Internetanleitung erlernt werden kann. Ich persönlich halte das Sondieren auch für unangenehmer und weniger sicher für das betroffene Tier. Dennoch kann diese Methode in manchen Fällen notwendig sein, denn das Poppen wird umso schwieriger, je größer die Schlange ist – und das gilt generell, nicht nur für *P. regius*!

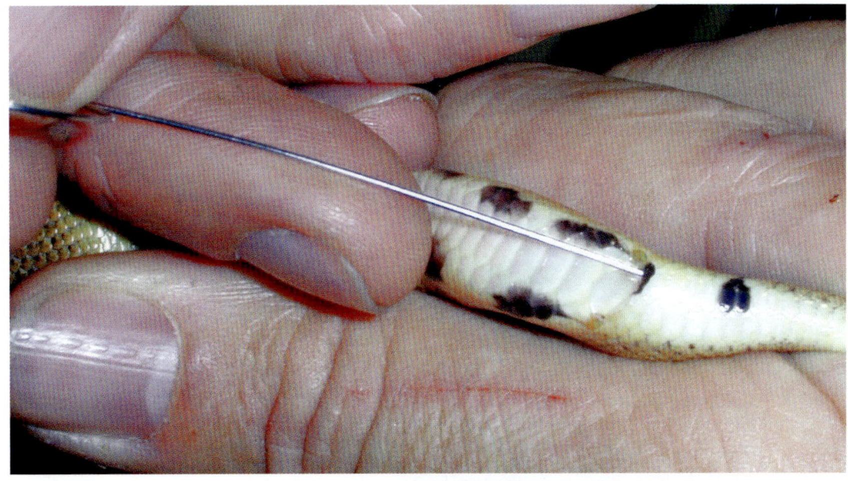

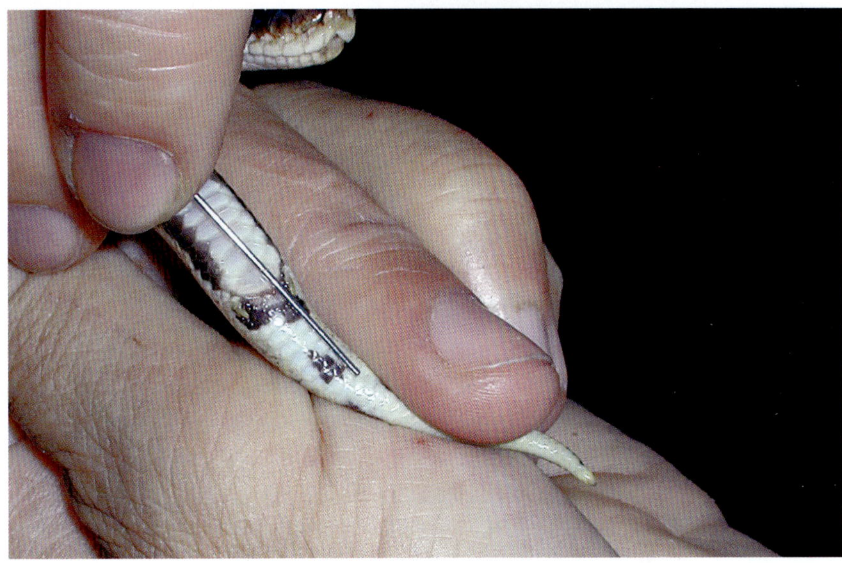

Mithilfe einer Knopfsonde sondieren: Die Sonde dringt ca. 12 Schuppen weit ein, folglich ist dies ein Männchen

Fotos: A. Gibert (M&S)

Beim Sondieren wird mit einer ausreichend großen Metallsonde, deren Kopf perfekt abgerundet und gratfrei sein muss, untersucht, wie weit man in der Kloake vorsichtig schwanzabwärts eindringen kann. Bei den männlichen Tieren befinden sich dort, in den Hemipenistaschen, die eingestülpten Hemipenes. In den Taschen lässt sich die Sonde etwa 9–12 Schwanzschuppen (Subcaudalia) weit einführen. Bei weiblichen Tieren kann man mit der Sonde dagegen lediglich vier, im Extremfall auch bis zu acht Schwanzschuppen weit eindringen, dafür sind diese Hemiklitoristaschen aber etwas breiter. Wenn wir also bei einem Tier mit der Sonde 10 oder 12 Schuppen tief eindringen können, ist diese Schlange definitiv ein Männchen – vorausgesetzt natürlich, dass die Taschen beim Sondieren nicht perforiert wurden!

Es gibt allerdings Männchen, die beim Sondieren so verkrampfen, dass man die Sonde lediglich ein paar Schuppen tief einführen kann. Der Besitzer vermutet dann unter Umständen, dass dieses Tier ein Weibchen ist, und wartet vergeblich auf die erhoffte Paarung und Nachzucht. Um sicherzugehen, sollte die Untersuchung also jeweils auf beiden Seiten der Taschen durchgeführt werden.

DER PRAXISTIPP

Neben der nächtlichen Abkühlung zu Beginn der Paarungszeit gibt es noch einige weitere Tricks, um die Tiere zur Paarung zu stimulieren. Nicht jedes Paar harmoniert miteinander, sodass man gegebenenfalls Folgendes ausprobieren sollte:

- Wenn sich ein Männchen nach 1–2 Tagen noch nicht mit dem Weibchen gepaart hat, sollte man es gegen ein anderes austauschen. Das zweite Männchen nimmt im Terrarium den Geruch des Vorgängers wahr, wodurch es oftmals zur Paarung stimuliert wird.
- Gibt man in das Terrarium des zusammengesetzten Pärchens die abgestreifte Haut eines anderen Männchens, so scheint dies den Paarungstrieb des Männchens sogar noch mehr zu stimulieren als bei der ersten Variante.
- Man kann zum Pärchen kurzzeitig auch ein weiteres Weibchen hinzusetzen, mit dem das Männchen sich in der Vergangenheit ohne großes Zögern gepaart hat. Nimmt man dieses Weibchen aus dem Terrarium heraus, sobald das Männchen erneut Interesse an ihm zeigt, stehen die Chancen gut, dass es mangels Alternative nun zur Verpaarung mit der zuvor verschmähten „Dame" kommt.
- Ein bis zwei „dunkle Tage" vor dem Zusammensetzen des Pärchens, an denen man jegliche Beleuchtung ausschaltet, können ebenfalls manchmal Wunder bewirken.

Sollte all dies nicht zum gewünschten Erfolg führen, so kann man nur noch versuchen, dem Weibchen ein anderes Männchen hinzuzusetzen. Es gibt einfach Exemplare, die trotz aller Tricks nicht miteinander „können".

Um die Sonde gleitfähiger zu machen, wird sie zuvor am besten mit Wasser, Öl oder Vaseline bestrichen. Vaseline kann jedoch die Samenleiter für einige Wochen verkleben und ist deshalb bei adulten Zuchttieren die schlechtere Wahl.

Für den Anfänger ist es, wie erwähnt, nicht ratsam, das Sondieren alleine auszuprobieren. Er sollte es sich von einem erfahrenen Terrarianer oder Veterinär zeigen lassen und vorsichtig unter Kontrolle erlernen.

PAARUNGSSTIMULATION

Auslöser für das Fortpflanzungsgeschehen in der Natur ist offenbar eine 8–12 Wochen dauernde kühlere Periode (siehe Kapitel „Klima"). Allerdings bin ich mir nicht ganz sicher, ob das kühle Wetter selbst die Paarungsaktivitäten auslöst oder das Klima lediglich indirekt das Futterangebot steuert, denn in dieser fruchtbaren, „grünen" Regenzeit gibt es reichlich Nahrung für Nagerpopulationen. Dies hat wiederum zur Folge, dass viele und gut genährte Beutetiere für die Königspythons vorhanden sind, sodass die Weibchen viel fressen und entsprechende Fettreserven anlegen können. Diese wiederum sind nötig, um ausreichend Energie in die Eiproduktion investieren zu können. Vermutlich spielen beide Faktoren, die kühle Periode und die angesammelten Fettreserven, eine entscheidende Rolle als Auslöser der Paarungsaktivitäten, die am intensivsten sind, sobald es nach der kühlen Phase langsam wärmer wird.

Wenn Sie Ihre Königspythons zur Nachzucht bewegen wollen, ist es am sinnvollsten, beide Geschlechter das Jahr über getrennt zu halten, um so den Paarungsanreiz zu vergrößern. Erst 1–2 Wochen nach Beginn der kühlen Phase setzt man Männchen und Weibchen zur Paarung zusammen.

Bei mir hat es sich zur Zucht bewährt, das Männchen in das Terrarium des Weibchens zu setzen, doch gibt es hierzu verschiedene Ansichten. McCurley (2007) setzt umgekehrt seine Weibchen zu den Männchen, ich halte diese Variante aber für weniger hygienisch – zumindest für das weibliche Tier. Da meist mehrere Weibchen hintereinander zu einem Männchen gesetzt werden, herrscht in der Männerbehausung „reger Durchgangsverkehr", wodurch die Gefahr besteht, dass man leichter Milben oder Krankheiten verbreitet. Dieses Risiko besteht natürlich auch im umgekehrten Fall, dürfte aber weniger groß sein, da das Weibchen dann nur mit dem Männchen selbst in Berührung kommt, nicht zusätzlich auch noch mit dessen Terrarium. Die Ansteckung erfolgt ja meist über Ausscheidungen, Kot oder Wasser.

Ich habe außerdem die Erfahrung gemacht, dass ein Weibchen in einer neuen Umgebung zuerst einmal ausgiebig das Terrarium erkundet. Das Männchen hat es dadurch deutlich schwerer, die Partnerin zu begatten – die Damenwelt lässt sich zu schnell von den wirklich wichtigen Dingen ablenken! Setzt man das Männchen dagegen in die Behausung des Weibchens, kann man meist sofort beobachten, dass es sich viel mehr für die Partnerin als für das neue Umfeld interessiert. Letztlich funktionieren aber wohl beide Varianten.

Es gibt durchaus Terrarianer, die den Königspython jedes Jahr mit nur einem Pärchen erfolgreich nachzüchten. Allerdings ist es eher die Regel, dass man zunächst mit mehreren Männchen und Weibchen ausprobieren muss, welche Tiere miteinander harmonieren. *Python regius* ist nach wie vor eine Schlange, die sich nicht so einfach oder gar nahezu automatisch vermehren lässt wie z. B. die Kornnatter.

Ich rate ausdrücklich davon ab, zwei Männchen gleichzeitig zu einem Weibchen zu setzen. Während der Paarungszeit sind männliche Königspythons nämlich äußerst aggressiv und gehen dementsprechend rabiat miteinander um. Ein solches Vorgehen bedeutet vor allem für das unterlegene Tier einen enormen Stress, der mitunter zur Futterverweigerung oder zum Ausbruch von Krankheiten führen kann. Außerdem schreitet solch ein unterlegenes Männchen im Anschluss daran meist nicht mehr zur Fortpflanzung.

Möchte man einen männlichen Königspython also mithilfe eines Nebenbuhlers zur Paarung stimulieren, klappt die im Praxistipp beschriebene „Hautmethode" besser. Alternativ kann man auch zwei Männchen für ein paar Sekunden gemeinsam in die Hand nehmen. Das reicht schon aus, um Gerüche zu übertragen und die Männchen manchmal ebenfalls zu stimulieren.

DER PRAXISTIPP

Wenn man mit einem Weibchen züchten möchte, sollte dieses dick sein und gut im Futter stehen. Ein dünnes Exemplar, das über längere Zeit nicht gefressen hat, ist kaum paarungsbereit – in diesem Fall kann ich dem Weibchen und natürlich auch dem Männchen den ganzen Stress ersparen!

In der Natur kommt es während der Paarungszeit beim Aufeinandertreffen von zwei männlichen *P. regius* oft zu sogenannten Kommentkämpfen, die sehr beeindruckend sind. Dabei richten sich die Schlangen mit ihrem vorderen Körperdrittel auf und versuchen, den Gegner nach unten zu drücken. Flüchtet das unterlegene Tier, wird es vom Sieger über eine kurze Strecke verfolgt – im Terrarium hat der Verlierer allerdings keine Möglichkeit zur Flucht! Wilde Beißereien unter den Männchen, wie bei anderen Python-Arten, z. B. Netzpython (*Broghammerus reticulatus*) oder Grünem Baumpython (*Morelia viridis*), konnte ich bei *P. regius* zum Glück noch nie beobachten.

Es ist mir und meinen Mitarbeitern allerdings schon passiert, dass wir ein vermeintliches Weibchen, dessen Geschlecht falsch bestimmt war, zu einem Männchen gesetzt haben. Nach wenigen Minuten herrschte ein Radau im Terrarium, wie man ihn bei den sonst so ruhigen Pythons kaum vermuten würde. Unser Irrtum, dass wir aus Versehen zwei Männchen zusammengesetzt hatten, war schnell bemerkt!

Bei allen Paarungsaktivitäten der Schlangen sind mit Sicherheit reichlich Pheromone im Spiel. Leider können wir Menschen diese biochemischen Botenstoffe, die der Kommunikation über die Luft dienen, nicht wahrnehmen, sonst wäre die Pythonzucht vielleicht noch bedeutend einfacher.

So kann es durchaus passieren, dass bei einem bestimmten Weibchen die Follikel nicht zu wachsen beginnen bzw. nicht mehr weiter an Größe zunehmen. Dann kann es schon helfen, einfach ein anderes sich im Fortpflanzungszyklus befindliches Weibchen mit schon recht großen Follikeln (darunter verstehe ich Follikel mit 20 mm Länge oder mehr – diese Größe erkennt man gut von außen, wie im Kapitel „Trächtigkeit" beschrieben) hinzuzusetzen. Weil das Follikelwachstum hormonell gesteuert ist, stimuliert die Pheromonausschüttung des einen Weibchens das „zögernde Tier" – ein Grund mehr, warum sich nach meiner Erfahrung Königspythons umso leichter vermehren lassen, je mehr Tiere man insgesamt hält. Durch die Pheromone liegen offenbar so viele „gute Düfte" in der Luft, dass auch weniger bereite Weibchen angeregt werden, ihre Follikel weiter auszubilden.

Vermutlich geben Weibchen, die ihren Eisprung bereits hatten, über Pheromone auch den Männchen eine entsprechende Botschaft, die besagt: „Der Spaß ist nun vorbei, ihr könnt aufhören". Ich erkläre mir damit, dass am Ende der Fortpflanzungszeit die Paarungswilligkeit der Männchen und Weibchen innerhalb nur einer Woche stark nachlässt, um schließlich aufzuhören. So können zu diesem Zeitpunkt selbst Weibchen, deren Follikel sich schon in einem fortgeschrittenen Stadium befanden, das Follikelwachstum noch einstellen oder die Follikel zurückbilden. Versuche, deren Wachstum erneut mittels Temperaturänderungen zu steuern oder anzuregen, hatten nur wenig bzw. gar keinen Erfolg (nur die Männchen kann man dadurch, wie unten beschrieben, zur Paarung bewegen).

Eine Stimulation der Tiere durch Sprühen und Anheben der Luftfeuchtigkeit ist mir bis jetzt nicht gelungen. Im Lebensraum der Königspythons ist es zu Beginn der Paarungszeit eher trocken, erst dann setzt die (kleine) Regenzeit ein. Zum Ende der Paarungszeit ist es ebenfalls wieder trocken, sodass eine erhöhte Luftfeuchtigkeit als auslösender Faktor eher unwahrscheinlich erscheint.

Bei der Paarung sind die Kloakenöffnungen beider Partner eng aneinander gepresst
Foto: S. Broghammer

DER PRAXISTIPP

Einzelne Königspythons beginnen sich unter Umständen bereits zu paaren, während sie noch kühl gehalten werden, also während der auslösende Faktor noch wirkt. Die meisten und intensivsten Kopulationen sowie das Follikelwachstum bei den Weibchen finden aber erst nach der kühlen Phase statt, nämlich dann, wenn die Temperaturen langsam wieder ansteigen. Schon öfter beklagten sich Terrarianer in Gesprächen mit mir über die angeblich mangelnde Paarungswilligkeit ihrer Tiere – dabei hätten sie die Temperaturen in ihren Terrarien doch bereits seit etlichen Wochen deutlich gesenkt. In vielen dieser Fälle waren die Tiere offenbar schlicht zu kalt gehalten worden, denn eine Anhebung der Temperatur führte so gut wie immer doch noch zum gewünschten Erfolg.

Zu Beginn meiner Züchterkarriere habe ich zur Paarungsstimulation nur die männlichen Königspythons nachts etwas kühler gehalten, während ich an der Haltung der Weibchen nichts änderte – allerdings waren die Temperaturen im Terrarium bzw. in dem Raum selbst während dieser Zeit aufgrund der Wintermonate schon allgemein etwas kühler. Ich brachte die Männchen dazu für 8–10 Tage jeweils nachts in einen Raum mit nur ca. 20 °C, tagsüber kamen sie wieder in den beheizten Terrarienraum. Anschließend setzte ich die Männchen zu den Weibchen. In der Regel fingen die Tiere schon nach Minuten oder wenigen Stunden an, zu kopulieren. Obwohl diese Methode funktioniert, denke ich aus heutiger Sicht, dass eine Nachtabsenkung auf 20 °C zu kräftig und das Risiko einer Atemwegserkrankung dadurch zu groß war. Man sollte Königspythons, wie im Kapitel „Klima“ beschrieben, auch während dieser Phase nachts lediglich um 2–3 Grad kühler halten.

2002 habe ich erstmals versucht, meine Pythons bereits im September und Oktober zur Paarung zusammenzusetzen, also fast zeitgleich zur natürlichen Fortpflanzungszeit in Westafrika. Die Männchen wurden nachts wie beschrieben heruntergekühlt und begannen nach dem Zusammensetzen mit den Weibchen tatsächlich, sich zu paaren. Allerdings stellte sich bei den Weibchen anschließend nicht das übliche und notwendige Wachsen der Follikel ein – ich konnte nicht einmal beobachten, dass ein Weibchen überhaupt ovulierte. Während man die männlichen Königspythons also auf die beschriebene Weise zur Paarung stimulieren kann, bilden die Weibchen ihre Follikel erst während bzw. vor allem nach der kühlen Phase aus, sobald sie spüren, dass es wieder wärmer wird.

Offenbar werden die Bedingungen in unseren Terrarienräumen zu stark von den äußeren Bedingungen, wie den Außentemperaturen, beeinflusst, als dass wir diesen natürlichen Zyklus verschieben könnten. Licht allerdings hat meiner Erfahrung nach kaum einen Einfluss – viele amerikanische Züchter halten ihre Tiere auch in fast undurchsichtigen Boxen ohne jede künstliche Beleuchtung und züchten recht erfolgreich.

PAARUNG

Die Paarungszeit der Königspythons erstreckt sich bei uns von Anfang Dezember über rund vier Monate. Paarungen finden in der Fortpflanzungsperiode den ganzen Tag über statt, nach meinen Erfahrungen jedoch primär in den Abend- oder Morgenstunden; sie können stundenlang, in Ausnahmefällen sogar 1–2 Tage lang dauern.

Das Männchen versucht vor der Paarung, das Weibchen durch Bezüngeln, Überkriechen sowie Kratzen mit den Aftersporen zu stimulieren und in die für die Kopulation richtige Position zu bringen. Zeigt sich das Weibchen schließlich paarungsbereit, schiebt das Männchen seinen Schwanz unter den der Partnerin und positioniert die Kloaken aneinander. Leider lässt sich das anschließende Einführen des Hemipenis nicht beobachten. Ich frage mich, wie tief und „passgenau“ der ausgestülpte Hemipenis wohl in die Kloake des Weibchens eingeführt wird und ob das Sperma einfach in der Kloake oder gezielt an eine der beiden Eileitermündungen abgesetzt wird.

Während der Kopulation sollte man die Tiere möglichst wenig stören. Es kann sonst passieren, dass das Weibchen versucht, davonzukriechen. Wenn es dem Männchen dann nicht gelingt, seinen Hemipenis schnell genug wieder einzuziehen, kann dies zu Verletzungen führen.

Es ist wichtig, dass das Weibchen vor der Eiablage mehrmals mit einem Männchen kopuliert. Zum einen ist zu vermuten, dass die Paarungsaktivitäten und der Geruch des Männchens das Follikelwachstum anregen. Zum anderen besitzt das Weibchen zwei voneinander unabhängige Eileiter, und man nimmt an, dass mehr als nur eine Paarung nötig ist, um alle Eier in beiden Eileitern zu befruchten – möglichst unter wechselseitigem Einsatz der beiden Hemipenes. Möglicherweise positioniert das Männchen bei der Paarung den evertierten (ausgestülpten) und in die weibliche Kloake eingeführten Hemipenis jeweils an den Eingang des rechten bzw. linken Uterus (Teil des Eileiters, der in die Kloake mündet) – ein Phänomen, das unter Schlangenzüchtern als „Links- und Rechtspaarungen“ bekannt ist (Ulrich Sieling, Aachen, hat dies einmal beim Grünen Baumpython, *Morelia viridis*, untersucht und beschrieben).

Beim Werben betastet und stimuliert das Männchen mit seinem Schwanz und vor allem den Aftersporen die Kloakenregion des Weibchens
Foto: M. Sciesiek

Verpaart man ein Weibchen mit mehreren Männchen, kommt es immer wieder vor, dass das Gelege von zwei verschiedenen Vätern stammt – wobei meist jeweils ein Vater die Eier eines Eileiters befruchtet hat. Es kann aber z. B. auch passieren, dass nicht alle Eier eines Eileiters, sondern nur ein einzelnes Ei von einem anderen Männchen befruchtet wurden. Ein lustiger Streich der Natur, der dann beim Schlupf eines Geleges für Verwunderung sorgt. So etwas ist nicht nur bei Reptilien möglich, sondern kommt z. B. auch bei Hunden regelmäßig vor – und selbst beim Menschen ist das Phänomen bei zweieiigen Zwillingen bekannt.

Anfang Dezember, wenn bei uns die ersten richtig kalten Tage und Nächte herrschen, leite ich in der Regel die viermonatige Paarungszeit meiner Königspythons ein. Wie bereits erwähnt, vermute ich, dass die kalte Außentemperatur auch Einfluss auf den Temperaturverlauf in meinen Zuchträumen nimmt, selbst wenn diese noch so gut isoliert sind.

Um bei meinen relativ vielen Zuchttieren den Überblick zu behalten, habe ich ein spezielles Zuchtsystem nach einem „rotierenden 5-Punkte-Plan" entwickelt. Die fünf Punkte entsprechen echten Farbpunkten aus dem Papierwarenhandel, die ich an das Terrarium eines jeden Weibchens klebe. Ich gehe dabei folgendermaßen vor: Zur Zucht verwende ich standardmäßig ein Männchen für vier verschiedene Weibchen, die je einen unterschiedlich farbigen Punkt erhalten: rot, grün, gelb und blau. Ein schwarzer Punkt dient als Reserve.

Montags beginne ich mit dem „roten Weibchen", zu dem das Zuchtmännchen gesetzt wird und bei dem es zwei Nächte, bis Mittwochmorgen, verbleibt. Auf der Terrarienscheibe notiere ich Datum und angesetztes Männchen. Wenn sich die Tiere gepaart haben, wird das mit einem dicken Punkt vermerkt. Am Mittwoch wird das Männchen herausgenommen und zum „grünen Weibchen" gesetzt, wo es bis Donnerstag verbleibt – also nur eine Nacht. Anschließend kommt das Männchen zum Ausruhen in sein eigenes Terrarium zurück. Dort wird es am Freitag gefüttert, sodass es über das Wochenende ausruhen und verdauen kann.

Am darauffolgenden Montag wird es zum „schwarzen Weibchen" gesetzt. Schwarz ist der „Puffer", z. B. ein Weibchen, das sich schon mehrmals nicht gepaart hat oder dem ein besonders wichtiges oder kräftiges Männchen zugesetzt wird, das für fünf Weibchen verwendet werden soll. Dort verbleibt das Männchen wieder bis Mittwoch, dann wird es bis Donnerstag zum „gelben Weibchen" gesetzt. Am Freitag erfolgt wie gehabt die Erholung und Fütterung des Männchens. Am folgenden Montag beginnt der Durchgang mit dem letzten Weibchen: Das Männchen wird bis Mittwoch zum „blauen Weibchen" gesetzt, und ab Mittwoch beginnt alles wieder von vorn – das Männchen wird erneut zum „roten Weibchen" gesetzt, das dieses Mal nur eine Nacht mit ihm verbringt (bis Donnerstag) usw.

Nicht mehr vollständig zurückgezogener Hemipenis
Foto: A. Gibert (M&S)

Terrarium eines Zuchtweibchens, mit Farbpunkten und Aufklebern, aus denen der jeweilige Paarungspartner ersichtlich wird
Foto: A. Gibert (M&S)

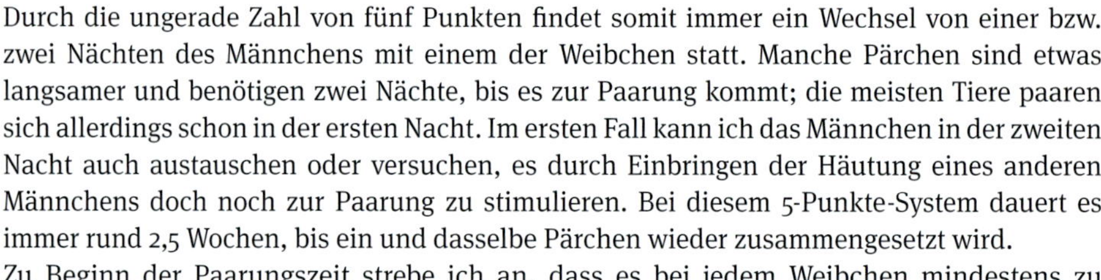

Durch die ungerade Zahl von fünf Punkten findet somit immer ein Wechsel von einer bzw. zwei Nächten des Männchens mit einem der Weibchen statt. Manche Pärchen sind etwas langsamer und benötigen zwei Nächte, bis es zur Paarung kommt; die meisten Tiere paaren sich allerdings schon in der ersten Nacht. Im ersten Fall kann ich das Männchen in der zweiten Nacht auch austauschen oder versuchen, es durch Einbringen der Häutung eines anderen Männchens doch noch zur Paarung zu stimulieren. Bei diesem 5-Punkte-System dauert es immer rund 2,5 Wochen, bis ein und dasselbe Pärchen wieder zusammengesetzt wird.

Zu Beginn der Paarungszeit strebe ich an, dass es bei jedem Weibchen mindestens zu 2–3 Paarungen kommt. Danach sehe ich es etwas gelassener und verzichte auch schon mal auf das Zusammensetzen mit einem Männchen. In dieser Zwischenphase sind die Terrarientemperaturen schon wieder auf normale (höhere) Werte angestiegen. Zum Ende der Fortpflanzungszeit, also vor Beginn der zweiten, kühleren Harmattan-Phase (siehe Kapitel „Klima") forciere ich nochmals eine Paarung. Mein Ziel ist es, dass sich jedes Weibchen in der gesamten Zeit mindestens drei oder vier Mal mit einem Männchen gepaart hat.

Mithilfe von Ultraschallgeräten ist es in den letzten Jahren möglich geworden, den Zustand der Tiere besser zu erkennen und sie noch gezielter zu verpaaren. So können lediglich zwei Paarungen eines Pärchens bereits ausreichen, um erfolgreich zu züchten – eine zu Beginn und eine relativ spät gegen Ende der Fortpflanzungszeit, etwa vier Wochen vor der Ovulation. Ich vermute allerdings, dass dies nur funktioniert, wenn man mehrere Zuchttiere besitzt, denn die Weibchen benötigen, wie zuvor beschrieben, offenbar eine geruchliche Stimulation durch andere Tiere, damit ihre Follikel weiterwachsen. Vermutlich reicht es hierfür schon, wenn sich ein Männchen bzw. paarende Tiere in der Nähe, also z. B. im Nachbarterrarium befinden.

OVULATION

Das Ausstoßen der noch unbefruchteten Follikel aus den Ovarien und deren Überleitung in die beiden Eileiter bezeichnet man als Ovulation oder Eisprung. Dies ist genau der Zeitpunkt, zu dem die Eizellen von den männlichen Spermien befruchtet werden. Die Befruchtung findet also nicht etwa schon vorher bei einer Paarung und erst recht nicht nach einer bereits erfolgten Ovulation statt – da ist die Sache sozusagen schon gelaufen, und es ist daher sinnlos, dann noch ein Männchen zum Weibchen zu setzten. Ob und mit welchem Sperma die weiblichen Eizellen befruchtet werden, entscheidet sich in den wenigen Stunden der Ovulation.

Bis vor wenigen Jahren noch nahmen ich und wohl die meisten Züchter an, dass das Sperma des Männchens, das sich zuerst mit dem Weibchen paart, „das Rennen machen" würde. Nach meinen Erfahrungen der letzten Jahre verhält es sich aber genau anders herum: Es zeigte sich, dass fast immer das zuletzt verwendete Männchen als Sieger hervorging. Ich kann mir vorstellen, dass dies vielleicht auch mit der Temperatur im Terrarium zusammenhängt. Ich halte meine Weibchen relativ warm, vielleicht sind die älteren Spermien unter diesen Bedingungen nicht mehr so aktiv, und die jüngeren Samenzellen haben Vorteile bei der Befruchtung. Ich habe vor, versuchsweise einmal einige Weibchen minimal kühler zu halten, um zu sehen, ob sich dadurch etwas ändert.

Weibchen während der Ovulation: Die Körperverdickung ist deutlich zu erkennen Foto: S. Broghammer

Der Eisprung kann von außen anhand einer kurzzeitigen Umfangszunahme des Weibchens festgestellt werden – es sieht so aus, als habe das Tier ein großes Beutetier gefressen. Man kann das Ovulieren sogar recht deutlich erkennen, es erstreckt sich über einen Zeitraum von einem halben bis einen Tag. Während der Ovulation liegt das Weibchen meist frei im Terrarium und nicht im Versteck, sein Schwanz wirkt vergleichsweise klein und ist meist etwas abgeknickt. Das Tier benötigt mehr Platz, um die Körpermitte ausstrecken zu können, damit seine Follikel vom Eierstock in den Eileiter wandern können. Dabei müssen sie sich, anatomisch durch die U-Form des Eileiters bedingt, dicht aneinander vorbeischieben. Sobald sich mehrere Follikel nebeneinander befinden anstatt schön hintereinander aufgereiht, sieht es eben so aus, als habe das Weibchen ein Beutetier verschlungen. Unter Umständen kann man sogar die wellenförmigen Pressbewegungen beobachten, mit denen das Tier die Follikel im Körper verschiebt. Zu diesem Zeitpunkt werden, wenn alles planmäßig verläuft, die Follikel befruchtet und somit zu Eiern.

Ist es bei einem Weibchen zur Ovulation gekommen, muss das allerdings nicht zwangsläufig bedeuten, dass die Follikel auch befruchtet wurden. Ein Grund hierfür kann sein, dass kein oder kein zeugungsfähiges Sperma vorhanden ist. Beispielsweise können Medikamente die Zeugungsfähigkeit beeinträchtigen; Metronidazol, das bei einem Befall mit Einzellern wie Amöben angewendet wird, soll mehrere Monate unfruchtbar machen (F. MUTSCHMANN; pers. Mitteilung). Daher rate ich, dieses Medikament nur bis maximal 1–2 Monate vor Beginn der Fortpflanzungszeit zu verabreichen, wenn man mit dem betroffenen Tier züchten möchte. Ist eine Behandlung unvermeidbar (wenn ich den Befall erst später feststelle), hat diese natürlich Vorrang, gegebenenfalls muss in dem betreffenden Jahr auf eine Zucht verzichtet werden. Wahrscheinlich gibt es noch weitere Medikamente mit ähnlichen Nebenwirkungen, aktuell ist mir jedoch nur Metronidazol bekannt.

Ein anderer Grund für unbefruchtete Follikel kommt, so vermute ich, viel häufiger zum Tragen, denn zu hohe Temperaturen können die Spermien ebenfalls abtöten: Ist das Weibchen über einen längeren Zeitraum – ein paar Tage reichen schon aus – einer hohen Temperatur von deutlich über 30 °C ausgesetzt, beginnen die vom Weibchen aufgenommenen Spermien abzusterben. Das Gleiche dürfte für Männchen gelten, die vor der Paarung solchen hohen Temperaturen ausgesetzt ist.

Achtung: Es kommt hierbei letztlich auch auf die „Summe der Temperaturen" an. Halten wir die Tiere z. B. für einige Tage konstant bei 31 °C, wirkt sich dies negativ auf die Lebensfähigkeit der Spermien aus. Beträgt die Temperatur aber nur tagsüber, für zwölf Stunden, 31 °C und nachts wieder 26 °C, so ist es wohl kein Problem, denn dies entspricht einer mittleren Durchschnittstemperatur von 28,5 °C. Ich kenne nun weder den genauen kritischen Durchschnittswert, noch weiß ich, über welchen Zeitraum zu hohe Temperaturen tatsächlich ein Absterben der Spermien verursachen, aber mit den zuvor beschriebenen Haltungstemperaturen, inklusive der Nachtabsenkung, sind wir auf der sicheren Seite. Natürlich sollten die Weibchen aus übertriebener Vorsicht nicht zu kühl gehalten werden, denn dies kann wiederum zu einer Legenot führen!

DER PRAXISTIPP

Vorsicht ist bei der Verwendung von Heizmatten geboten! Hält sich ein zuvor verpaartes Weibchen täglich über viele Stunden auf einer warmen Heizmatte auf, kann dies zum Absterben eines Teils bzw. der gesamten aufgenommenen Spermien führen. Das Gleiche gilt für Männchen, die durch zu langes Aufwärmen auf der Heizmatte vorübergehend unfruchtbar werden können. Ein kurzzeitiges Erwärmen auf einer Heizmatte oder unter einem Strahler ist dagegen unbedenklich und entspricht dem morgendlichen Aufwärmen in der Sonne, wie es die Pythons nach Aussage afrikanischer Trapper auch in der Natur gelegentlich machen. Ich beschränke die Aufwärmzeit in meinen Terrarien auf eine Stunde täglich, indem ich den Tieren durch eine zugeschaltete Beleuchtung kurzzeitig etwas mehr Wärme biete.

Trächtiges Weibchen, wenige Tage vor der Eiablage. Gut zu erkennen ist die eher dreieckige Form des Körpers; die Wirbelsäule zeichnet sich stärker ab als normal. Die Weibchen verlieren in dieser Phase einige ihrer Fettreserven und wirken am Bauch durch das reifende Gelege noch dick, um die Wirbelsäule und Schwanzregion herum aber eher dünn.
Foto S. Broghammer

TRÄCHTIGKEIT

Die Fortpflanzung kann in mehrere Phasen untergliedert werden, wobei die Trächtigkeit nur die abschließende, letzte Phase vor der Eiablage ist. Zu Beginn der Fortpflanzungszeit verweigern die Weibchen oft für wenige Wochen das Futter. Ich nehme an, dass dies mit der hormonellen Umstellung zu tun hat. Die Futterverweigerung kann als Signal gedeutet werden, nun mit der Zucht zu beginnen und dem Weibchen ein Männchen hinzuzusetzen. Kennt man als Halter seine Tiere sehr gut, kann man eventuell auch ein ungewohntes Verhalten seiner Pfleglinge feststellen. Dies können beispielsweise ein kurzes Bad oder das Abkühlen an der Wasserschale sein, um die sich die Schlange wickelt, oder ein vermehrtes Umherkriechen und „Suchen" – auch der Weibchen.

Nach ca. 2–4 Wochen ist diese erste Futterpause beendet, und die Tiere fressen mehr und gieriger denn je. Diese Phase ist sehr wichtig für die Weibchen. Sie nehmen nun Futter auf, um genug Energie für das Wachstum der Follikel und Reserven für die Dauer der späteren Trächtigkeit und gegebenenfalls der Brut der Eier zu haben. Weibchen, die nach dieser ersten Fresspause nicht wieder mit der Futteraufnahme beginnen, bilden nach meiner Erfahrung keine Follikel aus, und die Zucht mit ihnen wird zumindest in dieser Saison nicht gelingen. Die Follikel haben in der Anfangsphase eine Größe von etwas weniger als 10 mm. Der Ausdruck „Follikel ausbilden", der unter Züchtern häufig verwendet wird, ist an sich nicht ganz korrekt, denn Follikel sind natürlich immer in den Eierstöcken vorhanden. Sie sind jedoch sehr klein, ca. 3–5 mm lang, und fangen erst in der Zuchtphase zu wachsen an. Es dauert insgesamt etwa vier Monate, bis die Follikel ca. 40 mm messen und letztlich der Eisprung (Ovulation) erfolgt.

Die Fressphase, die zweite Phase der Fortpflanzungsperiode, dauert rund 6–8 Wochen. In dieser Zeit nehmen die Tiere viel und gern Nahrung auf; außerdem kann es sein, dass sich vor allem die Weibchen etwas aggressiver verhalten. Die Schlangen nehmen nun deutlich an Umfang und Gewicht zu, zum einen durch die viele Nahrung, zum anderen aber auch durch die größer werdenden Follikel, die in dieser Zeit auf 25–30 mm heranwachsen. Die Masse- und „Bauch"-Zunahme der Weibchen in dieser Phase darf allerdings nicht als Trächtigkeit missdeutet werden, dieser Fehler wird recht oft gemacht.

In der dritten Phase hören die Weibchen wieder mit dem Fressen auf. Sie sind nun recht dick, die Follikel haben eine Größe von 25–30 mm. Das allein ist bei 5–10 Follikeln schon eine ordentliche Masse, und die Weibchen sind dadurch erkennbar rund. Sie liegen jetzt oft mit zur Seite gedrehtem Körper im Terrarium. Ein Grund, warum sie in dieser Phase nicht mehr fressen, ist schlicht, dass gar kein Platz mehr im Bauchraum für ein Beutetier wäre. Spätestens jetzt lassen sich die Follikel auch ertasten. Nach weiteren vier Wochen kommt es schließlich zum Eisprung, zur Befruchtung der Eier und zum Beginn der Trächtigkeit. Damit ist die Paarungszeit der Pythons beendet, und rund 50 Tage nach dem Eisprung legt das Weibchen die hoffentlich befruchteten Eier ab. Nach meiner Erfahrung sind die Weibchen in dieser letzten Phase auch nicht mehr paarungswillig (falls der Eisprung einmal nicht beobachtet wurde und der Züchter weiterhin Männchen zum Weibchen setzt).

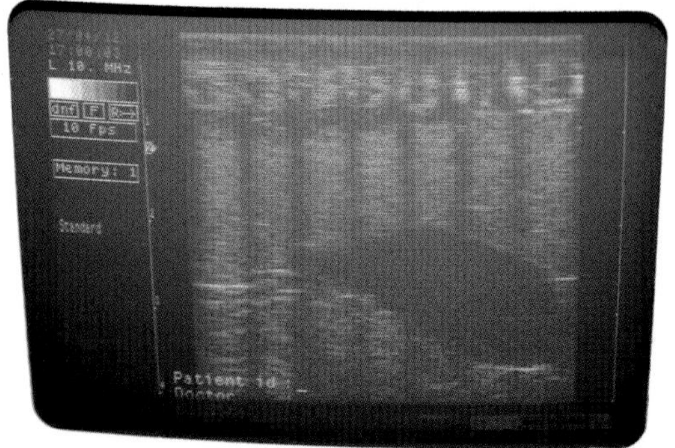

Auf diesem Ultraschallbild ist die Gallenblase deutlich sichtbar

Foto: A. Gibert (M&S)

ERTASTEN VON FOLLIKELN UND EIERN

Es kann eine Hilfe bei den Zuchtbemühungen sein, wenn man die Follikel erfühlen und dadurch auf den Zustand des Weibchens schließen kann. Das sogenannte Palpieren ist ab einer Follikelgröße von ca. 20 mm möglich und benötigt, wie alles, etwas Übung. Man lässt hierbei das möglichst entspannte Weibchen auf einer ebenen Fläche davonkriechen, fasst dann mit einer oder beiden Händen rechts und links um dessen Körper und drückt vorsichtig mit den Fingerspitzen, etwa ab der Mitte des Tieres, gegen die Bauchdecke. Die Follikel sind relativ hart, und es fühlt sich an, als ob Murmeln durch die Finger rutschen. Wichtig ist, wie bereits erwähnt, dass das Weibchen entspannt ist, da man bei zu starken Muskelkontraktionen nichts fühlen kann.

Nach dem Eisprung, wenn sich die Eier bereits im Ovidukt befinden, um schließlich über die Kloake nach außen zu gelangen, lassen sie sich nicht mehr so einfach ertasten. Das liegt daran, dass die Eier nun weicher und eher gallertartig werden, sich also nicht mehr so hart anfühlen wie Murmeln.

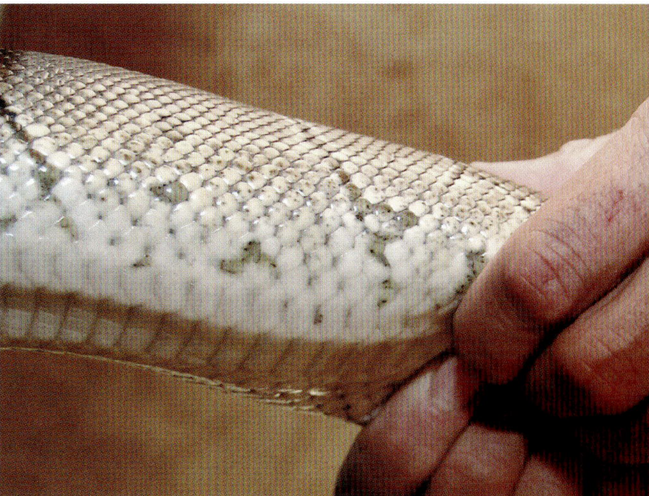

Palpieren der Follikel
Fotos: S. Broghammer

Das Palpieren erfordert vielleicht etwas Geschick und Erfahrung. Aber wenn man es beherrscht, kann man auf ein teures Ultraschallgerät verzichten, da sich die benötigten Informationen auch einfach erfühlen lassen.

ULTRASCHALL

Ich selbst bin den anderen, teuren Weg gegangen und besaß zuerst ein Ultraschallgerät, mit dessen Hilfe ich zwar viel über die Vorgänge im weiblichen Pythonkörper gelernt habe – und auch darüber, wie sich die Dinge anfühlen, die man auf dem Bildschirm sieht –, mittlerweile aber verstaubt das Gerät in der Ecke, weil mir sein Aufbau zu umständlich ist und ich auch durch einfaches Tasten erfahren kann, was ich wissen muss.
Dennoch ein paar Bemerkungen zum Ultraschall: Die Anwendung eines Ultraschallgerätes erfordert sicher ein wenig Übung, aber mit der Zeit funktioniert es problemlos. Es hat sich bei mir bewährt, die Tiere von der Seite durch die Rippenbögen zu beschallen. Da die Weibchen zwei Eierstöcke besitzen, erkennen wir einen vorderen und einen dahinter liegenden Eierstock mit den Follikeln. Je größer die Follikel sind, umso leichter und schneller kann man sie natürlich beim Beschallen erkennen. Ein guter Anhaltspunkt ist die Gallenblase, die sich auf dem Ultraschallbild recht deutlich als schwarzes Dreieck in der Körpermitte des Tieres erkennen lässt. Ziemlich direkt unterhalb der Gallenblase schwanzabwärts befindet sich der vordere Eierstock.
Als Hilfsmittel beim Beschallen habe ich mir einen kleinen Tisch mit Anschlag gebaut, damit das Weibchen nicht zur Seite davonkriechen und ich die Prozedur auch allein problemlos durchführen kann. Als Kontaktmittel am Ultraschallkopf verwende ich das übliche Gel, das auch bei Ultraschalluntersuchungen in der Humanmedizin verwendet wird. Es gibt Terrarianer, die in einem Wasserbad beschallen und auf das Gel verzichten – ich empfinde dies aber als umständlich. Übrigens ist Ultraschall, im Gegensatz zur Röntgenstrahlung, völlig ungefährlich für Anwender und Tier. Es handelt sich lediglich um sehr kurzwellige Schallwellen, die vom Gewebe reflektiert und anschließend vom Gerät in ein Bild umgewandelt werden.
Ultraschallgeräte sind wie erwähnt leider recht teuer: Ein Standardgerät aus dem tiermedizinischen Bereich mit entsprechendem Schallkopf kostet ca. 3.000.- €. Da ein Python im Vergleich zum Mensch wenig Masse besitzt, kann man leider keine alten, ausrangierten Geräte aus der Humanmedizin verwenden, denn diese geben Schallwellen in einem etwas langwelligeren Bereich ab, die durch die Schlange sozusagen „hindurchgehen“.

Der Autor beim Ultraschallen
Foto: A. Gibert (M&S)

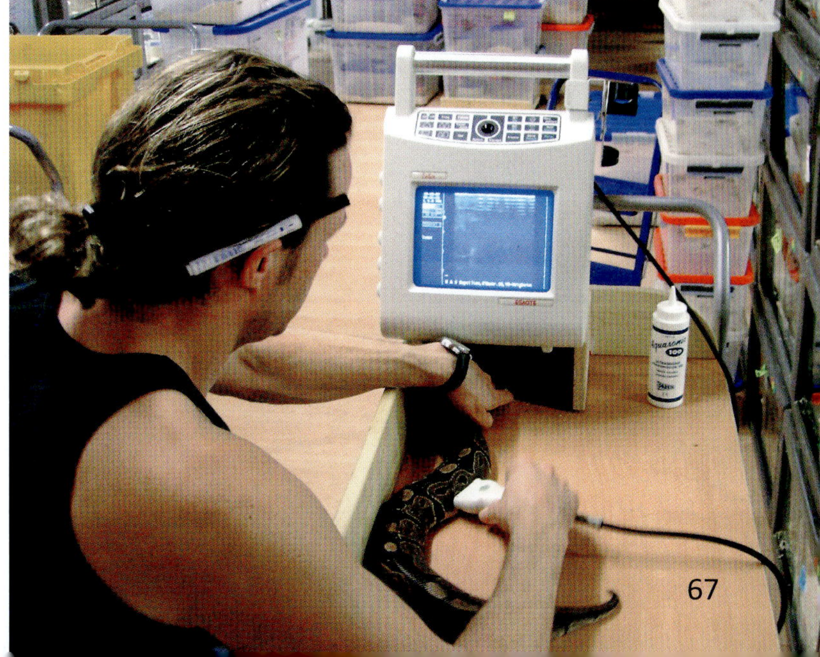

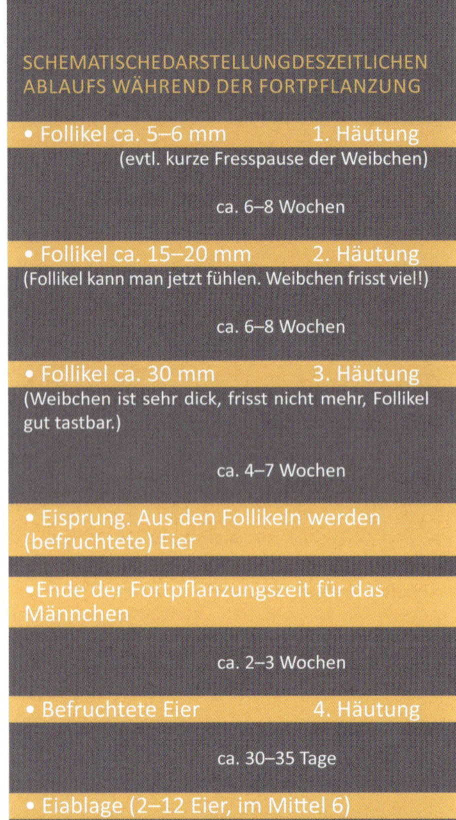

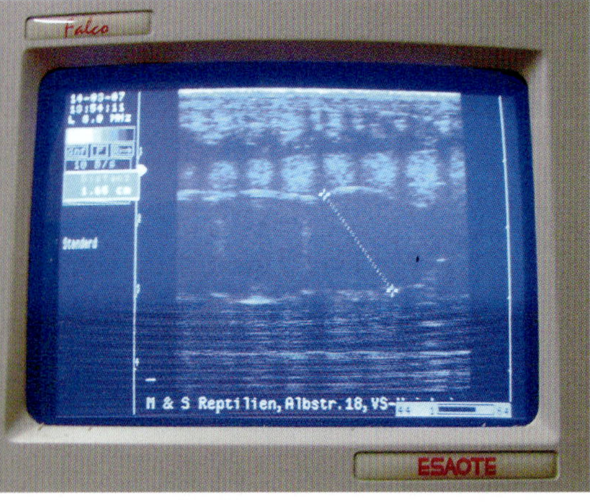

Follikel mit ca. 15 mm Durchmesser im Ultraschallbild Foto: S. Broghammer

Zwischen den beiden Follikeln kann man in diesem Ultraschallbild als dünnen Steg das Ovar erkennen Foto: A. Gibert (M&S)

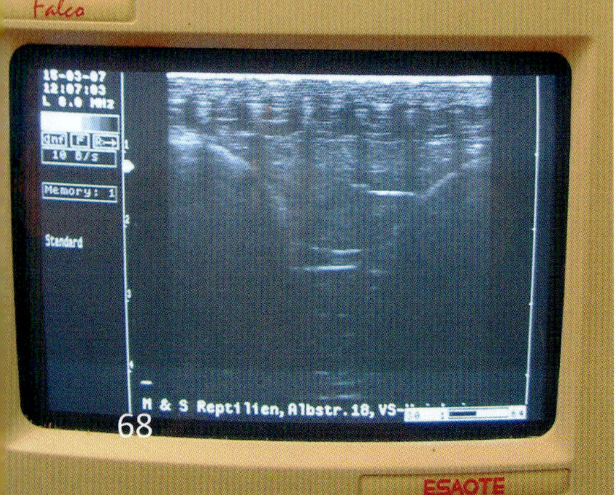

ENTWICKLUNGSZYKLUS DER FOLLIKEL

Mit Beginn der Zuchtphase ist es für den Züchter auch wichtig, sich die Häutungen seiner Pfleglinge zu notieren. Dadurch kann man viel über den „inneren Status quo" des Weibchens und dessen Zuchtfortschritte erfahren.

Die 1. und die 2. Häutung in der Zuchtphase lassen sich nicht immer zu 100 % sicher bestimmen – in dem Sinne, dass man sie eindeutig der 1. bzw. 2. Häutung des in der Tabelle auf S. 62 geschilderten Fortpflanzungszyklus zuordnen könnte. Erst ab der 3. Häutung kann man aufgrund der Umfangszunahme des Weibchens sicher sein, an welchem Punkt man sich befindet, und dann entsprechend zurückrechnen. Es ist leider (oder zum Glück) in der Natur nicht alles auf den Tag genau pünktlich. So kann es z. B. durchaus sein, dass sich ein Tier trotz Temperaturabsenkung noch nicht im Fortpflanzungszyklus befindet, obwohl es sich gerade noch einmal gehäutet hat. Wir haben uns zwar „Häutung 1" notiert, aber dies war sozusagen noch eine „Häutung 0" – erst die darauffolgende Häutung ist die erste innerhalb des Zyklus. Oder möglicherweise hatte ein anderes Tier seine 1. Häutung im Zyklus schon vor der von uns eingeleiteten Temperaturabsenkung. Dann ist die Häutung, von der wir annahmen, sie sei die Nr. 1 im Zyklus, in Wirklichkeit schon die Nr. 2. Diese Erläuterungen nur zum Verständnis und um im Vorfeld bewusst zu machen, warum es mit vier Häutungen pro Zyklus manchmal dem Anschein nach nicht ganz passt.

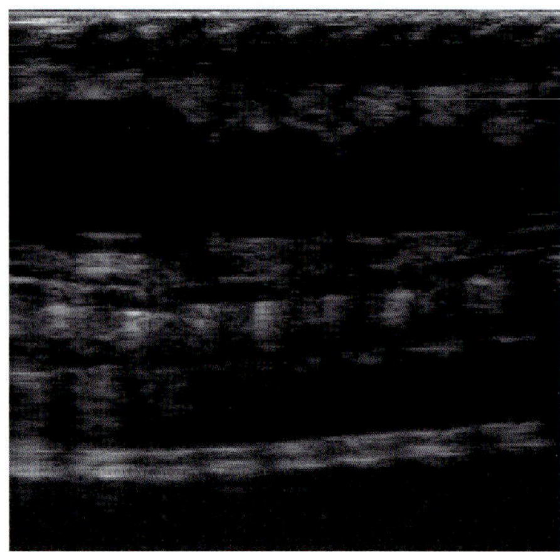

In diesem Ultraschallbild sind die dunklen Follikel mit ca. 10 mm Durchmesser gut sichtbar Foto: S. Broghammer

Ich erzielte zwischen den Jahren 2005 und 2007 insgesamt etwa 350 Gelege von *Python regius*, anhand derer ich die genannten Zahlen erheben konnte. Barker & Barker (2006) beschreiben in ihrem fantastischen Buch „Pythons of the World. Volume II" einen ähnlichen Ablauf mit vier Häutungsphasen, allerdings sind deren zeitlichen Abläufe etwas anders dargestellt, ebenso die Follikelgrößen zum Zeitpunkt der entsprechenden Häutung. Natürlich können beim Ablesen am Ultraschallgerät und bei der Anzeige leichte Differenzen auftreten; außerdem sind die zeitlichen Abläufe sicher auch temperaturabhängig. So wird gerade die Anzahl der Tage zwischen der 4. Häutung und der Eiablage von den meisten Züchtern recht unterschiedlich angegeben. Bei meinen Tieren sind es eher 35 als 30 Tage – weniger als 30 Tage aber eigentlich nie. Kevin McCurley (2007) dagegen nennt in seinem Buch 27–35 Tage. Ich hatte einmal ein Tier, das sich sogar erst noch ein weiteres Mal häutete, also ein 5. Mal, um wenige Tage später ein perfektes Gelege abzusetzen. Keine Regel oder noch so schöne Theorie ohne Ausnahme!

EIABLAGE UND LEGENOT

Besonders wichtig nach der Ovulation sind für das Weibchen das Vorhandensein eines Verstecks und optimale Temperaturverhältnisse. Wenn die Temperatur in dieser Zeit nicht ausreichend hoch ist, kann dies den Ablagetermin hinauszögern oder die Eier schädigen, sodass keine oder missgebildete Jungtiere schlüpfen. Außerdem besteht die Gefahr einer Legenot. Das Gleiche gilt, abgesehen von dem verspäteten Ablagetermin, auch für zu hohe Temperaturen, denen das Weibchen nicht ausweichen kann.

Wie zuvor beschrieben dauert es nach der 4. Häutung, also der Häutung nach der Ovulation, rund 30–35 Tage bis zur Eiablage. Das Weibchen wird etwa zwei Wochen vor der Eiablage unruhig und beginnt, eine geeignete Stelle zu suchen. In der Regel wird dies ein warmer und einigermaßen feuchter Unterschlupf sein; bei mir ist es in 95 % der Fälle die im Kapitel „Einrichtung" beschriebene Schlupfkiste.

Eine Legenot tritt bei *Python regius* zum Glück sehr selten auf, nach meiner Erfahrung meist dann, wenn es im Terrarium zu kalt war. Sind mehr als 35 Tage nach der 4. Häutung vergangen, sollte man anfangen, das Weibchen genauer zu beobachten. Befinden sich die Eier möglicherweise schon im Uterus, genau vor der Kloake? Ist das Weibchen unnatürlich dick an dieser Stelle, oder kann man eventuell erkennen, dass Eier aufeinander oder halb nebeneinander gedrückt werden? Wirkt das Weibchen normal und nicht geschwächt oder apathisch?

Gibt es keine Anzeichen für eine Legenot, warte ich noch mindestens bis zum 40. Tag. Meiner Erfahrung nach ist es in diesem Fall besser, länger zu warten als zu früh Medikamente einzusetzen bzw. einen Tierarzt einzuschalten. Eine Fahrt zum Tierarzt bedeutet viel Stress für das hochträchtige Tier und sollte wirklich gut überlegt sein. Eventuell kann man in dieser Phase die Temperatur im Terrarium noch um ein Grad erhöhen oder mit einer kleinen Heizmatte zusätzlich heizen. Anderseits kann auch (bei allgemein eher warmen Nächten) eine etwas kühlere Nacht dem Weibchen manchmal dabei helfen, die Eier abzulegen.

Hilft das alles nichts und scheint aufgrund der zuvor beschriebenen Symptome eine Legenot sicher, kann man nach folgendem Plan vorgehen, den man aber bitte nicht selbst, sondern vom Tierarzt bzw. Profi ausführen lässt:

1. Tag, morgens: Calciumglucomat, 20 mg/kg (möglichst eine Lösung mit niedriger Konzentration), im ersten Körperdrittel in den Muskel (intramuskulär) oder unter die Haut (subkutan) verabreichen;

2. Tag: warten;

3. Tag, morgens: wie am ersten Tag 20 mg/kg Calciumglucomat verabreichen (oft führt spätestens diese zweite Calciumspritze zum Erfolg);

3. Tag, abends: Oxytocin, 1 IE/kg (entspricht in der Regel 0,1 ml pro kg Körpergewicht), einmalig (!) im ersten Drittel subkutan oder intramuskulär verabreichen. Wenn das keine Wirkung zeigt, hilft in der Regel auch eine wiederholte Verabreichung nicht!

4. Tag: Der Tierarzt muss nun mit großer Wahrscheinlichkeit die Eier operativ entfernen!

Ein zurückgebliebenes, nach fast einem Jahr abgelegtes Ei
Foto: A. Gibert (M&S)

Das Ganze muss unter tierärztlicher Anleitung passieren, im Idealfall kommt der Verterinär ins Haus. Ich halte in diesem Fall, wie bereits erwähnt, wenig von einem Transport (außer am 4. Tag, da kann man nicht mehr viel beeinflussen), doch noch weniger halte ich von privaten Doktorspielen – also bitte unbedingt den Tierarzt hinzuziehen!

Eier, die durch einen Kaiserschnitt entfernt wurden, haben sich bei mir noch nie entwickelt, auch wenn sie direkt nach der OP tadellos aussahen. Letztlich sind sie doch immer während der Inkubation abgestorben. Vor einigen Jahren gab es eine Hypothese, nach der die Weibchen beim Ablegen einen bestimmten Stoff oder ein Sekret absondern, das die Eier stabilisieren soll. Leider habe ich dazu nie etwas Konkretes gelesen.

Laut Literatur können Weibchen nicht abgelegte Eier auch zurückbilden, zumindest in begrenztem Umfang, bei 1–2 Eiern. Ich selbst besaß einmal ein Weibchen, das zwei noch gut fühlbare Eier nicht abgesetzt hatte. Da sich die beiden Eier noch nicht vor der Kloake befanden, entschloss ich mich, erst einmal abzuwarten. Das Tier begann einige Zeit später wieder zu fressen, und kurz darauf war nur noch ein Ei zu ertasten. Dieses Ei kam schließlich, über ein halbes Jahr später, beim Abkoten heraus. Es war sichtbar geschrumpft, etwa so wie ein Wachsei, aber farblich anders. Es zahlt sich also unter Umständen aus, lieber zuzuwarten als das Tier operieren zu lassen – zumindest, wenn es wirklich nur ein oder zwei Eier sind, die ein Weibchen nicht ablegt, und sich diese auch nicht schon deutlich sichtbar genau vor der Kloake befinden. Mit einem per Kaiserschnitt operierten Weibchen später weiter zu züchten, ist doch sehr riskant und eher nicht ratsam.

Eiablage

Fotos: A. Gibert (M&S)

Mit Eiern gefüllter Inkubator in unserer Zuchtanlage

Foto: A. Gibert (M&S)

INKUBATION

In der Natur bewacht das Königspythonweibchen sein Gelege nach der Ablage und versucht, eine optimale Temperatur aufrechtzuerhalten, indem es sich um die Eier schlingt; es kommt aber nicht zu einem regelrechten Bebrüten der Eier in Form von Wärmeentwicklung durch Muskelkontraktionen, wie von anderen Pythonarten bekannt. Farmer bzw. Trapper in Afrika haben mir berichtet, dass die Tiere jedoch morgens aus dem Versteck kommen und am Eingang ihrer Höhle mit dem Körper zumindest teilweise in der Sonne liegen, um Wärme aufzunehmen, die sie anschließend wieder an ihre Eier abgeben, somit also eine Art Temperatursteuerung betreiben. Die Höhlen der Königspythons befinden sich daher nie unter einem Baum oder in einem Gebüsch, sondern immer auf relativ freier Fläche, vom Buschgras einmal abgesehen. Im Schatten eines Baumes wäre die Höhle wohl zu kühl, und das morgendliche Sonnenbaden wäre nicht so einfach möglich. Ansonsten verlassen die Weibchen ihre Gelege in dieser Zeit der Brutpflege nicht und nehmen auch keine Nahrung auf.

In der Terraristik hat sich eine künstliche Zeitigung der Eier in den handelsüblichen Reptilienbrutkästen bewährt. Die Gelege von *Python regius* sind zum Glück nicht schwierig auszubrüten: Wenn es gesunde Eier sind und bei der Inkubation keine gravierenden Fehler gemacht werden, sollte man eine Schlupfquote von annähernd 100 % erzielen können.

In Afrika werden nicht nur trächtige Weibchen, sondern auch Eier verkauft, beispielsweise von Farmern und Trappern an größere Exporteure. Die Gelege werden dabei – natürlich ohne die Weibchen – in Säcken transportiert, und ich vermute, dass manche davon mindestens einen Tag unterwegs sind. Auf meine Frage an die Farmer, ob sie denn nicht wüssten, dass die Eier danach wieder in ihre ursprüngliche Lage gebracht werden müssten, bekam ich meist ein „aber sicher“ zur Antwort. Die Oberseite der Eier sei doch immer die schmutzige Seite, an der sich Staub und Erde ein wenig abgesetzt hätten, unten wären die Eier dagegen sauber. Und entsprechend würden sie die Eier danach auch wieder zur Inkubation in die Brutapparate legen. Ich konnte mich über viele Jahre überzeugen, dass auf den Farmen in Afrika ebenfalls eine Schlupfquote von annähernd 100 % erreicht wird

Ein auf seinen Eiern liegendes Weibchen in der Höhle (unten) bzw. Ablagebox (rechts). Die Höhle ist ca. 30–40 cm weit geöffnet bzw. die Erde davor abgetragen.

Foto: S. Broghammer

– trotz dieses recht sorglosen Umgangs. Wie erwähnt: *Python-regius*-Eier scheinen sehr robust zu sein.

Bei der Zeitigung im Brutapparat werden die Eier zu etwa einem Drittel in angefeuchtetes Vermiculit gebettet, wobei das Mischungsverhältnis (Gewicht) von Substrat und Wasser 1 : 1 beträgt. Die Temperatur sollte direkt an den Eiern 32–32,5 °C betragen. Stellt man eine höhere Temperatur ein, steigt das Risiko, dass die Embryos Deformationen ausbilden. Bei zu geringen Temperaturen dauert die Zeitigung entsprechend länger, und der Schlupf findet über einen längeren Zeitraum hinweg statt.

DER PRAXISTIPP

Es gibt bestimmte Farbmorphen, bei denen die Pythons zu Wirbelsäulenverkrümmungen neigen, z. B. Caramel und Super Cinnamon. Man soll diesem Defekt entgegenwirken können, indem man die Eier bei etwas niedrigeren Temperaturen zeitigt – in diesem Fall bei 30–31 °C. Zumindest macht dieser „Geheimtipp" seit 2010 die Runde. Ob er allerdings wirklich funktioniert, muss sich noch zeigen.

Der Schlupf erfolgt nach etwa 55 bis 60 Tagen. Ich bin der Ansicht, dass die Bruttemperatur dann ideal war, wenn alle Babys fast zeitgleich schlüpfen – je dichter die Schlupftermine der einzelnen Eier eines Geleges zusammenliegen, desto besser war die Zeitigungstemperatur eingestellt.

Afrikanische Farmer bebrüten die Eier auf ihren Ranching-Farmen meist bei deutlich höheren Temperaturen, zumindest gegen Ende der Zeitigung. Dann werden die Eier mit Folie abgedeckt, und ich konnte darunter tagsüber regelmäßig Temperaturen von bis zu 35 °C oder sogar darüber messen; nachts kühlt es wieder etwas ab. Die Eier entwickeln übrigens etwas Eigenwärme, daher herrscht unter der Folie, aber auch in den Brutkästen bzw. am Gelege eine etwas höhere Temperatur als im Raum selbst. Die Brutkästen und Bruträume werden in Afrika übrigens nicht zusätzlich beheizt oder gekühlt, das Klima wird allenfalls über das Öffnen und Schließen von Fenstern und Türen „geregelt".

Wenn man einen Inkubator mit entsprechend genauem Thermostat verwendet, kann man die von den Eiern entwickelte Eigenwärme nicht registrieren, da der Thermostat die höhere Temperatur am Ei erkennt und dementsprechend nicht weiter hochregelt. Wer aber in einem separaten, zentral beheizten Brutraum zeitigt, wird direkt am Gelege eine um einige Zehntel bis zu einem Grad höhere Temperatur feststellen als in der Raumluft.

Die Eier sind nach der Ablage relativ prall und rund, lassen sich aber leicht eindrücken. Das sollte auch stets so bleiben. Sind die Eier so prall, als würden sie gleich platzen, ist die Umgebung zu feucht. Der Druck im Ei ist zu groß, und die Babys können Schaden nehmen oder die Eihülle nicht selbstständig öffnen. Man sollte solche prall gefüllten Eier daher umgehend fast vollständig aus dem Substrat ausgraben, sodass sie überschüssige Feuchtigkeit abgeben können. Hat sich ihr Zustand nach ein paar Tagen normalisiert, kann man die Eier wieder zu einem Viertel oder Drittel ins Substrat einbetten. Keinesfalls dürfen die Eier natürlich im Wasser liegen!

Fallen die Eier dagegen ein und bekommen Dellen, ist es zu trocken. In diesem Fall muss man das Substrat nachfeuchten. Als schnelle Hilfe kann man die eingefallenen Eier auch teilweise mit feuchtem *Sphagnum*-Moos bedecken, bis sie wieder schön prall sind. Das Moos ist ein guter Tipp, wenn man Probleme hat, die allgemeine Feuchtigkeit im Raum oder im Brüter hoch zu halten. Achtung: Keinesfalls darf man die Eier vollständig in Vermiculit eingraben, da sie sonst absterben. Sie müssen atmen können!

Am Ende der Inkubationszeit, etwa eine Woche vor dem Schlupftermin, fallen die Eier immer etwas ein. Das ist normal, ich vermute, so ist es für die Schlüpflinge einfacher, das Ei von innen anzuritzen.

Auf den Farmen in Afrika wird als Brutsubstrat meist ein lockeres Gemisch aus feuchter Erde und Hobelspänen verwendet. Die Eier werden darin ganz eingegraben, und erst gegen Ende der Inkubation wird ein Großteil des Substrats über den Eiern entfernt, damit die schlüpfenden Babys besser an die Oberfläche kriechen können. Wichtig bei dieser Methode ist ein luftiges, nicht zu nasses Gemisch, damit die Eier auch in der Streu atmen können. Obwohl diese Variante aufgrund der hohen Luftfeuchtigkeit in Afrika recht gut funktioniert, dürfte bei uns Terrarianern in Europa die Methode mit dem Vermiculit die bessere sein.

Einige Züchter praktizieren auch eine „Trockenbrut": Dabei liegen die Eier frei und „trocken" auf einem Metallgitter über einem Wasserbad, sodass sie die benötigte Feuchtigkeit über die aufsteigende feuchte Luft aufnehmen. Auch dies scheint gut zu funktionieren.

Ein afrikanischer Trapper bringt Eier zu einem Exporteur Foto: S. Broghammer

Eingefallene Eier werden mit feuchtem Moos bedeckt, bis sie wieder prall sind Foto: A. Gibert

„Trockenbrut" über einem Wasserbad Foto: M. Haitz

Einfache Brutapparate in Afrika Foto: S. Broghammer

Speziell in Benin werden Eier auch einfach in der Erde erbrütet. Dazu werden einfach große Löcher oder Höhlen gegraben, die Eier hineingelegt und mit Erde und zum Teil auch Folie abgedeckt – abenteuerliche Methoden, die so aber seit Jahrzehnten Erfolg haben.

Foto: S. Broghammer

Schlangeneier lassen sich mit einer starken Taschenlampe gut schieren (durchleuchten). Auf diese Weise erkennt man im befruchteten Ei z. B. die Blutgefäße. Sind keine Blutgefäße zu sehen, ist das Ei nicht befruchtet oder abgestorben.

Foto: S. Broghammer

Ein sogenanntes Teardrop-Ei (Tränen-Ei) stellt kein Problem da; trotzdem schlüpft daraus ein gesundes Jungtier (hier ein Ivory) Fotos: S. Broghammer

Zwillingseier (rechts) sind gar nicht so selten; in diesem Fall enthielten sie zwei verschiedenartig gefärbte Piebald-Zwillinge (links)

Fotos: S. Broghammer

JUNGTIERAUFZUCHT

Die Aufzucht der Jungschlangen ist in der Regel problemlos. Schon vor der ersten Häutung, die 10–20 Tage nach dem Schlupf stattfindet, nehmen einige Exemplare bereits selbstständig Nahrung auf. Normal großen Schlüpflingen mit einem Gewicht von ca. 60–90 g bietet man halbwüchsige Mäuse an, sogenannte Springer, mit denen man sie alle 5–7 Tage füttert. Ich empfehle generell eine Einzelhaltung, da die Jungtiere dann deutlich besser ans Futter gehen und viel besser gedeihen.
Die Unterbringung erfolgt, wie im Kapitel „Das Terrarium" beschrieben, in einem entsprechend eingerichteten Becken oder, wie es aktuell Mode ist, auch in einem Racksystem. Als Versteckplatz dient die schon mehrfach beschriebene Schlupfbox mit feuchtem Moos. Wie erwähnt empfehle ich, die jungen Pythons einzeln zu halten und lieber das Terrarium etwas kleiner zu wählen, als mehrere Tiere gemeinsam in einem großen Terrarium unterzubringen. *Python regius* ist am liebsten allein und will seine Ruhe – dies dankt er mit gutem Fressverhalten.

Der schlupfbereite Königspython ritzt die Eischale von innen an Foto: S. Broghammer

GESCHLECHTSREIFE UND LEBENSERWARTUNG

Weibchen erreichen ihre Geschlechtsreife mit 1,5–2,5 Jahren, abhängig vom Gewicht, das dann etwa 1.200 g beträgt. Die Männchen werden dagegen schon ein Jahr früher geschlechtsreif, z. T. schon nach sechs Monaten bei einem Gewicht von nur 600 g.
Bei wöchentlicher Fütterung erreicht ein Python nach einem Jahr eine Länge von 70–80 cm und ein Gewicht von 600–700 g, nach zwei Jahren misst er rund 100 cm und wiegt 1.500 g. Fällt das Futterangebot geringer aus oder ist das Tier aus einem anderen Grund etwas kleiner, z. B. wegen eines geringen Schlupfgewichts oder als Folge einer Erkrankung, verzögert sich die Entwicklung entsprechend. Auf die erreichbare Endgröße hat dies jedoch keinen Einfluss. Ein Exemplar, dass fünf Jahre zu knapp gefüttert wurde, kann bei anschließend guter Pflege also wieder aufholen, sodass es sich normal weiterentwickelt und nicht etwa sein Leben lang kleiner bleibt.
Diese Angaben beruhen auf Erfahrungen mit Königspythons in menschlicher Obhut. In der Natur sind halbwüchsige Tiere nur selten anzutreffen. Exemplare mit 50–70 cm Länge werden von den Fängern als „yearlings", also einjährige Tiere vom Vorjahr, bezeichnet. Das deutet darauf hin, dass Königspythons in der Natur die Geschlechtsreife meist mit 1,5 Jahren und einer Länge von rund 100 cm erlangen. Bei einem Schlupf im April oder Mai bedeutet dies, dass sich die Weibchen im Oktober/November des darauffolgenden Jahres paaren bzw. trächtig sind.
Allerdings können Männchen wie erwähnt schon wesentlich eher als die Weibchen – mit einer Länge von nur 60–70 cm und einem Gewicht von 600–700 g – die Geschlechtsreife erreichen. Ich habe auf einer Reptilienbörse in den USA sogar einmal erlebt, dass ein junger Königspython, der erst im Mai geschlüpft war, schon Mitte August im Verkaufsbecken anfing, mit einem Weibchen zu kopulieren – also im Alter von nur vier Monaten und einem Gewicht von geschätzten 200 g! Eventuell war dieser Jüngling durch die Abkühlung während des Transports stimuliert worden, allerdings wird in diesem Alter noch kein Sperma produziert. Erst bei einem Gewicht ab ca. 600 g kann man beim Herausmassieren der Hemipenes erkennen, dass die Tiere auch Spermien produzieren. Es sind dann entweder sogenannte „Spermplugs", also eingetrocknete gelbliche Spermapfropfen, oder auch frisches weißes Sperma an den Hemipenis-Enden zu erkennen. Auch hierbei gibt es, wie immer in der Natur, früh- und spätreife Individuen.
Ein Weibchen, das zur Zucht eingesetzt wird, sollte zu Beginn der Paarungszeit mindestens 1.100–1.200 g wiegen. Da solche Tiere in der Fortpflanzungszeit weiter gefüttert werden, haben sie bis zur Eiablage meist noch etwa 200–300 g Körpergewicht zugelegt – inklusive der Follikel bzw. Eier, deren Gewicht durch Flüssigkeitsaufnahme zunimmt, während die Fettreserve des Weibchens abnimmt und sich das Ganze somit insgesamt fast die Waage hält. Selbst am Schluss der Trächtigkeit, wenn das Weibchen nicht mehr frisst und sein Körperfett abnimmt, behält es sein Gewicht, da die Eier weiter zunehmen.
Einige Züchter warten lieber etwas länger mit der Zucht, gegebenenfalls noch ein weiteres Jahr, bis das Weibchen ein Gewicht von mindestens 1.500 g auf die Waage bringt. Ich

Einige Züchter „fenstern" die Eier einige Tage vor dem Schlupftermin. Das sieht schön und spannend aus, ich selber halte es aber für unnötig. Aus meiner Sicht bietet es für das Tier und den Schlupfvorgang keinerlei Vorteil. Im Gegenteil, es stört das Junge unnötig und dient wohl nur der Befriedigung der Neugier des Züchters.
Foto: S. Broghammer

konnte bisher aber noch keinen Nachteil für junge Weibchen feststellen. Auch in der Natur paaren sich die Tiere mit Erreichen der Geschlechtsreife und warten nicht noch ab. Das Risiko einer Legenot besteht bei jungen Exemplaren definitiv nicht vermehrt, und auch das weitere Wachstum und die Gewichtszunahme verlaufen wie bei jedem anderen Tier. Ein kleines Weibchen von rund 1.200 g kann im ersten Jahr durchaus schon 3–5 Eier legen.

Die Pythons sind bis zu ihrem Tode fortpflanzungsfähig. Ich besaß ein Piebald-Männchen, das ich 1997 als adultes Tier aus Afrika bekommen habe. Schon damals wirkte es dem Anschein nach nicht mehr ganz jung, doch paarte es sich noch bis ins hohe Alter, wenn auch nicht mehr so spritzig und aktiv wie jüngere Männchen – alle paar Wochen immerhin ließ es sich stimulieren und schaffte es noch, ein Weibchen zu begatten. Ich schätze, dieses Männchen war im Jahr 2015, als es schließlich starb, rund 30 Jahre alt. Mein bisher ältestes Weibchen hat noch mit über 20 Jahren Eier abgelegt, wobei ich mir sicher bin, dass dies bei Weitem kein Rekord ist.

Der älteste Python hat laut Barker & Barker (2006) im Zoo von Philadelphia von 1945 bis 1992 gelebt, also 47 Jahre! Ich persönlich bin bei solchen älteren Literaturangaben, auch wenn sie aus öffentlichen zoologischen Einrichtungen stammen, allerdings etwas skeptisch. Ob trotz Personal- und Direktorenwechsels immer eine sichere Dokumentation gewährleistet war und eine Verwechslung des Tieres definitiv ausgeschlossen werden kann, wage ich zu bezweifeln – in der heutigen Zeit wird dies eventuell akribischer dokumentiert und ist dank EDV auch leichter zu bewerkstelligen. Dennoch möchte ich nichts ausschließen, und eine Lebenserwartung von 20–30 Jahren halte ich beim Königspython für reell.

Zwei Junge, die im Ei abgestorben sind. In beiden Fällen hat sich das Tier in der Nabelschnur verstrickt, sodass es nicht mehr richtig mit Nährstoffen aus dem Dottersack versorgt werden konnte. Ich vermute, dass so etwas passiert, wenn die Tiere in der letzten Phase der Inkubation zu oft gestört werden, etwa durch den Schlupf anderer Jungschlangen oder Hantieren im Brutapparat.

Fotos: S. Broghammer

KRANKHEITEN

Wenn man gesunde Nach- oder auch Farmzuchten erwirbt, wird man als Terrarianer nur wenige Probleme mit seinen Pfleglingen haben. Da Königspythons aber ganz normale Lebewesen sind, kann auch ein gesundes Tier einmal erkranken oder sich Parasiten einfangen.

Im Folgenden sollen einige häufiger vorkommende Krankheiten und Parasiten sowie deren Behandlung besprochen werden. Dieses Kapitel kann im Zweifel natürlich nicht den Besuch beim reptilienkundigen Tierarzt (eine entsprechende Liste kann auf der Homepage der DGHT unter www.dght.de eingesehen werden) ersetzen, wir sollten aber als Pfleger dennoch in der Lage sein, häufige Krankheiten oder einen Befall mit Außenparasiten erkennen zu können, damit das betroffene Tier im Bedarfsfall schnellstmöglich einem Veterinär vorgestellt werden kann.

AUSSENPARASITEN (EKTOPARASITEN)

Hier spielen vor allem Milben eine Rolle. Kleine weiße Milben findet man hin und wieder in der als Bodengrund dienenden Holzeinstreu – übrigens in allen Holzsorten. Solch ein Milbenbefall ist zwar unschön, aber nicht gefährlich, weil diese Milben kein Blut saugen und deshalb den Schlangen keinen Schaden zufügen. Dennoch ist ihre Anwesenheit im Terrarium unschön. Man kann diese Milben manchmal auf den Köpfen der Pythons entlanglaufen sehen, vor allem im Frühjahr treten sie nach meinen Beobachtungen vermehrt auf. Sie lassen sich zwar mechanisch durch einen Pinsel oder mit Wasser von der Schlange entfernen, sind aber nach wenigen Tagen meist wieder zahlreich anzutreffen.

Auch ein Auswechseln des Bodengrundes nutzt nicht viel, da sich diese Milben im neu eingebrachten Substrat schnell wieder vermehren. In gewissem Umfang hilft eine Behandlung mit teebaumölhaltigen Produkten. Will man die Milben komplett ausrotten, hilft eigentlich nur die Behandlung mit einem Insektizid, wie es unten für den Befall mit Blutmilben beschrieben wird. Ich halte diese Form der Behandlung bei den vielleicht lästigen, aber doch harmlosen kleinen weißen Milben allerdings nicht für angebracht und rate eher zur natürlichen Bekämpfung mit Teebaumöl.

Ein wesentlich größeres Problem stellt die Schlangenmilbe, *Ophionyssus natricis*, dar. Diese schwarzen blutsaugenden Spinnentiere können nur über andere Reptilien eingeschleppt werden, sei es durch direkten Kontakt mit einem befallenen Tier oder aber durch mangelnde Hygiene wie etwa Terrarienzubehör, das zuvor in unmittelbarer Nähe einer befallenen Schlange oder deren Terrarium gelagert wurde. Über frisch abgepacktes Bodensubstrat werden diese Plagegeister nicht eingeschleppt, und Futtertiere scheiden ebenso als Überträger aus, sofern sie keinen direkten Kontakt zu befallenen Schlangen hatten.

Die blutsaugenden Milben sind auf Reptilien als Wirt und Nahrungsquelle angewiesen, um überleben zu können; Nagetiere als Zwischenwirte entfallen. Früher oder später wird so ziemlich jeder Terrarianer einmal Bekanntschaft mit diesen Milben machen, die in unserem Hobby leider eine regelmäßige Plage sind. Woher die Tiere kommen oder ursprünglich einmal kamen, bleibt meist unklar. Offenbar stellen Schlangenmilben nur in unseren Terrarien ein Problem dar. In Afrika habe ich auf keiner Farm jemals eine solche Milbe gesehen, daher bin ich mir fast sicher, dass die Schlangenmilbe nicht aus Afrika zu uns eingeschleppt wurde.

Blutmilben können ihren Wirt stark schädigen, und Jungschlangen können infolge des Blutverlustes sogar sterben. Ein ebenso großes Problem ist, dass Milben Krankheiten bzw. Erreger übertragen (Endoparasiten, Bakterien und Viren). Wie allgegenwärtig und ernst dieses Problem ist, kann man am Königspython-Buch von Barker & Barker (2007) sehen: Zehn ganze Seiten werden diesem Thema dort gewidmet – sehr interessant und ausführlich. Doch keine Angst, es reicht aus, wenn Sie einen Befall rechtzeitig erkennen und die richtige Behandlung finden – viele Alternativen gibt es hierzu leider nicht.

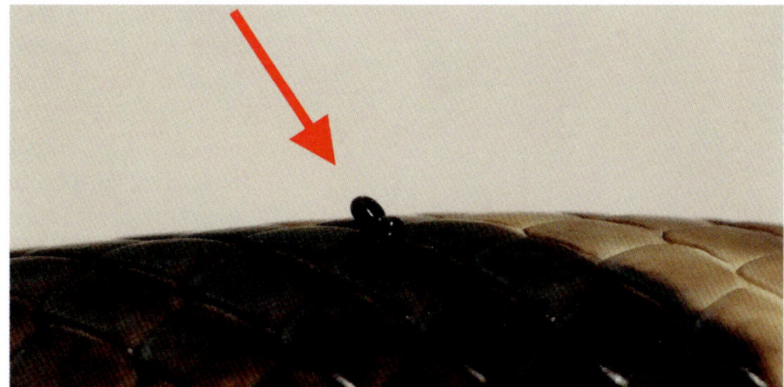

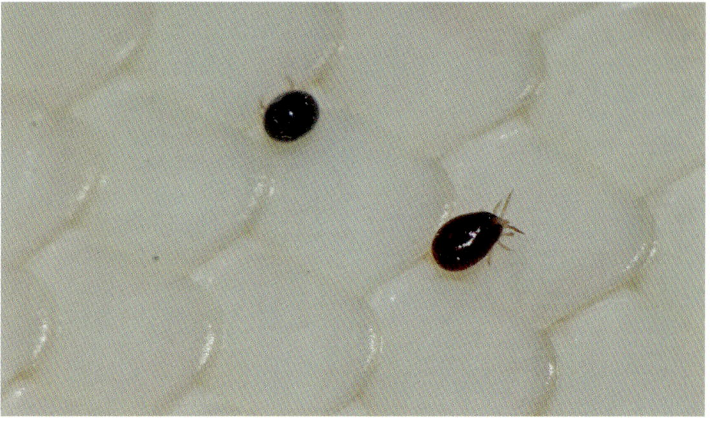

Oben: Auf dunklen Schuppenbereichen lassen sich Milben in der Aufsicht nicht leicht erkennen. Hier hebt sich eines von zwei der gefürchteten Spinnentiere gegen den hellen Hintergrund ab.
Unten: Milben auf weißen Schuppen eines Piebalds

Fotos: J. Konrad

Schlangenmilben sind als ca. 0,5–1 mm große, schwarze Punkte mit bloßem Auge noch gut zu erkennen. Die Größe der Milben ist vom Entwicklungsstadium abhängig; vom Ei bis zum geschlechtsreifen Tier sind es fünf Stadien. Ausgewachsene Weibchen legen im letzten Stadium mehrmals bis zu 25 Eier, insgesamt bis zu etwa 80 Stück. Diese werden in der Regel in einer dunklen feuchten Ecke abgelegt und nicht, wie man vielleicht annehmen würde, auf der Schlange selbst – ein Aspekt, der bei der Bekämpfung wichtig ist.

Vor allem ungewöhnliches längeres Baden in der Wasserschale deutet bei *Python regius* oft auf einen Milbenbefall hin. Das Bad ist für die befallenen Schlangen die einzige Möglichkeit, sich etwas Erleichterung von den blutsaugenden Parasiten zu verschaffen. Beobachtet man also, dass ein Königspython im Wassernapf liegt, muss sofort die Wasseroberfläche auf Milben abgesucht werden. Wenn sich dort bewegliche schwarze Punkte befinden, bei deren Zerdrücken eine rote Flüssigkeit austritt, dann können Sie sicher sein, dass es sich um diese Milben handelt. Mit sehr gutem Auge oder einer Lupe kann man Kopf und Gliedmaßen der Blutsauger erkennen.

Ein guter Trick, um Milben schnell und sicher zu erkennen, ist auch ein weißes Tuch oder ein Stück Küchenrolle, das man um die Schlange wickelt oder durch das man sie kriechen lässt. Auf dem weißen Untergrund lassen sich die Milben dann sehr leicht ausmachen.

Am Tier selbst sind die schwarzen Milben vor allem am Kopf, speziell an den Augen und in der Hautfalte am Unterkiefer, zu finden. Außerdem fallen beim genauen Betrachten der Schlange kleine weiße Punkte auf, die sich über den ganzen Körper verteilt befinden. Hierbei handelt es sich um Milbenkot oder auch um Larven im ersten Stadium – erst ab dem zweiten Larvenstadium beginnen sie, Blut zu saugen und sich umzufärben, zuerst ins Dunkelrötliche, später ins Schwarze.

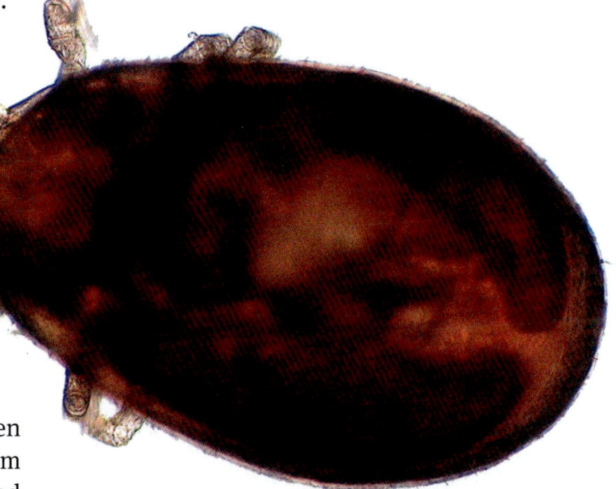

Stark vergrößerte Blutmilbe

Foto: F. Mutschmann

Zur Bekämpfung dieser Milben haben sich zwei Mittel bewährt. Zum einen Insektenstrips, wie z. B. „Detia Strip", die den Wirkstoff Dichlorvos enthalten. Von diesen Strips wird ein entsprechend großes Stück – die genaue Größe errechnet sich anhand der Terrariengröße – abgeschnitten und über mindestens sieben Tage hinweg in einem Seidenstrumpf verpackt in das Terrarium gehängt. Der Strip darf weder zu groß sein, da es sonst zu Vergiftungserscheinungen bei der Schlange kommen kann, noch zu klein (oder bereits alt), da das Mittel sonst nicht die gewünschte Wirkung auf die Milben zeigt. Eine zu geringe Dosierung scheint außerdem einen Resistenz erzeugenden Effekt bei den Milben zu haben, und die Dosierung muss dann immer höher gewählt werden. KÖHLER (1996) beschreibt in seinem Buch „Krankheiten der Amphibien und Reptilien" einen Test mit Heimchen, die in einem Döschen in eine Terrarienecke gesetzt werden und bei ausreichender Dosierung innerhalb einiger Stunden verendet sein müssen. Aus Sicht der Heimchen eine gemeine Methode, aber sie funktioniert.

Die angegebene Behandlungsdauer von mindestens sieben Tagen ist notwendig, da die Milbeneier eine Inkubationszeit von 4–5 Tagen haben (bei niedrigen Temperaturen auch durchaus länger). Erst nach sieben Tagen kann man sicher sein, auch die neu geschlüpfte Milbengeneration abgetötet zu haben. Während der Behandlungszeit sollte man das Terrarium möglichst trocken halten, denn Feuchtigkeit begünstigt das Überleben der Milben. Außerdem darf sich kein Badebecken im Terrarium befinden, weil der Wirkstoff unter Wasser nicht wirkt und die Milben auf der badenden Schlange überleben können. Lediglich ein kleines Gefäß, das täglich mit frischem Wasser gefüllt wird, dient der Schlange zum Trinken.

Bei dieser Form der Milbenbekämpfung ist es wichtig, auch um das Terrarium herum alles zu reinigen und sauber zu halten, denn Milbeneier (und die Milben selbst) können in der Beckenumgebung ebenfalls zerstreut auftreten. Laut BARKER & BARKER (2007) legen die Blutsauger rund 15 m in einer Stunde zurück – hier im Schwäbischen bezeichnet man so etwas als „schnell"! Außerdem können die Plagegeister vor dem Wirkstoff „flüchten", sodass es sinnvoll ist, mit einem Insektizid in Sprayform die unmittelbare Umgebung des Terrariums zu behandeln und so eine Barriere zu errichten. Hierfür eignet sich beispielsweise „Insecticide 2000" mit den Wirkstoffen Pyrethrum und Pyrethroid, alternativ „Ardap" mit der gleichen Wirkstoffgrundlage. Da bei dieser Vorgehensweise die Schlange nicht direkt mit den Wirkstoffen in Kontakt kommt, kann man zu Mitteln greifen, die ansonsten gesundheitlich zu riskant wären.

Weiße Substratmilben auf einem Python
Fotos: A. Gibert (M&S)

Es muss also im wahrsten Sinne eine „Großrazzia" durchgeführt werden. Eine halbherzige Behandlung ausschließlich in dem befallenen Terrarium wird nur kurzzeitig helfen, und man sieht sich ein paar Wochen später wieder mit demselben Problem konfrontiert. Milben sind leider, wie die meisten Schädlinge, Überlebenskünstler, die bis zu vier Wochen ohne Nahrung auskommen können – und die Eier überdauern noch viel länger.

Es ist selbstverständlich, dass der Pfleger bei dieser Form der Behandlung ganz besonders auf die Gesundheit seiner Tiere sowie auf erste Anzeichen achten muss, die auf eine zu hohe Dosierung des Mittels hinweisen könnten. Genauso wichtig ist es aber auch, dass man die eigene Gesundheit und die eventueller Mitbewohner im Auge behält und die Insektizide nur so anwendet, dass ihnen niemand längerfristig ungeschützt ausgesetzt wird – also bitte nicht in einem Wohnzimmer, Schlafzimmer oder gar Kinderzimmer verwenden! Generell rate ich, entsprechende Mittel zur Bekämpfung von Milben nur in Absprache mit einem versierten Veterinär oder erfahrenen Züchter anzuwenden.

Nicht nur Insekten und Spinnentiere, zu denen die Milben gehören, vertragen diese Mittel nicht, sondern allem Anschein nach reagieren besonders auch manche asiatische Nattern sehr empfindlich auf den Wirkstoff Dichlorvos. Hier ist also höchste Vorsicht geboten; am besten bringt man solche Schlangen und andere Tiere für den Zeitraum der Behandlung in einem anderen Raum unter; keinesfalls dürfen sie auf die beschriebene Weise behandelt werden.

Alternativ gibt es, wie bereits bei den Substratmilben angesprochen, auch harmlosere Mittel, die auf der Basis von Teebaumöl hergestellt werden. Selbst diese können (bedingt) helfen und haben den Vorteil, dass sie völlig unschädlich sind. Einen Milbenbefall damit

Zecken auf der Pythonhaut werden am besten mithilfe einer Pinzette entfernt
Foto: S. Broghammer

komplett auszumerzen, ist allerdings nicht möglich. Diese Mittel eignen sich eher vorbeugend oder zur unterstützenden Behandlung.

Recht neu ist eine biologische Bekämpfungsmethode mit Raubmilben, die sich von anderen Milben, u. a. auch von Blutmilben und Substratmilben, ernähren. Im Internet werden bei speziellen Händlern Zuchtansätze dieser Raubmilben angeboten, die man einfach in den betroffenen Terrarien ausstreut. Wenn diese Methode tatsächlich funktionieren sollte, wäre sie für uns Terrarianer fast so etwas wie das Ei des Kolumbus. Wir testen diese Art der Bekämpfung derzeit noch und hoffen, dass sie sich bei uns als erfolgreich erweist. Ich werde davon später berichten.

Leider dürfen Insektenstrips mit dem Wirkstoff Dichlorvos seit 2013 nicht mehr verkauft werden, sind also (fast) nicht mehr erhältlich. Wer schlau war, hat noch einen Vorrat angelegt, aber die meisten werden das Mittel nicht mehr haben und bekommen.

Mein aktuelles Mittel der Wahl, das ich empfehlen kann, ist „Insecticide 2000“, ein Spray, das vor allem auf dem Wirkstoff Pyrethrum (Chrysanthemengift) beruht. Das Kontaktgift tötet Milben (und andere Spinnentiere/Wirbellose) bei Berührung.

Wir hatten es schon lange in Verbindung mit den Strips verwendet, um „Barrieren“ um das Terrarium herum aufzubauen, damit die Milben sich nicht ausbreiten oder vor dem Dichlorvos flüchten. Nur das Spray allein zu verwenden, mangels Verfügbarkeit der Strips, war dann auch neu für uns. Es hat sich aber in den letzten Jahren als gut verträglich erwiesen, zumindest beim Königspython und auch anderen gängigen Terrarien-Schlangen (Kornnatter, *Boa constrictor*, Tigerpython etc.).

Verwendet wird es laut Beschriftung auf dem Produkt! Zwar steht da: „nicht am Tier selber anwenden“, dies lässt sich allerdings nicht vermeiden, wenn ich die Milben am Tier auch abtöten will. Meine persönliche Erfahrung mit einer Vorgehensweise, die bei meinen Tieren schon oft problemlos funktioniert hat: Am Tier vorsichtig anwenden, nicht auf Maul/Nase/Augen geben und während der Behandlungszeit nur eine kleine Wasserschale anbieten.

Der Wirkstoff Pyrethrum ist übrigens das gängigste Mittel gegen Kopfläuse beim Menschen. Wer also sich selber oder seine Kinder schon einmal gegen Kopfläuse behandelt hat, setzte dabei vermutlich auch diesen Wirkstoff ein. Ich denke, was wir an unseren Kindern verwenden dürfen, können wir auch an den Reptilien anwenden – wir müssen die Milben, wenn es denn welche gibt, definitiv loswerden! Sie können wirklich gefährliche Krankheiten übertragen.

Und noch ein paar generelle Ratschläge: Vor allem um das Terrarium herum Barrieren mit dem Mittel anlegen, also reichlich sprühen, damit die Milben nicht weiterlaufen können. Wie gesagt, es ist ein Kontaktgift, die Milben sterben bei Berührung. Andere Terrarien, die nicht befallen sind, würde ich ebenfalls vorsorglich einsprühen, jedoch nur von außen sowie von innen an den Rändern.

Bei mir hat es sich bewährt, die Behandlung nach sieben Tagen ein zweites Mal durchzuführen, dann sollten alle Milben und deren Nachkommen bekämpft sein.

Und ganz wichtig: Natürlich nicht an Wirbellosen anwenden! Wir reden von einem Gift, also vorsichtig einsetzen! Wir glauben, es ist aktuell das Beste und Sicherste für die Tiere. Aber wir übernehmen keinerlei Garantie – die Ratschläge erfolgen unverbindlich und ohne Gewähr.

Weitere Ektoparasiten sind Zecken, die fast ausschließlich bei Wildfängen und gelegentlich auch an Farmzuchten zu finden sind. Zecken werden auf die klassische Weise mit einer Pinzette vorsichtig entfernt. Dabei ist darauf zu achten, dass der Kopf und die Beißwerkzeuge der Blutsauger nicht in der Schlange steckenbleiben, da dies zu einer Infektion führen kann. Die kleine Wunde wird anschließend mit einem Antiseptikum versorgt. Zecken sind weniger problematisch und leicht zu bekämpfen. Eine Milbenbehandlung wie oben beschrieben wirkt natürlich auch bei Zecken; es ist aber vergleichsweise so, als würde man mit Kanonen auf Spatzen schießen.

Schlangenmilben sind auf einer weißen Unterlage gut zu erkennen
Foto: A. Gibert (M&S)

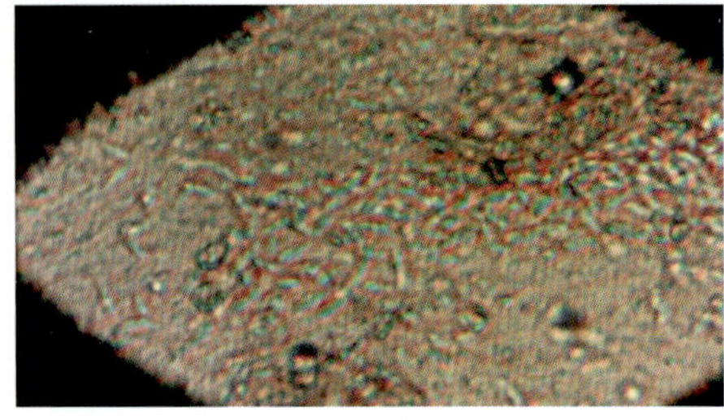

Ein Tier mit einem Massenbefall an Einzellern. Unter dem Mikroskop ist ein unübersehbares Gewimmel wie in der Fußgängerzone von Tokio zu erkennen. Als Foto vielleicht nicht ganz so spektakulär, sind doch die länglichen Einzeller gut sichtbar (Video-Aufnahme durch das Mikroskop, anschließend als Foto digitalisiert).
Foto: A. Gibert (M&S)

INNENPARASITEN (ENDOPARASITEN)

Es empfiehlt sich, neu erworbene Tiere zu Beginn – und Tiere im Altbestand mindestens ein Mal jährlich – mittels Kotprobe auf einen möglichen Befall mit Innenparasiten hin zu untersuchen. Solche Untersuchungen werden von Tierärzten und entsprechenden Institutionen durchgeführt (siehe „Weitere Informationen"). Selbst bei gesunden Tieren aus guter Quelle kann es passieren, dass man nachträglich Endoparasiten einschleppt, z. B. durch Kontakt mit anderen Terrarien und Tieren, über das Futter, durch Hantieren, über die Kleidung oder auch einfach über die Luft. Ich verwende daher seit einiger Zeit Staubsauger mit Wasserfilter, um nicht mit der Staubsaugerabluft die winzigen Parasiten buchstäblich durch den Raum zu blasen. Amöben z. B. lassen sich so sehr schnell verteilen.

Kotuntersuchungen sind schnell und zuverlässig und kosten lediglich 20–30 €. Eine prophylaktische bakteriologische Untersuchung halte ich dagegen nicht für sinnvoll. Das Ergebnis ist meist nicht sehr aussagekräftig, denn die meisten Bakterien, die dabei nachgewiesen werden, sind nicht pathogen (krankheitserregend). Von prophylaktischen Parasitenbehandlungen rate ich ebenfalls ab, da diese Stress und Belastung für die Schlange bedeuten und ein Erfolg aufgrund der vielen unterschiedlichen, für einen Befall infrage kommenden Parasiten und damit der Vielzahl in Frage kommender Medikamente ungewiss ist. Eine Kotprobe dagegen gibt schnell und einfach Gewissheit. Der Kot muss allerdings möglichst frisch und vor allem gut feucht sein; er sollte noch am gleichen Tag verschickt werden. Bei einem positiven Befund der Kotprobe (also einem Befall mit Innenparasiten) erhält man von den Instituten in der Regel einen konkreten Behandlungsvorschlag mit den derzeit aktuellen und wirkungsvollsten Mitteln oder zumindest den Verweis auf einen Tierarzt.

Recht häufig kann ein Befall mit Nematoden (Rundwürmer) nachgewiesen werden. Am häufigsten handelt es sich dabei um Oxyuren (Pfriemschwänze) – in der Regel lediglich harmlose Darmpassanten, die über die Futtertiere mit aufgenommen werden. Ein Befall ist bei Schlangen nicht weiter gefährlich und muss daher in der Regel nicht behandelt werden. Für Schlangen möglicherweise pathogen sind dagegen Askariden (Spulwürmer), Strongyliden (Hakenwürmer), *Kalicephalus*-Arten und eher selten vorkommenden Heterakiden (Haarwürmer und Rollschwänze). Sie lassen sich aber alle recht gut und für die Schlangen verträglich behandeln. Aktuell ist „Welpan" das Mittel der Wahl oder auch „Panacur" (das nicht ganz so breit wirkt). Die Gefahr einer Reinfektion ist groß, weshalb auf eine sehr gute Hygiene und sofortiges Entfernen von Kot zu achten ist. Während der Behandlung sollte man die Schlangen am besten auf Zeitungspapier halten, das täglich gewechselt wird. Achtung: Einige dieser Nematoden, z. B. Spulwürmer, können auch auf den Mensch übertragen werden – daher besonders auf den hygienisch einwandfreien Umgang achten und die Hände gründlich waschen und desinfizieren!

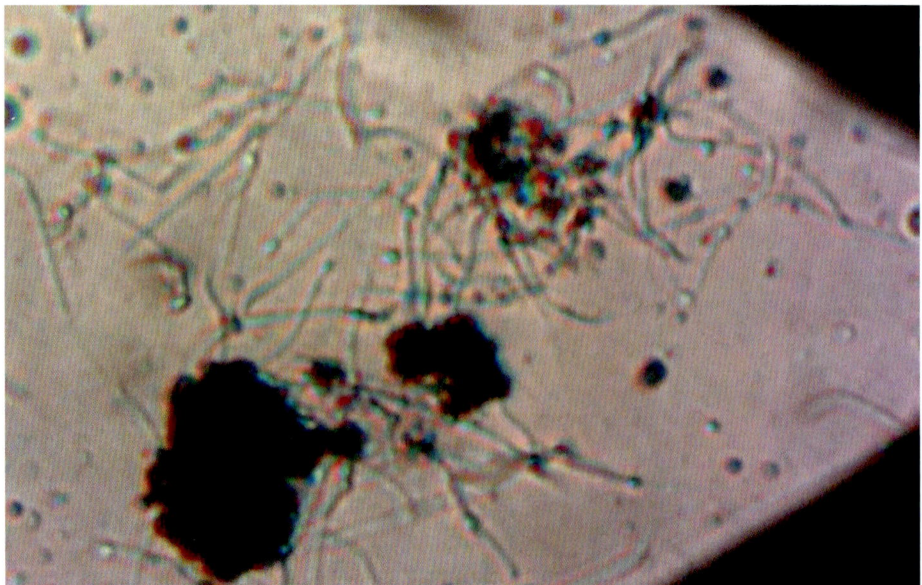

Spermien lassen sich ebenfalls gut unter dem Mikroskop erkennen (Fäden mit Kopf). Ich konnte mehrmals beobachten, dass die Spermien unmittelbar vor der Häutung nicht agil sind und fast einen abgestorbenen Eindruck hinterließen.
Foto: A. Gibert (M&S)

Cestoden (Bandwürmer) sind bei Python-Nachzuchten in der Regel nicht anzutreffen, aber dafür bei Wildfängen. Bandwürmer benötigen einen Zwischenwirt, z. B. ein Futtertier, sodass eine Ansteckung bei Verwendung von gesunden Futtertieren aus sauberer Zucht fast ausgeschlossen ist. Wurden Bandwürmer nachwiesen und erfolgreich behandelt, ist bei üblicher Hygiene eine Reinfektion im Terrarium nicht möglich. Aktuell wird bei einem Bandwurmbefall mit „Drontal plus" (Wirkstoff Praziquantel) behandelt.

Ähnliches gilt für Trematoden

(Saugwürmer): Auch diese Endoparasiten benötigen Zwischenwirte und sind fast ausschließlich bei Wildfängen, und hier speziell bei Arten, die am und im Wasser leben, anzutreffen.

Pentastomiden (Zungenwürmer) kommen bei Reptilien leider regelmäßig vor, speziell bei Schlangen. Sie werden in der Regel über das Futter übertragen, und hier insbesondere über lebend gefangene Futtertiere, wie sogenannte Futtergeckos oder auch Amphibien, die manchen Schlangen in der Terraristik als Nahrung dienen. Bei Schlangen, die sich von Nagetieren ernähren, wie dem Königspython, können Pentastomiden über in der Natur gefangene Mäuse und Ratten eingeschleppt werden. Das Problematische an einem Pentastomidenbefall ist, dass er nicht wirklich behandelt werden kann. Die einzige Möglichkeit besteht darin, diese Parasiten zumindest im Mundbereich mechanisch abzusammeln und so zu entfernen.

Der Ausdruck „Zungenwürmer“ ist etwas irreführend. Zum einen parasitieren diese Tiere oft in der Luftröhre oder Lunge ihres Wirtes, zum anderen sind es keine echten Würmer, sondern wurmähnliche Gliedertiere. Die Behandlung mit Medikamenten ist problematisch, da die in der Luftröhre oder Lunge abgestorbenen Parasiten die Schlange noch stärker schädigen können als lebende. Es ist bei Pentastomiden besondere Vorsicht geboten, da sie auch auf Säugetiere und somit auf den Menschen übertragen werden können. Die Symptome beim Menschen sind ähnlich einer Lungenentzündung. In Afrika tritt diese Infektion regelmäßig beim Menschen auf.

Besonders ein Befall mit Protozoen (Einzellern) darf nicht unterschätzt werden. Viele Verhaltensauffälligkeiten und Krankheitssymptome von Königspythons sind auf einen solchen Befall zurückzuführen – dazu zählen beispielsweise Nahrungsverweigerung trotz idealer Haltung, chronische Atem_wegsprobleme oder eine Magen-Darm-Entzündung.

Einzeller sind im Allgemeinen nicht einfach im Kot der Schlange nachzuweisen, sei es durch ihre geringe Anzahl oder aber, weil der Kot bei der Untersuchung nicht mehr ganz frisch ist. Bereits nach ein paar Tagen sind viele Protozoen kaum noch im Kot nachzuweisen, weshalb eine infizierte Schlangen oft nicht erkannt und behandelt wird, da der Pfleger sich aufgrund der vermeintlich negativen Kotprobe sicher wähnt. Es ist daher wichtig, dass der zu untersuchende Kot frisch ist und sofort an ein entsprechendes Labor geschickt wird, doch wie gesagt bietet auch eine negative Kotprobe leider nicht immer eine 100%ige Sicherheit, dass die Schlange wirklich nicht an einem Protozoen-Befall leidet. Im Verdachtsfall sollte die Probe nach wenigen Wochen wiederholt werden.

Primär sind bei Schlangen unter den Einzellern vor allem Kokzidien, Amöben und Flagellaten regelmäßig nachzuweisen, wobei meiner Erfahrung nach ein Befall mit den beiden Letzteren (speziell mit den zu den Flagellaten zählenden Hexamiten) die größte Rolle in der Königspython-Haltung spielt.

Kokzidien sind bei Schlangen oft nur harmlose Darmpassanten – die meisten von ihnen sind in geringen Mengen nicht pathogen und müssen nicht behandelt werden. Bei starkem Befall oder wenn die betroffene Schlange Krankheitsanzeichen zeigt, kann aber eine Behandlung mit „Baycox 5%ig“, mit dem Wirkstoff Toltrazuril erfolgen. Die Schwierigkeit liegt auch bei Kokzidien darin, eine sichere Diagnose zu stellen, da sie in Kotproben häufig nicht nachzuweisen sind bzw. dazu eine gesonderte Untersuchung gemacht werden muss, die von den Labors standardmäßig nicht durchgeführt wird und in aller Regel extra bezahlt werden muss.

Von den Kokzidien sind vor allem zwei Arten der sogenannten Kryptosporidien – *Cryptosporidium saurophilum* und *C. serpentis* – bei Schlangen häufig und unter Terrarianern gefürchtet. Befallene Reptilien leiden häufig an Durchfall und erbrechen die Nahrung. Oftmals wirken die Tiere aufgrund einer Magenschleimhautentzündung regelrecht aufgebläht.

Eine wirkliche Behandlung gegen Kryptosporidien gibt es trotz diverser Ansätze bislang nicht. Eine hygienisch perfekte Einzelhaltung ohne Stress und bei optimalem Klima hilft der Schlange aber meist, die Krankheit zu überstehen. Da bei einem Befall die angebotene Nahrung oft verweigert oder wieder ausgewürgt wird, kann die Gabe von „Bioserin“ als Futterersatz die Heilung unterstützen und das Tier bei Kräften halten. War die Therapie über mehrere Wochen erfolgreich und zeigt die Schlange keine Anzeichen

DER PRAXISTIPP

Ich bin in den letzten Jahren immer mehr zur Überzeugung gekommen, dass zumindest in der Terraristik Flagellaten der größte Feind der Königspythons sind. Ist ein Tier – natürlich unter den passenden Klimabedingungen – schon längere Zeit kränkelnd, fressunlustig und eventuell dünn und/oder verschleimt, dann sind nach meiner Erfahrung in drei Vierteln aller Fälle Flagellaten im Spiel. Die Ansteckung erfolgt meist über das Trinkwasser oder den direkten Kontakt, z. B. bei der Paarung. Es gibt viele Pythons mit sehr geringem Befall, bei dem die Tiere unter normalen Bedingungen keine Krankheitssymptome zeigen. Kommt aber Stress hinzu, z. B. durch Zuchtbemühungen, Transport oder den Besatz von mehreren Tieren in einem Terrarium, kann der Befall mit Flagellaten geradezu explodieren – und es kommt zum Ausbruch der Krankheit.
Es hat sich bei vielen Züchtern in den letzten Jahren daher eingebürgert, den Kot bzw. noch einfacher den Urin unter einem entsprechend guten Mikroskop selbst zu untersuchen. Der Vorteil ist, dass die Probe noch ganz frisch und nicht durch den Versand ausgetrocknet ist, sodass die Flagellaten gut zu erkennen sind. Eine eigene Untersuchung empfiehlt sich auch bei jedem Neuzugang und bei allen „Beteiligten" vor einer Verpaarung. Das eigene Mikroskop kann das parasitologische Labor zwar nicht ersetzen, im Verdachtsfall durch frisch untersuchte Kotproben aber zumindest helfen, den Tierarzt schneller hinzuzuziehen. Die überaus agilen Flagellaten sind unter dem Mikroskop (z. B. bei 400facher Vergrößerung) auch für Ungeübte gut zu erkennen, solange der Kot frisch ist. Um welche der vielen einzelligen Flagellaten es sich handelt, ist zweitrangig, denn nach meiner Erfahrung sind alle pathogen und damit letztlich auch gleich mit Metronidazol zu bekämpfen.
Wer eine selbstständige Untersuchungslösung anstrebt, sollte sich von jemandem einweisen lassen, der diese schon beherrscht. Es ist nicht schwer, aber man muss es eben gezeigt bekommen. Doch noch einmal: Das Mikroskop zu Hause kann das Labor und den Tierarzt nicht ersetzen; es kann nur dabei helfen, speziell diese Einzeller schneller zu erkennen.

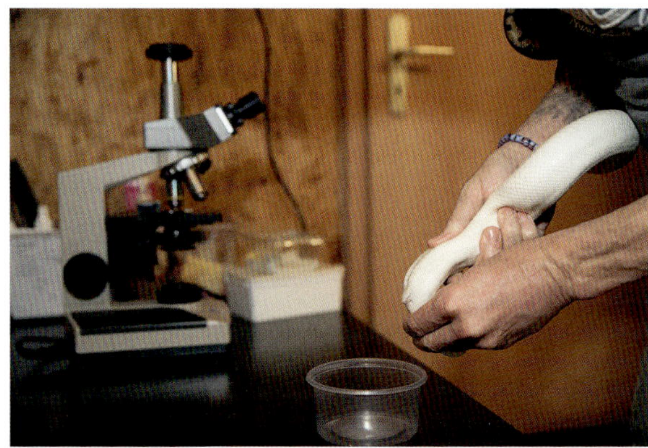

So lässt sich einem Tier etwas Urin abnehmen, für die Untersuchung auf Einzeller
Foto: A. Gibert (M&S)

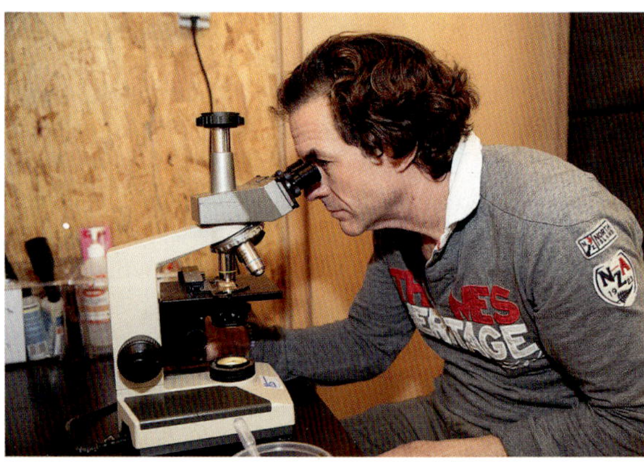

Die Untersuchung des Urins auf Einzeller ist eine wichtige Routine in der Zucht geworden
Foto: A. Gibert (M&S)

einer Krankheit mehr, kann man vorsichtig damit beginnen, wieder kleine Futtertiere anzubieten. Leider bedeutet dies nicht, dass das Tier jetzt völlig genesen ist. Sehr wahrscheinlich trägt es weiterhin Kryptosporidien in sich, was man beachten sollte, wenn man dieses Tier zu Paarungszwecken mit einem Geschlechtspartner zusammensetzen will.
Tiere, die zumindest mit den zwei oben genannten Arten von Kryptosporidien einmal infiziert waren, sollten besser zeitlebens allein gehalten werden; sie können ihr Leben lang ansteckend sein, auch wenn sie selbst keine Symptome mehr zeigen.
Amöben können sich unterschiedlich pathogen auswirken. Am häufigsten ist *Entamoeba invadens*, und bei einem positiven Befund mit diesem Erreger sollte der gesamte Schlangenbestand komplett behandelt oder zumindest untersucht werden. Manchmal trägt ein Tier auch nur eine geringe Anzahl von Amöben in sich, die sich erst bei Stress explosionsartig vermehren und dann Symptome hervorrufen.
Eine Behandlung erfolgt mit dem Wirkstoff Metronidazol. Die zu verabreichende Dosis wird je nach Tierarzt oder Untersuchungsinstitut unterschiedlich angegeben: Exomed schlägt beispielsweise eine Behandlung mit 100 mg/kg Körpergewicht vor; nach zehn Tagen wird die Behandlung wiederholt, bei starkem Befall kann sogar eine dritte und vierte Behandlung stattfinden. Andere Tierärzte empfehlen eine Dosis von bis zu 200 mg/kg und ebenfalls eine Wiederholung der Behandlung nach zehn Tagen. 200 mg erscheinen mir persönlich allerdings etwas hoch und eventuell riskant für das Tier.
Der Wirkstoff Metronidazol wird nach meiner Erfahrung von *Python regius* sehr gut vertragen, während andere Schlangen recht empfindlich darauf reagieren. Während der Behandlung muss darauf geachtet werden, dass den Schlangen immer sauberes Trinkwasser zur Verfügung steht, denn die Tiere nehmen dann vermehrt Flüssigkeit zu sich. Eine kurzzeitige Anhebung der Terrarientemperatur um 1–2 °C kann während der Behandlung ebenfalls helfen und das Immunsystem stärken. Außerdem ist natürlich auf eine gründliche Hygiene zu achten, denn die Gefahr einer Reinfektion ist sehr hoch. Verschleppt man den Befall bei nur einem einzigen Tier, ist der gesamte Bestand nach einigen Monaten wieder komplett zu behandeln.
Zur Säuberung der Terrarien haben sich Dampfreiniger bewährt. Die hohe Temperatur tötet die recht robusten Amöben zuverlässig ab. Gerade bei Amöben besteht die Gefahr, dass diese mit dem Staubsauber über die Luft quer durch den Terrarienraum in die nächstbeste Wasserschale geblasen werden. Daher verwenden wir in unserer Haltung

seit einiger Zeit Staubsauger mit Micro- bzw. Wasserfilter. Damit kann sichergestellt werden, dass die eingesaugten Keime, Viren, Bakterien oder Parasiten hinten nicht wieder herausgeblasen werden.

Für Flagellaten gilt das bereits bei den Amöben Geschriebene. Eine Behandlung erfolgt ebenfalls mit Metronidazol, wobei die Dosis gemäß Tierarzt oder wie oben angegeben gewählt wird. Flagellaten sind oftmals wirklich schwer im Kot der Schlange nachzuweisen, vor allem wenn der Kot schon ein paar Tage alt ist und die Flagellaten nicht mehr leben, sich also nicht mehr bewegen. Daher sollte man bei einem Verdacht auf Befall – Hinweise können unregelmäßiges Fressen, veränderter Kot oder eine Atemwegsinfektion sein – den ganz frischen Kot gründlich, gegebenenfalls auch wiederholt untersuchen lassen.

Weitere einzellige Darmparasiten sind Trichomonaden und Monocercomonaden, die in der Regel nicht pathogen, aber unter Umständen (Massenbefall) doch behandlungswürdig sind. Auch hierbei ist Metronidazol anzuwenden.

Eher selten kommen bei Königspythons auch Ciliaten (Wimperntierchen) vor, die vor allem dann als „Begleiter“ auftreten, wenn die Darmschleimhaut schon durch andere Erreger geschädigt wurde, z. B. aufgrund von Stress, Transport oder bei Paarungsaktivitäten. Die Behandlung von Ciliaten erfolgt wie bei einem Befall mit anderen Einzellern.

So sieht der Kot eines gesunden Tieres aus: Gerade als Neuling wundert man sich vermutlich über den weißen Kotanteil (im Bild oben).
Foto: A. Gibert (M&S)

BAKTERIELLE ERKRANKUNGEN

Die zwei wichtigsten Erkrankungen bei Schlangen, die zugleich auch die häufigsten Todesursachen darstellen, sind Lungenentzündung (Pneumonie) und Magen-Darm-Entzündung (Gastroenteritis). Sie sind beide auf eine nicht optimale Haltung – in der Regel zu kühl, schlechte Belüftung und nicht adäquate Luftfeuchtigkeit – zurückzuführen.

Eine Lungenentzündung äußert sich durch eine Verdickung in der unteren Halsregion und starke Schleimbildung, die vor allem beim vermehrten Gähnen zu erkennen ist. Wenn das erkrankte Tier züngelt, sind seine Zungenspitzen ganz oder teilweise verklebt, und sein Maul ist oftmals leicht geöffnet. Außerdem sind Atemgeräusche zu hören, die man beim Herausnehmen der Schlange sogar mit den Fingern am Bauch „erfühlen“ kann. Bei einer leichten Pneumonie äußern sich diese Atemgeräusche als ein gelegentliches „Knacken“, bei schwerer Erkrankung dagegen als regelmäßiges „Rasseln“ (bitte nicht mit dem Fauchen der Pythons als Abwehrreaktion verwechseln).

Bei einer leichten Lungenentzündung kann man versuchen, die Erkrankung durch Optimierung der Temperatur und Luftfeuchtigkeit zu heilen. Es kann schon helfen, das Tier für ein paar Tage etwas wärmer zu halten: tagsüber bei 31–32 °C und nachts bei 28–29 °C. Diese Temperaturerhöhung sollte aber nur über wenige Tage stattfinden, langfristig führt der erhöhte Stoffwechsel zu Stress und somit zur weiteren Schwächung der Schlange.

Manchmal hilft es auch schon, ein Eukalyptus-, Pfefferminz- oder kombiniertes Öl (wie es als ätherisches Öl für Menschen verwendet wird) an eine warme Stelle im Terrarium oder auf ein Papiertuch zu geben, das man ins Becken hängt.

Eine ernsthafte Atemwegserkrankung kann lediglich vom Tierarzt mithilfe von Antibiotikagaben behandelt werden, doch leider haben sich in den letzten Jahren viele Resistenzen gebildet. Das früher gängige „Baytril“ (Tetracyclin) ist heute oft wirkungslos, wie auch viele andere Produkte. Daher sollte vom Tierarzt zur Resistenzbestimmung der Erreger zuerst ein sogenanntes Resistogramm erstellt werden. Außerdem muss, wie oben beim Befall mit Parasiten/Einzellern beschrieben, überprüft werden, ob die Atemwegsinfektion nicht eine Begleiterscheinung eines Parasitenbefalls ist. Ein Antibiotikum hilft nichts, wenn die Quelle des Übels nicht erkannt und beseitigt wird. Ich rate daher dringend von einer wahllosen „Antibiotika-Eigentherapie“ ab; auf Dauer bringt dies nur mehr Schaden.

Beim Dunklen Tigerpython (*Python bivittatus*) kämpft man in der Terraristik schon seit vielen Jahren mit chronischen Atemwegserkrankungen, die sich mangels wirkungsvoller

Verschleimtes Maul eines kranken Pythons. Durch den Schleim bleiben Substratstücke am Maul des Tieres hängen.
Foto: A. Gibert (M&S)

Wenn der Nabel nicht gut verheilt ist und Dreck und Bakterien in die Wunde kommen, führt das manchmal zu einem sogenannten „Hard Belly“. Diese Entzündung ist nicht heilbar, es bleibt nur die Euthanasie der betroffenen Tiere. Gut zu erkennen ist, wie der Bauch auf einer Länge von ca. 8 cm steinhart angeschwollen ist.
Fotos: S. Broghammer

Antibiotika nicht mehr ausheilen lassen – hoffentlich bekommen wir bei *P. regius* nicht bald ein ähnliches Problem. Als Halter sollten wir solchen Krankheiten durch eine perfekte Hygiene – ich spreche nicht von steriler Haltung! – vorbeugen. Wichtig ist daher ein sehr gutes Desinfektionsmittel, das gegen neu eingeschleppte Keime und Viren Wirkung zeigt. Die aus Südafrika kommenden „F10-Produkte“ sind derzeit der Insider-Tipp in der Terraristik. Mit ihnen soll man chronische Erkrankungen (hervorgerufen durch resistente Keime) in den Griff bekommen – in 10 Jahren werden wir es sicher wissen.

Die zweite bakteriell bedingte und ebenfalls dringend behandlungsbedürftige Krankheit ist die Magen-Darm-Entzündung. Sie äußert sich durch schleimigen, stinkenden Kot, eventuell auch durch Herauswürgen der Nahrung und die daraus resultierende Austrocknung der betroffenen Schlange. In manchen Fällen ist zudem ein käsiger Belag im Maul zu beobachten, der umgangssprachlich als Maulfäule bezeichnet wird. Die Symptome können bei bestimmten Einzeller- und Viruserkrankungen, wie der IBD und Paramyxovirus-Infektion (s. folgende Seite), gleich sein, doch zumindest den Einzellerbefall kann man über eine Kotprobe ausschließen.

Es gibt auch homöopathische Tropfen und Mittel gegen Durchfall, doch zeigen diese nur sehr bedingt (wenn überhaupt!) Wirkung. Ein an Magen-Darm-Entzündung erkranktes Tier sollte am besten unverzüglich mit Antibiotika behandelt werden. Dazu wird wie erwähnt am besten ein Abstrich durchgeführt und ein Resistogramm erstellt, um das wirkungsvollste Antibiotikum zu ermitteln. Bisher hat sich oft „Chloramphenicol“ (z. B. Chloromycetin-Palmitat) und zumindest bis vor wenigen Jahren auch „Baytril“ bewährt.

Wichtig bei einer Magen-Darm-Erkrankung sind vor allem eine ausreichende Flüssigkeitszufuhr und ein langsames, vernünftiges Füttern – Letzteres in der Regel aber erst nach Abschluss der Behandlung. Ein gravierender Fehler ist es, dem Tier nur wenige Tage nach Herauswürgen des Futters ein zweites (oder gar drittes) Mal Nahrung anzubieten. Der Verdauungsapparat der erkrankten Schlange braucht, wie auch beim Menschen, eine Pause von mindestens eineinhalb- bis zweifacher Dauer des normalen Fütterungsintervalls.

Die richtige Haltung und hier vor allem das richtige Klima (Temperatur und Luftfeuchtigkeit) sind das A und O der Terraristik. Ich bin überzeugt, dass sich 95 % der Krankheiten, vor allem bei den Tieren noch eher unerfahrener Terrarianer, vermeiden lassen, wenn die Tiere unter den richtigen Bedingungen und am besten alleine gehalten werden. Ein schönes, großes Terrarium mit einem Pärchen Schlangen ist vertretbar. Aber generell sind die Pythons am liebsten alleine. In Afrika wird man niemals zwei Pythons zusammen in einem Versteck finden, allenfalls zur Paarungszeit.

Ich bekomme regelmäßig E-Mails oder rede mit Kunden, die eine kranke Schlange beim Tierarzt behandeln ließen, wegen einer Erkältung oder einer Magen-Darm-Entzündung, nach wie vor die häufigsten Krankheiten und auch die häufigsten Todesursachen. Die Tierärzte behandeln dann (an sich richtig, weil notwendig) mit Antibiotika. Aber scheinbar werden die wenigsten Halter vom Tierarzt nach der Haltung bzw. nach der Ursache für die Erkrankung gefragt. So gut wie immer liegt es am Klima: Die Tiere werden einfach zu kalt gehalten, vor allem nachts.

Leider lautet die klassische Antwort auf die Frage nach der Beheizung in der Nacht: „Es ist alles aus, die Wohnung ist warm bei uns.“ Dann werden die Tiere zwangsläufig krank. Das Antibiotikum mag kurze Zeit helfen, aber löst das Problem nicht. Daher auch meine Bitte an die Tierärzte: Fragen Sie die Halter nach den Klimaparametern! Das Terrarium

muss Tag und Nacht beheizt werden. Zimmertemperatur reicht nicht aus, auch nicht nachts!
Wenn das Klima stimmt, werden die Tiere in der Regel erst gar nicht krank. Dazu noch eine regelmäßige Kotprobe auf Parasiten, und ein Tierarztbesuch ist das ganze lange Schlangenleben nicht einmal nötig.

VIREN

Es gibt fatale Viruserkrankungen, wie die Einschlusskörperchen-Krankheit IBD („Inclusion Body Disease"), oder auch das „Ophidian Paramyxovirus" (OPMV), gegen die bisher keine Behandlungsmöglichkeit existiert. Solche Viren führen in der Regel zum Tod des erkrankten Reptils. Gerade *P. regius* scheint sehr empfindlich auf das IBD-Virus zu reagieren, und derzeit muss man davon ausgehen, dass dieser Erreger beim Königspython innerhalb weniger Wochen zum Tode führt. So dramatisch sich das anhört, hat es zumindest den Vorteil, dass die Viruserkrankung nicht lange verschleppt werden kann. Bei *Boa constrictor* gibt es z. B. Exemplare, die das Virus über Jahre in sich tragen und es in dieser Zeit auch verbreiten können, ohne selbst daran zu erkranken oder zu sterben. In solchen Fällen ist das Risiko einer Seuche natürlich viel höher.
IBD äußert sich bei Pythons vorrangig durch eine Art Gleichgewichtsverlust und unkontrolliertes Drehen oder „Kopfschrauben" des befallenen Tieres, und es kann auch zum Auswürgen von Nahrung kommen. Früher waren von IBD nur Riesenschlangen und speziell Boas betroffen, mittlerweile ist diese Krankheit aber auch schon bei Nattern, Echsen und Schildkröten aufgetreten. Nachweisen lässt sich dieses Virus nur bedingt im Blut, ohne bei einem negativen Testergebnis wirkliche Sicherheit haben zu können. Am toten Tier lassen sich die Einschlusskörperchen im Gehirn erkennen. Das Ganze ähnelt in Verlauf und Diagnose der als Rinderwahnsinn bekannten BSE-Seuche.
Der Nachweis des Paramyxovirus scheint dagegen etwas einfacher zu sein. So bietet die Gesellschaft für Innovative Veterinärdiagnostik in Hannover einen Test an, der mittels Rachentupfer durchgeführt wird, und auch die Universität Hohenheim hat einen Test auf diverse Viren entwickelt, der u. a. auf OPMV anspricht.
In einer im Jahr 2010 durchgeführt Studie wurden einmal bei 14 verschiedenen Haltern 100 Riesenschlangen untersucht, und man konnte bei einem Drittel der Halter das Paramyxovirus OPMV im Tierbestand nachweisen (Pees et al. 2010). Leider wird in dem Beitrag nicht erwähnt, wie die 14 Testpersonen ausgesucht wurden, die Zahl der betroffenen Halter erscheint mir persönlich doch sehr hoch – wir können nur hoffen, dass diese Studie nicht repräsentativ war.
Im Gegensatz zur Einschlusskörperchen-Krankheit, die wohl nur über direkten Kontakt oder Parasiten wie Milben übertragen werden kann, ist OPMV nach aktuellem Stand auch über die Luft übertragbar. Das Paramyxovirus scheint bei *P. regius* nicht immer zwangsläufig und kurzfristig zum Tode zu führen. So kann es sein, dass betroffene Tiere keine oder nur zeitweise Symptome zeigen und sich das Virus so unbemerkt immer weiter ausbreitet. Symptome für OPMV können neben den mit IBD vergleichbaren neurologischen Ausfällen wie Gleichgewichtsverlust auch Atemwegsprobleme sein, die leicht falsch gedeutet werden. OPMV scheint mir für die Königspython-Zucht daher deutlich gefährlicher zu sein als IBD. Die einzige Vorsorgemaßnahme ist die strenge Quarantäne von Neuzugängen, wenn möglich sogar räumlich getrennt – über mindestens 6–8 Wochen – und parallel dazu ein Test in einem Labor, wie oben beschrieben. Zumindest bei Tieren aus fragwürdigen Quellen macht dies sicher Sinn.

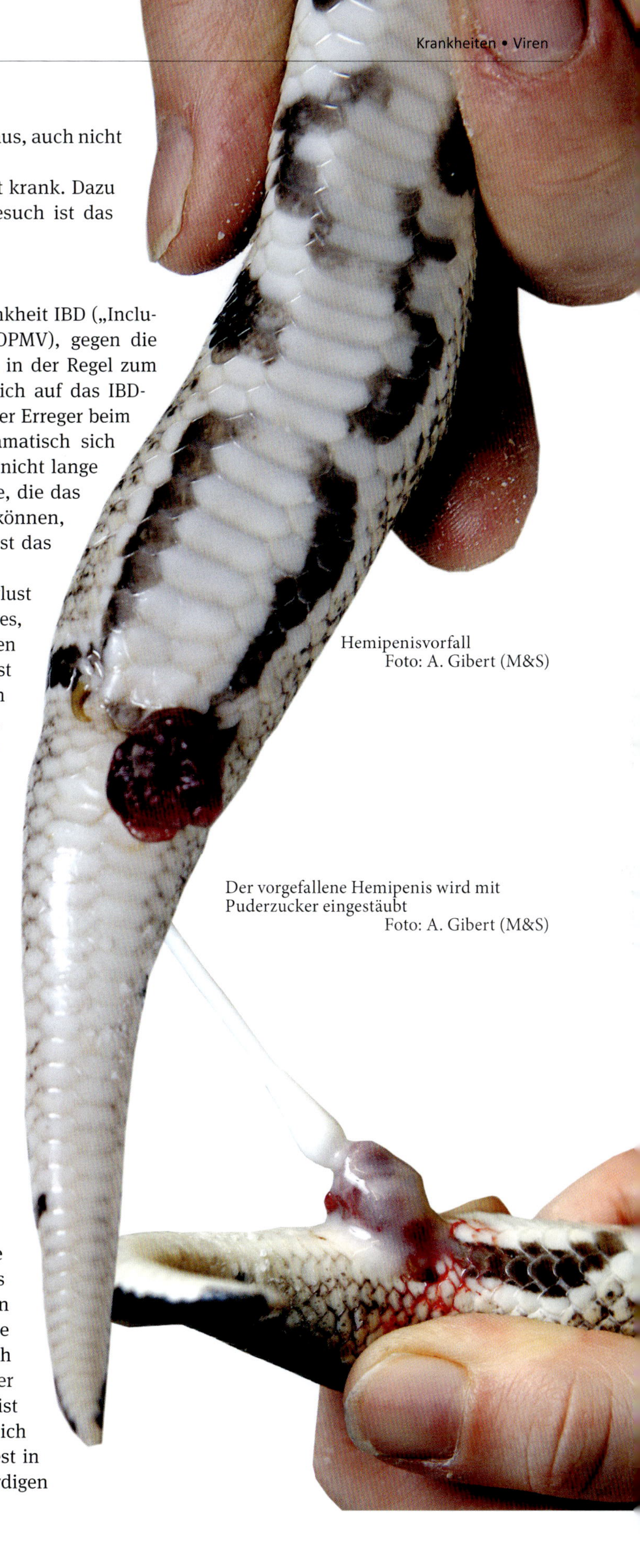

Hemipenisvorfall
Foto: A. Gibert (M&S)

Der vorgefallene Hemipenis wird mit Puderzucker eingestäubt
Foto: A. Gibert (M&S)

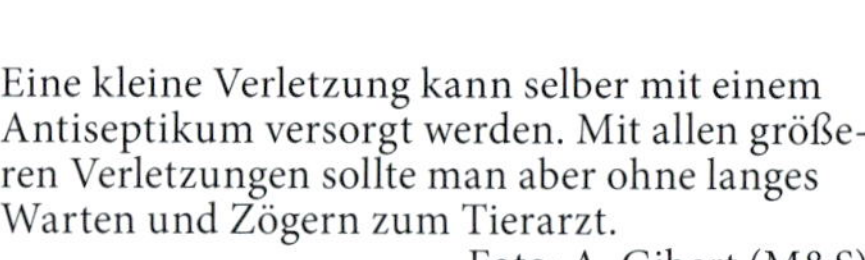

Eine kleine Verletzung kann selber mit einem Antiseptikum versorgt werden. Mit allen größeren Verletzungen sollte man aber ohne langes Warten und Zögern zum Tierarzt.
Foto: A. Gibert (M&S)

VERSTOPFUNG ODER DARMVERSCHLUSS

Regelmäßig werde ich von Züchtern zu Verstopfung und Darmverschlüssen beim Königspython befragt. Die besorgten Halter teilen mir meist mit, dass ihre Schlange zwar gefressen, aber noch keinen Kot abgesetzt habe.

Ich selbst hatte in mehreren Jahrzehnten der Haltung – bei sicherlich über 10.000 gepflegten Königspythons – nur ein einziges Mal den konkreten Verdacht eines Darmverschlusses. Somit würde ich behaupten, dass man einen echten Darmverschluss zumindest bei *Python regius* eigentlich ausschließen kann. Stimmt das Klima im Terrarium, braucht man sich als Python-Pfleger über das Absetzen von Kot keine Gedanken oder Sorgen zu machen. Die alte Regel „erst wieder füttern, wenn das Tier gekotet hat", gilt längst als überholt. Ein Königspython kotet, wenn er es muss – muss er nicht, dann kotet er auch nicht! Außerdem gibt es Phasen, z. B. direkt vor der Häutung, in denen der Kot meist zurückgehalten und erst unmittelbar nach der Häutung abgesetzt wird.

Um mich hier aber vor möglichen Regressansprüchen zu schützen: Sollte ein Tier wirklich einmal vor der Kloake extrem dick und „gestaucht" aussehen, sollte man ertasten, ob diese Stelle weich oder hart wie ein Stein ist. Fühlt sich die Stelle tatsächlich sehr hart an und ist zugleich groß – also vom Durchmesser etwa wie die Schwanzwurzel des Tieres und dabei einige Zentimeter lang –, dann gehen Sie doch bitte sicherheitshalber mit Ihrem Python zum Tierarzt.

„HARD BELLY"

Häufiger als ein Darmverschluss tritt bei Königspythonbabys der sogenannte „Hard Belly" („harter Bauch") auf. Dieses Phänomen ist ein Problem der Hygiene, vor allem bei Ranching-Exemplaren, und wird wenige Tage nach dem Schlupf durch Bakterien im Nabelbereich hervorgerufen. Die Jungtiere infizieren sich am noch nicht zugeheilten Nabel, und nach etwa zwei Wochen bildet sich im Bauchraum ein hartes, etwa haselnussgroßes Geschwür. Die steinharte Stelle lässt sich kaum im Körper bewegen oder verschieben. Leider ist es zumindest mir bzw. meinem Tierarzt noch nie geglückt, solch ein Tier zu retten. Um der betroffenen Schlange lange Qualen zu ersparen, rate ich bei dieser Diagnose zur Euthanasie.

HEMIPENIS- UND DARMVORFALL

Besonders nach der Paarung kann es beim Männchen zu einem Hemipenisvorfall kommen, wenn das Weibchen während der Kopula erschrickt und schnell davon kriecht, das Männchen seinen Hemipenis aber nicht schnell genug einziehen konnte, der somit ausgestülpt zurückbleibt. In aller Regel zieht das Tier im Laufe der nächsten Stunden seinen Hemipenis wieder ein. Hat es dabei Schwierigkeiten, kann man zunächst versuchen, mit einem feuchten Wattestäbchen etwas nachzuhelfen. Sollte der Hemipenis am nächsten Tag immer noch nicht eingestülpt sein, kann man das angeschwollene Geschlechtsorgan mit Puderzucker bestäuben; der Zucker entzieht dem Gewebe Wasser, sodass der Hemipenis abschwellen und im Idealfall wieder eingezogen werden kann. Die Prozedur mit dem Puderzucker kann gegebenenfalls mehrfach wiederholt werden. Sollte sie nicht zum gewünschten Erfolg führen, muss das betroffene Tier einem Tierarzt vorgestellt werden.

Ähnlich verhält es sich bei einem Darmvorfall. Glücklicherweise kommt dieser bei *Python regius* im Vergleich zu manch anderen Reptilien eher selten vor. Als Halter kann man die schon beim Hemipenisvorfall beschriebenen Notfallmaßnahmen versuchen. Meiner

Erfahrung nach kommt es aber nie grundlos zu einem Darmvorfall, meist ist hierfür ein Befall mit Parasiten, speziell Würmern, verantwortlich. Deshalb sollte auf alle Fälle, selbst wenn es gelingt, den Darm wieder zurückzuführen, eine Kotprobe des Tieres untersucht werden. Lässt sich der Darm nicht wieder einstülpen, muss das Tier unverzüglich zum Tierarzt.

VERLETZUNGEN UND VERBRENNUNGEN

Mitunter passiert es, dass sich ein Königspython eine Verletzung zuzieht, sei es eine Verbrennung durch nicht gesicherte Heizquellen, seien es Bisse von Artgenossen oder Futtertieren. Zum Glück sind Reptilien sehr robust und verfügen über enorme Selbstheilungskräfte. Kleinere lokale Wunden kann man selbst mit einem Antiseptikum wie „Betaisodona" oder einem anderen Jodpräparat behandeln. Wenn die Wunde nicht mehr offen ist, hat sich auch die Salbe „Liniment" der Firma Heiler recht gut bewährt.
Gegebenenfalls sollte man das Tier eine Zeit lang möglichst steril auf Zeitungspapier halten, um eine Verschmutzung der verletzten Stelle zu vermeiden. Dies gilt nur für kleinere Wunden, denn dem Python ist nicht geholfen, wenn ich ihn wegen eines Mäusebisses stresse, indem ich sofort zum Tierarzt fahre. Bei größeren Verletzungen, großflächigen Verbrennungen, Geschwüren oder pilzartigen Veränderungen sollte aber unverzüglich der Veterinär aufgesucht werden.

DIE SCHLANGE IST WEG!?

Auch das wird wohl jedem Terrarianer in seiner Laufbahn einmal passieren, in der Regel eher in der Anfangszeit: Im Terrarium herrscht gähnende Leere – nichts ist von der Schlange zu sehen. Vielleicht war die Scheibe ein wenig geöffnet, vielleicht ist es aber auch ganz unerklärlich, wie das Tier herauskam.
Sollte diese Situation eintreten, so rate ich, zunächst Ruhe zu bewahren und noch einmal gründlich das gesamte Terrarium abzusuchen. Schlangen sind absolute Versteckkünstler, die kleinste Ritze und das kleinste Loch reichen aus, damit sich das Tier verbergen kann – oder eben auch entkommen. Auf alle Fälle sollte man selbst Verstecke absuchen, die einem unmöglich, weil viel zu klein erscheinen. Schlangen setzen scheinbar alle Gesetze der Anatomie außer Kraft, wenn sie durch kleinste Löcher und Ritzen verschwinden. Ich selbst täusche mich heute noch manchmal, nach über 20 Jahren Erfahrung!
Kann man ausschließen, dass sich die Schlange noch im Terrarium befindet, muss man die direkte Umgebung haargenau absuchen. Zumindest nach der ersten Nacht ist der entkommene Königspython meiner Erfahrung nach nie weit weg. Er wird sich in unmittelbarer Nähe des Terrariums verstecken, sofern er einen geeigneten Platz findet. Sind allerdings schon mehrere Tage vergangen, bis die Flucht bemerkt wurde – was bei einem aufmerksamen Pfleger eigentlich nicht vorkommen sollte –, muss man den Radius entsprechend ausweiten.
Wird man trotz aller Suche nicht fündig, hilft nur Geduld. Tricks, wie einen Mäusekäfig aufzustellen oder Mehl auf den Fußboden zu streuen, um die Spuren des Tieres zu verfolgen, hören sich clever an, haben bei mir aber noch nie funktioniert.
Den besten Erfolg hatte ich immer, wenn ich nachts, nachdem das Licht schon einige Stunden gelöscht und die ganze Wohnung ruhig war, plötzlich den Raum betrat, in dem ich die flüchtige Schlange vermutete. Zu dieser nächtlichen Zeit sind die Tiere aktiv und erkunden ihre neue Umgebung. Das funktioniert aber auch nur dann, wenn der Raum nicht zu kalt ist; sonst bleiben die Schlangen in ihrem Versteck und rühren sich nicht.
Eine radikale Methode, die im äußersten Notfall helfen kann, wenn alle anderen Versuche gescheitert sind, ist eine Klebefalle mit einem auf einem Brett befestigten doppelseitigen Klebeband, die man unter einen Schrank schiebt. Man kann auch das Innere einer dunklen Box, die über einen oder mehrere Eingänge verfügt, mit einem solchen Klebeband bekleben – wichtig ist eine häufige tägliche bzw. morgendliche Kontrolle der Falle. Das festgeklebte Tier kann sich bei Befreiungsversuchen verletzen, indem seine Haut aufreißt.

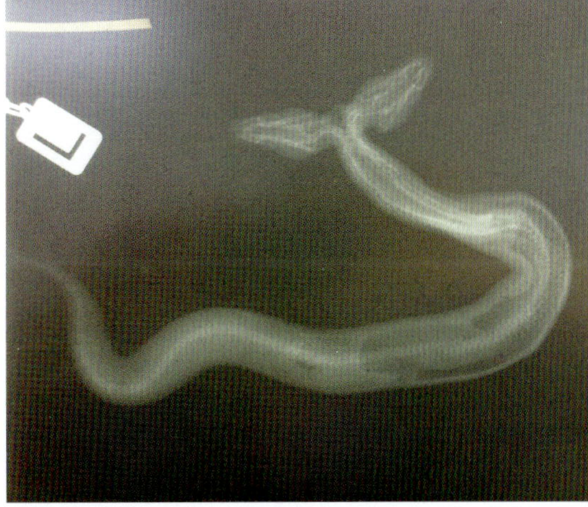

Eine seltene Laune der Natur: zweiköpfige Schlange, wie aus der Märchenwelt. Dem Tier ging es tadellos. Beide Köpfe waren voll aktiv und tranken, gefressen hat immer nur der rechte Kopf. Auf dem Röntgenbild unten ist gut zu erkennen, wie es erst zwei Wirbelsäulen sind, die dann in eine münden.
Foto: A. Gibert (M&S)

Lavender-Albino
Foto: B. Trapp

III
FARBMORPHEN

Zum Königspython-Boom der letzten Jahre haben zweifellos die vielen Farbmorphen beigetragen, die mittlerweile in großen Mengen gezüchtet werden; jährlich werden Zehntausende Exemplare unterschiedlichster Farbvarianten und Morphen nachgezogen, und „normal gefärbte" Nachzuchten fallen sozusagen als Beiwerk dieser Zuchtbemühungen ab – mittlerweile gibt es so viele Nachzuchten, dass auf Importe der Farmzuchten schon fast verzichtet werden kann.

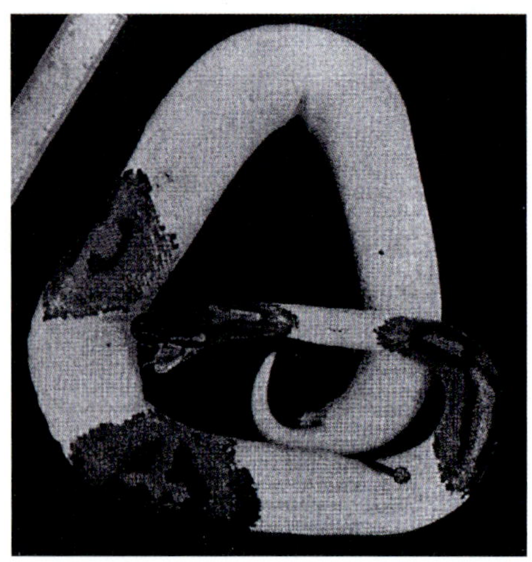

Der Piebald war schon immer ein besonderes Tier, das durch die internationale Presse ging, sobald es irgendwo auftauchte: hier ein Exemplar aus dem Jahr 1966
Foto: S. Broghammer

Die Gründe für die Erfolgsgeschichte von *Python regius* sind – neben der praktischen Größe und dem umgänglichen Gemüt – also vor allem in den vielen Farb- und Zeichnungsmorphen zu suchen, die es von der Art mittlerweile gibt und die mit dem „Albino" und dem „Piebald" ihren Anfang genommen haben. Es gibt kaum ein anderes Terrarientier, das solch eine Variabilität aufweist. Ich werde oft gefragt, wie lange dieser Boom um den Königspython wohl noch anhält: Ich glaube, *P. regius* wird auch in Zukunft der Guppy bzw. der Koi der Terraristik bleiben, denn keine andere Schlange ist dafür so prädestiniert – weder von der Größe und vom einfachen Handling noch von der unkomplizierten Pflege oder Vermehrung; und erst recht nicht von der großen Farb- und Zeichnungsvielfalt!

WOHER STAMMEN DIE NAMEN?

Wie schön war es doch, als es nur wenige Farbmorphen der Königspythons gab, die Piebald, Albino, Axanthic, Pastel oder Ghost hießen – diese Namen konnte man sich alle noch leicht merken. Mittlerweile sind über 50 verschiedene Morphen und ein Vielfaches an Kombinationen bekannt. Viele der Namen, mit denen all diese Farb- und Zeichnungsmorphen bezeichnet wurden, haben sich von Beginn an durchgesetzt und sind eindeutig. Für manche dieser Morphen existieren aber auch mehrere Namen, während in anderen Fällen wiederum ein und derselbe Name für verschiedene Morphen benutzt wird. Und es kommen laufend neue Namen hinzu!
Die Zucht all dieser Königspython-Formen brachte eine gewisse Eigendynamik mit sich – und auch eine Umgangssprache in der „Szene", die wissenschaftlich und biologisch betrachtet sicher nicht immer ganz korrekt ist. Vieles auf dem Gebiet ist noch immer Neuland, daher entwickelten sich fast zwangsläufig auch neue Ausdrücke und Bezeichnungen. Es gibt bisher kaum festgelegte Standards, sodass wir *regius*-Züchter

fortlaufend neue Ausdrücke festlegen – an sich allein schon eine spannende Sache. Ich finde es dabei wichtig, die Benennung der Formen so korrekt und (grenzübergreifend) einheitlich wie möglich zu verwenden, damit es nicht zu Missverständnissen kommt.
Grundsätzlich halte ich es daher auch für sehr wichtig, dass wir bei der Nachzucht immer darauf achten, genau zu dokumentieren, welche Tiere und Farbmorphen nachgezogen wurden. Ansonsten hat man irgendwann einmal eine unbekannte bzw. nicht mehr nachvollziehbare Kombination aus vier oder fünf unterschiedlichen Morphen im Terrarium. Ich persönlich finde selbst ein besonders schönes Tier nur dann wirklich interessant, wenn ich weiß, welche genetische Ausstattung und Farbkombination dahintersteckt.
Natürlich gibt es neben den unzähligen Farb- und Zeichnungsmorphen auch die normal- oder wildfarbenen Königspythons, wie sie in der Natur üblicherweise vorkommen. Ich verwende als Farbbezeichnung für diese Tiere gern den Ausdruck „Normal"; „Wildfarben" ist aber ebenso zutreffend, und in den letzten Jahren hat sich auch der Ausdruck „Classic" eingebürgert.
Manchmal wird bei solchen normal gefärbten Tieren fälschlicherweise auch von „Nominat" gesprochen. Der Ausdruck „Nominat" hat jedoch überhaupt nichts mit der Färbung zu tun, sondern ist ein Begriff aus der wissenschaftlichen Nomenklatur: Als Nominatform wird bei Arten, von denen mehrere Unterarten existieren, die zuerst beschriebene Form bezeichnet. *P. regius* ist jedoch eine monotypische Art, d. h., es wurden bisher keine weiteren Unterarten beschrieben – und damit existiert bei dieser Art auch keine Nominatform.
Meist gibt derjenige einer neuen Farb- oder Zeichnungsmorphe den Namen, der sie „genetisch prüft", sie also als Erster nachzüchtet und dabei den Erbgang sozusagen testet – manchmal aber auch nur derjenige, der eine neue Variante zuerst aus Afrika einführt. Manche Züchter lehnen es ab, eine solche noch „ungeprüfte Morphe" mit einem Namen zu benennen, ich selbst halte das aber für nützlich und praktisch. Wenn ich mich über ein neues Tier unterhalte oder darüber schreiben will, sollte ich es ja benennen können.

WUSSTEN SIE SCHON?

Im Jargon der Königspython-Züchter versteht man unter „genetisch geprüften Tieren" (engl. proven) Exemplare einer neuen Morphe, die nicht die normale Classic-Färbung aufweisen und diese Veränderung nach genetischen Gesetzmäßigkeiten in die Folgegeneration weitervererben. Schlüpft irgendwo ein Python mit einer veränderten Optik, gilt er zuerst einmal als ein ungeprüfter „Odd Ball" (in Afrika ist auch der Ausdruck „Special" gebräuchlich). Dieser Python sieht zwar anders aus, doch ob sich mit dem Tier weiterzüchten lässt und sich das Merkmal entsprechend vererbt, ist zunächst noch nicht klar. Ein Teil dieser „Odd Balls" lässt sich trotz Verpaarungen oder Rückkreuzungen mit Eltern und Geschwistern nicht in dieser Optik weiterzüchten. Es handelt sich dann um spontane Mutationen, die nicht nach einfachen genetischen Regeln weitervererbt werden und die sich in dieser Form bzw. Färbung leider nicht weiterzüchten lassen – ein Beispiel sind „Classic Jungles" oder auch der „Viper Ball". Züchtet jemand dagegen mit einem bestimmten „Odd Ball" weiter, und es zeigt sich, dass sich dessen spezielle Färbung oder Zeichnung in die Folgegeneration vererbt (entweder rezessiv oder (co-)dominant), spricht man von einer „geprüften" Morphe. In diesem Zusammenhang wird dann meist die Jahreszahl und der Name des Züchters, der das entsprechende Merkmal erstmals „geprüft" hat, dazu geschrieben – so kann sich ein Königspython-Züchter auch heute noch unsterblich machen.

Banana (links) und **Banana** (rechts), wer war zuerst da? Wer verdient den Namen?
Fotos: A. Gibert

Ansonsten müsste ich es umständlich umschreiben, z. B. mit „das neue Tier aus Ghana von 2010 mit der X-Farbe und Y-Zeichnung, das nach Z aussieht“ – das ergibt doch wenig Sinn. Hat das „Kind“ dagegen einen Namen, kann viel einfacher darüber diskutiert werden.

Den Namen für eine Morphe kann der Namensgeber selbst mehr oder weniger frei wählen, wenn es denn wirklich etwas Neues ist. Die gewählte Bezeichnung wird allerdings (leider) nirgendwo offiziell eingetragen oder hinterlegt. Jeder Züchter muss also selbst schauen, wie er seinen Namen bekannt macht und wie dieser sich schließlich in der Szene durchsetzt. Dazu gehört auch eine gute PR-Arbeit, denn eine neue Morphe kann noch so toll und spektakulär aussehen – ohne einen schönen Namen und eine entsprechende öffentliche Vorstellung wird sich kaum jemand darum scheren.

Einen treffenden Namen zu erfinden, ist oft gar nicht so einfach. Gut ist es, wenn der Name die Optik des Tieres beschreibt. Das war in der Anfangszeit noch relativ simpel: „Albino“, „Axanthic“, „Ghost“ etc. sind naheliegende Bezeichnungen – „Piebald“ an sich auch, allerdings ist dies schon amerikanischer Slang, der nicht jedem bekannt ist – übersetzt bedeutet Piebald „kahle Stelle“.

Einige Namen sind auch aus der Kornnatternzucht übernommen worden; dort gab es bereits viele vergleichbare Morphen, bevor sie beim Königspython erstmals gezüchtet wurden. Doch je mehr unterschiedliche Morphen es gibt, desto schwieriger wird die Namensfindung: Da muss dann schon mal die Ehefrau als Namenspatin herhalten („Lori Ball“, benannt nach Lori Barczyk von BHB) – oder die Ausdrücke hören sich leicht martialisch an, wie „Silver Bullet“, „Soulsucker“ oder „Killerbee“; vor allem der amerikanische Züchter Kevin McCurley/NERD hat hierbei als alter Heavy-Metal-Musiker eine blühende, für mich schon fast beängstigende Fantasie.

Der **Lori Ball**. Bei der Namensgebung kann auch schon mal die Ehefrau herhalten (benannt nach Lori Barczyk von BHB).
Foto: J. Turgeon

Ich selbst versuche bei neuen Morphen, wenn es noch möglich ist, einen Ausdruck zu finden, der das Tier ein wenig beschreibt. Wenn mir nichts Passendes einfällt, verwende ich gern Begriffe aus Afrika, da die Tiere ja schließlich von dort herkommen. Beim „Fefe Ball“ z. B. wählte ich den Namen, weil Fe im Herkunftsgebiet der Pythons „schön“ heißt. Eine Wortdoppelung wird in vielen afrikanischen Sprachen dann verwendet, wenn eine Sache eine Eigenschaft besonders ausgeprägt besitzt, also Fefe für „schön-schön“, was unserem „besonders schön“ entspricht.

Der Fefe ist zugleich auch ein gutes Beispiel verschiedener Namen für die gleiche Morphe. Ein Käufer der ersten Fefe-Exemplare hatte seine Tiere damals „Autumn Gloss“ genannt, und so haben sich bis heute beide Namen parallel entwickelt. Welche der Bezeichnungen sich letztlich durchsetzen wird, muss die Zukunft zeigen, denn wie gesagt gibt es in der Szene keine festen Regeln, sondern es findet vielmehr eine eigenständige, oft nicht vorhersehbare Entwicklung statt.

In anderen Fällen wurde derselbe Name auch schon für zwei verschiedene Morphen vergeben. So hatte ich bereits 1994 ein Reduced-Pattern-Tier „Banana“ genannt, in Anlehnung an die Bananas bei den Kalifornischen Kettennattern, die ebenfalls eine solche reduzierte Zeichnung

Butter und **Lesser**, wer ist was?
Foto: A. Gibert

aufweisen. Derselbe Name wurde dann einige Jahre später in den USA für die albinoähnliche Morphe verwendet, die außerdem bereits unter dem Namen „Coral Glow" bekannt Der Name Banana/Coral Glow bürgerte sich ein, ich nannte meine Morphe Genetic Tiger.

Damit haben wir schon das nächste Beispiel für eine Unklarheit: Diese Coral Glows wurden nämlich von jemand anderem gezüchtet und benannt als die Bananas. Ich bin aber überzeugt, dass es die gleiche Morphe ist, allenfalls vielleicht zwei unterschiedliche Linien. Aber nun sind eben beide Namen vorhanden, und dies sorgt für Verwirrung und Diskussionen.

Ich selbst bin ein Freund des Einfachen und halte es nicht unbedingt für sinnvoll, gleich jeder leicht abweichenden Linie einen eigenen Namen zu geben – ein Beispiel hierfür sind Lesser und Butter: Meiner Meinung nach handelt es sich hierbei um dieselbe genetische Morphe, dennoch sind bis heute beide Namen im Umlauf. In diesem Fall muss auch berücksichtigt werden, dass noch nicht klar war, als diese Namen erstmals vergeben wurden, dass sich hinter beiden Morphen eigentlich das Gleiche verbirgt – jetzt fällt es schwer, einfach einen der Namen wegfallen zulassen. Tatsächlich gibt es von beiden Morphen auch etwas unterschiedlich gefärbte Tiere, sowohl auffallend schöne und kräftig gefärbte Exemplare als auch Individuen, die vermutlich keinen Schönheitswettbewerb gewinnen würden – egal ob sie nun als Butter oder Lesser bezeichnet werden.

Das Gleiche gilt für all die Pastel-Linien, wie Graziani, Lemon, Bell, Ruppel, Blond usw. Ich habe schon viele Hundert Pastels gesehen, vielleicht sogar an die Tausend. Da gab es in jeder Linie besonders schöne Exemplare wie auch eher unspektakuläre Tiere. Doch muss man aus allem immer gleich eine „eigene Linie" machen? Ich vermute, manchmal ist es nur der Versuch, seine Variante durch einen eigenen Namen aufzuwerten, um sie dann besser oder teurer anbieten zu können. Wir sind alle nur Menschen – und jeder Züchter glaubt natürlich von seinen Babys, dass sich die Schönsten sind. Bis zu einem bestimmten Punkt ist das sicher noch vertretbar, in manchen Fällen sollten Züchter jedoch aufpassen, dass es nicht in ein peinliches Anbiedern ausartet.

Noch ein letzter wichtiger Hinweis in diesem Namens-Wirrwarr: Der Mensch kürzt ja gerne ab, und so war der heutige Pied am Anfang noch der Piebald, der Lesser hieß eigentlich Lesser Platin, der Cinnamon war anfangs der Cinnamon Pastel und der Pastel der Pastel Jungle. Ich erlebe es oft, dass Terrarianer dadurch verunsichert sind und sie lieber einen Lesser Platin als nur einen Lesser kaufen wollen. Manche von ihnen geben auch mehr Geld aus, um einen Pastel Jungle zu erwerben, und nicht etwa nur einen Pastel. Dabei handelt es sich bei den jeweils „verschmähten" Formen um genau dieselben Morphen, und es wurden lediglich die Namen abgekürzt.

KURZE EINFÜHRUNG IN DIE GENETIK

Eine umfangreichere Einführung in das komplexe Thema der Genetik für Terrarianer finden Sie in meinem Buch „Albinos" (1998) oder, ganz neu, in dem ebenfalls sehr empfehlenswerten Buch von Poschadel & Plath (2012) – ich kann an dieser Stelle lediglich die wichtigsten Punkte für die Pythonzucht zusammenfassend herausgreifen.
Dass bei der Verpaarung von zwei verschieden aussehenden Elterntieren, wie z. B. einem albinotischen und einem wildfarbenen Tier, die Jungtiere nicht irgendwelche vom Zufall bestimmten Farben aufweisen, dürften den meisten Lesern bekannt sein. Auch wenn es auf den ersten Blick manchmal nicht so scheint, verteilen sich die Farbmerkmale der Nachkommen doch nach biologischen und genetischen Gesetzmäßigkeiten. Diese Grundlagen der Vererbungslehre hatte Gregor Mendel Mitte des 19. Jahrhunderts bei der Zucht von Erbsenblüten entdeckt.

DOMINANTE UND INTERMEDIÄRE ERBGÄNGE

Bei Tieren und Pflanzen einer sich „normal" (sexuell) fortpflanzenden Art trägt jedes Elterntier für jede Merkmalsausprägung immer zwei Kopien der zugrundeliegenden Informationen in seinem Erbgut; eine davon stammt von der Mutter, die andere vom Vater. Das bedeutet, die Gene für ein bestimmtes Merkmal liegen immer doppelt – als Paar – vor (außer bei Spermium und Eizelle). Die verschiedenen Zustandsformen eines Gens werden als Allele bezeichnet und bestimmen die mögliche Ausprägung eines Merkmals in der Folgegeneration. Bei unterschiedlichen Allelen dominiert im dominant/rezessiven Erbgang eine der beiden Zustandsformen und bestimmt damit die äußere Erscheinung des Genträgers. Die äußerlich sichtbare Gen-Ausprägung nennt man den Phänotyp; er ist optisch erkennbar und wird in der Farbmorphenzucht bei Königspythons z. B. mit Begriffen wie „Wildfarben", „Albino", „Gestreift", „Pastel"

Coral Glow-Super Pastel-Pinstripe aka **Coral Glow-Superblast**
Tier von Dave Green
Foto: D. Green

usw. bezeichnet. Der „innere“ genetische Typ (Genotyp) lässt sich dagegen äußerlich nicht immer erkennen (v. a. bei rezessiven Genen, wie z. B. der Anlage für Albinismus) bzw. nur, wenn eines der beiden Allele dominiert (das entsprechende Gen dominant vorliegt) oder rezessive Allele reinerbig (homozygot) vorliegen.

Von homozygoten (homo = gleich; Zygote = befruchtete Eizelle) oder reinerbigen Individuen spricht man, wenn für ein bestimmtes Merkmal beide von den Eltern vererbten Gene in der Folgegeneration die gleiche Zustandsform besitzen. Beide Elterntiere haben ihrem Nachwuchs also das gleiche Allel und damit die gleiche Information für eine bestimmte Merkmalsausprägung vererbt. Sind die beiden Gene verschieden, spricht man dagegen von heterozygot (hetero = verschieden) oder spalterbig – eines der Elterntiere hat z. B. die „Albino-Information“ vererbt, das andere ein entsprechendes Allel mit der „normalen, ursprünglichen Information“.

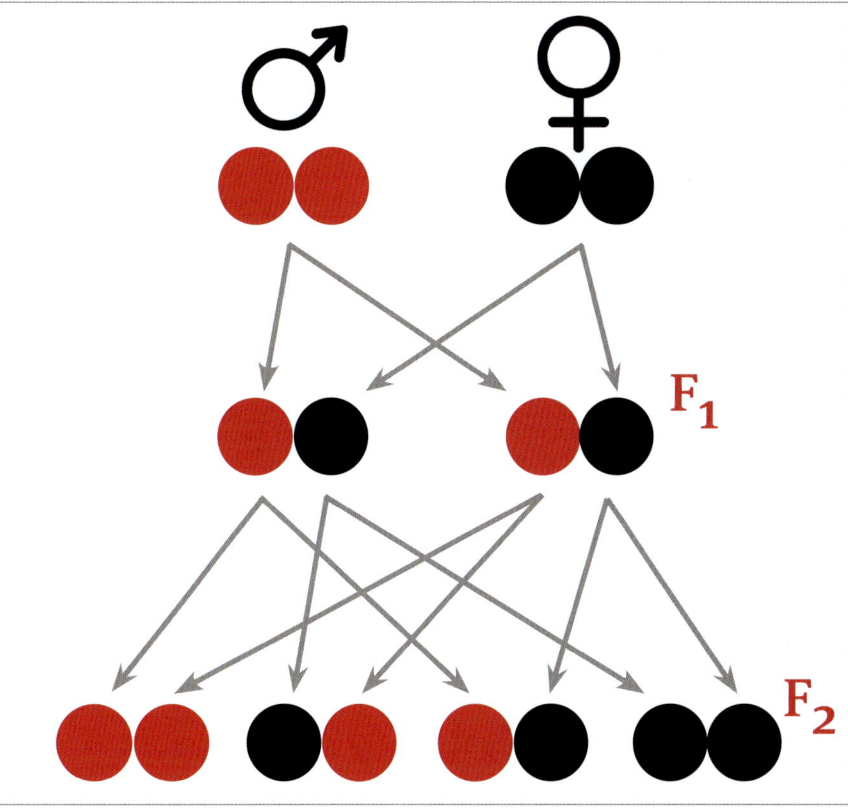

Die Erbinformationen von Mutter und Vater verteilen sich in den Folgegenerationen entsprechend den Regeln der Vererbungslehre. Im Normalfall wird nur eines der beiden elterlichen Allele einer bestimmten Erbanlage an die Nachkommen weitergegeben.
Grafik: M. Barts

Durch die Verschmelzung von Ei- und Samenzelle, die jeweils nur die Hälfte der Informationseinheiten ihrer Eltern enthalten (sogenannter haploider oder einfacher Chromosomensatz), bekommt jeder Keimling zu gleichen Teilen die Erbinformationen von Mutter und Vater, und für alle Merkmale liegen die Informationen in der Folgegeneration somit wieder doppelt vor (zwei Genkopien auf einem diploiden oder doppelten Chromosomensatz).

Aus biologischer Sicht unterscheidet man nun vor allem zwei Erbgänge: den dominanten bzw. dominant/rezessiven Erbgang (alle Nachkommen sehen in einem bestimmten Merkmal äußerlich so aus wie die Eltern bzw. eines der Elterntiere) sowie den intermediären Erbgang (die Merkmale der Nachkommen liegen zwischen denen beider Eltern). Man sollte diesen definierten Begriff des „dominant/rezessiven Erbgangs“ in der Genetik nicht mit dem im Züchterjargon der Terraristik oft als „dominantes oder codominantes Vererben von Morphen“ bezeichneten Ausdruck gleichsetzen (siehe folgendes Kapitel).

Ist die Erbinformation auf einem der beiden Allele verändert, dann dominiert im dominant/rezessiven Erbgang eines der beiden Allele: Es ist dominant, während die andere Information unterdrückt wird, also rezessiv (lat. „zurücktretend“) ist. Einem Tier mit „unterdrückter Erbveränderung“ (also ein heterozygotes Exemplar, das für ein bestimmtes Merkmal eine dominante ursprüngliche und eine rezessive veränderte Genkopie besitzt) ist daher keine äußerliche Veränderung anzusehen, obwohl die veränderte Information genetisch vorhanden ist und aufgrund des doppelten Chromosomensatzes mit einer Wahrscheinlichkeit von 50 : 50 weitervererbt wird.

Erst wenn zwei Tiere mit der gleichen rezessiven Erbinformation aufeinandertreffen, kann diese bei deren Nachkommen zum Vorschein treten – allerdings nur bei den für dieses Merkmal reinerbigen (homozygoten) Exemplaren und entsprechend der Wahrscheinlichkeitsrechnung mit einer 25%igen Wahrscheinlichkeit, denn jedes Elternteil vererbt die Veränderung ja mit einer 50%iger Chance. Da das veränderte Gen zufällig in die Folgegeneration vererbt wird, ergibt sich daraus rechnerisch eine 25%ige Wahrscheinlichkeit für das Auftreten der reinerbigen Veränderung (siehe Kapitel „Punnett'sches Quadrat“).

GLÜCKSKINDER UND PECHVÖGEL

Immer wieder hört oder liest man im Internet von Züchtern mit besonders viel Glück oder (ich finde, eher seltener) mit besonders viel Pech.
Der klassische Fall hierfür ist: Wir verpaaren ein Classic-Tier mit einer codominanten Morphe oder ein Hetero-Tier mit der dazu passenden homozygoten Morphe. Nach allem, was wir wissen und gelernt haben, sollte das Ergebnis etwa halbe-halbe betragen. Dass dies aber nur eine Wahrscheinlichkeitsrechnung ist und damit umso genauer wird, je größer die Anzahl der Versuche bzw. der Tiere ist, muss uns bewusst bleiben – so wie der Mensch ja auch nicht bei zwei Kindern automatisch immer einen Jungen und ein Mädchen bekommt.
Es gibt glückliche Züchter, die erhalten bei der zuvor genannten Verpaarung – nehmen wir als Beispiel mal Champagne mit Classic – aus fünf Eiern genau fünf Champagne-Tiere; die ganze *regius*-Gemeinde jubelt mit ihm (wenn es ihm denn gegönnt wird). Der Pechvogel dagegen erhält fünf Eier, aus denen ausschließlich Classic-Exemplare schlüpfen.
Was ist passiert? Stimmt die Mendelsche Lehre nicht? Oder ist der Champagne-Elternteil daran schuld, ist er vielleicht gar kein echter Champagne? Oder war bei einer rezessiven Verpaarung der Hetero gar kein Hetero?
Die Wahrscheinlichkeitsrechnung erfolgt streng mathematisch nach der Bernoulli-Verteilung. Der Mathematiker Jacob Bernoulli hat hierzu Anfang des 20. Jahrhunderts eine einfache Rechenformel erstellt: In unserem Fall beträgt die Wahrscheinlichkeit, dass nur Classic-Exemplare schlüpfen, 50 %, also ½ bei jedem Ei bzw. jedem Baby. Bei drei Babys ist die Rechnung noch überschaubar: ½ × ½ × ½ = $^1/_8$ (oder 0,5 × 0,5 × 0,5 = 0,125). Die Wahrscheinlichkeit, bei drei Eiern genau drei Mal Pech zu haben, beträgt somit 1 zu 8. Bei vier Eiern liegt sie schon bei 1 zu 16, bei fünf Eiern bei 1 zu 32 usw. Je mehr Eier, desto unwahrscheinlicher wird also ein reines „Classic-Ergebnis".
Der Hintergrund, warum ich auf so eine Rechenspielerei komme: Einer meiner Kunden, der ein Mystic-Weibchen gekauft hatte, schickte mir vor kurzem folgende E-Mail: „Hatte sieben Eier, alles nur Mojave". Verpaart hatte er seinen Mystic mit Blue Eyed Leucist (Super Mojave). Rein rechnerisch hätte tatsächlich die Hälfte der Babys der gewünschte Mystic Potion sein sollen, aber nicht ein Jungtier war dabei. Wer ist Schuld? Niemand, das war einfach Riesenpech, denn die Chance auf dieses Ergebnis betrug nur 1 : 128 (½ × ½ × ½ × ½ × ½ × ½ × ½ = 1/128). Das Schöne an unserem Hobby ist, dass die neue Saison schon vor der Tür steht und die Karten dann neu gemischt werden – nächstes Jahr ist es dann vielleicht genau anders herum.

Albino: Bei der „rezessiven Vererbung" (im dominant/rezessiven Erbgang) tritt die veränderte Genanlage der Morphe nur dann zutage, wenn beide Eltern das entsprechende rezessive Allel vererbt haben

Foto: M&S Reptilien

Im Gegensatz zum intermediären Erbgang entsprechen im dominant/rezessiven Erbgang die Nachkommen verschiedener Eltern also entweder nur dem einen oder nur dem anderen Phänotyp. Die Anlagen eines der vorhandenen Phänotypen werden dominant vererbt, die des anderen werden unterdrückt. Dominant sind in der Regel – aber nicht immer – die Gene für das ursprüngliche, natürliche Aussehen, während die veränderten Varianten meist rezessiv sind. So bleibt der ursprüngliche Phänotyp erhalten und die Folgegeneration sieht weiterhin so aus wie ihre Eltern – doch das veränderte Gen, z. B. auch für eine bestimmte Farbform, kann im Erbgut verankert sein und bereit stehen, um später die im Laufe der Evolution nötigen Anpassungen zu ermöglichen, die das Überleben der Art unter veränderten Lebensbedingungen erlauben.

PUNNETT'SCHES QUADRAT

Am einfachsten lässt sich die Genetik bei der Pythonzucht anhand des sogenannten Punnett'schen Quadrats verdeutlichen, das verwendet wird, um die Häufigkeit verschiedener Genotypen bei den Nachkommen zu ermitteln. G.C. Punnett war ein britischer Mathematiker, der Ende des 19. Jahrhunderts die Lehren von Mendel mathematisch umsetzte.

Im Punnett'schen Quadrat werden die Gene (Allele) von Mutter und Vater in Form von Buchstaben in eine Tabelle eingetragen und miteinander gekreuzt. Großbuchstaben stehen für den dominanten, Kleinbuchstaben für den entsprechenden rezessiven Genzustand (Allel). Als Ergebnis kann man im Quadrat das mathematisch berechnete, anteilmäßige Verhältnis der Nachkommenschaft ablesen.

Beispiel: Das Merkmal „Albino" wird rezessiv vererbt. Wird nun ein albinotisches Tier mit dem Genpaar aa (a für Albino; kleingeschrieben, da rezessiv) mit einem wildfarbenen (homozygoten, also nicht heterozygoten) Tier mit dem Genpaar AA (A für normal- oder wildfarben; großgeschrieben, da dominant) verpaart, sind die Nachzuchten heterozygot (spalterbig) für Albino. In Buchstaben ausgedrückt wird dies durch das große A für die Erbinformation „Königspython wildfarben" und das kleine a für die Information „Königspython albinotisch". Entsprechend dem Punnett'schen Quadrat besitzen alle Nachzuchten dann das Genpaar Aa und sind damit heterozygot.

Verpaarung: aa × AA (Mutter: Albino = aa; Vater: wildfarben = AA)

Vater/Mutter	a	a
A	Aa	Aa
A	Aa	Aa

Ergebnis: Alle vier Möglichkeiten, also 100 % des Geleges, sind Aa = heterozygote normalfarbene Tiere.

Werden diese Nachzuchten wiederum miteinander verpaart, stellt es sich wie folgt dar:
Verpaarung: Aa × Aa (Mutter: spalterbig = Aa; Vater: spalterbig = Aa)

Vater/Mutter	A	a
A	AA	Aa
a	Aa	aa

Ergebnis: Ein Viertel (25 %) der Tiere sind AA = homozygote wildfarbene Tiere, zwei Viertel (50 %) sind Aa = heterozygote wildfarbene Tiere, ein Viertel (25 %) sind aa = homozygote albinotische Tiere.

Die wildfarbenen Tiere werden als „66 % possible hetero“ bezeichnet, da es diesen normalfarbenen Exemplaren nicht anzusehen ist, welche davon heterozygot für Albino sind (rechnerisch zwei Drittel) und welche der wildfarbenen Tiere (rechnerisch ein Drittel) diese Albino-Information nicht mehr besitzen, sondern homozygot wildfarben sind.
Das bedeutet, anders ausgedrückt: Zwei von drei Pythons besitzen die Erbanlage für Albino, also 66,66 %, was die Verpaarung von spalterbigen Tieren miteinander etwas undankbar macht, denn von den Nachzuchten ist ja lediglich der Genotyp der veränderten (in diesem Fall der albinotischen) Tiere bekannt. Die anderen „possible-hetero“-Pythons können nur auf gut Glück weitergezüchtet werden, und es bleibt letztlich eine Überraschung, ob die gewünschte Farbvariante herauskommt.
Wird jetzt aber ein Albino-Tier (z. B. das Männchen) mit einem heterozygoten Tier (folglich dem Weibchen) gekreuzt, bekommt man entsprechend dem Punnett'schen Quadrat folgendes Ergebnis:
Verpaarung: aa × Aa (Vater Albino = aa; Mutter spalterbig = Aa)

Vater/Mutter	A	a
a	Aa	aa
a	Aa	aa

Ergebnis: Die Hälfte der Tiere sind Aa = heterozygote wildfarbene Tiere, die andere Hälfte aa = homozygote albinotische Tiere.

Mit solchen kleinen Tabellen lässt sich relativ einfach jede Verpaarung darstellen und das rechnerisch zu erwartende Ergebnis ablesen. Das Punnett'sche Quadrat wird allerdings umso komplizierter, je mehr Morphen bzw. genetische Veränderungen mit hineinspielen.

Wildfarbenes Tier: Man sieht ihm seine Genetik leider meistens nicht an. Siehe dazu Kapitel „Heteros kann man ja doch erkennen?“ Foto: M&S Reptilien

„ZÜCHTERGENETIK"

In jeder Körperzelle (außer Ei- und Spermazelle) liegen die Erbinformationen für ein bestimmtes Merkmal, wie oben beschrieben, doppelt (diploid) vor – je ein Mal von der Mutter und dem Vater. Einer der beiden Informationssätze wird nun zufällig bei der Reifeteilung für die haploiden Keimzellen ausgewählt und über einen dominant/rezessiven oder einen intermediären Erbgang an die Nachkommen weitervererbt.

Im dominant/rezessiven Erbgang vererbt sich bei heterozygoten Eltern entsprechend dem Punnett'schen Quadrat (siehe oben) das rezessive Merkmal „Albino" also wie folgt: Mutter „heterozygot für Albino" gepaart mit Vater „heterozygot für Albino" ergibt bei 25 % der Babys: „homozygot Albino". Als Pythonzüchter sprechen wir im Insider-Jargon bei einer solchen Morphe, die erst beim Aufeinandertreffen von zwei gleichen, durch eine Mutation veränderten Allelen äußerlich sichtbar wird, vereinfacht von „rezessiver Genetik" oder „rezessiver Vererbung", obwohl biologisch korrekt ausgedrückt ein dominant/rezessiver Erbgang vorliegt. Beispiele bei *P. regius* sind neben Albino auch Morphen wie Axanthic, Caramel, Clown, Genetic Stripe, Ghost, Lavender, Monsoon, Piebald, Rainbow, Sahara, Scaleless, Sunset Ball oder Ultramel.

Damit solche rezessiven Morphen in den Folgegenerationen phänotypisch überhaupt auftreten können, müssen beide Elterntiere die entsprechende Erbanlage (das entsprechende Allel) aufweisen. Entweder phänotypisch, d. h., sie sind homozygot und sehen daher selbst aus wie ein Albino (bzw. wie die entsprechende rezessive Morphe), oder auch nur genotypisch – dann sind sie äußerlich zwar normal wildfarben, aber genetisch betrachtet heterozygot für diese Variante (wird oft auch abgekürzt mit „het."); sie tragen die Erbanlage in Form des rezessiven Allels in sich. Zum Ausdruck „het." gehört bei der Zucht immer auch die Angabe, für welche Morphe die Tiere heterozygot sind (z. B. het. Pied, het. Albino usw.).

Die Zucht all der Farben von *P. regius* bringt natürlich eine Eigendynamik mit sich und somit auch eine eigene Umgangssprache. Diese ist rein wissenschaftlich und biologisch betrachtet sicher nicht immer 100%ig korrekt. Vieles ist auch „Neuland", vielleicht sogar für eingefleischte Biologen und Wissenschaftler. Daher braucht es zwangsläufig neue Ausdrücke und Bezeichnungen, denn es gibt auf diesem Gebiet bisher kaum einheitlich festgelegte Standards bzw. Begriffe. Wir alle, die wir Königspythons züchten, legen neue Standards und Ausdrücke fortlaufend fest – an sich schon allein eine spannende Sache. Ich finde es wichtig, dass diese Begriffe so korrekt und (grenzübergreifend) einheitlich wie möglich verwendet werden, damit es nicht zu Missverständnissen und so zwangsläufig zu Problemen kommt (siehe nebenstehenden Kasten).

Hier ein kurzes Beispiel eines Problems, das auftreten kann, wenn Ausdrücke nicht ganz klar sind: Ich hatte drei sogenannte Firebees, also eine Combo aus Fire mit Spider, nach Hongkong geschickt. Der Empfänger hatte die Tiere anhand des Namens Firebee ausgewählt und bestellt. Als er die Tiere bekam und weiterverkaufen wollte, dachten seine chinesischen Kunden, es handle sich um Combos aus Fire mit Pastel und Spider. Wie sich im Nachhinein herausstellte, gab es im Internet Seiten, die den Ausdruck

Ein sogenannter **Odd Ball**. Er sieht irgendwie anders aus. Aber ob und wie seine Merkmale sich vererben, muss erst noch herausgefunden werden.

Foto: M&S Reptilien

Einige Ausdrücke, die sich im Insider-Jargon eingebürgert haben:

Classic oder Wildfarben (auch „Normal“): Ein Königspython, wie er in der Natur normalerweise vorkommt, ohne erkennbare Veränderung in Zeichnung oder Färbung. Oft wird hier fälschlich der Ausdruck „nominat“ verwendet. „Nominat“ hat aber nichts mit der Färbung oder Zeichnung zu tun, sondern bezeichnet Angehörige derjenigen Unterart einer Tierart, die als Erste beschrieben wurde. Beim Königspython wurden jedoch keine Unterarten beschrieben, weshalb es sinnlos ist, von einer Nominatform zu sprechen.

Odd Ball (auch Special oder Spezial): Ein Königspython, der „irgendwie anders“ aussieht als ein Classic-Tier. Er ist aber genetisch noch nicht geprüft, erst durch weitere Zucht kann man feststellen, was dahintersteckt. Bei Züchtern hat sich vor allem der Ausdruck „Odd“ eingebürgert, in Afrika ist nach wie vor der Ausdruck „Special“ gebräuchlich – für alles, was „anders“ aussieht. Solange die Form nicht weitergezüchtet wurde und somit nicht feststeht, ob das Merkmal erblich ist oder nicht, spricht man von „unproven“ (ungeprüft).

Morphe: Ein Königspython, der nicht die Classic-Färbung aufweist und dessen abweichendes Merkmal als genetisch vererbbar geprüft ist, z. B. Albino, Pied, Spider, Pastel und alle anderen.

Combo (auch Kombo): Ein Königspython, der Merkmale zweier oder mehrerer Morphen trägt. Also beispielsweise ein Albino Spider oder auch ein Bumblebee oder ein Killerbee. Ich würde auch die Kombination eines „hetero“-Tiers mit einer anderen Morphe als Combo bezeichnen, also z. B. einen Pastel hetero für Pied.

Hetero für (auch het. für/for oder nur het): Das betreffende Tier besitzt die Erbanlage einer rezessiven Morphe, z. B. hetero Pied oder hetero Albino. Wird wie gesagt oft abgekürzt als het oder het. für XY. Zum Vorschein kommt die rezessive Anlage erst, wenn zwei Tiere mit der gleichen (!) „hetero“-Veranlagung miteinander verpaart werden, also z. B. ein Pastel het Albino mit einem Spider het Albino. Dann ist zumindest ein Teil der Nachkommen (in dem Fall rechnerisch 25 %) Albino.

Possible: Außer bei den possible Heteros taucht dieser Begriff noch in ähnlichem Zusammenhang auf. Possible heißt, aus dem Englischen übersetzt, „möglich“. Wir haben also in einem Tier noch mögliche andere Genetik, die wir leider weder anhand des Aussehens (Phänotyps) noch anhand des Zuchtstammbaums sicher benennen können.
Das kann verschiedene Gründe haben. Je mehr „Zutaten“ in einem Tier sind, umso schwerer ist es, anhand der Optik zu sagen, welche Morphen darin kombiniert sind. Ein gutes und einfach zu verstehendes Beispiel sind weiße Tiere, z. B. Blue-Eyed-Leuzisten. Nehmen wir einen Butter-Mojave. Elterntiere waren Butter-Yellowbelly und Mojave-Pastel. Da sehe ich dem weißen Tier nicht mehr an, ob der Yellowbelly oder der Pastel mit drinstecken. Butter und Mojave sicher, sonst wäre das Tier nicht weiß, aber weder vom Pastel noch vom Yellowbelly ist sicher etwas zu erkennen. So wird das Tier dann angeboten als „Blue Eye Lucy (Butter-Mojave) possible Pastel, possible Yellowbelly“. Ob diese Genetik vorhanden ist, lässt sich erst durch weitere Zucht feststellen.
Ähnlich ist es bei anderen Vier-, Fünf- oder Sechsfach-Combos, bei denen eine neue, undefinierbare Farbe herauskommt und es sich nicht mehr sagen lässt, welche vererbten Mutationen dafür verantwortlich sind. Das kann manchmal ganz schön vertrackt sein – der neue Besitzer will ja in der Regel wissen, welche Genetik im Tier verborgen ist.
Vergleichbar verhält es sich bei ähnlich aussehenden Morphen, z. B. Gravel und Yellowbelly. Züchte ich mit einem Highway, kommen zu je 50 % Gravel und zu 50 % Yellowbelly, gegebenenfalls auch als Combo mit einer weiteren Morphe, was hier aber keine Rolle spielt. Beide sind einander so ähnlich, dass ich nicht sagen kann, welches Tier nun Yellowbelly und welches Gravel ist. Auch sehr unglücklich: Um damit weiter gezielt zu züchten, will ich das ja wissen. Ich kann die Tiere aber nur als possible Gravel deklarieren, in dem Fall biologisch auch zu einer 50-%-Wahrscheinlichkeit. Erst die weitere Zucht zeigt dann, ob es sich um den beliebteren Gravel oder „nur“ um den Yellowbelly handelt. Eine sehr schwierige Situation – meist endet es damit, dass man viele Tiere zurückbehalten und es selber ausprobieren muss. Die Verpaarung Gravel mit Yellowbelly erzielt das gleiche undankbare Ergebnis. Außer dem gewünschten Highway (25 %) und Classic (ebenfalls 25 %) schlüpfen 50 % der Jungen als possible Gravel. Genotypisch ist die Hälfte Gravel, die andere Yellowbelly, aber ich sehe es den Tieren einfach nicht an.

Possible hetero: Eine Rolle spielen 50 % possible heteros und 66 % possible heteros. „Possible“ bedeutet möglicherweise. Man weiß also nicht sicher, sondern nur mit einer Wahrscheinlichkeit von 50 bzw. 66 %, ob das Tier die betreffende Erbanlage hat. Possible heteros bekommt man aus Verpaarungen von hetero mit hetero (66 % possible) oder hetero mit Classic (50 % possible). Denn bei einer Verpaarung von hetero mit hetero schlüpfen 25 % der Babys als Morphe, 50 % sind wildfarben, tragen aber das veränderte Gen, und 25 % sind wildfarben ohne das veränderte Gen. Welche dieser restlichen zusammen 75 % das Gen tragen, kann man den Tieren von außen leider nicht ansehen. Aber zwei von drei Tieren (50 % von den 75 %) aus dem Wurf besitzen es. Also sind 66 % possible heteros. Man kann jetzt nach den Gesetzen der Genetik mit zwei von drei Tieren die gewünschte Morphe wieder weiterzüchten. Dagegen schlüpfen 50 % possible heteros bei der Verpaarung hetero mit Classic. Alle Tiere sehen normal aus, aber 50 % davon haben das veränderte Gen vererbt bekommen (siehe Vererbungsschemata auf S. 93 und S. 95).

Geprüft (auch proven, genetisch geprüft): Schlüpft ein Tier mit einer veränderten Optik, ist es zuerst einmal ein ungeprüfter „Odd Ball“. Er sieht „anders“ aus, doch ob sich sein abweichendes Merkmal vererbt und somit weiterzüchten lässt, ist in dem Moment nicht klar (ungeprüft oder unproven). Wird ein Odd Ball mit seiner speziellen Färbung und/oder Zeichnung in der Folgegeneration weitergezüchtet, wodurch der Züchter beweist, dass dieses Merkmal nach den entsprechenden genetischen Regeln vererbt wird (rezessiv oder auch (co-)dominant), so spricht man von „geprüft“ (englisch proven oder proven out). In der Regel werden der neuen Python-Morphe der Name des Züchters und die Jahreszahl hinzugefügt. Siehe hierzu auch den Kasten auf S. 89.

Bees: Alle Combos mit Spider, also Bumblebee für Pastel × Spider, Lesserbee für Lesser × Spider, Mojabee für Mojave × Spider usw.

Superform, codominantes Merkmal: Werden zwei Exemplare derselben Morphe miteinander verpaart, und es schlüpfen Jungtiere, die sich optisch von der „single morph" unterscheiden, spricht man von einer Superform. Die ersten Superformen waren vermutlich der Super Pastel, aber auch der sogenannte Ivory (eigentlich der Super Yellowbelly). Gibt es eine Superform, spricht man nicht mehr von einem dominanten, sondern einem codominanten Merkmal.

Killer: Bei Combos mit Super Pastel wird oft der Namensbestandteil „Killer" verwendet. Ein Killerclown ist also eine Combo aus Clown und Super Pastel, ein Killerbee eine Combo aus Spider und Super Pastel.

Blushings: Aufgehellte Stellen in der dunklen Zeichnung, vor allem an den Flanken der Tiere oder auch auf dem Rücken

Key Knacker: „Key Knacker" genannte Morphen können bei Verpaarung mit Exemplaren einer eher unscheinbaren Morphe wie dem Specter zu sensationellen neuen Combos führen. Der Yellowbelly etwa ist als Key Knacker bekannt.

High Contrast: Tiere mit schönem Gelb- bzw. Schwarz-Kontrast. Über ihre Genetik sagt die Bezeichnung letztlich nichts aus. Es kann einfach nur ein besonders kräftig gefärbtes Tier sein. Auch bei Albinos wird der Ausdruck oft verwendet.

World's First: Wenn ein Züchter eine Combo oder gar eine neue Morphe zum ersten Mal erfolgreich züchtet oder eine neue Morphe prüft, darf er sich und das Tier mit dem Ausdruck World's First und der betreffenden Jahreszahl schmücken. Das kann schon ganz spannend sein, gerade bei noch neuen Morphen. Die Ball-Python-Szene lebt ja viel von der Fantasie. Was „kommt heraus", wenn ich diese Morphe mit jener verpaare? Die Fantasie ist es, die das Hobby so spannend macht. Wüsste man es vorher, wäre es nur halb so schön. Es gibt freudige Überraschungen, aber auch Enttäuschungen.
Durch ein World's First wird man in der Szene „ein bisschen unsterblich". Aus meiner Sicht ist es natürlich nicht allzu sinnvoll, eine Fünffach-Combo zu züchten und stolz auf World's First zu sein. Es lässt sich, wie an anderer Stelle schon geschrieben, nicht erkennen, was in den Tieren steckt. Oder ein leuzistisches Tier, das, vom Weiß überdeckt, noch zwei oder drei andere Gene versteckt. Aber eine neue Morphe, nehmen wir als Beispiel einmal einen Sunset, mit etwas anderem zu verpaaren und sich dann den ersten Sunset-Ultramel oder Sunset-Piebald auf seine Fahne zu schreiben, das ist schon toll!

Firebee statt Fire-Bumblebee für diese Tiere verwendeten. Auch Kevin McCurley führt den Ausdruck in dieser meiner Meinung nach falschen Bedeutung in seinem Buch (vielleicht als Druckfehler oder unbewusst).
Nach standardisiertem Gebrauch ist ein „-bee" immer eine Spider-Combo, nicht mehr. Bei einem Firebee handelt es sich also um eine Combo aus Fire und Spider, bei einem Butterbee um eine Combo aus Butter mit Spider. Pastel mit Spider heißt Bumblebee, und eine Combo daraus ist dann z. B. Fire-Bumblebee usw.
Das hört sich jetzt nach viel Haarspalterei an, ich will aber damit nur am praktischen Fall zeigen, wie es zu einem Missverständnis und letztlich zu Problemen kommen kann. Mein Kunde sah nicht ein, den ausgemachten Preis zu bezahlen, weil er mit anderen Tieren bzw. mit einer Dreifach-Combo gerechnet hatte.

Eine rezessive Merkmalsveränderung kommt nur dann zum Vorschein, wenn die gleichen Genveränderungen bei Mutter und Vater vorliegen und die entsprechenden Allele in der Folgegeneration wieder aufeinandertreffen. Die meisten Morphen entstehen durch eine solche rezessive Genveränderung und verschwinden durch die natürliche Selektion in der Natur schnell wieder. In der Terraristik ist diese genetische Variabilität hingegen einfach schön anzusehen. Sie fasziniert uns und bleibt erhalten, weil sie Terrarianern Spaß macht.
Von dominanten Erbgängen sprechen wir immer dann, wenn ein verändertes Gen des einen Elternteils in der Folgegeneration auf ein unverändertes Gen des anderen Elternteils trifft und sich das entsprechende Merkmal in der neuen (heterozygoten) Morphe phänotypisch zeigt. Das veränderte Gen tritt also dominant zutage, während das unveränderte (ursprüngliche) Gen unterdrückt wird – und nicht umgekehrt. Betrachten wir all die heute bekannten (co-)dominanten Morphen bei *P. regius*, könnte man meinen, es gäbe sie in der Natur gar nicht so selten.
Schließlich gibt es als Sonderfall noch Erbgänge, die wir im Züchterjargon als codominant bezeichnen (siehe Kasten). Auch in diesem Fall werden die Erbveränderungen nicht unterdrückt, sondern treten gegenüber dem natürlichen Phänotyp dominant auf und sind direkt als neue Morphen erkennbar. Haben beide Elternteile den gleichen Gendefekt und

DER PRAXISTIPP

Unter Pythonzüchtern hat sich im Jargon teilweise eine eigene Ausdrucksweise entwickelt, um die Vererbung bestimmter Farbmerkmale zu charakterisieren:
„Rezessive Vererbung": Die Wildfarbe „unterdrückt" die veränderte (rezessive) Farbe. Um diese Morphe zu züchten, müssen beide Eltern also die gleiche Genmutation aufweisen und weitervererben.
„Dominante Vererbung": Die veränderte Farbe ist „genetisch stärker" als die natürliche (dominant). Ein Elternteil mit dieser Genmutation reicht bereits aus, um dieselbe Morphe in der Folgegeneration wieder zu bekommen.
„Codominante Vererbung": Wie bei der dominanten Vererbung ist die veränderte Farbe „stärker" als die natürliche; aber darüber hinaus kommt es zu einer sogenannten „Superform", wenn nämlich die gleiche dominante Genmutation von beiden Eltern vererbt wird und daraus wiederum eine ganz neue Farbe entsteht.
„Intermediäre Vererbung": Beide Eltern geben etwas von ihrem Aussehen weiter. Die Jungtiere sind eine Mischung aus beiden Phänotypen und liegen farblich somit irgendwo „dazwischen".

treffen diese Allele bei der Verpaarung aufeinander, doch sehen die Jungen wieder anders aus, spricht der Terrarianer von einer (codominanten) Superform. Die Wahrscheinlichkeit, dass genau die veränderten Allele beider Elternteile aufeinandertreffen, beträgt wie bei der rezessiven Vererbung 25 % (jedes Elterntier gibt mit einer Wahrscheinlichkeit von 50 : 50 das veränderte Gen weiter). Wir bekommen also rechnerisch 25 % Junge der Superform, 25 % der normalen Farbe, und 50 % der Nachkommen haben je ein Teil des Genpaars verändert, sind also farblich wie die Eltern verändert. Beispiel hierzu: Pastel und als Superform der Super Pastel.
Entspricht das Aussehen der (theoretischen) Superform dagegen derjenigen der einfachen Morphe, sprechen wir von dominant und nicht von codominant. „Codominant" wird im Züchterjargon nur bei Morphen angewendet, die eine veränderte Superform haben.
Die erste gezüchtete Superform beim Königspython waren vermutlich der Super Pastel und/oder der Ivory (korrekterweise Super Yellowbelly).
Um es noch einmal zu wiederholen: Von codominanten Morphen spricht man nur, wenn eine phänologisch veränderte Superform existiert. Entspricht die (theoretische) Superform im Aussehen der normalen (einfachen) Morphe, sprechen wir nur von einer dominanten Morphe. Der Pinstripe z. B. ist dominant, es gibt aber keinen phänotypischen Super Pinstripe, zumindest sieht dieser nicht anders aus als ein normaler Pinstripe. Bei einer Verpaarung von Pinstripe mit Pinstripe ergibt sich rein rechnerisch zwar ein Viertel der Tiere mit doppeltem Pinstripe-Gen, doch lassen sich diese Exemplare optisch nicht vom „einfachen" Pinstripe unterscheiden – in diesem Fall kann also auch nicht von einer Superform gesprochen werden. Weitere Beispiele für dominante und/oder codominante Morphen sind: Acid/Confusion, Bamboo, Banana/Coral Clow, Black Pastel, Bongo, Butter/Lesser, Calico, Champagne, Chocolate, Cinnamon, Creme, Cypress Ball, Disco, Enchi, Fire, Genetic Jungle, Gravel, Jungle Woma, Lori, Mahogany/Suma (Super Mahogany), Mocha, Mojave, Mystic/Phantom, Orbit, Panther, Pinstripe, Red Stripe, Spark, Specter, Spider, Spot Nose, Stranger, Trick, Vanilla, Woma und Yellowbelly.
Im Gegensatz zum dominanten Erbgang steht der intermediäre Erbgang. Dabei handelt es sich einfach ausgedrückt um eine „Mischung" der Merkmale beider Elterntiere. In der Terraristik sehen wir das oft bei Leopardgeckos oder Bartagamen. Sind beide Eltern schön farbig, sind es die Babys auch, bei nur einem sehr farbigen Elterntier liegen die Babys mehr oder weniger „zwischendrin".
Bei *P. regius* erleben wir das nicht so auffällig. Tiere mit einem zusammenhängenden Rückenband, also die „zufällig" gestreiften Tiere (im Gegensatz zu den Genetic Stripes), vererben oft intermediär. Somit sind die Babys dann auch mehr oder weniger gestreift. Sogenannte High-Contrast-Tiere sind oft das Ergebnis einer Verpaarung zweier schön kräftig gefärbter Elterntiere. Natürlich spielt die intermediäre Vererbung bei allen Nachzuchten eine Rolle, denn sie alle bekommen Merkmale von beiden Eltern intermediär vererbt. Nur tritt das meist nicht spektakulär zum Vorschein, daher bemerken oder beachten wir es nicht so.

DER PRAXISTIPP

Um die Häufigkeit der verschiedenen Genotypen der Nachkommen zweier Morphen zu ermitteln, kann man sich wiederum des Punnett'schen Quadrates bedienen. Leichter geht es allerdings mit dem darauf basierenden „Genetic Calculator" von Stephan Gablers „Traxx", das seit Ende 2011 von Andre Weinert im Internet zu finden ist. Auch auf unserer Homepage findet man dieses Programm unter dem Reiter „Königspythons" (oberhalb der Morphen): www.ms-reptilien.de. Es handelt sich um ein tolles Gratis-Tool, das unser Züchterdasein deutlich erleichtert. An dieser Stelle ein herzliches Dankeschön an die Programmierer Stephan Gabler und Andre Weinert!

Ein gestreifter Königspython. Diese Tiere sehen schön aus, lassen sich aber leider nicht gezielt weiterzüchten. Das Merkmal vererbt sich intermediär, also „ein bisschen mit dem Hang zum Normalen".
Foto: M&S Reptilien

„HETEROS" KANN MAN JA DOCH ERKENNEN?

Ich vermute, dass es fast allen Züchtern wie mir ging: All die Jahre haben wir uns auf die Genetik-Lehre verlassen, die sagt: Ein heterozygotes Exemplar kann man äußerlich nicht erkennen. Man muss um seine Genetik wissen oder die Finger davon lassen. Ein Possible Hetero wurde als „normal" abgegeben bzw. nicht zur Zucht verwendet, erst recht nicht, wenn er von jemand anders kam – aber das war ein Fehler.
Mit dem Wissen und dem geschulten Auge von heute hätte man nur in ein oder besser noch zwei Hetero-Piebald-Männchen investieren müssen, um sich eine tolle Piebald-Gruppe aufzubauen. Fast alle Hetero-Pied-Nachzuchten zeigen nämlich einen Ringer-ähnlichen „Marker" kurz vor der Kloake. Somit ist es möglich, Hetero-Pied-Jungtiere

Oben Spider, unten der „leuchtendere“ Spider hetero Ghost
Fotos: A. Gibert, M&S

gezielt von wildfarbenen oder anderen Morphen zu unterscheiden. Das klappt zwar nicht ganz zu 100 %, aber zumindest so, dass ich mir aus einem Gelege mit 50 % oder 66 % Possible Heteros doch das raussuchen kann, was ich für meine weitere Zucht benötige. Somit kann ich mit wenig finanziellem Aufwand ein tolles Ergebnis erzielen.

In Zeiten, als Piebalds noch 20.000 € kosteten oder ein Hetero-Weibchen 7000 €, wäre das eine tolle Methode gewesen, wenn man es sich getraut bzw. sich darauf verlassen und dieses geschulte Auge schon gehabt hätte. Leider hat dies aber meines Wissens niemand getan.

Heutzutage sind die meisten Heteros so günstig zu bekommen, dass es fast nicht mehr nötig ist, so herumzuexperimentieren. Es gibt allerdings noch ein paar wenige teure Morphen, z. B. Sunset – da kann es noch sinnvoll sein, auch wenn ich mit einem Sunset

Chamapagne het Ultramel. Auch hier ist das Tier deutlich farbintensiver, der Ultramel schimmert schon fast durch.
Foto: A. Gibert, M&S

Fast alle Hetero-Piebalds haben diesen Ringer-ähnlichen Marker im letzten Drittel des Körpers. Das Weiß der Bauchseite ist ein- oder beidseitig bis in die Flanken hoch zu sehen.
Fotos: A. Gibert, M&S

neue Combos züchten will, z. B. Sunset Hetero Pied oder Doppel-Heteros Sunset-Pied. Da kann ich dann noch mit einem guten Auge, Erfahrung, genetischem Wissen und natürlich etwas Glück eine „World's First"-Nachzucht bekommen, die in den Social Media sicherlich noch große Beachtung findet.

Hier ein paar „Marker", die aus meiner Sicht recht zuverlässig sind und sich die letzten Jahre in meiner Zucht herauskristallisiert haben. Einige davon sind recht verlässlich, wie der erwähnte Piebald, die meisten leider schwieriger, aber dennoch erkennbar:

Het Ghost sind immer schöner und kräftiger gefärbt, ganz deutlich zu sehen z. B. in Verbindung mit anderen Codom-Morphen wie Spider oder Mojave. Der Spider oder Mojave het Ghost wird immer farblich deutlich attraktiver sein als ein Vergleichstier ohne het Ghost.

Het Ultramel und auch het Caramel: Die Jungtiere neigen zu einem Rot- bzw. Orange-Stich, sehr gut zu sehen bei Champagne het Ultramel.

Het Sunset haben oft einen bronzefarbenen Schimmer, der aber schwer zu sehen ist. Außerdem, zumindest in meiner Zucht, zeigen sie oft Kreise und Flecken in der Zeichnung, ähnlich den GHIs.

Sicher gibt es noch einige Marker mehr. Das Ganze ist, wie oben gesagt, auch in keiner Weise genetisch fundiert oder sicher, sondern eher eine Spielerei, die man versuchen kann, wenn es von der Zucht her passt.

„COMBOS" – DOPPELTE MUTATIONEN

Was war das noch überschaubar bis vor wenigen Jahren: Da gab es nur einfache dominante oder rezessive Morphen, was leicht zu errechnen und gut zu überblicken war. Mittlerweile werden Morphen aber wiederum mit anderen Morphen verpaart, und wir haben als Resultat vielerlei Kombinationen, sogenannte „Combos" (auch Kombos) oder Designer-Morphen. Eine Combo ist also ein Tier, das phänotypisch die Merkmale von zwei oder mehreren Morphen zeigt. Gerade bei dominanten und codominanten Morphen geht es bei der Zucht relativ einfach und schnell, und mittlerweile haben wir Combos, die fünf oder mehr Farbmorphen enthalten. Selbst solche Combos lassen sich noch über das Punnett'sche Quadrat errechnen, doch reicht es dann nicht mehr aus, bei jedem Elternteil nur die phänotypisch ausgeprägte Morphe anzugeben, sondern wir benötigen auch entsprechende Information über die phänotypisch nicht erkennbaren Erbanlagen der beiden Partner.

Nehmen wir als Beispiel die Verpaarung zweier rezessiver Morphen, eines Albino-Vaters (mit dem rezessiven Allelpaar aa) und einer Piebald-Mutter (mit dem rezessiven Allelpaar pp), um einen Albino-Piebald (mit doppelt rezessiven Erbanlagen) zu züchten. Der Albino hat die genetische Formel „aaPP" (aa für Albino, PP für Nicht-Piebald), der Piebald „AApp" (AA für Nicht-Albino, pp für Piebald). Verpaaren wir nun diese beiden rezessiven Morphen, bekommen wir im Punnett'schen Quadrat bei 16 von 16 möglichen Genotypen der Folgegeneration „Doppel-Hetero-Albino-Piebalds", mit dem Phänotyp „wildfarben" bzw. „normal", aber mit den heterozygot vorhandenen (unsichtbaren, da rezessiven) Erbanlagen (Allelen) für Albino (a) und Piebald (p):

Vater/Mutter	Ap	Ap	Ap	Ap
aP	AaPp	AaPp	AaPp	AaPp
aP	AaPp	AaPp	AaPp	AaPp
aP	AaPp	AaPp	AaPp	AaPp
aP	AaPp	AaPp	AaPp	AaPp

Die Wildfarbe dominiert sozusagen bei beiden Merkmalen – weder der Albino noch der Piebald treten phänotypisch in der Folgegeneration auf, denn bei allen Nachkommen wird das rezessive Allel der Eltern (a bzw. p) durch das dominante Allel (A bzw. P) „überdeckt". Auf diese Weise kommen in der Folgegeneration also nur phänotypisch wildfarbene (aber für beide Merkmale eben heterozygote) Tiere heraus.

Um jetzt unser Ziel, den doppelt rezessiven Albino-Piebald, zu erreichen, müssen wir diese „Doppel-Hetero-Albino-Piebalds" (mit dem Genotyp AaPp) wiederum miteinander verpaaren, also: AaPp × AaPp. Entsprechend der genetischen Unabhängigkeitsregel spalten sich die beiden unabhängig vererbten Merkmale in der folgenden F_2-Generation auf (durch entsprechende Verteilung der Allele auf die Ei- bzw. Samenzellen), was sich im Punnett'schen Quadrat wie folgt darstellt:

Vater/Mutter	AP	Ap	aP	ap
AP	AAPP	AAPp	AaPP	AaPp
Ap	AApP	AApp	AapP	Aapp
aP	aAPP	aAPp	aaPP	aaPp
ap	aApP	aApp	aapP	aapp

Das Ergebnis dieser Verpaarung lautet bei 16 möglichen Genotypen also wie folgt:

1/16	Wildfarben (AAPP)
2/16	Wildfarben, het. Albino (AAPP)
2/16	Wildfarben, het. Piebald (AAPp)
4/16	Wildfarben, het. Albino het. Piebald (AaPp)
1/16	Albino (aaPP)
2/16	Albino, het. Piebald (aaPp)
1/16	Piebald (AApp)
2/16	Piebald, het. Albino (Aapp)
1/16	Albino-Piebald (aapp)

Dies war nun ein Beispiel für die Verpaarung einer Kombination zweier rezessiver Morphen, was zugleich am schwersten und am langwierigsten zu züchten ist. Daher sind die Preise für solche Combos auch am höchsten. Ist dagegen ein Elternteil dominant oder codominant, ist der Weg deutlich kürzer. Wir bekommen dann schon in erster Generation die (co)-dominante Morphe, neben heterozygoten Exemplaren für die rezessive Morphe. Diese können wir in zweiter Generation noch einmal mit der rezessiven Morphe verpaaren und erhalten dann schon ein Viertel der Tiere als „Combo (co)-dominant/rezessiv".
Auch hier ein Beispiel zur Verdeutlichung: Vater Albino wird verpaart mit Mutter Spider. Die erste Generation besteht zu 50 % aus Spider het. Albino und 50 % aus Wildfarben het. Albino. Verpaart man nun einen Spider het. Albino mit einem Albino (ob Männchen oder Weibchen), bekommt man als Ergebnis im Punnett'schen Quadrat 25 % Spider het. Albino, 25 % Wildfarben het. Albino, 25 % Albino und 25 % Albino Spider.
Solche Combos oder Designer-Morphen wird man übrigens ziemlich sicher nicht in der Natur antreffen – im Gegensatz zu einfachen rezessiven oder dominanten Morphen, die durchaus auch in der Natur eine Überlebenschance haben. Mein erstes Piebald-Männchen war ein ausgewachsenes und vermutlich schon älteres Tier, das als Wildfang aus Ghana kam. *Python regius* lebt in der Natur relativ versteckt und hat nicht sehr viele Feinde, so können diese Tiere offenbar auch ohne ihre natürliche Tarnfärbung gut überleben.
Die Wahrscheinlichkeit, dass eine solche Combo in der Natur auftritt, ist jedoch mehr als gering, weil hier zwei oder gar drei Erbveränderungen mehr oder weniger in Reihe auftreten müssen. Die Chance, dass in der Natur z. B. ein albinotisches Tier schlüpft, liegt bei ca. 1 : 10.000. Dieser Albino muss wiederum auf eine zweite Morphe treffen, die ebenfalls nur mit einer Wahrscheinlichkeit von 1 : 10.000 schlüpft. Diese beiden Tiere müssten sich paaren und vermehren. Die Nachzuchten wären dann nur heterozygot für diese beiden Anlagen. Sie müssten sich also später ebenfalls zufällig über den Weg kriechen und verpaaren, um dann – je nachdem, ob die Morphe dominant oder rezessiv ist – mit einer Wahrscheinlichkeit von 1 : 8 oder 1 : 16 die entsprechende Combo hervorzubringen. Das ist extrem unwahrscheinlich, fast unmöglich, und ich habe in der Natur bzw. bei Tieren aus Afrika auch noch nie eine entsprechende Combo gesehen.

PROBLEMATISCHE GENDEFEKTE/WOBBELN

Was ist ein Gendefekt?

Jede Morphe, also jede Farb- oder Zeichnungsvariante einer Art, weist auf eine Genmutation hin. Denn die Exemplare mit den „normalen" Genen haben ja allesamt die typische Färbung und Musterung und werden deshalb „Normalform", „Classic" oder „wildfarben" genannt. Ein oder mehrere Gene müssen also bei Morphen verändert sein, sonst sähen die Tiere nicht anders als die Normalform aus. Sie sind jedoch völlig gesund und haben keine Probleme.
Anders sieht das bei regelrechten Gendefekten aus, die den Tieren gesundheitliche Schwierigkeiten verursachen. Das bekannteste und markanteste Beispiel dafür beim Königspython ist das sogenannte „Wobbeln". Es betrifft vor allem Spider und seine Abkömmlinge, auch

Morphe	Problematik
Spider	Extrem starkes Wobbeln; Superform nicht lebensfähig
Woma/Hidden Gen Woma	Wobbeln; Superform nicht lebensfähig
Trick	Superform nicht lebensfähig
Champagne	Leichtes Wobbeln, bei den meisten Tieren nicht zu erkennen; Superform nicht lebensfähig
Super Sable	Wobbeln (selten)
Spotnose	Wobbeln bei der Superform. Oft Absterben der Superform im Ei
Desert (dominant)	Weibchen legen, wenn überhaupt, dann nur unbefruchtete Eier. Nicht reproduzierbar. Nur Männchen
Caramel Albino	Fehlbildungen/Knicke der Wirbelsäule bei ca. 50 % der Jungtiere
Super LC Black Magic	Fehlbildungen/Knicke der Wirbelsäule bei ca. 50 % der Jungtiere
Super Cinnamon/Super Black Pastel	Fehlbildungen/Knicke der Wirbelsäule bei ca. 50 % der Jungtiere
Super Lesser Platinum/Super Butter	Sehr selten vergrößerte Augen. Sogenannte Bulg Eyes.
Banana/Coral Glow	Produzieren je nach Abstammung fast ausschließlich Nachkommen mit ihrer Färbung des gleichen Geschlechts (Stichwort Male Maker bzw. Female Maker). Nachkommen ohne Banana-Morphe sind hingegen fast vollständig vom jeweils anderen Geschlecht.

Champagne, Woma und (Super-)Spotnose. Starke Wirbelsäulenverkrümmungen treten bei einem Teil der Caramel-Nachzuchten auf sowie bei der Superform von Cinnamon/Black Pastel. Beim Desert (nicht zu verwechseln mit Desert Ghost) gibt es eine generelle Unfruchtbarkeit bei den Weibchen. Genau genommen gehört auch Banana in diese Kategorie, denn hier gibt es Exemplare, die nur Männchen oder nur Weibchen als Nachkommen haben.

Wobbeln, leider der häufigste Defekt

Die Morphe Spider hatte einen riesigen Einfluss auf den *Python-regius*-Hype. Leider ist sie am meisten betroffen vom unschönen Defekt des Wobbelns. Viele Züchter verzichten mittlerweile auf die Verpaarung mit Spider, denn Exemplare mit diesem Defekt werden in der Szene ebenso wie von Einsteigern immer weniger akzeptiert.
Das Wobbeln scheint ein neurologischer Defekt zu sein, die Tiere können ihre Bewegungen nicht akkurat steuern. Genauere Untersuchungen dazu gibt es leider nicht. Wobbeln bedeutet auf Deutsch in etwa „eiern“, „wackeln“ oder „schwanken“. Königspythons, die davon betroffen sind, haben entsprechend ein Problem mit der Koordination der Bewegungen. In der Regel ist das vordere Körperdrittel betroffen, die Tiere führen schraubenförmige, unkontrollierte Bewegungen aus, die bis zu „Loopings“ reichen können. Allerdings kann es auch sein, dass die Symptome deutlich leichter ausfallen, von einem fast nicht zu erkennenden Kopfzittern bis zu einer sichtbaren Kopfschieflage. Die Bandbreite ist also sehr groß.
Zudem ist das Ganze stark stressabhängig. Transport, Paarung, Fütterung, Handling, mangelnde Versteckmöglichkeiten können Wobbeln verstärken oder gar erst auslösen. Umgekehrt kann es sich durch Ruhe und im Laufe des Schlangenlebens auch wieder teilweise verlieren.
Mehr oder weniger wobbelnde Morphen untereinander verpaart oder als Superform sind nicht lebensfähig. In der Regel sterben die Nachzuchten schon im Ei ab, oder die Eier entwickeln sich von Anfang an nicht. Diese Morphen werden genau genommen fälschlich als genetisch dominant gelistet. Sie sind eigentlich codominant – leider ist die Superform wie gesagt nicht lebensfähig.

Frisch geschlüpftes Tier mit deutlichen Verkrüppelungen in der Wirbelsäule
Foto: S. Broghammer

Kann ich den Defekt wegzüchten?

Leider muss die Antwort auf diese Frage ganz klar lauten: nein, es sei denn, ich züchte auch die gewünschte Farbmorphe weg, denn der Defekt ist an die betreffende Farb- bzw. Zeichnungsvariante gebunden, ob Spider, Woma, Caramel oder Cinnamon bzw. Black Pastel. Der Defekt liegt in all diesen Fällen auf dem gleichen Genabschnitt wie die Färbung und wird, wenn die Färbung vererbt wird, mitvererbt. Ist das Tier dagegen z. B. nur heterozygot für Caramel, tritt kein Defekt auf. Züchte ich mit einem Spider, haben die (rechnerisch 50 %) Classic-Nachkommen ebenfalls keinen Defekt und können ihn dementsprechend auch nicht mehr vererben – dann ist er tatsächlich „weggezüchtet“.
Andererseits ist es gleichgültig, wie viele andere Morphen ich zu einer wobbelnden Variante einkreuze: Eine 5-fach-Morphe mit Spider wobbelt nicht mehr und nicht weniger als Spider allein. Das Problem lässt sich auf diese Weise einfach nicht herauskreuzen.

Von Gendefekten betroffene Morphen

Noch einmal: Der Großteil aller Morphen ist so gesund und robust wie ein wildfarbenes Tier – vorausgesetzt, die Morphen stammen aus einem üblich großen Genpool und sind nicht durch vielfache Inzucht geschädigt.
Es gibt jedoch ein paar wenige Morphen, die an sich schon problematisch oder als Superform bzw. miteinander verpaart nicht lebensfähig sind.

TRICKS UND BETRÜGEREIEN IN DER BRANCHE

Leider ist auch die Welt der Terrarianer nicht frei von Neppern, Schleppern, Bauernfängern. Wieso sollte sie es auch sein?

Erst einmal die gute Nachricht: Wir haben bei *Python regius* im Prinzip kein Problem mit Schmuggel oder illegalen Tieren. Wie auch? Teure Morphen werden in der Regel gezüchtet, und wenn einmal wirklich in Afrika eine neue Mutation in der Natur gefunden wird, ist es auch kein Problem, das betreffende Tier ganz offiziell und legal zu importieren. Cites-Papiere sind einfach und schnell zu beantragen, somit kann das Tier binnen weniger Tage oder Wochen geschickt werden. Aber ohnehin sind fast alle Königspythons in der Terraristik gezüchtete Tiere. Alle großen Züchter weltweit sind mit den Cites-Regularien vertraut.

Wenn doch jemand schmuggeln sollte, dann wäre das aus Bequemlichkeit oder Geiz, weil er sich den aufwendigen Tiertransport sparen will. Dies wäre dann zum Leid der Tiere und auch zum Leid des guten Rufes aller Terrarianer – einfach dumm.

Noch eine kleine Anekdote dazu: Vor rund 25 Jahren, als die ersten Albinos auf den Markt kamen, natürlich in den USA, hatte ein deutscher Züchter ein Riesenglück und bei einem Gelege doch tatsächlich einen Albino dabei. Was für ein Zufall – zumal er noch drei Wochen davor auf der Breeders' Expo in Orlando/Florida gewesen war. Cites-Papiere zu bekommen, dauerte damals aber noch viele Monate bis zu fast einem Jahr auf US-Seite. Seinerzeit gab es dann wohl doch solche Schummeleien. Das war falsch, aber zumindest aus Sicht des Artenschutzes verzeihlich und schon lange verjährt. Aber ich will ausdrücklich von solchen Unkorrektheiten abraten. (Ich bin mir sicher, der besagte Züchter wird dies eines Tages lesen – sei mir nicht böse, eine nette Anekdote halt.)

Nun von den kleinen Schummeleien zu den größeren Problemen. Die traten in den letzten Jahren vor allem mit Hetero-Tieren auf. Je nach Morphe hatte man für viel Geld Heteros gekauft und diese mit Fleiß und Hingabe aufgezogen. Dann die erste Paarung und mit etwas Glück das erste Gelege. Die ersten Eier sind geöffnet, Köpfe schauen raus und: nichts! Zumindest nicht das erwartete Ergebnis, sondern leider nur wildfarbene Tiere. Das kann Pech sein bei einer bestimmten Anzahl Eier, aber irgendwann ist es kein Pech mehr, sondern die Tiere haben eben nicht die angepriesene und bezahlte Genetik.

Was tun? Den Verkäufer verklagen? Ist der überhaupt noch greifbar? Ich rate erst einmal zum freundlichen Gespräch, oft lässt sich die Angelegenheit gütlich klären. Zugegeben ist mir so etwas auch schon passiert, vor ca. 15 Jahren mit het Clown und Piebalds, die ich von an sich seriöser Quelle aus den USA hatte. Aber keine Pieds und keine Clowns schlüpften, weder in meiner Zucht noch bei den Züchtern, denen ich Tiere weiterverkauft hatte – was für eine Blamage. Ich habe mich mit den vier Käufern geeinigt und die Tiere so ersetzt, dass am Schluss doch jeder zufrieden war, zumindest be-

Zumindest äußerlich ein junges Classic-Tier, genetisch allerdings ein Hetero für Ultramel. Die Frage für den Käufer: Hetero oder nicht? Es gibt keine Tests oder hundertprozentige Merkmale, um dies zu prüfen. Allein das Vertrauen zählt hier.
Foto: M&S/A. Gibert

Sunset-Jungtier nach viermaliger Fütterung, es wiegt rund 76 g. Das Tier, das bei dem Amerikaner ankam (siehe S. 107), brachte laut Veterinärbericht, den er in Auftrag gegeben hatte, 106 g auf die Waage. Es war also ganz sicher kein frisches oder schlecht fressendes Baby ...

Foto: M&S/A. Gibert

stätigten das alle. Hintergrund war, dass die Tiere ausgetauscht worden waren, entweder schon beim Züchter von unehrlichen Pflegern oder vielleicht sogar erst beim Versand aus den USA – da gehen die Tiere ja auch durch viele Hände. Es ist fast nicht zu bemerken, wenn dann jemand eine Schlange gegen eine andere austauscht, die nicht heterozygot ist. Daher rate ich dazu, jedes Hetero-Tier vor dem Versand eindeutig fotografieren zu lassen und bei Ankunft mit den Fotos zu vergleichen!

Es gab aber auch schon oft Fälle, bei denen sicherlich Vorsatz im Spiel war. Da wurden viele Heteros zu tollen Preisen verkauft, und es fanden sich dankbare Abnehmer. Der Mensch ist nun mal gierig und freut sich über niedrige Preise. Es schlüpfte nie die gewünschten Morphe, die Züchter waren betrogen, die Verkäufer waren weg oder aber so arm wie eine Kirchenmaus, sodass nichts zu holen war. Das Ganze der Polizei oder einem Gericht erklären? Schwierig.

Also Finger weg von dubiosen Quellen und von Heteros, die schon durch unzählige Hände gingen. Der Verkäufer muss ein seriöser Züchter sein, und es muss sicher sein, dass dieser auch zwei, drei Jahre später noch da ist, sollte man beim Schlupf seiner Nachzuchten Enttäuschungen erleben.

Unser Reptilien-Business wird älter und erfahrener, und so werden leider auch die Tricks und Methoden angepasster und raffinierter, ich würde sagen: skrupelloser.

Fake News sind auch hier ein Thema. Gerade im hochpreisigen Bereich wird versucht, Mitbewerber über die Social Media zu diskreditieren. Vor einiger Zeit ging das Ganze sogar so weit, dass man versucht hat, einen US-amerikanischen Züchter in die Kinderpornografie-Ecke zu stellen. Unglaublich, aber wahr. Dagegen muss man sich erst einmal wehren können, das ging rasend schnell um die ganze Welt.

Nicht nur beim Einkauf, auch beim Verkauf kann man in die Falle tappen. Zum Beispiel mit Tieren, die angeblich tot beim Käufer ankommen oder die nicht das angegebene Geschlecht haben, was passieren kann, aber aus der Ferne schwierig zu widerlegen ist, oder deren Gewicht falsch angegeben wird etc. Ich kann nur empfehlen, vor allem bei teuren Tieren eine eindeutige Dokumentation zumindest mit Fotos und Gewicht anzulegen, bevor man sie hergibt bzw. gar verschickt. Jedes Exemplar lässt sich anhand eines aussagekräftigen Fotos mit hundertprozentiger Sicherheit identifizieren.

Kommt es zu Schwierigkeiten, gibt es klare Regeln. Der schlimmste Fall ist das „doa“: dead on arrival/tot bei Ankunft. Aus meiner Erfahrung passiert das bei vielleicht einem Tier von 5.000 verschickten Exemplaren – aus welchem Grund auch immer. Wird ein gesundes Tier verschickt, national oder international, kommt es auch gesund an. Eine Nacht in einer Transportbox ist selbst bei kalter Witterung und kalter Ankunft kein Problem für einen *Python regius*. Eine kalte Nacht wird es auch in der Natur einmal geben. Die Gefahr liegt eher darin, dass es zu heiß wird oder zu wenig Sauerstoff vorhanden ist. Beides ist aber nur durch gravierend schlimme Fehler beim Verpacken möglich.

Kommt trotz aller Umsicht beim Versand wirklich einmal eine Schlange tot an, muss der Empfänger klar dokumentieren, was passiert ist: deutliches Foto des toten Tiers machen; das Tier aufbewahren; eventuell sogar von einem Veterinär begutachten lassen, bei internationalen Shipments vom Grenzveterinär bestätigen lassen, national vom Tierversand, wenn noch verfügbar. Das tote Tier erst einmal nicht entsorgen – der Verkäufer hat ein Anrecht, es zurückzufordern, zum Abklären der Umstände. Eventuell ist es sogar versichert. Außerdem will und sollte man den Fehler finden, wie das passieren konnte, damit es auf keinen Fall noch einmal vorkommt.

Es ist übrigens erstaunlich, wie viele Tiere „doch wieder leben", wenn diese klaren Dokumentationen gefordert werden. Es gibt tatsächlich Käufer, die z. B. ein totes Tier gefroren aufbewahren, sich ein ähnliches kaufen und versuchen, das tot Aufbewahrte als „doa" auszugeben, im Handel wie auch privat. Ich bin sicher nicht paranoid und hätte bis vor einigen Jahren so etwas nie für möglich gehalten. Aber man lernt dazu, es ist Tatsache.

Außerdem Vorsicht vor „Fake"-Rechnungen. Gerne werden Rechnungen deutlich geringer geschrieben, vor allem bei internationalen Sendungen, um (Einfuhrumsatz-) Steuern oder Importabgaben zu sparen. Aber was, wenn ein Tier tatsächlich tot oder gar nicht ankommt? Wenn die Schuld bei anderen liegt, ich aber nur die gefakte Rechnung zum Vorlegen habe, um meine Ansprüche zu stellen?

Zum Betrug auf internationaler Ebene und in größerem Stil eine kurze Geschichte: Ich selber habe einen Fall erlebt mit einer Sendung zu einem neuen Kunden. Ein teures Sunset-Männchen, zu der Zeit für 26.000 $, ging in die USA. Nur das Tier allein war in der Sendung.

Der Kunde schickte mir nach Ankunft eine Nachricht über Facebook: Das Tier sei tot, „tiefgefroren wie ein Eis am Stiel", so wörtlich. Dabei ein Foto der Schlange, ausgestreckt, allerdings nur Bauchansicht, nicht zu identifizieren – ich war geschockt. Wie konnte das sein? Das Tier war einzeln verpackt gewesen, die Box von zwei Personen auf Luftlöcher kontrolliert und die Sendung von einem Mitarbeiter persönlich an den Airport gebracht worden.

Ich habe den Kunden gebeten, mir eine klare Dokumentation zu mailen, eindeutige Fotos (von oben) und ein entsprechendes Statement von der Grenztierkontrolle. Ich ging davon aus, die Airline habe einen schrecklichen Fehler begangen, eventuell das Tier im Flieger statt im warmen Tierbereich im kalten Frachtraum untergebracht. Ich rief die Exportspedition an, bat um Klärung und wartete auf weitere Informationen vom Empfänger. Von der Airline bekam ich dann eine Meldung, es sei alles o. k., das Tier ohne weitere Vorkommnisse befördert und an den Empfänger übergeben worden. Bei der Cites-Kopie, die der Empfänger gemailt hatte, fiel mir dann auch auf: In Feld Feld 27 war angegeben: Ankunft lebender Tiere: 1; Ankunft toter Tiere: 0. Dies war so von der Grenzkontrollstelle ausgefüllt worden.

Nach dreißig Stunden meldete sich der Kunde: Eine gute und eine schlechte Nachricht, das Tier sei aufgewacht und „lebe wieder", sei allerdings „komisch" (was immer das heißen sollte). Da frage ich mich natürlich: Wäre das angeblich tote Tier auch „aufgewacht", wenn ich schon mit dem ersten Foto der Bauchansicht zufrieden gewesen wäre?

Ich dachte: Hat der Kunde einfach übertrieben und das Tier kam wirklich sehr kalt an? Aber wie ist das möglich, wenn wir die Schlange direkt in der Animal Lounge anliefern, der Flug direkt von Frankfurt ins 22 °C warme Miami geht? Wie kann das Tier dann so kalt sein, dass es starr ist? Das ergab keinen Sinn.

Nach weiteren fünf Tagen die Nachricht aus USA: Das Tier fresse nicht, obwohl ihm vielfach jede Art von Futter angeboten worden sei. Sieben Tage nach dem Verschicken? Ich bat den Kunden um etwas Geduld mit dem Tier (und dachte mir, „was für ein Anfänger, und das bei einer 26.000-$-Schlange!").

Dann war zwei Monate Ruhe, bis mich ein Bekannter aus den USA auf einen Facebook-Post aufmerksam machte: Ein wunderschöner, kräftiger Sunset war da abgebildet. Ganz klar „mein" Tier. Ich las den Kommentar dazu und erwartete, da stehe jetzt so etwas wie „tolles Tier, alles gut nach anfänglichen Problemen".

Der angeblich tot angekommene, aber dann wieder zum Leben erwachte Sunset. Das Foto wurde bei uns einige Wochen nach dem Schlupf gemacht. Leider darf ich aus rechtlichen Gründen nicht die späteren, vom Empfänger gemachten Fotos zeigen, vom zuerst angeblich toten Tier (nur vom Bauch zu sehen) und vom Tier knapp ein Jahr später, das sich aus meiner Sicht prächtig entwickelt hat. Die Bilder waren im Internet auf Facebook zu sehen.
Foto: M&S/A. Gibert

Leider war genau das Gegenteil der Fall. Das Tier verhalte sich komisch, fresse nicht, und alles sei ein Skandal. Wenn der Züchter (also ich) das Tier nicht zurücknehme, würde er Namen nennen. Er habe ein 106 g schweres, gesundes Tier bestellt und bezahlt und jetzt einen erfrorenen „Mickerling“ mit nachweislich 80 g bekommen, von einem Züchter außerhalb den USA, den Namen wolle er erst einmal nicht nennen (zu dem Zeitpunkt gab es drei Züchter von Sunset, zwei in den USA und mich. Also war der Name ohnehin schon klar.). Übrigens können etliche Gramm an Urin und Flüssigkeit auf dem Transport verloren gehen, das ist normal.

Ich reagierte auf den Post, outete mich als Züchter, gratulierte zu der tollen, kräftigen Schlange und fragte, was denn das Problem sei, das er publik machen wolle.

Die Schlange sei komisch, er habe dies von einem sehr renommierten Veterinär bestätigt bekommen, und er veröffentlichte ein Schreiben, allerdings ohne Namen. Übrigens angegebenes Gewicht des Tieres: 120 g! Manche Menschen vermischen Lügen und Tatsachen so viel, dass da schon mal Eigentore geschossen werden. Der Befund selber war so vage, aus meiner Sicht kann man den über jeden Python schreiben, wenn man es so hören will.

Es ging dann noch ein wenig weiter, ich wurde namentlich der Lüge bezichtigt, und außerdem wurde mir unterstellt, ich verkaufe „schlechte Tiere“. Dies spielte einem anderen US-amerikanischen Züchter, der ebenfalls Sunset anbietet, perfekt in die Karten. Über Facebook fand ich heraus, dass der Käufer und der erwähnte andere Sunset-Züchter „Super Buddys“ sind. Somit war diesem Züchter also auch geholfen mit der ganzen Fake-Story.

Anfangs hatte ich angeboten, die Schlange zurückzunehmen. Niemand soll ein Tier von mir haben oder behalten, mit dem er nicht 100 % zufrieden ist. Dazu kam es aber nie, und Monate später, als ich den Fake durchschaute, hätte ich mein Angebot dann auch nicht mehr aufrechterhalten.

Komplett verstanden habe ich die Geschichte allerdings bis heute nicht. Was wollte der Kunde letztlich erreichen? Mir erst einmal ein (anderes) totes Tier unterschieben? Oder kam es wirklich so kalt an im 22 Grad warmen Miami? Oder hatte der Kunde seine Meinung geändert und einen Weg gesucht, mir das Tier zurückzugeben, weil er es nicht mehr wollte oder es sich nicht mehr leisten konnte? Von dem angeblichen „komischen“ Verhalten hatte ich auch etliche Male einen Film angefordert, aber natürlich nie bekommen. Es wäre ja ein Leichtes gewesen, es per Handy zu filmen. Daher bin ich mir sicher, dass es nichts Komisches gab. Oder war das Ganze von vornherein nur ein Plan von einem oder einer Gruppe von Sunset-Züchtern, meinen Namen zu beschmutzen und somit die Konkurrenz auszuschalten?

Eine jetzt doch länger gewordene Geschichte ... Aber sie zeigt alle Facetten von Betrug bis Diffamierung. Für mich die Lehre, dass wir leider doch nicht alle nur Terrarianerfreunde sind. Für den Leser soll es aufzeigen, was alles möglich ist, dass man aufmerksam sein soll und leider nicht allem und jedem blind vertrauen darf.

DIE MORPHEN DES KÖNIGSPYTHONS

Im Folgenden will ich versuchen, die derzeit bekannten Farb- und Zeichnungsvarianten des Königspythons und ihre Entstehungsgeschichte kurz vorzustellen. Man müsste eigentlich alle ein bis zwei Jahre ein Neuauflage dieses Buchs herausbringen, denn fast monatlich erscheinen weitere Highlights, seien es neue Zucht-Kombinationen (Combos), die sogenannten Designer-Farbmorphen – mittlerweile ist eine dreifache Morphe nichts Spektakuläres mehr – oder seien es, was ich persönlich interessanter finde, neue Morphen aufgrund neu aufgetretener genetischer Mutationen.

Da stellen sich dem Züchter Fragen wie: Kommt irgendwann vielleicht nichts Neues mehr nach? Wurden in Afrika schon alle Morphen entdeckt? Und haben wir die schon bekannten Morphen wirklich alle „genetisch geprüft“ – oder schlummert auch noch viel Ungeprüftes in unseren Terrarien?

Ich bin der festen Überzeugung: Es wird nach wie vor immer wieder Neues auf uns zukommen – und ich freue mich noch immer darauf!
Zu den wichtigsten Züchtern und Firmen, die in dieser für Laien manchmal unübersichtlichen „Farbmorphen-Szene" eine tragende Rolle spielten und immer noch spielen, zählen insbesondere Kevin McCurly/NERD, Kim und Mark Bell/Reptile Industries, Tracy und David Barker/VPI, Brian Barczyk/BHB, Ralph Davis, Colette und Dan Sutherland/The Snake Keepers, Amir Soleymani/Yellowbelly Ball, Chun von Dynasty Reptiles, Bob Clark, Justin Kobylka, Sean Bredley und Mike Wilbanks. Es kamen in den letzten Jahren noch viele weitere tolle Züchter dazu, ich kann hier nicht alle aufzählen. Die oben genannten Züchter sind einfach diejenigen, die aus meiner Sicht am längsten im Business sind.
Wir deutschen bzw. europäischen Züchter müssen ehrlich zugeben, dass wir das erste Jahrzehnt in der regius-Zucht etwas verschlafen haben – da bestimmten die US-Amerikaner die Szene und züchteten die meisten und schönsten Morphen. Allerdings haben wir in den letzten Jahren gut aufgeholt, und mittlerweile kommen viele spektakuläre Tiere auch aus Europa.
Die „Großen" in der europäischen Szene sind u. a. Darren Biggs/Crystal Palace England, Willi Obermayer, Österreich, Herman van Hellem, Belgien sowie aus Deutschland Gerlinde Hiendlmeyer, Birgit und Jürgen Uebach, Hans Jörg Winner, Andreas Holzer und einige andere, die ich jetzt einfach im Moment nicht im Kopf habe bzw. mit denen ich schon länger keinen Kontakt hatte. Verzeiht es mir, dass Ihr in dieser Auflage nicht genannt seid. Schickt mir für die kommende Auflage unzählige Bilder und bringt Euch dadurch bleibend in Erinnerung.

Caramel Piebald: eine tolle Morphe. Dass diese Zweifach-Morphe zufällig in der Natur entsteht, kann de facto ausgeschlossen werden.
Foto: MA Reptiles

REZESSIVE MORPHEN

ALBINO AMELANISTISCH

Weitere Namen / Synonyme Albino
Genetik **rezessiv**

Zuerst gezüchtet / importiert 1992 von Bob Clark gezüchtet, das Elterntier wurde 1989 importiert

Einer der ersten 1994 in der Natur gefundenen Albino-Pythons; die glücklichen Finder Jean Claude und Tall Mathieu sowie der Exporteur Patrice

Foto: S. Broghammer

Amelanismus ist wohl die gängigste und bekannteste Farbmutation. In Terrarianerkreisen werden diese Tiere oft auch als „Albinos" bezeichnet, obwohl es keine echten Albinos im wissenschaftlichen Sinne sind, denen sämtliche Farbpigmente fehlen. Amelanistischen Tieren fehlen zwar die schwarzen Farbpigmente (Melanin), das gelbe Farbpigment (Xanthin) kann aber noch gebildet werden, weshalb entsprechende Königspythons weiß mit Gelb sind und auch einen geringen Anteil an Rot bzw. Orange aufweisen. Der Rotanteil ist vor allem bei Babys noch deutlich, doch je größer die Tiere werden, desto mehr verschwindet er. Adulte Tiere sind nur noch gelb und weiß und besitzen die für Amelanismus typischen roten Augen.

Die ersten Albino-Königspythons wurden schon Ende der 1980er-Jahre aus Westafrika exportiert; danach fingen erst 1994 die beiden Trapper Jean Claude und Tall Mathieu wieder ein Tier in Allada, in der Nähe der Hauptstadt Cotonou, Benin, das sie in die USA verkauften, zu Rickey Duffield von Exotic Reptile Jungle. Noch bis ins Jahr 2000 erzielten Albinos hohe Preise von 15.000–20.000,- DM. Mittlerweile werden sie regelmäßig gezüchtet, sind aber nach wie vor eine der „Basic-Morphen", egal ob bei Einsteigern oder Profis.

Bei Albinos wird regelmäßig von verschiedenen Linien gesprochen, am häufigsten ist der Ausdruck „High Contrast Albino". Ich halte diese Bezeichnung für einen unnötigen Werbegag, obwohl es bei Amelanismus tatsächlich tendenziell kräftigere Linien gibt, die ein intensiveres Gelb aufweisen, und auch Linien mit blasserem Gelb. Letztlich beweisen nur Fotos bzw. das Tier im Original, wie schön es gezeichnet ist.

Der Albino ist nach wie vor einer der Klassiker und aus der Szene nicht wegzudenken.

Albino/Amelanistisch, Tier von M&S Reptilien

Foto: A. Gibert

DER PRAXISTIPP

Bei der Benennung von Designer-Morphen, die auf zwei- oder mehrfachen Kombinationen (Combos) beruhen, gibt es bisher keine festgelegten Regeln und Normen. Jeder Züchter handhabt die Namensgebung einfach so, wie er meint. Mir erscheint es logisch, bei mehrfachen Combos zwischen den jeweils zugrundeliegenden Morphen einen Bindestrich zu setzen (z. B. Pastel-Spider oder Albino-Axanthic) um zu verdeutlichen, dass es sich hierbei nicht etwa um den Doppelnamen einer einfachen Morphe handelt, wie z. B. Desert Ghost oder Black Pastel.

Die mit Bindestrich verbundenen Namen geben also an, welche Morphen einer bestimmten Combo zugrunde liegen. Im Fachjargon haben sich für viele dieser Combos aber auch eigene Namen durchgesetzt, z. B. ist Pastel-Spider eine Combo aus Pastel und Spider, für die sich umgangssprachlich der Name „Bumblebee" durchgesetzt hat, oder Albino-Axanthic ist meist nur als „Snow" bekannt. Ist dies der Fall, dann wird der meist viel geläufigere zweite Name mit dem Kürzel „aka" (englische Abkürzung für „also known as" = auch bekannt als) hinzugefügt, also Pastel-Spider aka Bumblebee oder Albino-Axanthic aka Snow („alias" ist hier ebenfalls gebräuchlich).

Übersicht über die Albino-Morphen

Morphe	Zuerst gezüchtet (Jahr, Züchter)	auf Seite
Albino/Amelanistisch	1992 Bob Clark	110
Albino-Paradox		111
Combos mit Albino, rezessiv		
Albino Axanthic	2001 Joliff-Linie	–
Albino Axanthic	2001 VPI-Linie	–
Albino Axanthic	2001 TSK-Linie = Snakekeeper	–
Albino-Axanthic-Black Pastel	2011 Major League Reptiles	–
Albino-Clown	2005 BHB	113
Albino-Genetic Stripe	2005 Ralph Davis	113
Albino-Genetic Stripe-Pastel	2011 Fred Kick	114
Albino-Ghost	2003 NERD	114
Albino-Piebald	2006 Steve Roussis	112/114
Albino-Piebald-Chimera		428
Albino-Piebald-Chimera-Black Pastel-Super Pastel		428
Albino-Piebald-Metal Flake	Steve Roussis	113
Albino-Piebald-Paradox		114
Albino-Piebald-Pinstripe		115
Albino-Piebald-Super Russo	2012 Steve Roussis	–
Albino -Tristripe	2012 Rick Macias	–
Albino-Toffee	2010 Peter Williams	–
Albino-Candy-Pinstripe	2012 Steve Roussis	112
Combos mit Albino, (co-)dominant		
Albino-Black Head	2014 Stefan Liedl	113
Albino-Super Black Head		113
Albino-Lesser	2011 Dan Uremovic	–
Albino-Calico	2011 Morton Wright	–
Albino-Calico-Pastel (Paradox)		112
Albino-Champagne	2010 Crystal Palace	116
Albino-Champagne-Cinnamon-Pastel		114
Albino-Black Pastel	Gulf Coast Reptile	117
Albino-Super Black Pastel		117
Albino-Cinnamon	2006 Reptile Industries	–
Albino-Black Pastel-Enchi		114
Albino-Black Pastel-Mahogany		335
Albino-Cinnamon-Pastel	Reptile Industries	117
Albino-Cinnamon-Super Pastel		117
Albino-Desert	2011 JB Pythons	117
Albino-Disco-Granite-Lemon Pastel-Spider-Hidden Gene Woma-Yellowbelly	2017 Alexander Nowak	287
Albino-Disco-Granite-Lemon Pastel-Hidden Gene Woma-Yellowbelly	2017 Alexander Nowak	287
Albino-Disco-Spider	2017 Alexander Nowak	287
Albino-Enchi	Reptile Industries	118
Albino-Enchi-Spider		115
Albino-Granite	Crystal Palace	–
Albino-Het Red Axanthic	2009 Corey Woods	–
Albino-Hurricane	2017 Hans Winner	323
Albino-Mojave	2010 WF Reptiles	112
Albino-Super Mojave	2010 WF Reptiles	–
Albino-Pastel	2004 Reptile Industries	116
Albino-Pastel-Spider	2011 Simon Ebbi	–
Albino-Pinstripe		118
Albino-Spider	2003 NERD	–
Albino-Spotnose	2009 Morton Wright	118
Albino-Super Spotnose	2013 Steve Beamer	115
Albino-Woma	2011 Adrian Haigh	–
Albino-Yellowbelly	2007 Amir Soleymani	–
Albino-Super Yellowbelly	2009 Amir Soleymani	118

WIE SUCHE ICH NACH EINER SPEZIELLEN KOMBINATION (COMBO)?

In den folgenden Auflistungen bekannter Morphen und Kombinationen (Combos) erscheinen in alphabetischer Folge zuerst die rezessiven Formen, dann die (co-)dominanten. Es beginnt also mit den einfach rezessiven Morphen, inklusive der dazugehörigen Combos „rezessiv × rezessiv" (also doppelt rezessive Farbformen), dann „rezessiv × (co-)dominant", danach folgen die einfach (co-)dominanten Morphen und die entsprechenden Kombinationen untereinander, ebenfalls in alphabetischer Folge.

Suche ich nach einer bestimmten Morphe, muss ich prüfen, ob sie eine rezessive genetische Komponente enthält, damit beginnt der Name dann. Beispiel: Welche Albino-Combo auch immer, sie ist unter „A" wie „Albino" gelistet.

Obwohl dazu das Wissen notwendig ist, ob eine Mutation codominant oder rezessiv ist, halte ich diese Vorgehensweise für die beste und sinnvollste Art, weil dadurch das Tier am treffendsten charakterisiert wird. Ein Albino ist ein Albino, gleich welche codominanten Zutaten darin stecken, oder ein Clown ist ein Clown, gleich welche Farbe dazukommt.

Combos aus verschiedenen Morphen sind dann noch mit Bindestrich versehen und untereinander alphabetisch sortiert – so kann jeder der klaren Regel folgen.

Hier noch ein paar Beispiele, um es zu verdeutlichen:

Der Albino-Yellowbelly findet sich unter „A" wie „Albino" und nicht unter „Y" wie „Yellowbelly", weil Albino rezessiv ist und somit zuerst genannt wird.

Die Kombination Pastel x Ghost muss unter „G" eingereiht werden, als Ghost-Pastel, und nicht unter „P".

Ultramel-Butter-Pastel steht unter „U", weil Ultramel rezessiv ist. Die Namensbestandteile Butter und Pastel folgen dann alphabetisch sortiert.

Der Leopard-Pastel-Pinstripe ist komplett codominant, wird also alphabetisch durchsortiert.

Und zu guter Letzt der Albino-Piebald-Pastel. Albino und Piebald vornweg, weil rezessiv, darauf folgt Pastel.

Wenn wir versuchen, uns alle danach zu richten, haben wir es schön einheitlich. Wer einen anderen Vorschlag hat, kann ihn gerne zur Diskussion stellen – wenn das System sinnvoller ist, führe ich es in der nächsten Auflage ein.

Die „aka"-Namen (also known as (auch bekannt als)) sind schön und hören sich zum Teil auch toll an. Ich bin dennoch kein allzu großer Freund davon, vermutlich weil ich mir oft nicht merken kann, was das jetzt schon wieder ist. Einige Namen haben sich so eingebürgert, wie der Bumblebee, da ist es einfach in Fleisch und Blut übergegangen. Aber wenn ich zum Beispiel „Deep Purple Passion" höre, weiß ich nicht, worum es geht, und muss nachfragen. Mein Geschmack ist das nicht.

Albino (Paradox), Tier von M.C. Serpenti Foto: D. D'Agostino

Albino-Mojave
Foto: S. Roussis

Albino-Piebald High White,
Tier von Dan Wolfe
Foto: D. Wolfe

Albino-Candy-Pinstripe,
Tier von Steve Roussis
Foto: S. Roussis

Albino-Calico-Pastel (Paradox),
Tier von Dan Wolfe
Foto: D. Wolfe

Albino-Black Head Foto: S. Liedl

Albino-Super Black Head Foto: W. Obermayer & G. Hiendlmeyers

Albino-Piebald-Metal Flake Foto: S. Roussis

Albino-Clown, Tier von Ben Renick Foto: B. Renick

Albino-Genetic Stripe, Tier von Steve Roussis Foto: S. Roussis

Albino-Piebald (Paradox), Tier von Dan Wolfe Foto: D. Wolfe

Albino-Genetic Stripe-Pastel, Tier von Fred Kick Foto: F. Kick

Albino-Champagne-Cinnamon-Pastel Foto: H. van Hellem

Albino-Ghost aka **Sunglow** (links) und **Albino** (rechts) Foto: M. Haitz

Albino-Piebald, adultes Tier von M&S Reptilien Foto: A. Gibert

Albino-Black Pastel-Enchi Foto: H. van Hellem

Albino-Enchi-Spider
Foto: H. van Hellem

Albino-Super Spotnose Foto: S. Beamer

Albino-Piebald-Pinstripe
Foto: S. Roussis

COMBOS MIT ALBINO REZESSIV

Albino-Axanthic (auch Snow)

Michael Jolliff hatte schon 1994 ein subadultes axanthisches Weibchen erworben, dessen Verpaarung mit einem Männchen aus einer anderen Axanthic-Linie keine optisch axanthischen Tiere erbrachte. So verpaarte er dieses Weibchen mit einem Albino-Männchen und produzierte damit 1998 doppelt heterozygote Tiere. Mit diesen wiederum konnte er 2001 den ersten Albino-Axanthic oder „Snow Ball" züchten. Dieses Weibchen wurde für 75.000,- US-$ zum Kauf angeboten. 2002 züchtetet Ralph Davis den ersten VPI Snow Ball (VPI ist eine Axanthic-Linie (siehe Seite 119).

Albino-Champagne, Tier von M&S Reptilien Foto: A. Gibert

Albino-Pastel, Tier von Timo Reuther Foto: T. Reuther

Albino-Cinnamon-Super Pastel, Tier von Darren Biggs Foto: D. Carguillo

Albino-Cinnamon-Pastel, aka **Albino-Pewter**, Tier von Darren Biggs Foto: D. Carguillo

Albino-Black Pastel, Tier von Darren Biggs Foto: D. Carguillo

Albino-Super Black Pastel, Tier von Darren Biggs Foto: D. Carguillo

Albino-Desert, Tier von Birgit Uebach Foto: B. Uebach

Albino-Enchi, Tier von Alice Cobb Foto: A. Cobb

Albino-Spotnose, Tier von Morton Wright Foto: S. Broghammer

Albino-Pinstripe, Tier von Darren Biggs Foto: D. Carguillo

Albino-Super Yellowbelly aka **Albino Ivory**, Tier von Darren Biggs Foto: D. Carguillo

AXANTHIC

Axanthisch	Weitere Namen / Synonyme
rezessiv	**Genetik**
	Zuerst gezüchtet / importiert

Von Axanthic gibt es drei unterschiedliche Linien, die auf unterschiedlichen genetischen Grundlagen beruhen und nicht miteinander kombinierbar sind: Jolliff Axanthic, VPI Axanthic und Snake Keeper Axanthic.

Bereits 1991 hatten Tracy und David Barker/VPI ihr erstes Axanthic-Tier erhalten (ein Männchen von einem Importeur aus Florida bzw. über den Umweg Brian Sharp) und damit Tiere gezüchtet, die heterozygot für Axanthic waren. Damit zogen sie schließlich 1996 den VPI Axanthic. Das erste Exemplar der Jolliff-Axanthic-Linie hatte Michael Jolliff 1994 erworben, während der „Snake Keeper Axanthic" im Jahr 2000 „genetisch geprüft" war, indem Dan und Colette Sutherland/TSK (The Snake Keepers) die TSK-Linie mit einem 1996 aus Afrika gekommenen Tier züchteten.
Die Bezeichnung „Axanthisch" leitet sich von den gelben Pigmentzellen ab, die als Xanthophoren bezeichnet werden (rote Pigmentzellen dagegen heißen Erythrophoren). Das vorangestellte „A" (bzw. „An") bedeutet negierend, dass diese Tiere eben keine gelben (Axanthisch) bzw. roten (Anerythristisch) Pigmentzellen besitzen. Der Axanthic hat also kein Gelb in seiner Färbung, Rot spielt bei wildfarbenen *P. regius* dagegen fast keine Rolle (eigentlich zeigen nur Babys bis zur zweiten oder dritten Häutung rote Farbtöne). Das Phänomen ist amelanistischen (Albino)-Tieren vergleichbar, denen die schwarzen Pigmente fehlen. Da Gelb im Vergleich zu Schwarz die auffälligere Farbe ist, wirkt ein Tier mit fehlendem Gelb in der Zeichnung weniger auffällig und spektakulär als ein Königspython mit fehlendem Schwarz. Die axanthischen Tiere sind schwarz mit weiß gefärbt, wobei das Weiß eher ein Braun- bis Grauweiß ist. Als Baby ist der Kontrast bei solchen Tieren noch deutlich und intensiv; werden sie größer, wird er immer schwächer.

Axanthic (Joliff-Linie) (adultes Tier), Tier von Philipp Schäfer Foto: P. Schäfer

Axanthic (VPI-Linie), Tier von M&S Reptilien Foto: A. Gibert

Übersicht über die Axanthic-Morphen

Morphe	Zuerst gezüchtet (Jahr, Züchter)	auf Seite
Axanthic VPI-Linie	1997 VPI	119
Axanthic Joliff-Linie	1997 Mike Joliff	119
Axanthic TSK-Linie	1999 Snake Keeper	–
Black Axanthic	2008 VPI	–
Combos mit Axanthic, rezessiv		
Albino Axanthic	2001 Joliff-Linie	–
Albino Axanthic	2001 VPI-Linie	–
Albino Axanthic	2001 TSK-Linie = Snakekeeper	–
Albino-Axanthic-Black Pastel	2011 Major League Reptiles	–
Axanthic-Caramel	2009 Wes Harris	–
Axanthic-Clown (TSK-Linie)		123
Axanthic-Genetic Stripe-Pastel	2011 Bradford Cole	–
Axanthic-Ghost	Snake Keeper	121
Axanthic-Lavender	2009 Wes Harris	121/122
Axanthic-Piebald (VPI-Linie)	2009 Gilmore	121
Axanthic-Piebald (TSK-Linie)		122
Axanthic-Piebald-Orange Dream-Yellowbelly	2017 Justin Kobylka	121

Morphe	Zuerst gezüchtet (Jahr, Züchter)	auf Seite
Axanthic-Piebald-Pastel-Leopard (VPI-Linie)		121
Combos mit Axanthic, (co-)dominant		
Axanthic-Lesser	2009 Wes Harris	–
Axanthic-Champagne	2011 Genetic Gems	–
Axanthic-Black Pastel (VPI-Linie)		122
Axanthic-Super Black Pastel (VPI-Linie)		122
Axanthic-Fire	2012 Ken McAlexander	–
Axanthic-Mojave	2008 Wes Harris	–
Axanthic-Pastel (TSK-Linie)	2004 NERD	122
Axanthic-Pastel-Pinstripe	2010 Jared Carr	121
Axanthic-Pastel-Spider	2006 NERD	–
Axanthic-Super Pastel-Spider	2006 NERD	122
Axanthic-Pastel-Yellowbelly	2011 Jon Courtney	–
Axanthic-Spider (Paradox)		123
Axanthic-Genetic Tiger		120
Axanthic-Yellowbelly	2011 Jon Courtney	–

Axanthic-Genetic Tiger, Tier von Brian Hettinger
Foto: B. Hettinger

Axanthic-Piebald-Pastel-Leopard (VPI-Linie), Tier von Carl Gilmore
Foto: C. Gilmore

Axanthic-Ghost aka **True Ghost**, Tier von TSK
Foto: TSK

Axanthic-Piebald (VPI-Linie), Tier von Carl Gilmore Foto: C. Gilmore

Axanthic-Piebald-Orange Dream-Yellowbelly Foto: J. Kobylka

Axanthic(VPI-Linie)-Lavender Foto: M. Freedmann

Axanthic-Pastel-Pinstripe, Tier von Jared Carr Foto: J. Carr

Axanthic-Lavender, Tier von Wes Harris Foto: W. Harris

Axanthic-Piebald (TSK-Linie), Tier von TSK Foto: TSK

Axanthic-Super Pastel-Spider, Tier von Michael Cole
Foto: S. Broghammer

Axanthic-Black Pastel (VPI-Linie), Tier von Jim Stelpflug
Foto: S. Broghammer

Axanthic-Super Black Pastel (VPI-Linie), Tier von Gulf Coast Reptiles
Foto: S. Broghammer

Axanthic-Pastel (TSK-Linie), Tier von Royalsnakes
Foto: W. Obermayer

Axanthic (TSK-Linie)-Clown + Clown-Banana + Clown-Enchi-Pastel + Clown Foto: P. Greil

Axanthic-Spider (Paradox), Tier von M.C. Serpenti Foto: D. D'Agostino

Angeblicher BB Ball-Champagne
Foto: S. Broghammer

Angeblicher Albino-BB Ball
Foto: M. Wojciechowski

BB BALL UND RED BALL: EINE BETRUGSGESCHICHTE

2017 gingen Bilder einer angeblich neuen Königspython-Morphe durch das Internet – und die Szene war elektrisiert. Ein bis dato unbekannter Züchter wollte sie gezogen haben. Es waren recht wackelige, laienhafte Bilder, auf Facebook zu sehen. Ich arbeitete zu diesem Zeitpunkt an der zweiten Auflage meines *Python-regius*-Buches und wollte unbedingt gute Fotos von dem Tier haben sowie natürlich auch Informationen darüber, um die Morphe vorstellen zu können.

Also versuchte ich, den Züchter über Facebook zu kontaktieren, was nicht einfach war und leider letztlich ohne Erfolg blieb. Wohl unzählige Terrarianer bemühten sich, Infos, Preise und eventuell auch Tiere zu bekommen. Dem angeblichen Züchter war das vielleicht zu viel, er ignorierte fast alle Anfragen.

Einige Wochen später probierte ich es noch einmal, über den Facebook-Messenger mit meinem Namen, und bat um Fotos für das Buch. Ich bekam Antwort, alle benötigten Infos und auch einige Bilder, was mich sehr freute.

Dem „Züchter" zufolge spielte sich alles wie folgt ab: Der Red Ball sei der Albino des BB Ball. BB Balls seien schwarze Tiere mit rezessiver Genetik, 2010 aus Afrika importiert. Diese schwarzen Königspythons seien zuerst genetisch geprüft und dann mit Albinos verpaart worden. Mit den daraus entstandenen Doppelheteros sei es einige Jahre weitergegangen, bis 2016 der erste Red Ball geschlüpft sei, also genau genommen ein Albino-BB Ball.

Da ich nicht nur Buchautor bin, sondern in erster Linie Züchter, wollte ich natürlich unbedingt selbst solche Tiere haben – zuerst bevorzugt Red Balls, aber mit der Zeit auch immer mehr BB Balls. Die sahen auf den Fotos schon toll aus! Satter schwarz als alle anderen Simple-Morphen, mit richtig Potenzial für unendlich mehr. Großartige Tiere, da wollte ich mitspielen!

Ich fragte den Züchter, ob er welche zum Verkauf habe, was leider damals nicht der Fall war. Er hatte ein paar Tiere an einen guten Bekannten von mir in den USA abgegeben und wollte den Rest behalten.

Einige Monate später, es war Ende 2017, meldete er sich bei mir und bot mir Tiere an: angebliche Doppelheteros Albino BB, und, was noch spannender war, Doppelheteros BB Piebald, also weiße Tiere mit schwarzen Flecken, und das ohne die Wirbelsäulenprobleme, die es beim Panda Pied gibt. Die Preisvorstellung war allerdings erheblich. Nach etlichen E-Mails und Verhandlungen investierte ich die bisher größte Summe, die ich jemals für Königspythons ausgegeben habe. Ich war völlig überzeugt von diesem neuen Projekt. Ich wollte die Tiere gerne abholen, um die Elterntiere und die Red Balls im Original zu sehen. Der Züchter lehnte dies ab, da er gesundheitliche Probleme habe. Er werde einen Bekannten schicken, der mir die Tiere bringen werde. Hetero-Tiere für mehrere zehntausend Euro kaufen und nicht mal die Zucht sehen? Das war kniffelig, und ich war unschlüssig. Ich kannte die Bilder der Eltern, der BB Balls, der Red Balls. Sogar Videos davon hatte er mir geschickt.

Der Züchter machte jedoch einen sympathischen und seriösen Eindruck. Somit bekam ich die Tiere letztlich geliefert, später noch weitere Exemplare. Um es kurz zu machen: Damit ging ich dem besten und raffiniertesten Reptilienbluff auf den Leim, der mir bislang begegnet ist – von langer Hand geplant. Letztlich stellte sich heraus, dass es sich keineswegs um eine echte Morphe handelte, sondern schlicht und ergreifend um eingefärbte Tiere.

Wer nun denkt, „so blöd wie der Broghammer kann man doch gar nicht sein", der sollte nicht vergessen, dass in unserem Hobby viel Vertrauen und Bauchgefühl dazugehören. Den ersten Yellowbellys aus Afrika hat auch kaum jemand getraut, und ebenso ging es vielen weiteren neuen Morphen und Tieren. Und nehmt dies als Lehrstunde, was heutzutage mit Photoshop oder Einfärben der Tiere oder was auch immer möglich ist. Besteht bei spannenden, aber zweifelhaften Angeboten nach Möglichkeit immer auf persönlichen Treffen, lasst Euch die Tiere und deren Eltern zeigen! Und wenn Ihr nicht völlig überzeugt davon seid, auf der sicheren Seite zu sein, lasst lieber die Finger davon, so verlockend das Angebot auch aussehen mag.

Angeblicher BB Ball (links) + **Albino BB Ball (Red Ball)** (rechts)
Foto: M. Wojciechowski

BLACK LACE

Weitere Namen / Synonyme	keine
Genetik	**rezessiv**
Zuerst gezüchtet / importiert	2004 von Dan Wolfe

Dan Wolfe hatte 2003 ein Odd-Weibchen mit einer etwas ausgefallenen Streifenzeichnung erhalten. Optisch war dieses Tier weit weniger spektakulär als der spätere Black Lace, doch mit diesem Königspython konnte Wolfe 2004 die ersten beiden „Black Lace"-Tiere nachziehen. Der Vater war ein Pastel-Männchen, das leider zwei Jahre später verstarb. Unglücklicherweise waren bis dahin alle Nachkommen weibliche Tiere, sodass er 2008 eines dieser Weibchen mit einem Mystic-Männchen verpaarte und optisch unterscheidbare Mystics erhielt – glücklicherweise nun auch Männchen. Diese wiederum kreuzte er 2010 mit einem der „Hetero Black Lace"-Weibchen und bekam so die ersten Black Lace sowie Mystic Black Lace.

Die Heteros lassen sich etwas von den Classic unterscheiden, man kann es ihnen sozusagen ansehen, dass sie Heteros sind. Daher war es am Anfang noch unklar, ob sie zu den rezessiven oder zu den codominanten Morphen zählen. Aber wie an anderer Stelle beschrieben, sieht man es einigen Heteros an, dass sie ein „unterdrücktes" verändertes Gen tragen.

Obwohl es die Morphe schon lange gibt, wurde nicht sehr viel damit gezüchtet. Der Urvater dieser Mutation, Dan Wolfe, hat leider seine Zucht aufgegeben bzw. verkauft. Dan Wolfe war immer für spannende neue Morphen gut. Schade, dass er nicht mehr in der Szene ist.

Mal schauen wer sich die nächsten Jahre des Black Lace annimmt.

Combos: Mystic Black Lace. Zuerst gezüchtet: 2010 von Dan Wolfe

Übersicht über die Black Lace-Morphen

Morphe	Zuerst gezüchtet (Jahr, Züchter)	auf Seite
Black Lace (heterozygot)	2004 Dan Wolfe	126
Black Lace (homozygot)	2004 Dan Wolfe	127
Combos mit Black Lace, rezessiv		
Black Lace-Mystic	2010 Dan Wolfe	127
Het Black Lace-Mystic-Nova		127

Hetero Black Lace, Tier von Dan Wolfe
Foto: D. Wolfe

Black Lace, Tiere von Dan Wolfe Foto: D. Wolfe

Black Lace-Mystic, Tier von Dan Wolfe Foto: D. Wolfe

Het Black Lace-Mystic-Nova, Tiere von Dan Wolfe Foto: D. Wolfe

BOURGOGNE

Weitere Namen / Synonyme	keine
Genetik	**rezessiv**
Zuerst gezüchtet / importiert	2012 von Jean-Pierre Paynot

Bourgogne ist (neben Caramel, Ultramel und vermutlich auch Rainbow) ein weiterer sogenannter T+ Albino. T+ steht für „Tyrosin positiv", die Tiere können also die für das schwarze Pigment Melanin notwendige Aminosäure Tyrosin synthetisieren, aber trotzdem wird im Körper kein Melanin gebildet. Der Franzose Jean-Pierre Paynot züchtet Bourgogne seit 2012.

Optisch lassen sich die verschiedenen T+ Albinos nur schwer voneinander unterscheiden. Es ist wichtig, die Linie zu kennen, die man besitzt, weil sie untereinander nicht allel sind. Verpaart man die verschiedenen Linien untereinander bekommt man lediglich doppelheterozygote, wildfarbene Jungtiere. Werden diese untereinander verpaart, erhält man zu 1/16 eine wunderschöne, doppelt rezessive Morphe, je nach Züchter bzw. Linie Sunfire oder Camarillo genannt.

Bei Bourgogne (wie auch bei Ultramel und Rainbow) gibt es keine Probleme in der Zucht mit Wirbelsäulendeformation oder Ähnlichem, wie sie leider bei Caramel auftreten.

Morphe	Zuerst gezüchtet (Jahr, Züchter)	auf Seite
Bourgogne	2012 JP Paynot	128
Combos mit Bourgogne, rezessiv		
Bourgogne-Caramel	2013 JP Paynot	129
Combos mit Bourgogne, (co-)dominant		
Bourgogne-Cinnamon		129
Bourgogne-Pastel		129

Bourgogne
Foto: J.P. Paynot

Bourgogne-Pastel
Foto: J.P. Paynot

Bourgogne-Caramel (Baby)
Foto: J.P. Paynot

Bourgogne-Cinnamon
Foto: J.P. Paynot

CARAMEL

Weitere Namen / Synonyme: Caramel Albino, T-positiv Albino, Xanthic, Xanthisch
Genetik: **rezessiv**

Zuerst gezüchtet / importiert: 1996 von Kevin McCurley/NERD

Bei diesen Tieren ist kein Schwarz (Melanin) in der Zeichnung vorhanden, aber ein dunkler Braunanteil, vor allem am Kopf. Caramels werden auch als T-positive Albinos bezeichnet – das „T“ steht für Tyrosinase, ein Enzym, das für die Synthese von Melanin notwendig ist. Im Gegensatz zu den Tyrosinase-negativen Tieren (den amelanistischen Albinos) besitzen diese Pythons zwar Tyrosinase, was sich im Labor nachweisen lässt. Sie sind jedoch aus anderen Gründen nicht in der Lage, schwarze Pigmente zu bilden, was zu der typischen bräunlich violetten Färbung der dunklen Anteile führt – während die hellen Farbanteile Gelb (xanthisch) erscheinen.

Leider scheint bei den Caramels neben dieser Farbveränderung auf demselben Gen ein Defekt aufzutreten: Die Tiere neigen zu Knickschwänzen oder Wirbelsäulenverkrümmungen. Dieser Defekt scheint genetisch verankert zu sein. Selbst Tiere, die in Afrika schlüpfen, zeigen meist mehr oder weniger starke Wirbelsäulendeformationen. Siehe dazu auch den Abschnitt über Gendefekte ab Seite 103.

Caramel, Tier von Royalsnakes
Foto: W. Obermayer

Übersicht über die Caramel-Morphen

Morphe	Zuerst gezüchtet (Jahr, Züchter)	auf Seite
Caramel	1996 NERD	130
Combos mit Caramel, rezessiv		
Axanthic-Caramel	2009 Wes Harris	–
Bourgogne-Caramel	2013 JP Paynot	129
Caramel-Clown-Pastel	2012 MA-Reptiles	133
Caramel-Desert Ghost		132
Caramel-Desert Ghost-Pastel		131/132/149
Caramel-Desert Ghost-Pastel-Spider		131
Caramel-Desert Ghost-Pinstripe		132/133
Caramel-Ghost	2001 NERD	132
Caramel-Genetic Stripe		132
Caramel-Piebald	2011 Reptile Industries	132/133
Caramel-Ultramel	2005 Vin Russo	133
Combos mit Caramel, (co-)dominant		
Caramel-Cinnamon	2011 Graziani Reptiles Inc.	–
Caramel-Mojave	2009 Bill Buchman	–
Caramel-Super Pastel	2011 Jürgen Hochholzer	133
Caramel-Pastel-Pinstripe	2010 Peter Nilson	–
Caramel-Pinstripe		132
Caramel-Pinstripe-Spider	2012 BHB	132

Caramel-Desert Ghost-Pastel-Spider
Foto: C. Ross

Caramel-Desert Ghost-Pastel-Spider (links) + **Caramel-Desert Ghost-Pinstripe** (mitte) + **Caramel-Desert Ghost-Pastel** (rechts) Foto: C. Ross

Caramel-Desert Ghost, Tier von Reptiles Industries Foto: S. Broghammer

Caramel-Desert Ghost-Pastel Foto: C. Ross

Caramel-Ghost (Abstract), Tier von Steve Roussis Foto: S. Roussis

Caramel-Piebald (Jungtier), Tier von MA-Reptiles Foto: MA-Reptiles

Caramel-Genetic Stripe, Tier von Steve Roussis Foto: S. Roussis

Caramel-Pinstripe-Spider aka Caramel Spinner, Tier von BHB Foto: A. Riis

Caramel-Piebald, Tier von Steve Roussis Foto: S. Roussis

Caramel-Ultramel aka **Camarillo**, Tier von Vin Russo Foto: V. Russo

Caramel-Clown-Pastel, Tier von MA-Reptiles Foto: MA-Reptiles

Caramel-Super Pastel, Tier von Jürgen Hochholzer Foto: J. Hochholzer

Caramel-Desert Ghost-Pinstripe
Foto: C. Ross

Caramel-Pinstripe,
Tier von Peter Nilsson
Foto: P. Nilsson

CLOWN

Weitere Namen / Synonyme keine
Genetik **rezessiv**

Zuerst gezüchtet / importiert 1999 von Tracy und David Barker/VPI

Der Name „Clown" wurde von Tracy und Dave Barkers vergeben. Das erste dieser Tiere, ein Männchen, das Noah aus Ghana exportierte, hatte unter dem Auge einen auffälligen Fleck in der Zeichnung, der an die „schwarze Träne" bei den weißen Theater-Clowns (Pierrot bzw. Pirot) erinnert. So entstand der Name. Diese Träne ist zwar kein Standard für die Clown-Zeichnung, und den meisten Exemplaren fehlt sie sogar, doch ist es ein origineller Name, der sich durchgesetzt hat. Wenige Jahre, nachdem der erste Clown aus Afrika importiert worden war, kamen noch einmal drei Clown-Weibchen von dort. Nach wie vor handelt es sich um eine sehr beliebte Morphe. Vor allem die Farben und die Zeichnung an den Flanken der Tiere sind nach meinem Geschmack ausgesprochen hübsch.

Clown-Spider, Tier von J. Kobylka Reptiles
Foto: J. Kobylka Reptiles

Clown-Enchi, Tiere von Casey LazikFoto: C. Lazik

Übersicht über die Clown-Morphen

Morphe	Zuerst gezüchtet (Jahr, Züchter)	auf Seite
Clown	1999 VPI	135
Clown-Reduced Pattern		137
Combos mit Clown, rezessiv		
Albino-Clown	2005 BHB	133
Axanthic-Clown (TSK-Linie)		123
Caramel-Clown-Pastel	2012 MA-Reptiles	133
Clown-Ghost	2008 Ballroom Pythons South	136
Clown-Piebald		136/144
Clown-Piebald-Yellowbelly	2017 J. Kobylka Reptiles	145
Clown-Scaleless Head		190
Clown-Scaleless Head-Pastel		191
Combos mit Clown, (co-)dominant		
Clown-Bamboo	2017 Canzoneri Tony	138
Clown-Bamboo-Fire	2017 Canzoneri Tony	138
Clown-Banana		138/139
Clown-Super Banana		139
Clown-Banana-Blade-Enchi		138
Clown-Banana-Blade-Enchi-Pastel		138
Clown-Coral Glow-Blade-Leopard	2016 J. Kobylka Reptiles	141
Clown-Banana-Butter		139
Clown-Banana-Enchi		139
Clown-Super Banana-Enchi		139
Clown-CoralGlow-Leopard-Spotnose	2016 J. Kobylka Reptiles	141
Clown-Blade-Butter	2012 Markus Jayne Ball Pythons	138
Clown-Blade-Enchi-Leopard	2017 J. Kobylka Reptiles	139
Clown-Blade-Enchi-Pastel-Spider		139
Clown-Blade-Jungle Woma-Pastel	2017 J. Kobylka Reptiles	328
Clown-Bongo		231
Clown-Bongo-Cinnamon	2016 M&S Reptilien	230
Clown-Bongo-Pastel		231
Clown-Bongo-Pastel-Spider		226
Clown-Lesser	2009 Brock Wagner	136
Clown-Butter-Enchi-Pastel		140
Clown-Butter-Leopard-Yellowbelly		140
Clown-Lesser-Pastel	2011 Marc Bailey	–
Clown-Butter-Pastel-Spider		140
Clown-Lesser-Pastel-Super Spotnose	2017 J. Kobylka Reptiles	144
Clown-Lesser-Spotnose		144
Clown-Sugar-Enchi-Leopard	2017 Canzoneri Tony	142
Clown-Cinnamon	2009 Graziani Reptiles Inc.	141
Clown-Super Cinnamon	2011 Graziani Reptiles Inc.	–
Clown-Cinnamon-Pastel		140
Clown-Black Pastel-Pastel	2012 J. Kobylka Reptiles	141
Clown-Cinnamon-Super Pastel	2011 Markus Jayne	–
Clown-Cinnamon-Pastel-Spotnose		140
Clown-Cinnamon-Pastel-Trick		401
Clown-Enchi	2012 Casey Lazik	134
Clown-Enchi-Fire		142
Clown-Enchi-Fire-Pastel		142
Clown-Enchi-Fire-Jungle Pastel-Woma		141
Clown-Enchi-Leopard-Spotnose	2017 J. Kobylka Reptiles	142
Clown-Enchi-Pastel	2012 Casey Lazik	136
Clown-Fire	2012 J. Kobylka Reptiles	136
Clown-Fire-Jungle Woma		328
Clown-Fire-Jungle Woma-Pastel		328
Clown-Fire-Leopard-Orange Dream	2017 J. Kobylka Reptiles	143
Clown-Fire-Pinstripe	2016 Tim Aumüller	143
Clown-Fire-Project Gene	2017 IRES Reptiles	143
Clown-GHI		143
Clown-Het Red Axanthic	2009 NERD	–
Clown-Het Red Axanthic-Pastel-Spider	2011 NERD	–
Clown-Hurricane	2017 Hans Winner	323
Clown-Leopard-Super Pastel-Spider	2016 J. Kobylka Reptiles	143
Clown-Leopard-Stranger	2017 IRES Reptiles	144
Clown-Super Motley		144
Clown-Pastel	2005 BHB	137
Clown-Super Pastel		137
Clown-Pastel-Phantom		144
Clown-Super Pastel-Pinstripe-Spider		145
Clown-Pastel-Spider	2011 Simon Ebbi	137
Clown-Super Pastel-Spider	2011 Simon Ebbi	137/145
Clown-Pastel-Yellowbelly	2012 Graziani Reptiles Inc.	–
Clown-Pinstripe		145
Clown-Russo	2011 Brock Wagner	137
Clown-Spider		134
Clown-Stranger	2017 IRES Reptiles	145
Clown-Genetic Tiger		400

Clown, Tier von M&S Reptilien
Foto: A. Gibert

Clown-Ghost, Tier von Philipp Schäfer Foto: P. Schäfer

Clown-Piebald, Tier von TSK Foto: TSK

Clown-Lesser aka **King Clown**, Tier von Philipp Schäfer Foto: P. Schäfer

Clown-Fire, Tier von Mike Wilbanks Foto: M. Wilbanks

Clown-Enchi-Pastel, Tier von Casey Lazik Foto: C. Lazik

Clown-Pastel, Tier von Michael Haitz Foto: M. Haitz

Clown-Super Pastel-Spider aka **Killer Bee Clown**, Tier/Foto von Simon Ebbi

Clown-Super Pastel aka **Killer Clown**, Tiere von Scott Austin Foto: S. Austin

Clown-Pastel-Spider aka **Bumble Bee Clown**, Tier/Foto von Simon Ebbi

Clown-Reduced Pattern aka **Clown-Genetic Tiger** Foto: S. Broghammer

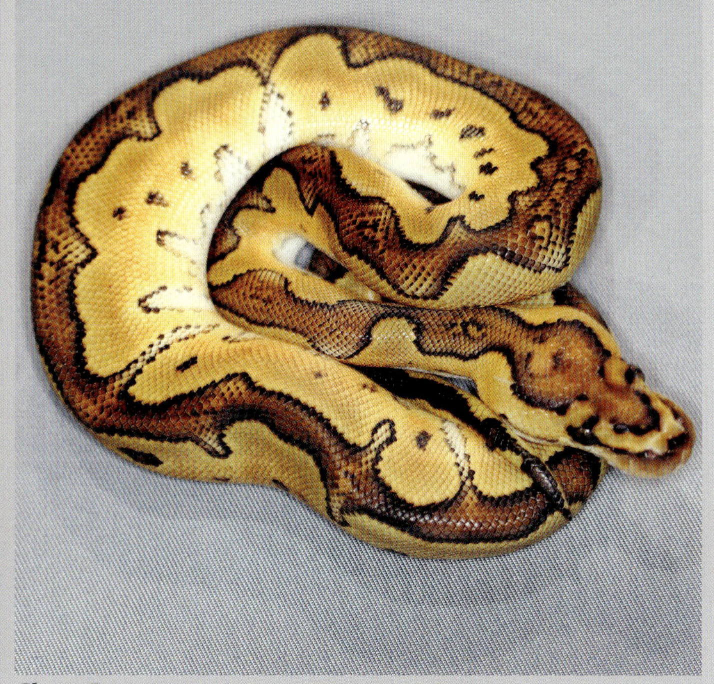
Clown-Russo, Tier von Jon's Jungle Foto: S. Broghammer

Clown-Banana-Blade-Enchi-Pastel Foto: H. van Hellem

Clown-Banana-Blade-Enchi Foto: H. van Hellem

Clown-Bamboo-Fire Foto: C. Tony

Clown-Bamboo Foto: C. Tony

Clown-Banana
Foto: H. van Hellem

Clown-Butter-Blade, Tier von Mark Mandic
Foto: M. Mandic

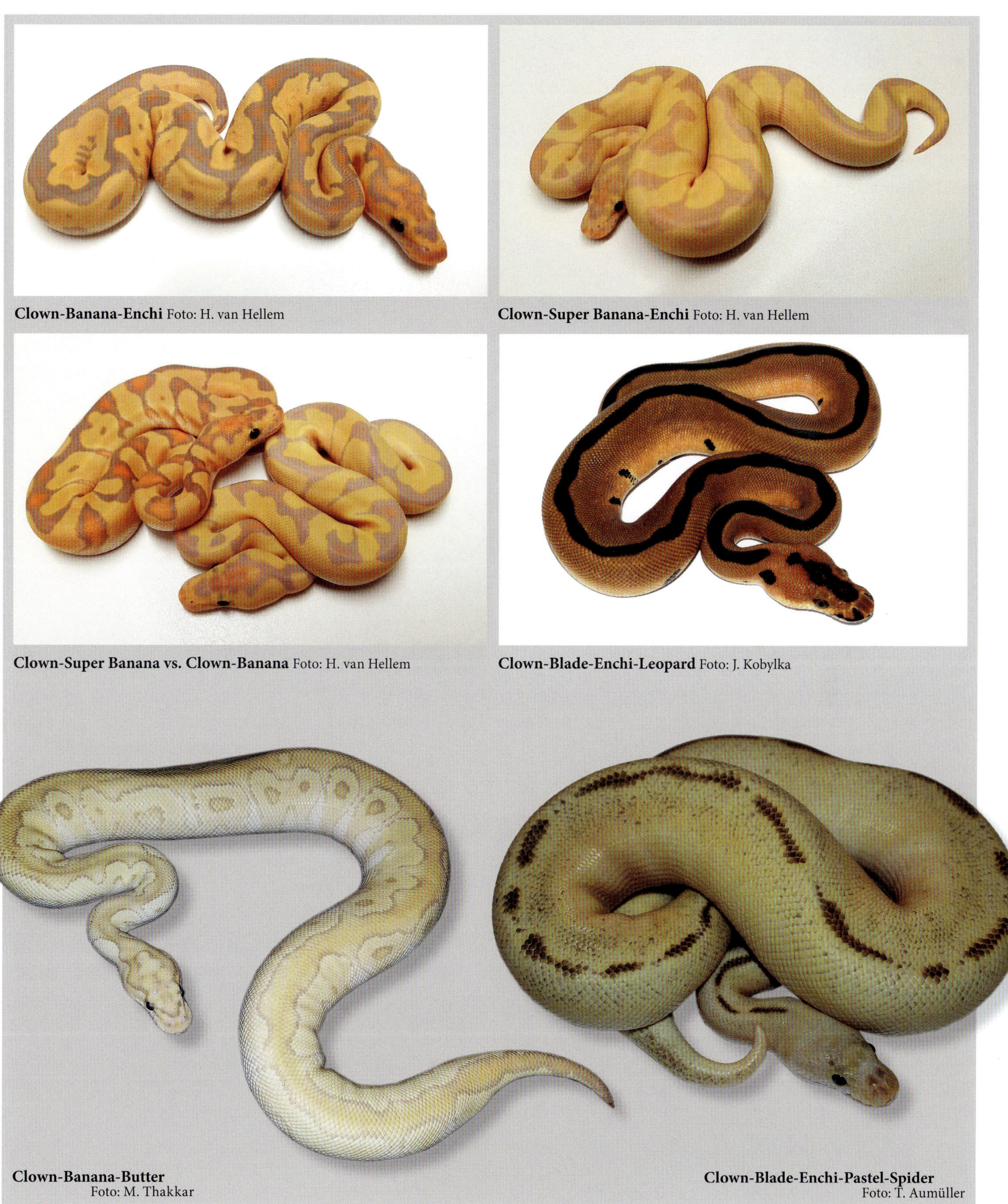

Clown-Banana-Enchi Foto: H. van Hellem

Clown-Super Banana-Enchi Foto: H. van Hellem

Clown-Super Banana vs. Clown-Banana Foto: H. van Hellem

Clown-Blade-Enchi-Leopard Foto: J. Kobylka

Clown-Banana-Butter
Foto: M. Thakkar

Clown-Blade-Enchi-Pastel-Spider
Foto: T. Aumüller

Clown-Butter-Enchi-Pastel Foto: J. Hochholzer

Clown-Butter-Leopard-Yellowbelly Foto: H. van Hellem

Clown-Butter-Pastel-Spider Foto: M&S Reptilien

Clown-Cinnamon-Pastel-Spotnose Foto: M. Tacker

Clown-Cinnamon-Pastel Foto: M&S Reptilien

Clown-Cinnamon
Foto: M&S Reptilien

Clown-Black Pastel-Pastel aka Black Pewter Clown,
Tier von J. Kobylka Reptiles Foto: J. Kobylka Reptiles

Clown-Coral Glow-Blade-Leopard Foto: J. Kobylka

Clown-Coral Glow-Leopard-Spotnose Foto: J. Kobylka

Clown-Banana-Enchi-Pastel Foto: H. van Hellem

Clown-Enchi-Fire-Jungle Pastel-Woma Foto: J. Kobylka

Clown-Enchi-Fire-Pastel Foto: J. Kobylka

Clown-Enchi-Fire Foto: J. Kobylka

Clown-Enchi-Leopard-Spotnose Foto: J. Kobylka

Clown-Enchi-Pastel Foto: T. Aumüller

Clown-Enchi-Leopard-Sugar
Foto: C. Tony

Clown-Fire-Project Gene (Projekt Gen evtl synonym für Monsoon?) Foto: IRES Reptiles

Clown-Fire-Leopard-Orange Dream Foto: J. Kobylka

Clown-Fire-Pinstripe Foto: T. Aumüller

Clown-GHI Foto: T. Aumüller

Clown-Leopard-Super Pastel-Spider Foto: J. Kobylka

Clown-Leopard-Stranger Foto: IRES-Reptiles

Clown-Lesser-Pastel-Super Spotnose Foto: J. Kobylka

Clown-Lesser-Spotnose Foto: J. Kobylka

Clown-Pastel-Phantom Foto: A. Holzer

Clown-Super Motley Foto: M. Thakkar

Clown-Piebald Foto: S. Roussis

Clown-Super Pastel-Pinstripe-Spider
Foto: D. Kiel & I. Hoffmann

Clown-Super Pastel-Spider Foto: M&S Reptilien

Clown-Stranger Foto: IRES Reptiles

Clown-Piebald-Yellowbelly Foto: J. Kobylka

Clown-Pinstripe Foto: M&S Reptilien

DESERT GHOST

Weitere Namen / Synonyme	Sahara, siehe entsprechendes Kapitel S. 187
Genetik	**rezessiv**
Zuerst gezüchtet / importiert	2003 von Mark und Kim Bell/Reptile Industries

Es gibt zwei unterschiedliche Formen der „Desert"-Mutation, die außer dem Namen und dem Aussehen nichts miteinander zu tun haben; es sind zwei genetisch völlig eigenständige Morphen: die dominanten Deserts (siehe Abschnitt „Dominante und codominante Morphen") und die rezessiven Desert Ghosts. Der Unterschied wurde 2003 klar, als die Bells ihre Morphe als rezessiv und im gleichen Jahr Kevin McCurley/NERD seine Deserts als dominante Morphe prüften. Seitdem wird die rezessive Morphe als Desert Ghost bezeichnet.

Der Zusatz „Ghost" hat genetisch betrachtet nichts mit anderen Ghost-Varianten (z. B. Orange, Yellow) zu tun. Er wurde vielmehr angehängt, um die Unterscheidung zu erleichtern und auf die ähnliche Optik und rezessive Vererbung anzuspielen. Mit den Desert Ghosts lassen sich wunderschöne Combos erzielen, traumhafte cremefarbene Tiere. Aufgrund der rezessiven Vererbung gibt es von den Desert Ghosts bisher bei Weitem nicht so viele Combos wie bei den dominanten Namensvettern. 2017 hat sich zum ersten Mal gezeigt, dass Desert Ghost und Sahara wohl den gleichen genetischen Hintergrund haben.

Desert Ghost-Super Banana-Enchi
Foto: H. van Hellem

Desert Ghost,
Tier von Herman van Hellem
Foto: H. van Hellem

Übersicht über die Desert-Ghost-Morphen

Morphe	Zuerst gezüchtet (Jahr, Züchter)	auf Seite
Desert Ghost	2003 Reptile Industries	146
Combos mit Desert Ghost, rezessiv		
Caramel-Desert Ghost		132
Caramel-Desert Ghost-Pastel		131/132/149
Caramel-Desert Ghost-Pastel-Spider		131
Caramel-Desert Ghost-Pinstripe		131/133
Desert Ghost-Ghost-Leopard-Pinstripe	2016 J. Kobylka Reptiles	149
Combos mit Desert Ghost, (co-)dominant		
Desert Ghost-Banana		148
Desert Ghost-Banana-Enchi		148
Desert Ghost-Super Banana-Enchi		146
Desert Ghost-Banana-Super Enchi		148
Desert Ghost-Butter		147
Desert Ghost-Butter-Leopard		149
Desert Ghost-Black Pastel		147
Desert Ghost-Leopard-Spotnose	2017 J. Kobylka Reptiles	148
Desert Ghost-Orange Dream-Pastel		149
Desert Ghost-Pastel		147/149
Desert Ghost-Pastel-Pinstripe		147/149
Desert Ghost-Pinstripe		147

Desert Ghost-Pastel, Tier von Ken Gubersky Foto: K. Gubersky

Desert Ghost-Pastel-Pinstripe, Tier von Darren Biggs Foto: D. Carguillo

Desert Ghost-Butter, Tier von Philipp Schäfer Foto: P. Schäfer

Desert Ghost-Black Pastel Foto: H. van Hellem

Desert Ghost-Pinstripe, Tier von Philipp Schäfer Foto: P. Schäfer

Desert Ghost-Banana-Enchi Foto: H. van Hellem

Desert Ghost-Banana Foto: H. van Hellem

Desert Ghost-Banana-Super Enchi Foto: H. van Hellem

Desert Ghost-Leopard-Spotnose Foto: J. Kobylka

Desert Ghost-Banana-Enchi (rechts) + **Banana-Enchi** (links) Foto: H. van Hellem

Desert Ghost-Pastel-Pinstripe
Foto: W. Obermayer

Desert Ghost-Ghost-Leopard-Pinstripe
Foto: J. Kobylka

Desert Ghost-Orange Dream-Pastel + Desert Ghost-Butter-Leopard
Foto: C. Tony

Desert Ghost-Pastel (links) + **Caramel-Desert Ghost-Pastel** (rechts)
Foto: C. Ross

GENETIC STRIPE

Weitere Namen / Synonyme Genetic Striped
Genetik **rezessiv**

Zuerst gezüchtet / importiert 1999 von Tracy und David Barker/VPI

Ich habe meine ersten Genetic Stripes im Jahr 2000 bei einem Exporteur in Ghana gesehen. Leider waren diese Exemplare schon verkauft bzw. jemandem versprochen worden. Bis dahin wusste ich nicht, dass diese Morphe schon ein Jahr zuvor von Tracy und Dave Barker in den USA gezüchtet worden waren. Die Barker-Linie geht auf ein Männchen zurück, das bereits 1989 aus Afrika gekommen war.

Jedes Jahr kommen von den Farmen aus Afrika gestreifte Tiere, manche davon zeigen sogar ein durchgezogenes Rückenband. Diese Pythons haben mit echten Genetic Stripes nichts zu tun, denn auch die Flankenzeichnung ist bei den Genetic Stripes stark verändert, annähernd zeichnungslos („patternless"). Außerdem ist die Musterung dieser zufällig gestreiften Tiere nicht genetisch verankert.

Die meisten Genetic Stripes haben eine fast durchgezogene Rückenlinie, in den letzten Jahren sieht man aber auch mehr und mehr Exemplare, bei denen die Rückenlinie Unterbrechungen aufweist und fast nur noch aus Flecken besteht, ähnlich den „Motley"-Kornnattern.

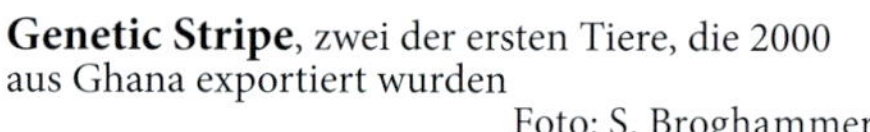

Genetic Stripe, zwei der ersten Tiere, die 2000 aus Ghana exportiert wurden
Foto: S. Broghammer

Genetic Stripe-Butter-GHI
Foto: H. van Hellem

Genetic Stripe (Motley-Linie)
Foto: A. Gibert, M&S

Übersicht über die Genetic-Stripe-Morphen

Morphe	Zuerst gezüchtet (Jahr, Züchter)	auf Seite
Genetic Stripe	1999 VPI	150
Genetic Stripe (Motley-Linie)		150
Combos mit Genetic Stripe, rezessiv		
Albino-Genetic Stripe	2005 Ralph Davis	113
Albino-Genetic Stripe-Pastel	2011 Fred Kick	114
Axanthic-Genetic Stripe-Pastel	2011 Bradford Cole	–
Caramel-Genetic Stripe		132
Genetic Stripe-Orange Ghost	2007 Fred Kick	151
Genetic Stripe-Orange Ghost-Pastel	2010 Fred Kick	152
Genetic Stripe-Orange Ghost-Pastel-Spider	Fred Kick	152
Genetic Stripe-Orange Ghost-Spider	Fred Kick	152
Genetic Stripe-Piebald		152
Combos mit Genetic Stripe, (co-)dominant		
Genetic Stripe-Banana		154
Genetic Stripe-Banana-GHI-Pastel		154
Genetic Stripe-Banana-Pastel		154
Genetic Stripe-Butter		153
Genetic Stripe-Lesser		–
Genetic Stripe-Butter-GHI		150
Genetic Stripe-Butter-Pastel		152
Genetic Stripe-Calico	2011 Exotics by Nature	–

Morphe	Zuerst gezüchtet (Jahr, Züchter)	auf Seite
Genetic Stripe-Calico-Cinnamon	2011 Exotics by Nature	–
Genetic Stripe-Calico-Pastel	2011 Exotics by Nature	–
Genetic Stripe-Cinnamon	2008 Exotics by Nature	–
Genetic Stripe-Super Black Pastel		153
Genetic Stripe-Cinnamon-Pastel	2008 Ballroom Pythons South	–
Genetic Stripe-Cinnamon-Super Pastel	2009 Exotics by Nature	153
Genetic Stripe-Super Cinnamon-Pastel	2011 Ballroom Pythons South	–
Genetic Stripe-Super Cinnamon-Super Pastel	2011 Ballroom Pythons South	–
Genetic Stripe-Desert	2011 Pro Exotics	–
Genetic Stripe-GHI		154
Genetic Stripe-GHI-Pastel		153
Genetic Stripe-GHI-Super Pastel		152
Genetic Stripe-Het Red Axanthic	Corey Woods	–
Genetic Stripe-Super Pastel		154
Genetic Stripe-Pastel-Pinstripe	2011 Fred Kick	–
Genetic Stripe-Pastel-Spider	2010 Fred Kick	153
Genetic Stripe-Pastel-Yellowbelly		153
Genetic Stripe-Pinstripe	2010 Fred Kick	154
Genetic Stripe-Spider	2006 NERD	–

Genetic Stripe-Orange Ghost, Tiere von Fred Kick
Foto: F. Kick

Genetic Stripe-GHI-Super Pastel Foto: H. van Hellem

Genetic Stripe-Orange Ghost-Pastel, Tier von Fred Kick Foto: F. Kick

Genetic Stripe-Orange Ghost-Pastel-Spider, Tier von Fred Kick Foto: F. Kick

Genetic Stripe-Orange Ghost-Spider, Tier von Fred Kick Foto: F. Kick

Genetic Stripe-Piebald, Tier von TSK
Foto: TSK

Genetic Stripe-Butter-Pastel, Tier von Herman van Hellem
Foto: H. van Hellem

Genetic Stripe-Butter, Tier von Royalsnakes Foto: W. Obermayer

Genetic Stripe-Super Black Pastel, Tier von Darren Biggs Foto: D. Carguillo

Genetic Stripe-Cinnamon-Super Pastel, Tier von Sean Bradley Foto: A. Jones

Genetic Stripe-GHI-Pastel Foto: H. van Hellem

Genetic Stripe-Pastel-Yellowbelly, Tier von Ken Gubersky Foto: K. Gubersky

Genetic Stripe-Pastel-Spider, Tier von Fred Kick Foto: F. Kick

Genetic Stripe-Super Pastel, Tier von Michael Cole Foto: S. Broghammer

Genetic Stripe-Banana-GHI-Pastel Foto: H. van Hellem

Genetic Stripe-Banana-Pastel Foto: H. van Hellem

Genetic Stripe-Banana Foto: H. van Hellem

Genetic Stripe-GHI
Foto: H. van Hellem

Genetic Stripe-Pinstripe,
Tier von Fred Kick
Foto: F. Kick

GHOST

Weitere Namen / Synonyme: Hypo oder Hypomelanistisch
Genetik: **rezessiv**

Zuerst gezüchtet / importiert: 1994 von Kevin McCurley/NERD

Ghosts sind hypomelanistisch, d. h., sie bilden zwar eine gewisse Menge an Melanin (schwarze Hautpigmente), aber nicht genug, um der natürlichen Farbe des Tieres zu entsprechen. „Hypo“ kommt aus dem Griechischen und bedeutet „zu wenig“; es bezieht sich auf den geringen Melaninanteil dieser Tiere, der sich auch gut an den Häutungen erkennen lässt, die transparent und ohne erkennbare Zeichnung und Färbung sind.

Bis heute geht es oft etwas durcheinander, weil die Bezeichnung „Ghost“ nicht überall gebräuchlich ist. Vor allem die Amerikaner bezeichnen ihre Ghosts lieber als „Hypos“, um eine Verwechslung mit den „True Ghosts“ auszuschließen. Wenn der Ausdruck „Ghost“ von den Kornnattern (die ja schon vor den Königspythons als solche gezüchtet wurden) übernommen und gleichgesetzt werden würde, dann wäre ein Ghost eigentlich ein axanthisches (bzw. anerythristisches) und hypomelanistisches Tier. Aber beim Königspython wird diese Bezeichnung eben für die rezessive (Hypo-)Mutation verwendet. Ich persönlich finde den von Kevin McCurley eingeführten Ausdruck „Ghost“ gut und passend und sehe auch keine Verwechslungsgefahr mit den Kornnattern-Ghosts.

Den ersten Ghost hat Kevin McCurley/NERD 1994 nachgezogen. Er hatte ein Pärchen Ghost-Wildfänge aus Afrika bekommen und war der Erste, der überhaupt mehr oder weniger gezielt und regelmäßig eine Königspython-Morphe züchtete. Zwar haben die Ghosts kein solches Aufsehen erregt, wie es die Piebalds von Pete Kahl einige Jahre später taten, aber durch die ersten Ghost-Combos, die etwas später kamen, wurden sie nach einiger Zeit dann doch sehr beliebt.

Ghosts treten in Afrika relativ häufig auf, und es werden jedes Jahr ca. 5–20 geranchte Tiere von dort exportiert. Sie stammen interessanterweise immer alle aus Benin, die Elterntiere dieser Exemplare aus der Gegend um Cotonou.

Nicht alle Ghost-Formen sind kompatibel, sondern es gibt eine Reihe unterschiedlicher Linien: Am häufigsten bekommt man Orange Ghosts oder einfach nur Ghosts angeboten, die genetisch miteinander kompatibel sind. Des Weiteren gibt es folgende Formen, die untereinander als nicht kompatibel gelten: Yellow Ghost (Outback Reptiles), Citrus Ghost (Gulf Coast Reptiles), Blue Ghost (Yellowbelly Ball), G1 und G2 Ghost (Graziani Reptiles) sowie Butterscotch Ghost (der Erstzüchter ist mir nicht bekannt).

Orange Ghost
Foto: A. Gibert

Green Ghost,
Tier von Royalsnakes
Foto: W. Obermayer

Butter Scotch Ghost,
Tier von Karsten Kamke
Foto: K. Kamke

Übersicht über die Ghost-Morphen

Morphe	Zuerst gezüchtet (Jahr, Züchter)	auf Seite
Blue Ghost	Graziani Reptiles Inc.	–
Butter Scotch Ghost		155
Citrus Ghost	Gulfcoast Reptiles	–
G1 Ghost	2004 Graziani Reptiles Inc.	–
G2 Ghost	2012 Graziani Reptiles Inc.	–
Green Ghost		155
Orange Ghost		155
Yellow Ghost	Outback Reptiles	–
Combos mit Ghost, rezessiv		
Albino-Ghost	2003 NERD	114
Axanthic-Ghost	Snake Keeper	121
Caramel-Ghost	2001 NERD	132
Clown-Ghost	2008 Ballroom Pythons South	136
Desert Ghost-Ghost-Leopard-Pinstripe	2016 J. Kobylka Reptiles	149
Genetic Stripe-Orange Ghost	2007 Fred Kick	151
Genetic Stripe-Orange Ghost-Pastel	2010 Fred Kick	152
Genetic Stripe-Orange Ghost-Pastel-Spider	Fred Kick	152
Genetic Stripe-Orange Ghost-Spider	Fred Kick	152
Ghost-Piebald	2008 Peter Kahl	157
Ghost-Piebald-Super Enchi		167
Combos mit Ghost, (co-)dominant		
Ghost-Bamboo-Enchi		159
Ghost-Banana-GHI		158
Ghost-Banana-Orange Dream		160
Ghost-Black Head		157
Ghost-Super Black Head	2008 Ralph Davis	–
Ghost-Black Head-Lesser-Spider-Red and Ringer Gene		159
Ghost-Black Head-Enchi	2016 Rene Albrecht	160
Ghost-Black Head-Enchi-Fire	2016 Rene Albrecht	158
Ghost-Black Head-Fire-Pinstripe	2016 Rene Albrecht	162
Ghost-Black Head-Mojave-Pastel-Red and Ringer Gene		162
Ghost-Black Head-Mojave-Red and Ringer Gene		162
Ghost-Black Head-Super Phantom-Red and Ringer Gene		162
Ghost-Butter		157
Ghost-Super Butter (Paradox)		158
Ghost-Butter-Champagne	2010 Joshua Marki	–
Ghost-Butter-Super Chocolate		163
Ghost-Butter-Black Pastel-Pastel	2011 Jon Courtney	–
Ghost-Butter-Cinnamon-Fire	2017 Rene Albrecht	163
Ghost-Butter-Enchi		158/165
Ghost-Butter-Enchi-Fire-Pinstripe		164
Ghost-Lesser-Fire-Pinstripe	2015 Rene Albrecht	166
Ghost-Lesser-Pastel		158
Ghost-Butter-Pastel-Spider	2009 Joshua Marki	–
Ghost-Champagne		157/165
Ghost-Champagne-Cinnamon	2010 Ken Macek	157
Ghost-Champagne-Black Pastel	2012 Jeff Luman	165
Ghost-Champagne-Enchi		165
Ghost-Champagne-Fire-Pastel	2012 Mike Wilbanks	159
Ghost-Chocolate		159
Ghost-Cinnamon	2007 Graziani Reptiles Inc.	158
Ghost-Black Pastel		159

Morphe	Zuerst gezüchtet (Jahr, Züchter)	auf Seite
Ghost-Super Cinnamon		159
Ghost-Cinnamon-Fire	2016 Rene Albrecht	165
Ghost-Cinnamon-Hurricane	2016 Hans Winner	324
Ghost-Black Pastel-Mojave		–
Orange Ghost-Black Pastel-Mojave	2010 Fred Kick	160
Ghost-Cinnamon-Pastel	2009 Graziani Reptiles Inc.	160
Ghost-Cinnamon-Super Pastel		160
Ghost-Cinnamon-Super Pastel-Spider	2011 Doug Matuszak	158
Ghost-Black Pastel-Pinstripe	2012 BHB	165
Ghost-Cinnamon-Spider	2011 Graziani Reptiles Inc.	–
Ghost-Black Pastel-Yellowbelly	2011 Jon Courtney	–
Ghost-Desert	Joshua Marki	161
Orange Ghost-Desert-Pastel	2011 Joshua Marki	–
Ghost-Desert-Spider	2010 Brock Wagner	–
Ghost-Enchi	2009 Simon Ebbi	161
Ghost-Super Enchi-Fire		166
Ghost-Enchi-Fire-Mojave	2015 Rene Albrecht	157
Ghost-Enchi-Fire-Phantom-Pinstripe	2017 Rene Albrecht	161
Ghost-Enchi-GHI	2017 Rene Albrecht	161
Ghost-Enchi-Mojave-Pinstripe	2015 Rene Albrecht	166
Ghost-Super Enchi-Pinstripe	2015 Rene Albrecht	166
Ghost-Enchi-Spider	2011 Fred Kick	–
Orange Ghost-Fire	2007 Mike Wilbanks	161
Ghost-Fire-GHI-Mojave		–
Ghost-Fire-Pinstripe	2015 Rene Albrecht	166
Ghost-GHI-Mojave-Spider	2011 NOTM	166
Ghost-GHI-Pastel		167
Ghost-Gravel-Yellowbelly	2016 J. Kobylka Reptiles	167
Orange Ghost-Het Red Axanthic	Corey Woods	–
Ghost-Super Hurricane-Pastel	2017 Hans Winner	324
Ghost-Mojave	2003 Snake Keeper	161
Ghost-Mojave-Orange Dream-Pastel	2017 Rene Albrecht	167
Ghost-Mojave-Super Orbit	2016 Phil Danch	354
Ghost-Mojave-Pastel		162
Ghost-Mojave-Pinstripe	2008 Marshall van Thorre	162
Ghost-Mojave-Sable	2011 Jon Courtney	–
Ghost-Mojave-Spider	2010 Fred Kick	–
Ghost-Super Phantom-Red and Ringer Gene		167
Ghost-Orbit	2016 Phil Danch	354
Ghost-Pastel	2003 Reptile Industries	167
G1 Ghost-Pastel	2005 Graziani Reptiles Inc.	–
G2 Ghost-Pastel	2012 Graziani Reptiles Inc.	–
Ghost-Super Pastel	2004 Corey Woods	163
Ghost-Pastel-Pinstripe		163
Orange Ghost-Pastel-Specter-Yellow-belly	2012 Brian Hahn	163
Ghost-Pastel-Yellowbelly	2010 Vince Pramuk	–
Ghost-Citrus Pastel-Yellowbelly		163
Ghost-Pinstripe-Spider		164
Ghost-Sable	2011 Jon Courtney	–
Ghost-Specter	2011 Mark Haas	164
Ghost-Spider	2003 NERD	164
Ghost-Vanilla		164
Citrus Ghost-Vanilla		164

Ghost-Piebald, Tier von Steve Roussis Foto: S. Roussis

Ghost-Black Head, Tier von Austrian Reptiles Foto: W. Obermayer

Ghost-Butter, Tier von TSK Foto: TSK

Ghost-Champagne aka **Mimosa**, Tier von Darren Biggs Foto: D. Carguillo

Ghost-Cinnamon-Champagne
Foto: W. Obermayer & G. Hiendlmeyer

Ghost-Enchi-Fire-Mojave
Foto: R. Albrecht

Ghost-Butter-Enchi, Tier von Scott Austin Foto: S. Austin

Ghost-Banana-Ghi Foto: H. van Hellem

Ghost-Cinnamon-Super Pastel-Spider, Tier von Doug Matuszak Foto: F. Visconti

Ghost-Lesser-Pastel, Tier von Dan und Claudia Bowlin Foto: D. & C. Bowlin

Ghost-Black Head-Enchi-Fire Foto: R. Albrecht

Ghost-Super Butter (Paradox), Tier von Royalsnakes Foto: W. Obermayer

Ghost-Cinnamon, Foto: A. Gibert, M&S

Ghost-Bamboo-Enchi Foto: H. van Hellem

Ghost-Champagne-Fire-Pastel aka **Fire Fly Mimosa**, Tier von Mike Wilbanks Foto: M. Wilbanks

Ghost-Black Head-Lesser-Spider-Red and Ringer Gene Foto: M. Thakkar

Ghost-Chocolate, Tier von Rocking Royal Foto: Rocking Royal

Ghost-Black Pastel, Tier von Darren Biggs Foto: D. Carguillo

Ghost-Super Cinnamon, Tier von Tim Bailey Foto: A. Jones

Orange Ghost-Black Pastel-Mojave, Tier von Fred Kick Foto: F. Kick

Ghost-Banana-Orange Dream Foto: R. Albrecht

Ghost-Black Pastel-Pastel, Tier von Darran Biggs Foto: D. Carguillo

Ghost-Black Head-Enchi Foto: R. Albrecht

Ghost-Cinnamon-Super Pastel, Tier von H.-J. Winner
Foto: H.-J. Winner

Ghost-Desert aka **Goldenrod**, Tier von Jeff Luman Foto: J. Luman

Orange Ghost-Fire, Tier von Mike Wilbanks Foto: M. Wilbanks

Ghost-Enchi, Tier von Herman van Hellem Foto: H. van Hellem

Ghost-Mojave, Jungtier von Steve Roussis Foto: S. Roussis

Ghost-Enchi-Fire-Phantom-Pinstripe Foto: R. Albrecht

Ghost-Enchi-GHI Foto: R. Albrecht

Ghost-Mojave-Pastel, Tier von Rusty's Balls Foto: A. Jones

Ghost-Black Head-Fire-Pinstripe Foto: R. Albrecht

Ghost-Mojave-Pinstripe, Tier von Ballpython Japan Foto: S. Broghammer

Ghost-Black Head-Mojave Red and Ringer Gene Foto: M. Thakkar

Ghost-Black Head-Super Phantom-Red and Ringer Gene Foto: M. Thakkar

Ghost-Black Head-Mojave-Pastel-Red and Ringer Gene Foto: J.F. Saelens

Ghost-Pastel-Pinstripe, Tier von Herman van Hellem Foto: H. van Hellem

Ghost-Super Pastel, Tier von Philipp Schäfer Foto: P. Schäfer

Orange Ghost-Pastel-Specter-Yellowbelly, Tier von Brian Hahn Foto: B. Hahn

Ghost-Butter-Super Chocolate Foto: R. Albrecht

Ghost-Citrus Pastel-Yellowbelly, Tier von Amir Soleymani Foto: S. Broghammer

Ghost-Butter-Cinnamon-Fire Foto: R. Albrecht

Ghost-Pinstripe-Spider, Tier von Dynasty Reptiles Foto: S. Broghammer

Ghost-Butter-Enchi-Fire-Pinstripe Foto: H. van Hellem

Ghost-Specter, Tier von Mark Haas Foto: M. Haas

Ghost-Spider aka **Honey Bee**, Tier von Royalsnakes Foto: W. Obermayer

Ghost-Vanilla, Tier von Scott Austin
Foto: S. Austin

Citrus Ghost-Vanilla, Tier von H.-J. Winner
Foto: H.-J. Winner

Ghost-Champagne-Black Pastel aka Black Mimosa, Tier/Foto von Jeff Luman

Ghost-Black Pastel-Pinstripe, Tier von BHB Foto: A. Riis

Ghost-Butter-Enchi Foto:L. von Sweball

Ghost-Champagne-Enchi Foto: H. van Hellem

Ghost-Champagne aka **Mimosa Ball** Foto: M&S Reptilien

Ghost-Cinamon-Fire Foto: R. Albrecht

Ghost-Enchi-Mojave-Pinstipe Foto: R. Albrecht

Ghost-Super Enchi-Fire Foto: R. Albrecht

Ghost-Super Enchi-Pinstripe Foto: R. Albrecht

Ghost-Lesser-Fire-Pinstripe Foto: R. Albrecht

Ghost-Fire-Pinstripe Foto: R. Albrecht

Ghost-GHI-Mojave-Spider Foto: R. Hochholzer

Ghost-GHI-Pastel Foto: R. Albrecht

Ghost-Gravel-Yellowbelly Foto: J. Konylka

Ghost-Mojave-Orange Dream-Pastel Foto: R. Albrecht

Ghost-Super Phantom-Red and Ringer Gene Foto: M. Thakkar

Ghost-Pastel Foto: M$S Reptilien

Ghost-Piebald-Super Enchi Foto: S. Roussis

LAVENDER

Weitere Namen / Synonyme: Lavender Albino
Genetik: **rezessiv**

Zuerst gezüchtet / importiert: 2001 von Ralph Davis, der Anfang 2000 ein Lavender-Albino-Weibchen besaß und mit einem Männchen von Kevin McCurley/NERD als gemeinsames Zuchtprojekt die ersten Lavender züchtete.

Die ersten Freilandtiere dieser Morphe waren schon 1993 in Benin gefunden worden – zwei adulte, in der Nähe von Cotonou gefangene Exemplare, die der Exporteur Patrice international anbot –, doch letztlich starben diese Tiere in Afrika, weil damals niemand bereit war, einen angemessenen Preis zu bezahlen.
Lavender Albinos sind – wie schon Albinos – eine Tyrosinase-negative-Mutation, allerdings mit anderem genetischem Hintergrund. So kommen bei der Verpaarung von Lavender und Albino auch keine weiteren Albinos heraus, sondern nur doppelt heterozygote, aber eben wildfarbene Tiere. Die Unterscheidung von Lavender und klassischem Albino ist bei Pythonbabys schwer. Früher wurden die geranchten Lavender-Babys aus Afrika noch als „normale" Albinos exportiert, der Preis lag dadurch deutlich unter dem der Lavender. Jetzt ist es umgekehrt oft so, dass die afrikanischen Exporteure in jedem Albino gleich einen Lavender sehen – es ist tatsächlich sehr schwer, bei Königspythonbabys die beiden Morphen zu unterscheiden, obwohl die Lavender dunklere, fast lilafarbene Augen haben, die klassischen Albinos eher rote. Je größer die Tiere werden, desto besser lässt sich die typische Lavender-Färbung (eine lavendelfarbene Tönung der weißen Bereiche) erkennen, während ein Albino dann nur noch reinweiß ist.

Die ersten zwei Lavender-Albinos, die in Westafrika gefunden wurden. Foto mit dem stolzen Exporteur Patrice aus Benin.
Foto: S. Broghammer

Lavender, Tier von M&S Reptilien
Foto: A. Gibert

Übersicht über die Lavender-Morphen

Morphe	Zuerst gezüchtet (Jahr, Züchter)	auf Seite
Lavender	2001 Ralph Davis	168
Combos mit Lavender, rezessiv		
Axanthic-Lavender	2009 Wes Harris	121/122
Lavender-Piebald	2007 Ralph Davis	169
Lavender-Piebald-Yellowbelly	2016 J. Kobylka Reptiles	–
Combos mit Lavender, (co-)dominant		
Lavender-Black Head-Leopard	2016 J. Kobylka Reptiles	169
Lavender-Champagne	2012 Jon´s Jungle	170
Lavender-Black Pastel		171
Lavender-Black Pastel-GHI		169/170
Lavender-Cinnamon-Pastel	2012 KGB Reptiles	170
Lavender-GHI		169/171
Lavender-Pastel		170/171
Lavender-Pastel-Spider		171
Lavender-Pinstripe		170

Lavender, Tier von M&S Reptilien Foto: A. Gibert

Lavender-Black Head-Leopard Foto: J. Kobylka

Lavender-Black Pastel-GHI + Lavender-GHI Foto: H. van Hellem

Lavender-Piebald aka **Dreamsicle**, Tier von Ralph Davis Foto: P. Buscher

Lavender-Champagne, Tier von Jon's Jungle Foto: S. Broghammer

Lavender-Pastel, Tier von Austrian Reptiles + Royalsnakes Foto: W. Obermayer

Lavender-Pinstripe, Tier von BHB Foto: A. Jones

Lavender-Black Pastel-GHI Foto: H. van Hellem

Lavender-Cinnamon-Pastel, Tier von Ken Gubersky Foto: K. Gubersky

Lavender-Black Pastel Foto: H. can Hellem

Lavender-GHI Foto: H. van Hellem

Lavender-Pastel-Spider Foto: C. Ross

Lavender-Pastel Foto: C. Ross

Lavender-Piebald-Yellowbelly Foto: J. Kobylka

MONSOON

Weitere Namen / Synonyme keine
Genetik **rezessiv**

Zuerst gezüchtet / importiert 2013 von Dave Green

Eine neue, sehr spannende rezessive Morphe. Der US-Amerikaner Dave Green führte 2013 die Verpaarung Pastel-Special mit Super Mojave durch. Daraus schlüpfte der erste Mojave-Monsoon. 2015 hat Dave dieses männliche Tier rückverpaart mit der Mutter und fünf anderen, nicht verwandten Weibchen. Lediglich aus der Verpaarung mit der Mutter entstand ein weiterer Monsoon, der jedoch leider im Ei abstarb. Aber damit war geprüft, dass es keine codominante Morphe ist.
2017 gelang es Dave Green, den ersten Monsoon als Base Morph, also ohne Mojave zu züchten. Die ursprünglichen Eltern stammten beide von Züchtern aus Kalifornien. Vermutlich war es reiner Zufall, dass bei der Verpaarung von Daves Tieren die entsprechenden Gene wieder zusammentrafen und der Monsoon schlüpfte – irgendein Züchter muss dieses Gen wohl unerkannt mit einem heterozygoten Tier „eingeschleppt" haben. Vielleicht kriecht in Afrika noch ein Monsoon-Königspython herum, den noch niemand gefunden und gefangen hat.
Die Zukunft wird noch viele spannende neue Monsoon-Combos bringen!

Übersicht über die Patternless-Morphen

Morphe	Zuerst gezüchtet (Jahr, Züchter)	auf Seite
Monsoon	2013 Dave Green	173
Monsoon ?	IRES Reptiles	173
Combos mit Monsoon, (co-)dominant		
Monsoon-Mojave	Dave Green	172

Monsoon-Mojave
Foto: D. Green

Monsoon
Foto: D. Green

Das neue Project Gene von Iris (hier als Combo mit **Stranger**) - oder ist es aka **Monsoon-Stranger**? Gleiche Genetik mit verschiedenen Namen?
Foto: IRES-Reptiles

PATTERNLESS

Weitere Namen / Synonyme keine
Genetik **rezessiv**

Zuerst gezüchtet / importiert 2002 von Tracy und David Barker/VPI

Die Eltern des von VPI erstmals 2002 gezüchteten Patternless waren blutsfremde, hübsche, aber fast normal aussehende Tiere, die als Babys 1996 bzw. 1997 aus Afrika importiert und mehr oder weniger zufällig miteinander verpaart wurden. Das resultierende Gelege bestand aus nur zwei Eiern, aus denen je ein Patternless-Exemplar schlüpfte, von denen eines wiederum verstarb. Bei zwei Morphen in der Nachkommenschaft, die aus den beiden einzigen Eiern schlüpften, sollte man annehmen, dass ein dominanter Erbgang vorliegt, aber im folgenden Jahr schlüpften bei der gleichen Verpaarung aus sechs Eiern sechs normalfarbene Babys! So viel Glück die beiden Züchter beim ersten Mal hatten, so viel Pech hatten sie nun, denn 2004 verstarb das adulte Männchen des Elternpaares. So versuchten die Barkers mit den Babys (66 % poss. het.) von 2003 noch einmal ihr Glück, aber erst 2009 schlüpften wieder zwei Patternless-Tiere, womit diese Morphe als rezessiv geprüft war.

In den Jahren nach 2002 wurden noch einige weitere Patternless-Tiere aus Afrika exportiert, die an verschiedene Züchter gingen. Ralph Davis bekam z. B. 2003 ein solches Exemplar. Bis heute sind nur sehr wenige dieser Tiere erhältlich, und soweit ich weiß, existieren auch nur ganz wenige Combos.

Patternless, Tier von Royalsnakes Foto: W. Obermayer

Patternless Foto: J. Höchtl

PIEBALD

Pied, Pie	Weitere Namen / Synonyme
rezessiv	**Genetik**
1997 von Pete Kahl	Zuerst gezüchtet / importiert

Der Ausdruck Piebald kommt aus dem Englischen und bedeutet so viel wie „kahle Flecken", eine Beschreibung, die gar nicht so schlecht auf diese Mutation zutrifft. Es handelt sich um Tiere, die am Körper stellenweise schneeweiß, an anderen Stellen wiederum (fast) normal gefärbt und gezeichnet sind.

Früher behauptete man, der Weißanteil vererbe sich zufällig und der Weißanteil der Elterntiere spiele keine Rolle. Mittlerweile weiß man aber, dass aus einer Verpaarung von zwei „Low White"-Tieren (also solchen mit geringem Weißanteil) wiederum nur „Low White"-Pieds hervorkommen. Lediglich bei heterozygoten Tieren ist die Frage noch nicht geklärt: Wenn man ein „Low White"-Männchen mit einem Weibchen verpaart, das selbst kein Pied ist, könnte es ja sein, dass der Weißanteil nicht nur vom Pied-Exemplar, sondern vom anderen Elternteil bestimmt wird – dass also das Hetero-Tier ebenfalls Einfluss auf den Weißanteil der Nachkommen hat. So soll es beispielsweise auch beim Calico sein, bei dem nicht der (dominante) Calico „vorgibt", wie der Nachwuchs gefärbt ist, sondern vielmehr, wie der jeweilige Partner auf die Mutation „anspringt". Dies könnte bei den Pieds ebenso der Fall sein. Mit meinem heutigen Wissen glaube ich jedoch, dass es sich intermediär verhält, wie viel Weiß ein Tier hat - also eine „Mischung" beider Eltern.

Interessanterweise werden Piebald-Tiere regelmäßig auch in der Natur gefangen. Sie stammen alle aus einer bestimmten Region in Ghana, nur ca. 30 km von der Hauptstadt Accra entfernt. Die ersten Piebalds tauchten Anfang der 1990er-Jahre auf und gehörten lange Zeit mit Preisen von deutlich über 20.000,- US-$ zu den teuersten und meistgesuchten Riesenschlangen. Pete Kahl hatte damals den Mut, relativ viel Geld in zwei Piebalds aus Afrika zu investieren. Laut Aussagen hat er für seine beiden Tiere 20.000,- US-$ bezahlt. Andere Züchter hatten die Tiere zu diesem Preis abgelehnt, da sie bezweifelten, dass es sich wirklich um eine genetisch fixierte Morphe handele. Im Nachhinein dürfte so mancher von ihnen seine damaligen Zweifel bereut haben. Für Pete Kahl hingegen hat es sich definitiv ausgezahlt: Er hat mit seinen Pieds in den folgenden Jahren Millionen an Dollar umgesetzt, denn über viele Jahre wurden Piebalds zu Preisen zwischen 25.000 und 30.000 US-$ pro Tier gehandelt. Und selbst die heterozygoten Pieds waren als Zuchtpaar anfangs fast genauso teuer. Damit legten die Piebalds sicher den einflussreichsten Grundstein in der Farbmorphen-Zucht bei Königspythons – und bis heute sind sie nach wie vor eine der spektakulärsten Varianten.

Piebald, Tier von M&S Reptilien
Foto: A. Gibert

SPIDER PIEBALD

Spied (ganz weiße Exemplare werden auch Coconut oder White Wedding genannt)	Weitere Namen / Synonyme
rezessiv	**Genetik**
Steve Roussis 2006 und Coconut 2007	Zuerst gezüchtet / importiert

Die Sensation war groß, als erstmals ein fast komplett weißes Tier, das lediglich am Kopf normal gezeichnet war, gezüchtet wurde. Später traten auch vollständig weiße Tiere auf, die von Steve Roussis „White Wedding" genannt wurden.

Bisher ist es nicht bekannt, was genau bewirkt, dass der Kopf der Tiere noch gezeichnet ist, während der Rest des Körpers rein weiß ist, oder ob dies überhaupt beeinflusst werden kann. Verpaart man White Wedding mit Pied, so erhält man hauptsächlich Spieds, manchmal jedoch scheinbar zufällig White Wedding (Steve Roussis, pers. Mittlg.).

Übersicht über die Piebald-Morphen

Morphe	Zuerst gezüchtet (Jahr, Züchter)	auf Seite
Piebald	1997 Peter Kahl	175/178/436
Combos mit Piebald, rezessiv		
Albino-Piebald	2006 Steve Roussis	112/114
Albino-Piebald-Chimera		428
Albino-Piebald-Chimera-Black Pastel-Super Pastel		428
Albino-Piebald-Metal Flake	Steve Roussis	113
Albino-Piebald-Paradox		114
Albino-Piebald-Pinstripe		115
Albino-Piebald-Super Russo	2012 Steve Roussis	–
Axanthic-Piebald (VPI-Linie)	2009 Gilmore	121
Axanthic-Piebald (TSK-Linie)		122
Axanthic-Piebald-Orange Dream-Yellowbelly	2017 Justin Kobylka	121
Axanthic-Piebald-Pastel-Leopard (VPI-Linie)		121
Caramel-Piebald	2011 Reptile Industries	132/133
Clown-Piebald		136/144
Clown-Piebald-Yellowbelly	2017 J. Kobylka Reptiles	145
Genetic Stripe-Piebald		152
Ghost-Piebald	2008 Peter Kahl	157
Ghost-Piebald-Super Enchi		167
Lavender-Piebald	2007 Ralph Davis	169
Lavender-Piebald-Yellowbelly	2016 J. Kobylka Reptiles	–
Piebald-Candy		195
Piebald-Candy-Leopard		195
Combos mit Piebald, (co-)dominant		
Piebald-Banana		179
Piebald-Coral Glow		179/180
Piebald-Super Banana-Enchi		178
Piebald-Banana-Panther-Pastel	2017 Freek Nuyt	358
Piebald-Banana-Pastel		180
Piebald-Banana-Pinstripe		178
Piebald-Lesser		177
Piebald-Calico-Pastel		179
Piebald-Cinnamon		–
Piebald-Super Cinnamon	2009 Mich Cole	177
Piebald-Super Black Pastel		179
Piebald-Cinnamon-Leopard-Spider	2012 Graziani Reptiles Inc.	–
Piebald-Cinnamon-Pastel	2010 Brandon Osborne	177
Piebald-Black Pastel-Pastel	2014 Steve Beamer	178
Piebald-Cinnamon-Super Pastel	2012 Brandon Osborne	182/271
Piebald-Black Pastel-Super Pastel	2014 Steve Beamer	179
Piebald-Desert		177
Piebald-Desert-Spider	2010 Pro Exotics	–

Morphe	Zuerst gezüchtet (Jahr, Züchter)	auf Seite
Piebald-Enchi-Fire-Pastel-Yellowbelly	2017 J. Kobylka Reptiles	181
Piebald-Enchi-Gene X-Orange Dream	2017 J. Kobylka Reptiles	182
Piebald-Enchi-Gene X-Orange Dream-Yellowbelly	2017 J. Kobylka Reptiles	182
Piebald-Enchi-Hurricane	2016 Hans Winner	326
Piebald-Fire	2010 J. Kobylka Reptiles	177
Piebald-Fire-Gene X-Pastel-Yellowbelly		182
Piebald-Fire-Orange Dream-Yellowbelly	2017 J. Kobylka Reptiles	183
Piebald-Fire-Pinstripe	2012 BHB	182
Piebald-Fire-Vanilla	2017 Royalsnakes	183
Piebald-Gene M		183
Piebald-Super Gravel	2016 J. Kobylka Reptiles	183
Piebald-Gravel-Yellowbelly	2015 J. Kobylka Reptiles	183
Piebald-Hurricane	2016 Hans Winner	326
Piebald-Leopard	Peter Kahl	177
Piebald-Leopard-Super Orange Dream-Yellowbelly	2016 J. Kobylka Reptiles	185
Piebald-Leopard-Pastel	2009 Graziani Reptiles Inc.	–
Piebald-Super Leopard-Pastel	2009 Graziani Reptiles Inc.	–
Piebald-Leopard-Pastel-Spider	2012 Graziani Reptiles Inc.	–
Piebald-Leopard-Spider	2009 Graziani Reptiles Inc.	–
Piebald-Super Mahogany	2017 J. Kobylka Reptiles	335
Piebald-Metal Flake		184
Piebald-Metal Flake-Russo		184
Piebald-Mojave	2008 WF Reptiles	178/184
Piebald-Mojave-Pastel	2011 Steve Markevich	184
Piebald-Mystic	2012 M&S Reptilien	179
Piebald-Panther-Pastel	Freek Nuyt	358
Piebald-Super Panther-Pastel	2012 Freek Nuyt	358
Piebald-Super Panther-Super Pastel	2014 Freek Nuyt	184
Piebald-Pastel	2005 Steve Roussis	–
Piebald-Super Pastel	2008 Steve Roussis	178/185
Piebald-Pastel-Pinstripe	2009 MA Reptiles	176/185
Piebald-Pastel-Russo	2012 Steve Roussis	182/365
Piebald-Pastel-Specter-Yellowbelly	2017 Royalsnakes	185
Piebald-Pastel-Spider		180
Piebald-Pinstripe		180
Piebald-Russo		180/185
Piebald-Spider	2006 Steve Roussis	–
Piebald-Spider (White Wedding)	2007 Steve Roussis	181
Piebald-Spider (Amir-Linie)	Amir Soleymani	181
Piebald-Spotnose	2010 Steve Beamer	–
Piebald-Woma	2011 Paul Fischer	–
Piebald-Yellowbelly	2008 J. Kobylka Reptiles	181
Piebald-Super Yellowbelly	2010 Royalsnakes	181

Piebald-Pastel-Pinstripe
Foto und Tier: MA-Reptiles

Piebald-Lesser, Tier von Dave Green
Foto: D. Green

Piebald-Super Cinnamon aka **Panda Pied**, Tier von Mich Cole
Foto: S. Broghammer

Piebald-Cinnamon-Pastel aka **Pewter Pied**, Tier/Foto von Brandon Osborne

Piebald-Desert, Tier von Austrian Reptiles + Royalsnakes Foto: W. Obermayer

Piebald-Fire, Tier von J. Kobylka Reptiles Foto: J. Kobylka Reptiles

Piebald-Leopard, Tier von Austrian Reptiles + Royalsnakes Foto: W. Obermayer

Piebald-Mojave aka **White Gold**, Tier von Steve Roussis Foto: S. Roussis

Piebald (kein Weiß) Foto: M. Koke

Piebald-Banana-Pinstripe Foto: A. Holzer

Piebald-Super Banana-(poss. Super) Enchi Foto: G. Day

Piebald-Black Pastel-Pastel Foto: S. Beamer

Piebald-Super Pastel aka **Killer Pied**, adultes Tier von Steve Roussis Foto: S. Roussis

Piebald-Mystic, Tier von M&S Reptilien

Piebald-Banana Foto: M. Freedmann

Piebald-Black Pastel-Super Pastel Foto: S. Beamer

Piebald-Super Black Pastel Foto: J. Hochholzer

Piebald-Calico-Pastel Foto: A. Holzer

Piebald-Coral Glow-Pastel Foto: M&S Reptilien

Piebald-Banana-Pastel, adultes Tier! Die Farbe hat sich im Wachstum erstaunlich verändert. Foto: A. Gibert, M&S

Piebald-Coral Glow Foto: S. Roussis

Piebald-Pastel-Spider (Paradox), Tier von Austrian Reptiles + Royalsnakes Foto: W. Obermayer

Piebald-Russo aka **Pinto Pied**, Tier von Vin Russo Foto: V. Russo

Piebald-Pinstripe, Tier von M&S Reptilien Foto: A. Gibert

Piebald-Yellowbelly aka **Pumpkin Pied**, Tier/Foto von Ken Gubersky

Piebald-Spider (Amir-Linie) aka **Halo**,
Tier von Amir Soleymani Foto: S. Broghammer

Piebald-Spider aka **White Wedding**, Tier von Birgit Uebach Foto: B. Uebach

Piebald-Enchi-Fire-Pastel-Yellowbelly Foto: J. Kobylka

Piebald-Super Yellowbelly aka **Ivory Pied**, Tier von Austrian Royalsnakes
Foto: W. Obermayer

Piebald-Enchi-GeneX-Orange Dream-Yellowbelly Foto: J. Kobylka

Piebald-Enchi-GeneX-Orange Dream Foto: J. Kobylka

Piebald-Cinnamon-Super Pastel, Tier von Brandon Osborne Foto: B. Osborne

Piebald-Fire-Pinstripe, Tier von BHB Foto: A. Riis

Piebald-Pastel-Russo, Tier von Steve Roussis Foto: S. Roussis

Piebald-Fire-GeneX-Pastel-Yellowbelly Foto: P. Schäfer

Piebald-Fire-Vanilla Foto: Royalsnakes

Piebald-Fire-Orange Dream-Yellowbelly Foto: J. Kobylka

Piebald-Gene M (rechts) + **Piebald** (links) Foto: M. Thakkar

Piebald-Super Gravel Foto: J. Kobylka

Piebald-Gravel-Yellowbelly aka **Piebald-Highway** Foto: J. Kobylka

Piebald-Metal Flake-Russo
Foto: S. Roussis

Piebald-Super Panther-Super Pastel
Foto: F. Nuyt

Piebald-Metal Flake
Foto: S. Roussis

Piebald-Mojave + Piebald-Mojave-Pastel
Foto: S. Roussis

Piebald-Super Pastel Foto: M&S Reptilien

Piebald-Russo (het Leucistic) Foto: H. van Hellem

Piebald-Pastel-Pinstripe
Foto: M&S Reptilien

Piebald-Leopard-Super Orange Dream-Yellowbelly
Foto: J. Kobylka

Piebald-Pastel-Specter-Yellowbelly aka Piebald-Pastel-Superstripe
Foto: Royalsnakes

RAINBOW

Weitere Namen / Synonyme keine
Genetik **rezessiv**

Zuerst gezüchtet / importiert 2015 von Hermann van Hellem

Der Belgier Hermann van Hellem kaufte 2009 eine Gruppe von einem Männchen und zwei Weibchen Enchi het Albino von Mark Bell (USA). 2011 hatte er das erste Gelege davon, und es schlüpfte überraschenderweise ein Tier, das ähnlich einem T+Albino Enchi war.

Bei der Recherche über die Elterntiere stellte sich heraus, dass der Großvater sozusagen ein Enchi het Albino war und die Großmutter ein „komisch aussehender" Albino. Dieses Weibchen hatte bis heute keine weiteren Nachzuchten. Vermutlich ist die Variante also auf dieses Weibchen zurückzuführen.

Die weitere Zucht ergab, dass diese (vermutlich T+) Albino-Linie nicht kompatibel ist mit anderen Albino-Linien wie Albino, Caramel albino, Toffee oder Lavender albino.

Rainbows haben auffallend dunkelrote Augen.

Rainbow-Super Enchi
Foto: H. van Hellem

Rainbow-Enchi
Foto: H. van Hellem

Übersicht über die Rainbow-Morphen

Morphe	Zuerst gezüchtet (Jahr, Züchter)	auf Seite
Rainbow	2015 Hermann van Hellem	–
Combos mit Rainbow, (co-)dominant		
Rainbow-Enchi		186
Rainbow-Super Enchi		186

SAHARA

Weitere Namen / Synonyme	2018 wurde Sahara als Synonym von Desert Ghost genetisch geprüft
Genetik	**rezessiv**
Zuerst gezüchtet / importiert	Vermutlich 2008 von E.B. Noah

Übersicht über die Sahara-Morphen

Morphe	Zuerst gezüchtet (Jahr, Züchter)	auf Seite
Sahara	2008 E.B. Noah	187/188
Combos mit Sahara, (co-)dominant		
Sahara-Super Yellowbelly		188

Bei Sahara handelt es sich um diejenige Morphe, deren Hintergrund wohl am längsten spannend und ungeklärt war. Auch sie entstand bei E.B. Noah in Afrika, wurde dort sozusagen im Schatten von Champagne und Ultramel schon über Jahre gezüchtet und erst 2012/2013 an andere Züchter exportiert.

Noah war sich lange Zeit über die Genetik des Sahara nicht sicher. Man muss dazu vielleicht auch wissen, dass Noah eher delegiert und Pläne ausarbeitet, während Mitarbeiter dann seine Anweisungen durchführen, z. B. seine Managerin Cynthia, die schon seit jeher bei ihm angestellt ist. Also werden auch die Verpaarungen und somit die Zucht eher von anderen in die Praxis umgesetzt, und Noah freut sich an dem Ergebnis und vermarktet es. Sicherlich diskutiert er die Strategien zu Zucht, Verpaarung und Pflege vorab mit seinen Mitarbeitern, vor allem mit Cynthia. Aber am Handling selber ist er nicht so beteiligt.

Aus heutiger Sicht vermute ich, dass der ursprüngliche Sahara schon sehr lange in Noahs Zucht war. Es gab bereits, ich glaube es war 2010, einen schönen Sahara-Pastel bei Noah, also musste er schon lange mit Sahara gezüchtet haben. Ich befragte ihn auch zu dem Thema, aber leider weiß er auch nicht mehr genau, wann und wie es damit begann.

Dann kam 2011 der erste vermeintliche „Super Sahara“: Ein fast weißes, Ivory-ähnliches Tier. Also war die logische Annahme, Sahara sei codominant. Noah wollte seine Zucht nie offenlegen und hat nie erlaubt, dass man einfach in seinem Bestand herumstöberte oder gar wahllos Fotos machte. Aber um dieses Geheimnis der Sahara-Genetik zu lüften, ließ er mich etwas gewähren und zeigte mir alle Tiere, die an diesem Projekt beteiligt waren. Ich konnte nirgends einen Yellowbelly entdecken oder wenigstens Yellowbelly-Marker – nicht unter den Saharas noch den „het Saharas“. Noah hatte sich aus der Sahara-Zucht mutmaßliche Nachkommen des „Ur-Saharas“ zurückbehalten und sie weiter verpaart, aber ohne das Wissen, ob diese heterozygot waren oder nicht. Es konnte somit gut sein, dass der Erbgang codominant war,

Sahara
Foto: Noah

Sahara-Super Yellowbelly, Tier von Noah Foto: S. Broghammer

diese vermeintlichen Heteros einfach nur als Zuchtpartner dienten und somit entsprechend 50 % der Nachzuchten Saharas waren. Nachdem ich alle Zuchttiere durchgesehen hatte, war dies meine Erklärung für die Genetik. Meine Meinung dazu war: Sahra war codominant, die Superform war ein Ivory-ähnliches Tier, es waren keine Yellowbellys im Spiel, und die vermeintlichen Heteros waren gar keine, sondern einfach nur Tiere, die im Sahara-Projekt eingesetzt waren.

2012 wurden so die ersten Saharas und Super Saharas als vermeintlich codominante Morphe verkauft, wobei diese Genetik von Anfang an von einigen bezweifelt wurde. Die Ähnlichkeit zum Ivory war doch auffallend. Ich persönlich war jedoch überzeugt, dass die Genetik wie zuvor beschrieben war.

Auch hier kam 2013 das Erwachen, wie bei den Bamboos, siehe dort. Es war noch nicht vollständig geklärt und überprüft, aber der Verdacht erhärtete sich, dass diese „Super" doch mit Yellowbelly zu tun hatten und der Sahara selber eine Desert-Ghost-ähnliche, rezessive Morphe sei. Leider hatten vor allem dieselben Leute, die in Bamboo und die falschen „Super Bamboo" investiert hatten, auch in dieses Sahara Projekt Geld gesteckt. Was bei den Bamboos noch einfach zu lösen war, ging hier schwieriger: Das Projekt mit vermeintlich codominanter Genetik erwies sich als eines mit rezessivem Erbgang – an sich ein Vorteil, wenn man schaut, wie schnell viele Nachzuchten einer neuen codominanten Morphe auf dem Markt sind. Aber es war leider nicht das, was man erwartet hatte.

Somit musste ich einige Tiere wieder zurücknehmen und schauen, ob ich mir den Schaden zumindest etwas mit Noah teilen konnte, ähnlich wie bei den Bamboos. Mit neuen Morphen kann man Lehrgeld bezahlen. Die Frage ist immer: Ab wann darf man eine neue Morphe mit welcher Information dazu anbieten?

Sahara, Tier von Noah Foto: Noah

Ich bin nach wie vor überzeugt, dass es keinerlei Absicht von Naoh war, in dieser Beziehung falsch zu informieren. Ich vermute, dass er in diesem Zuchtprojekt Yellowbellys eingesetzt hatte, ohne sich dessen bewusst zu sein – gerade größere Exemplare sind oft schwer zu erkennen. Jeder Züchter mit größerem Bestand kennt es, dass man Odd Balls hat, mit denen man nichts so recht anzufangen weiß, und die Weibchen darunter dann in irgendeinem Projekt verwendet, nach dem Motto: Mal sehen, ob die Babys „anders" sind.

Somit klärte es sich zumindest ab 2013, dass es sich beim Sahara um eine rezessive Variante handelte. Die Frage war nur noch, ob sie einfach nur Desert Ghost ähnelte oder ob sich hier in Afrika parallel zu den aus USA kommenden Desert Ghosts eine weitere Linie davon entwickelt hatte.

Das Rätsel wurde erst Ende 2017 von Crystal Palace aus England gelöst. Bei der Verpaarung Sahara mit Desert Ghost schlüpften „visible" Saharas bzw. Desert Ghost. Also gilt zur Enttäuschung vieler, mich mit eingeschlossen: Sahara ist Desert Ghost und umgekehrt.

SCALELESS

Weitere Namen / Synonyme	keine
Genetik	**rezessiv 2013**
Zuerst gezüchtet / importiert	von Brian Barczyk

Bei dieser Morphe musste ich zuerst überlegen, ob ich sie hier in diesem Buch haben will und wenn, dann an welcher Stelle: als codominant, weil die sogenannten Scaleless Head (dazu gleich mehr) ja deutlich zu erkennen sind, oder bei den Rezessiven.

Zuerst einmal zum Punkt, ob die Morphe überhaupt aufgenommen gehört. Keine andere, nicht einmal Spider, polarisiert mehr in der Szene. Die einen lehnen sie als Qualzucht ab, die anderen finden sie toll.

Aber ist es wirklich eine Qualzucht? Natürlich haben die Schuppen beim Tier eine wichtige Funktion. Sie bieten zum einen Schutz vor äußeren Einflüssen wie Austrocknung, mechanischen Verletzungen und Feinden, und die Bauchschuppen vor allem helfen dem Tier bei der Fortbewegung, denn sie krallen sich ja beim Kriechen mehr oder weniger im Untergrund fest, ähnlich einem Auto- oder Fahrradreifen, der ein Profil aufweist, um eine bessere Traktion zu erreichen. Diese Funktion fehlt den Tieren definitiv. Das lässt sich auch ein wenig bei ihren Bewegungen erkennen, die etwas ruckelnd erscheinen.

Schutz vor äußeren Einflüssen oder vor Feinden werden die Terrarienschlangen bei optimaler Haltung nicht brauchen. Zur Klimaregulierung werden die Schuppen nicht beitragen, und einen Licht- oder UV-Schutz benötigen die nacht- und dämmerungsaktiven Tiere auch nicht.

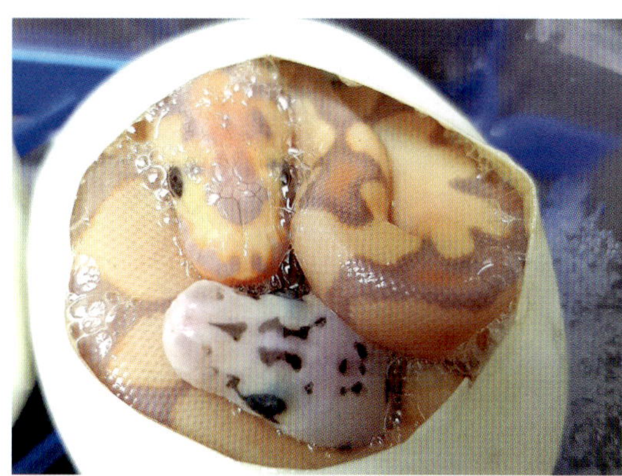

Clown-Scaleless Head-Pastel + Clown-Banana-Enchi (Zwillinge) Foto: H. van Hellem

Letztlich soll jeder für sich entscheiden, ob er es mag oder ablehnt. Hoffen wir nicht, dass uns Gesetze, die ja nicht immer auf plausiblen Untersuchungen beruhen, diese Entscheidung abnehmen.

Bliebe noch die Frage: Ist die Mutation als rezessiv oder als codominant anzusehen? Ich habe sie hier unter die rezessiven eingeordnet. Der Scaleless Head ist der Hetero und der Scaleless ist die homozygote Mutation. Hetero Scaleless sind leicht zu erkennen. Sie haben deutlich sichtbar mehr oder weniger fehlende Schuppen auf dem Kopf, daher werden sie Scaleless Head genannt. Also gibt es bei den Scaleless keine possible Heteros, sondern ich sehe sofort an der Kopfbeschuppung, ob das Tier die Erbanlage trägt oder nicht. So werden jetzt schon seit einige Jahren Scaleless Head Ballpythons in allen möglichen Morphen gezüchtet. Bis auf die paar fehlenden Kopfschuppen sind Zeichnung und Färbung wie gewohnt und gehabt, je nach Farbmorphe.

Den ersten Scaleless-Königspython gab es schon im Jahr 2004. Er schlüpfte in Ghana, bei dem Exporteur Basil. Leider war ich gerade ein paar Tage davor von Afrika zurück nach Deutschland geflogen. So verpasste ich das Tier knapp, und es ging an einen Amerikaner. Ich glaube, er hat bis heute nicht einmal etwas dafür

Scaleless
Foto: H. van Hellem

Clown-Scaleless Head
Foto: H. van Hellem

bezahlt. Basil gab ihm damals das etwas schwach und kläglich aussehende Tierchen in der Hoffnung, er möge es gut füttern und pflegen. Es war ein Riesenhype weltweit um das Tier; es wurden bereits (ungeprüfte) Heteros davon angeboten und verkauft, bevor sie überhaupt geschlüpft waren. Leider gedieh das Tier nicht so gut, eventuell auch wegen des großen Drucks und des Hypes, der auf dem Besitzer lastete. Zu viele wollten es sehen und bestaunen. Ich denke, es war für Tier und Besitzer einfach zu viel. Der Python starb einige Jahre später. Ich bin nicht sicher, ob er jemals Nachkommen produziert hat. Auch von dem Besitzer habe zumindest ich nie mehr etwas gehört, weder in Afrika noch in den USA.

2011 bekam Brian Barczyk zwei Pythons aus einer Afrika-Sendung, denen auf dem Kopf ein paar Schuppen fehlten. Brian hatte wohl den richtigen Riecher, verpaarte die Tiere im Jahr 2013 und bekam tatsächlich aus dem ersten Gelege einen Scaleless-Python – das Ganze sogar spannend inszeniert vor laufender Kamera. Die ball python community hatte eine neue Sensation. Wie gesagt, die Morphe war nicht bei allen beliebt, aber zumindest in aller Munde.

Danach dauerte es drei Jahre, bis wieder Scaleless gezüchtet wurden, 2016 von Mike Willbanks. Es gingen schon Gerüchte um, die Scaleless-Tiere seien nicht lebensfähig oder es bestünden sonstige Probleme mit ihnen, weil jahrelang keine weiteren angeboten wurden. Dazu muss berücksichtigt werden, dass es sich eben um eine rezessive Morphe handelt. Daher bracht es zwei gesunde, adulte Exemplare mit dem Gen, um Scaleless zu züchten. Nur wenige Züchter besaßen mehr als ein Tier davon.

Im Jahr 2017 schlüpften weitere, auch in Europa, wo Herman van Hellem der erste Züchter war. Ich bin gespannt, wie es damit weitergeht, auch was die Akzeptanz dieser doch umstrittenen Mutation anbelangt.

Übersicht über die Scaleless-Morphen

Morphe	Zuerst gezüchtet (Jahr, Züchter)	Seiten-zahl
Scaleless Head		191
Scaleless	2013 Brian Barczyk	189
Combos mit Scaleless, rezessiv		
Clown-Scaleless Head		190
Clown-Scaleless Head-Pastel		191
Combos mit Scaleless, (co-)dominant		
Scaleless Head-Butter-Pastel		190
Scaleless-Butter-Pastel		191
Scaleless Head-Calico-Pastel		192
Scaleless Head-Super Pastel		192
Scaleless-Spider		192
Scaleless Head-Super Yellowbelly		192

Scaleless Head-Butter-Pastel
Foto: H. van Hellem

Clown-Scaleless Head-Pastel
Foto: H. van Hellem

Scaleless-Butter-Pastel
Foto: H. van Hellem

Scaleless Head
Foto: H. van Hellem

Scaleless Head-Super Yellowbelly aka **SH Ivory** Foto: H. van Hellem

Scaleless Head-Super Pastel Foto: H. van Hellem

Scaleless Head-Calico-Pastel Foto: H. van Hellem

Scaleless-Spider Foto: H. van Hellem

SUNSET BALL

keine	Weitere Namen / Synonyme
rezessiv	**Genetik**
2012 von Brian Barczyk	Zuerst gezüchtet / importiert

Übersicht über die Sunset Ball-Morphen

Morphe	Zuerst gezüchtet (Jahr, Züchter)	auf Seite
Sunset	2012 Brian Barczyk	193
Combos mit Sunset, (co-)dominant		
Sunset-Pastel	2017 Theresa Bell	193

Jahrelang dachte Brian Barczyk/BHB, diese Morphe sei nicht genetisch festgelegt. Er hatte sein ursprüngliches Exemplar aus Afrika mit Classics verpaart, aber es kamen in erster Generation keine Sunset, wie er gehofft hatte. Die Morphe war also nicht dominant, wie von ihm vermutet.

Ein Mitarbeiter von ihm fragte rund fünf Jahre später, im Jahr 2011, ob es nicht sinnvoll wäre, es doch einmal mit den Nachkommen zu versuchen. Und tatsächlich schlüpften 2012 zwei wunderschöne Sunset-Babys. Es war also ein rezessiver Erbgang.

Viele Jahre lang hatten sich die meisten Züchter bei neuen, ungeprüften Morphen auf eine dominante Vererbung eingestellt und zum Teil erst gar nicht versucht, potenzielle Heteros miteinander zu verpaaren. Ich vermute, weil es mehr Geduld und Durchhaltevermögen erfordert. Dieser Fehler passierte in dem Fall sogar einem bedeutenden Züchter wie Brian. Umso größer war nun seine Überraschung. Fotos der Tiere gingen sofort weltweit durch die Szene – es war eine Sensation.

Der Original-Sunset kam 2005 von Noah aus Afrika. Brian bezahlte mehrere zehntausend Dollar dafür. Dadurch, dass Brian die ersten Jahre der Zucht verschlafen hatte, gibt es selbst heute, 2017, noch nicht viele homozygote Sunsets und wohl weniger als zehn Züchter weltweit. Sunset ist aktuell vermutlich die teuerste Morphe von *Python regius*.

Sunset vom Autor
Foto: A. Gibert M&S

Das Interessante am Sunset ist, dass er eine rötlich orange Grundfärbung hat und diese auch behält, mehr oder weniger überdeckt von der rehbraunen Zeichnung. Wenn ich das Braun durch Amelanismus wegzüchte, sollte eine orange oder gar rote Zeichnung übrig bleiben. Oder wie mögen die Tiere aussehen, die aus einer Verpaarung mit T+ Albinos wie Ultramel resultieren? Wie schaut ein Banana-Sunset aus? Die Möglichkeiten sind groß, und ich vermute, der Sunset und seine Combos werden viele Jahre lang die teuersten Morphen bleiben.

Sunset-Pastel
Foto: T. Bell

TOFFEE

Weitere Namen / Synonyme Paragon, Candy (Pete Kahl)
Genetik **rezessiv**

Zuerst gezüchtet / importiert 2005

2005 kam der erste Toffee aus Afrika in die USA und wurde anschließend nach Kanada verkauft, wo damit heterozygote Tiere gezüchtet wurden. 2009 hat der Engländer Paul Angelides die ersten Toffees nachgezogen. Paragon und Candy sind andere Linien, haben aber den gleichen genetischen Hintergrund.

Toffee ist kompatibel mit Albino; man bekommt bei einer Verpaarung in der ersten Generation den sogenannten Toffino. Diese Tiere sehen zumindest als Babys wie normale, schöne Albinos aus, wie Garret DeMeyer in den USA 2011 zum ersten Mal bewies. Nach etwa zwei bis drei Monaten färben sich diese Tiere um und sind als Adulte nicht mehr von einem Toffee zu unterscheiden. Es ist interessant, dass ein Toffee, der doch deutlich anders als ein Albino aussieht, genetisch kompatibel mit diesem ist. Für mich ist das ein Stück neuer Geschichte in der Königspython-Zucht. Mittlerweile sind mehr Toffinos als Albinos in der Szene. Um einen reinen Toffee zu bekommen, muss man zwei Toffinos miteinander verpaaren und erhält dann 25 % Toffees. Diese sind am Anfang von Albinos und Toffinos optisch kaum zu unterscheiden.

Übersicht über die Toffee-Morphen

Morphe	Zuerst gezüchtet (Jahr, Züchter)	auf Seite
Toffee	2009 Paul Angelides	194
Candy		195
Paragon		195
Combos mit Toffee, rezessiv		
Albino-Toffee	2010 Peter Williams	–
Albino-Candy-Pinstripe	2012 Steve Roussis	112
Piebald-Candy		195
Piebald-Candy-Leopard		195

Toffee, Tier von Ken Gubersky
Foto: K. Gubersky

Piebald-Candy-Leopard
Foto: W. Obermayer & G. Hiendlmeyer

Candy, Tier von Peter Kahl
Foto: A. Jones

Piebald-Candy
Foto: S. Roussis

Paragon, Tier von Darren Biggs Foto: D. Carguillo

TRISTRIPE

Weitere Namen / Synonyme keine
Genetik rezessiv

Zuerst gezüchtet / importiert 2008 von Dan und Colette Sutherland/TSK

Übersicht über die Tristripe-Morphen

Morphe	Zuerst gezüchtet (Jahr, Züchter)	auf Seite
Tristripe	2008 TSK	196
Tristripe	James Husa	196
Combos mit Tristripe, rezessiv		
Albino -Tristripe	2012 Rick Macias	197
Lavender-Tristripe	2012 Snakekeepers	–
Combos mit Tristripe, (co-)dominant		
Tristripe-Banana-Lesser-Spider		197
Tristripe-Lesser		197
Tristripe-Pastel		197

Der erste Tristripe schlüpfte 2001 auf einer Farm in Afrika. Ich erwarb dieses Tier und verkaufte es weiter in die USA an Dan und Colette Sutherland von TSK (The Snake Keepers). Diese zogen 2005 zum ersten Mal damit nach: Alle Babys waren normal gefärbt. Bei der Rückkreuzung kamen dann 2008 die ersten Tristripes heraus, sie waren somit als rezessiv geprüft. Vermutlich hätte bei Tristripe jeder Züchter getippt, dass sich diese Morphe allenfalls dominant oder intermediär vererbt. Umso beeindruckender ist der Erfolg von Dan und Colette Sutherland, die das Zuchtprojekt weiter verfolgt haben. Den großen Durchbruch hatte der Tristripe bis heute nicht. Es gibt daher auch nicht sehr viele Combos. Schauen wir, was die Zukunft bringt.

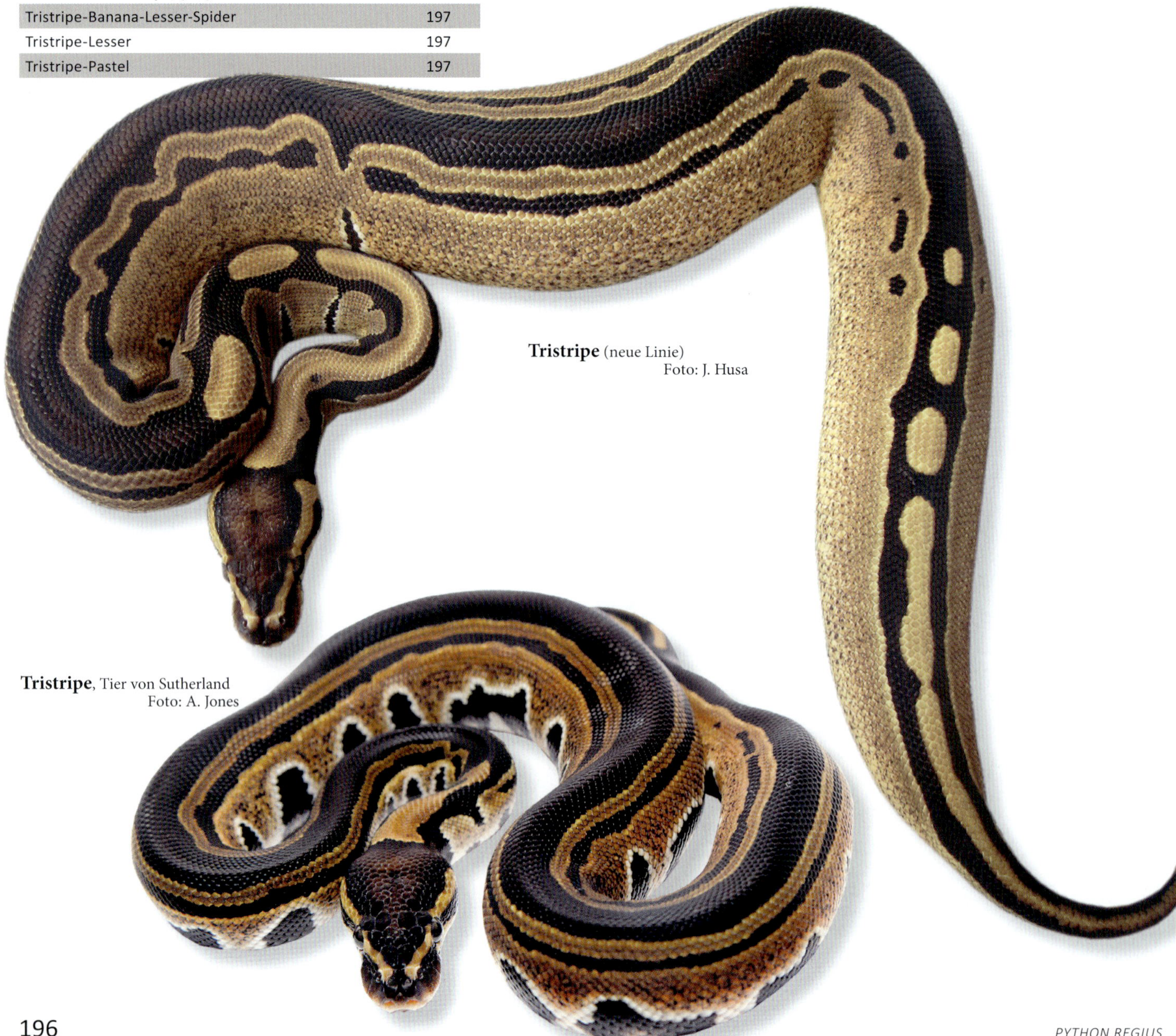

Tristripe (neue Linie)
Foto: J. Husa

Tristripe, Tier von Sutherland
Foto: A. Jones

Tristripe (TSK)-Pastel
Foto: M. Freedmann

Albino-Tristripe Foto: A. Holzer

Tristripe-Banana-Lesser-Spider Foto: A. Holzer

Tristripe-Lesser
Foto: A. Holzer

ULTRAMEL

Weitere Namen / Synonyme	Crider Caramel, Ultramelanistic
Genetik	**rezessiv**
Zuerst gezüchtet / importiert	vermutlich um die Jahrtausendwende (ca. im Jahre 2000) in Afrika von E.B. Noah

Die Ultramels wurden viele Jahre als eine besonders schöne Linie von Caramels angesehen. Erst 2008 bemerkte man, dass die afrikanischen Ultramels mit Caramel verpaart normal gefärbte Tiere hervorbringen. Somit war bewiesen, dass es sich um zwei völlig verschiedene genetische Farbmorphen handelt, die allerdings recht ähnlich aussehen.

Neben Noah hatte auch Eric Crider schon lange mit zwei Caramel-Linien gezüchtet und 2002 beim Verpaaren der beiden Linien nur normal gefärbte Tiere erhalten. Dass es sich bei der Crider-Linie um die gleiche afrikanische Linie wie Ultramel handelt, wurde erst 2009 oder 2010 bekannt.

Auch Kim und Mark Bell/Reptile Industries hatten schon seit Ende der 1990er-Jahre mit einer, wie sie wohl dachten, schönen Caramel-Linie gezüchtet, die sich letztlich aber ebenfalls als Ultramel herausstellte bzw. wohl noch herausstellen wird. Die Ultramels aus der Vin-Russo-Linie stammen von diesen besagten Bell-Tieren ab.

Bei den Ultramels gibt es keine Probleme mit Wirbelsäulenknicken oder dergleichen – im Gegensatz zu den Caramels, wie im entsprechenden Abschnitt bereits angesprochen. Ultramels sind schon als Babys in der Regel recht große und kräftige Tiere; adulte Ultramels können fast Rekordlängen und -gewichte erreichen. Farblich tendieren die Brauntöne bei dieser Morphe stark zu Lila und Violett, vor allem bei Jungtieren; das Gelborange wird beim adulten Tier eher zu Gelb.

Ich glaube, dass die Ultramels nur auf wenige Exemplaren zurückzuführen sind. Noah hatte in Afrika mit einigen Tieren oder vielleicht sogar nur mit einem einzigen Exemplar gezüchtet, das er für einen besonders schönen Caramel gehalten hat. So entstanden zuerst heterozygote Tiere und später weitere Ultramels. Ich vermute, dass auch die Bell- und Crider-Linien auf die Afrikatiere von Noah zurückgehen. Bis vor einigen Jahren

Ultramel,
Tier von M&S Reptilien
Foto: A. Gibert

wurde fast alles aus Afrika als „Caramel" verkauft, also auch Ultramels. Ich selber habe ebenfalls unwissentlich einige Jahre lang Ultramel-Tiere als Caramels verkauft.
Combos mit Ultramels sind immer noch recht selten, ihre Zahl wächst jedoch allmählich.

Ultramel × Caramel (Synonym: Camarillo) (Bild siehe S. 133)
Unabhängig von den afrikanischen Tieren züchteten Kim und Mark Bell/Reptile Industries schon seit Ende der Neunziger-Jahre ebenfalls mit einer Ultramel- und zeitgleich mit einer Caramel-Linie. Ein (doppelt heterozygotes) Tier aus dieser Verpaarung wurde an Vin Russo verkauft, der weitere „possible heteros" damit nachzog und mit diesen Tieren 2005 rückzüchtete: Es schlüpfte ein wunderschönes gelbes Tier, das er „Camarillo" nannte, eine Wortmischung aus Caramel und Amarillo (spanisch für Gelb).
Scheinbar sind die Ultramels und somit eventuell alle T+Albinos, also auch Caramel, Rainbow und Bourgogne, immer hetero für Albino. Zuerst ging ich davon aus, dass dies auf die Zucht von Noah zurückzuführen ist, da er Ultramel mit Albino verpaart hatte. Ich hatte bei seinen Hetero-Ultramel-Gelegen beobachtet, dass auch Albinos darunter waren. Darum versuchte ich eine Zeit lang, Albino-Ultramel zu züchten. Ich hoffte, vielleicht so etwas Spektakuläres wie den Camarillo zu erhalten. Aber es kamen immer nur mehr oder weniger normale Albinos oder Ultramels, je nach Verpaarung. Es scheint biologisch wohl nicht zu gehen, ein Tier mit phänotypisch beiden Morphen zu bekommen bzw., wenn die Theorie mit dem T+ und T- stimmt, überlagert wohl der T-negative Typ den T-positiven. Als Professor der Genetik könnte man so etwas vielleicht exakt vorhersagen, aber so müssen wir Terrarianer es halt durch Versuch und Irrtum herausfinden.
Die gleiche Beobachtung habe ich übrigens auch bei Caramel-Tigerpythons (*Python bivitattus*) gemacht. Hier schlüpften bei der Verpaarung Caramel x Albino ebenfalls albinotische Jungtiere. Natürlich können die Elterntiere auch rein zufällig spalterbig für Albino gewesen sein. So etwas ist ja bei Nachzuchten in x-ter Generation nicht auszuschließen oder sogar gut möglich. Vielleicht können wir es aber auch in den nächsten Jahren biologisch erklären. Es kommt immer ein Puzzleteil zum anderen.

Übersicht über die Ultramel-Morphen

Morphe	Zuerst gezüchtet (Jahr, Züchter)	auf Seite
Ultramel		198
Combos mit Ultramel, rezessiv		
Caramel-Ultramel	2005 Vin Russo	133
Combos mit Ultramel, (co-)dominant		
Ultramel-Mojave		200
Ultramel-Pastel	2012 Don Patterson	199
Ultramel-Pinstripe	2012 FlatFoot Reptiles	199
Ultramel-Specter-Yellowbelly		200
Ultramel-Yellowbelly	2017 Royalsnakes	200

Ultramel-Pastel, Tier von Don Patterson Foto: D. Patterson

Ultramel-Pinstripe, Tier von FlatFoot Reptiles Foto: FlatFoot Reptiles

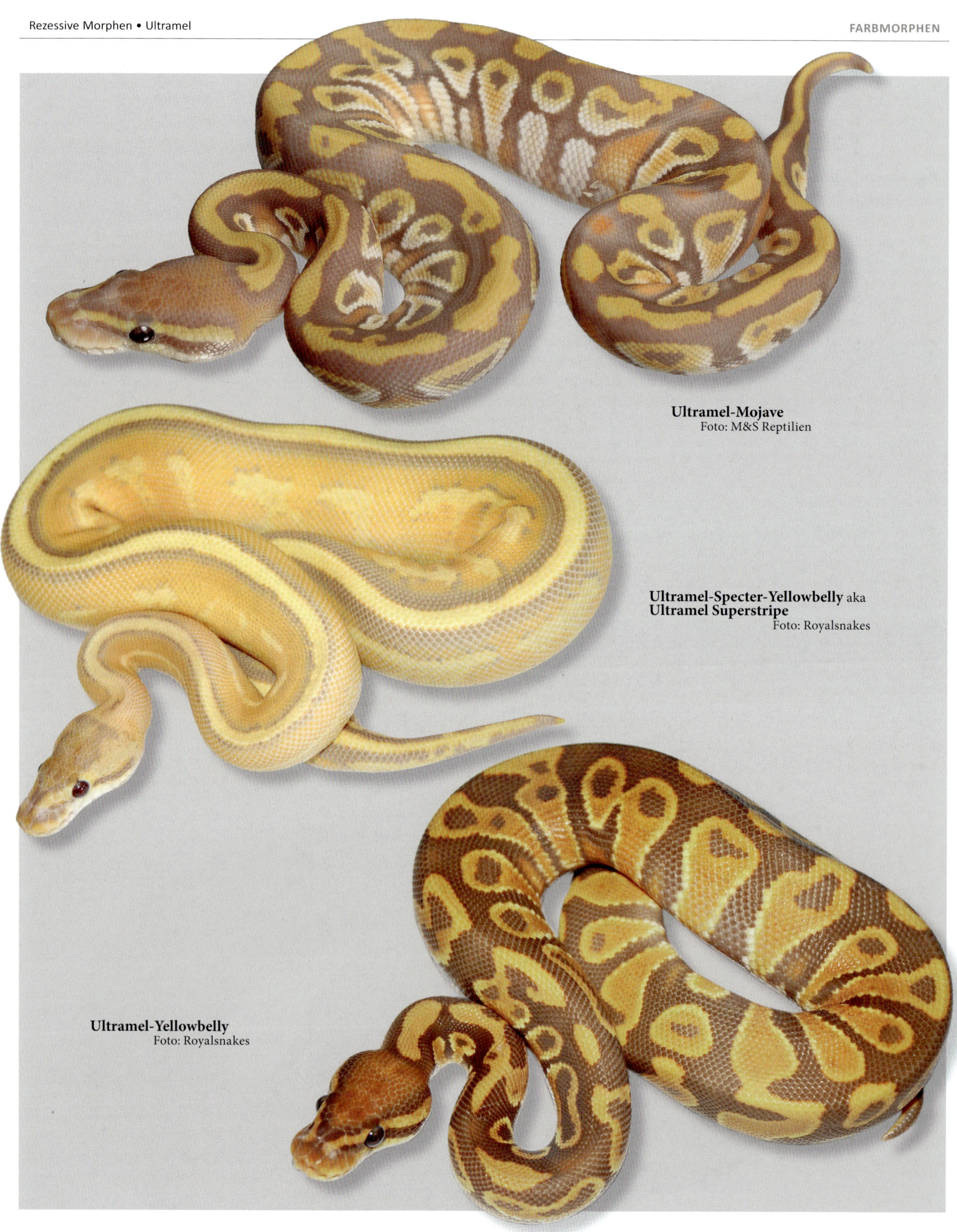

Ultramel-Mojave
Foto: M&S Reptilien

Ultramel-Specter-Yellowbelly aka
Ultramel Superstripe
Foto: Royalsnakes

Ultramel-Yellowbelly
Foto: Royalsnakes

DOMINANTE UND CODOMINANTE MORPHEN

ACID/CONFUSION

Weitere Namen / Synonyme keine
Genetik **dominant**

Zuerst gezüchtet / importiert 2011 von Stefan Wieser und parallel von Josh Jensen

Ein Confusion wurde 2008 mit einigen anderen Königspythons aus Afrika nach Europa importiert. Der Deutsche Stefan Wieser bekam eine Sendung mit interessanten Odd Balls, aus denen dieser besonders herausstach. Merkmale des Confusion bzw. Acid sind die unruhige, leopardenmusterähnliche Zeichnung und dass er keinen Weißanteil hat. Das deutlichste Kennzeichen ist aber der gesprenkelte Bauch.

2011 konnte Wieser das erste Mal damit züchten, und aus sieben Eiern schlüpften drei dem Vater gleichende Tiere. Zu diesem Zeitpunkt sprang ein weiterer Partner, Willy Obermayer aus Österreich, auf den Zug auf. Die beiden machten daraus ein gemeinsames Projekt und einigten sich auf den Namen „Confusion".

Eventuell zeitgleich und somit vielleicht aus demselben Gelege dürfte ein Geschwistertier in die USA gelangt sein, das Ende 2013 (schon als adultes Männchen) an Josh Jensen verkauft wurde. Mit dem Hintergrund, das so ein herausstechender Special Ball in Afrika etlichen Importeuren weltweit angeboten wird, ist dies gut möglich. Vor allem bei einem (co-?) dominanten Tier wie diesem, bei dem auch in Afrika bestimmt mehr als ein Junges geschlüpft ist.

Josh Jensen nannte sein Tier bzw. die Morphe „Acid". So liefen beide Projekte parallel in USA und Europa an. Ich würde behaupten, Josh hatte das bessere Händchen dafür, was er mit dem Acid verpaaren musste, und seine tollen Combos gaben dem Acid und somit auch dem Confusion ab 2015 den richtigen Start.

Eine Superform gibt es derzeit (Stand 2018) noch nicht.

Übersicht über die Acid/Confusion-Morphen

Morphe	Zuerst gezüchtet (Jahr, Züchter)	auf Seite
Acid	2011 Stefan Wieser	201
Confusion	2011 Josh Jensen	202
Combos mit Acid/Confusion, (co-)dominant		
Acid-Banana		202
Confusion-Butter-Leopard		205
Confusion-Butter-Shatter		203
Confusion-Calico		203
Acid-Calico-Super Pastel		202
Acid-Black Pastel-Mystic		202
Acid-Enchi-Fire-Pastel		202
Confusion-Leopard-Pastel		203
Confusion-Leopard-Spider		204
Confusion-Phantom-Yellowbelly		205
Acid-Orange Dream-Pastel-Yellowbelly		203
Confusion-Pastel		204
Confusion-Pastel-Specter		204
Acid-Pastel-Spotnose		203
Confusion-Pastel-Spotnose		204
Confusion-Volta		205
Confusion-Yellowbelly		205

Acid
Foto: J. Jensen

Confusion Foto: W. Obermayer & S. Wieser

Acid-Banana Foto: J. Jensen

Acid-Black Pastel-Mystic Foto: J. Jensen

Acid-Calico-Super Pastel Foto: J. Jensen

Acid-Enchi-Fire-Pastel Foto: J. Jensen

Confusion-Butter-Shatter Foto: M. Thakkar

Acid-Orange Dream-Pastel-Yellowbelly Foto: J. Jensen

Acid-Pastel-Spotnose Foto: J. Jensen

Confusion-Calico Foto: W. Obermayer & S. Wieser

Confusion-Leopard-Pastel Foto: W. Obermayer & S. Wieser

Confusion-Pastel-Spotnose Foto: W. Obermayer & S. Wieser

Confusion Pastel Foto: W. Obermayer & S. Wieser

Confusion-Leopard-Spider Foto: M. Thakkar

Confusion-Pastel-Specter Foto: W. Obermayer & S. Wieser

Confusion-Butter-Leopard
Foto: M. Thakkar

Confusion-Yellowbelly
Foto: W. Obermayer & S. Wieser

Confusion-Phantom-Yellowbelly Foto: W. Obermayer & S. Wieser

Confusion-Volta Foto: M. Thakkar

BAMBOO

Weitere Namen / Synonyme	keine
Genetik	**codominant**
Zuerst gezüchtet / importiert	ca. 2008 von E.B. Noah

Der Bamboo hat seinen Ursprung bei dem wohl bekanntesten Züchter und Exporteur aus Afrika, E. B. Noah, ansässig in Accra, der Hauptstadt Ghanas. Er bekam von einem Trapper/Fänger einen Lesser-ähnlichen Königspython, den er behielt und mit dem er 2008 zum ersten Mal züchtete. Ich glaube, Noah selber ging davon aus, dass es sich um eine Variante des Lesser handelte, denn zu Anfang nannte er das Projekt zumindest in seiner Zucht intern „White Lesser". Mir ging es am Anfang ebenso, als ich die ersten Nachzuchten bei Noah sah – ich dachte, es handle sich um eine andere Lesser-Linie. Darum war ich die ersten Jahre nicht bereit, die zigtausend Dollar dafür zu bezahlen, die Noah für Nachzuchten haben wollte.

Er verpaarte den „White Lesser" mit einem Blue-Eyed-Leuzisten und bekam weitere ganz weiße Tiere, die er wiederum in der Zucht bei diesem Projekt einsetzte. Aus dieser Verpaarung schlüpften dann auch Tiere, die zwei verschiedene Weißtöne hatten. Noah ging davon aus, dass in diesen von ihm Dual Tone White genannten Tieren dieser „White Lesser" steckte. Zu dem Zeitpunkt ungefähr nannte er diese „White Lesser"-Tiere dann auch Bamboo. Warum er diesen Namen wählte? Vielleicht, weil er einfach schön nach Afrika klang.

Ich erinnere mich genau, wie er mir mit großem Stolz diese Dual-Tone-White-Tiere zeigte. Allerdings dachte ich, es handle sich einfach schon wieder um eine Verpaarung, die mehr oder weniger weiß endet, und war von der Superform nicht sonderlich begeistert. Dies war im Jahr 2011, siehe das Foto S. 207 oben. Zu dem Zeitpunkt war die Szene im Champagne-Fieber. Weder Noah noch ich noch der Rest der Welt (der vermutlich auch nicht viel darüber wusste) schenkten diesen Bamboos übermäßig viel Bedeutung.

Bamboo (Urform) Foto: Noah

Ich kaufte 2012 meinen ersten Bamboo, auch noch zu einem annehmbaren Preis – wie gesagt, der Hype um diese „andere Lesser-Linie" war seinerzeit noch nicht so groß. Das änderte sich allerdings in jenem Jahr. Plötzlich wollte jeder Bamboos haben, und 2013 wurde zum ersten Mal eine größere Menge an Bamboos und auch an (vermeintlichen) Super Bamboos exportiert. Ein Teil ging nach England, ein Teil kam zu mir. Ich schickte die meisten davon in die USA. Zu dem Zeitpunkt wurden Bamboos mit weit über 10.000 $ gehandelt, bis fast 20.000 $.

Im Jahr 2013 kam dann für Noah, für mich als Zwischenhändler und für zwei meiner Abnehmer

Die ersten vermeintlichen **Super Bamboos** nannte Noah: **Dual Tone Super White Lesser**. Später stellte es sich heraus, das es **Bamboo-Russo** war.
Foto: S. Broghammer

Übersicht über die Bamboo-Morphen

Morphe	Zuerst gezüchtet (Jahr, Züchter)	auf Seite
Bamboo		206
Super Bamboo		207
Combos mit Bamboo, rezessiv		
Clown-Bamboo	2017 Canzoneri Tony	138
Clown-Bamboo-Fire	2017 Canzoneri Tony	138
Ghost-Bamboo-Enchi		159
Combos mit Bamboo, (co-)dominant		
Bamboo-Banana	2015 M&S Reptilien	208
Bamboo-Banana-Black Pastel		208
Bamboo-Banana-Creme	2017 M&S Reptilien	279
Bamboo-Coral Glow-Creme	2017 M&S Reptilien	–
Bamboo-Banana-Spider		391
Bamboo-Calico		208
Bamboo-Calico-Pastel		208
Bamboo-Cinnamon		208
Bamboo-Black Pastel-Mahogany		335/336
Bamboo-Super Enchi		209
Bamboo-Enchi-Leopard-Spider	2017 Jana+Sebastian Schulz	208
Bamboo-Enchi-Mystic-Spider		348
Bamboo-Enchi-Phantom-Pastel		209
Bamboo-Enchi-Pastel		209
Bamboo-Enchi-Pinstripe		209
Bamboo-Enchi-Spider		391
Bamboo-Enchi-Yellowbelly		209
Bamboo-Fire-Pastel-Vanilla		404
Bamboo-GHI-Yellowbelly		209
Bamboo-Mahogany-Spider		333
Bamboo-Pastel-Vanilla		404
Bamboo-Pastel-Hidden Gene Woma		408
Bamboo-Super Yellowbelly		411

eine neue, eher negative Erkenntnis zu den Bamboo-Morphen. Die hübschen „Dual Tone"-weißen Tiere waren keine Super Bamboos, sondern Bamboo-Russos oder Bamboo-Mochas. Es stellte sich heraus, dass entgegen der Annahme nicht diese zweifarbig weißen Tiere die Superform waren, sondern die weniger spektakulären ganz weißen Tiere, die Noah als Bamboo-Butter oder sogar einfach als Leuzisten verkauft hatte.

Vermutlich gibt es ein paar Terrarianer auf der Welt, die für relativ wenig Geld Leuzisten einkauften und dann damit die damals noch sehr teuren Bamboos züchteten. Es hat sich jedoch nie jemand von diesen Käufern gemeldet. Anders die Super-Bamboo-Käufer. Die waren enttäuscht, dass aus den Gelegen nicht lauter Bamboos schlüpften, sondern nur die Hälfte der Tiere Bamboos waren (die andere Hälfte war Russo/Mocha). Zu dem Zeitpunkt war der Bamboo-Preis jedoch so hoch, dass ein Baby mit immer noch 10.000 $ schon fast so viel wert war, wie sie für den vermeintlichen Super Bamboo bezahlt hatten. Somit hielten sich die Regressansprüche zum Glück in Grenzen. Aber die Geschichte sorgte leider doch kurzzeitig für böses Blut.

Ich erzähle diese Story so ausführlich, um sie zum einen zu dokumentieren, aber auch um zu zeigen, wie leicht man in der Genetik doch mal auf der falschen Spur sein kann. Obwohl Noah dieses Projekt über fünf Jahre betrieb, ohne Tiere zu verkaufen, war es doch nicht klar, wie es sich genau mit der Genetik verhält bzw. welche Form letztendlich was war. Es war sicher auch Wunschdenken dabei, nach dem Motto „der Schönere muss der Super sein". Darf man Tiere also erst verkaufen, wenn genetisch alles geprüft und zurückgeprüft ist? Gerade die Anfangszeit ist ja die spannendste bei einer neuen Morphe. Es ist eine Gratwanderung zwischen der Verantwortung, dem Käufer genau das zu geben, was er erwartet, ohne aber zuvor Tiere zwei bis drei Generationen züchten zu müssen, um 100 % sicher zu sein. Ein schwieriges und heikles Thema, das so ähnlich auch beim Sahara noch einmal zum Tragen kommt.

Super Bamboo
Foto: A.Gibert, M&S

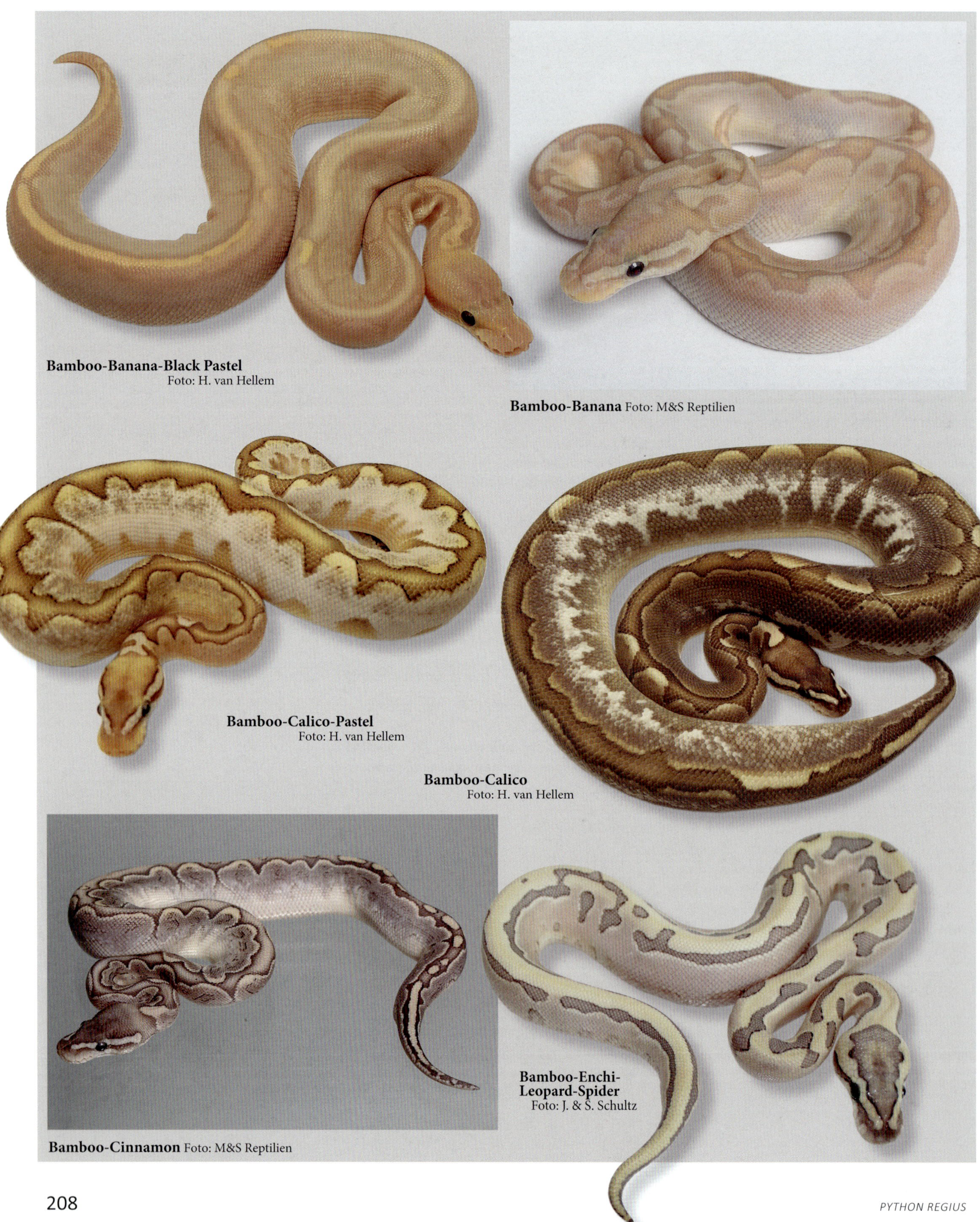

Bamboo-Banana-Black Pastel
Foto: H. van Hellem

Bamboo-Banana Foto: M&S Reptilien

Bamboo-Calico-Pastel
Foto: H. van Hellem

Bamboo-Calico
Foto: H. van Hellem

Bamboo-Enchi-Leopard-Spider
Foto: J. & S. Schultz

Bamboo-Cinnamon Foto: M&S Reptilien

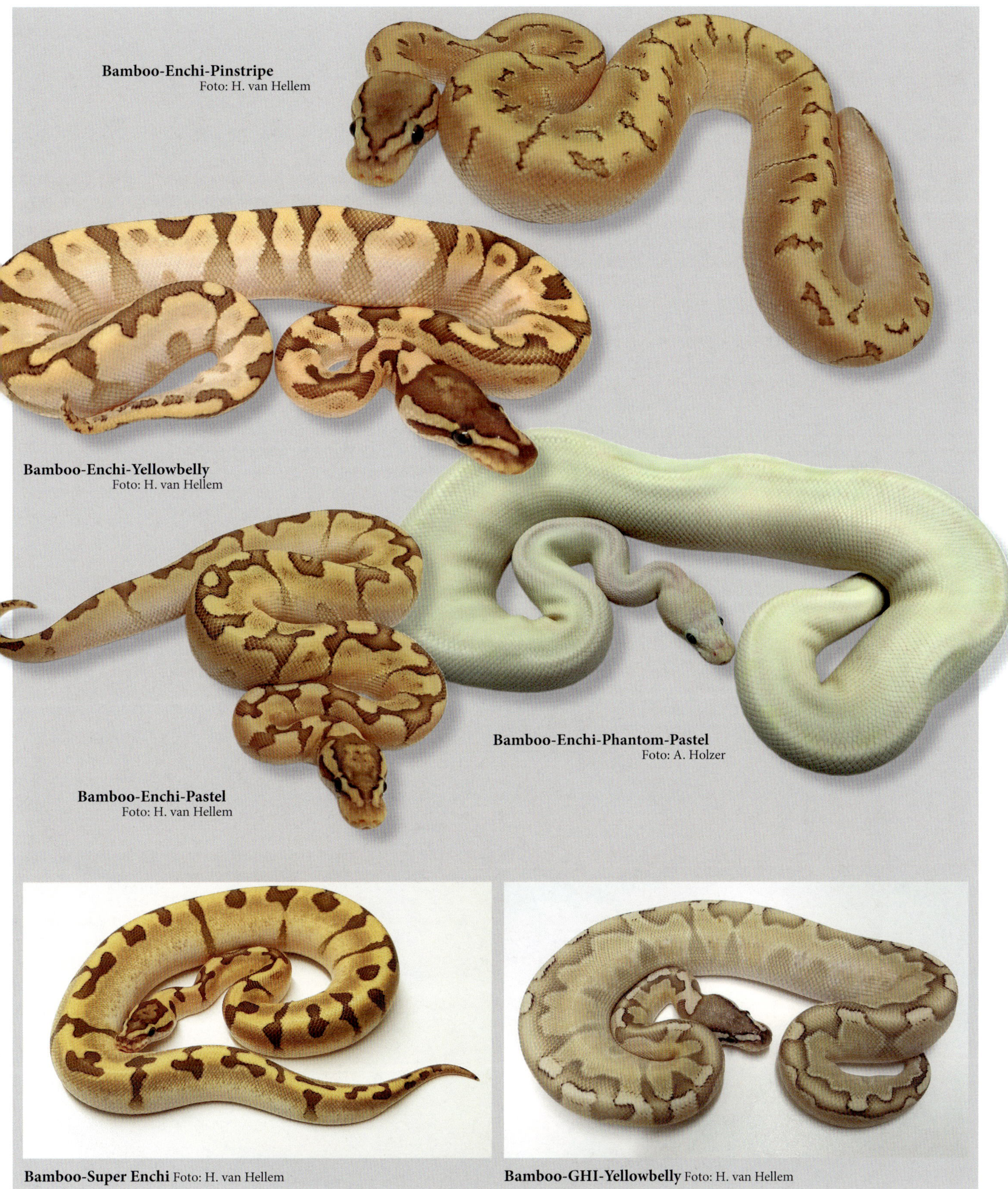

Bamboo-Enchi-Pinstripe
Foto: H. van Hellem

Bamboo-Enchi-Yellowbelly
Foto: H. van Hellem

Bamboo-Enchi-Phantom-Pastel
Foto: A. Holzer

Bamboo-Enchi-Pastel
Foto: H. van Hellem

Bamboo-Super Enchi Foto: H. van Hellem

Bamboo-GHI-Yellowbelly Foto: H. van Hellem

BANANA

Weitere Namen / Synonyme: Coral Glow
Genetik: **codominant**

Zuerst gezüchtet / importiert: 2002 von Will Slough; Superform 2012 von Ken Gubersky, Kanada

Will Slough aus den USA war der Erste, der 2002 Bananas züchtete und als dominant prüfte. Er verpaarte seine Tiere anschließend mit Clown und züchtete 2004 oder 2005 auch den ersten Clown-Banana.
Der US-Amerikaner Brock Wagner kaufte 2008 ein adultes (Pastel-Woma-)Banana-Weibchen von Tracy und Dave Barker (die ihre Linie als Coral Glow bezeichnen) und im selben Jahr ein Banana-Männchen von Will Slough. Mit diesen beiden Tieren legte er wohl den Grundstein für die internationale Banana-Zucht. Die meisten Tiere kamen in dieser Zeit von ihm oder von Kevin Mc Curley.
Bis dahin waren fast immer nur weibliche Bananas auf dem Markt. 2009 wurden endlich auch Männchen zum Kauf angeboten – für stolze 50.000 $! Da viele Jahre lang nie ein Männchen verkauft wurde, sondern stets nur Weibchen, konnten die Tiere ihren sehr hohen Preis lange halten. Die wenigen Weibchen reichten nicht aus, um die hohe Nachfrage zu decken oder sogar so viele Exemplare zu züchten, dass der Preis wie bei anderen codominanten Morphen schnell verfallen wäre.
Spannend waren dann die vielen Gerüchte, z. B. dass die Banana-Morphe nur Weibchen hervorbringe, was sich aber spätestens 2009 als falsch herausstellte, als erstmals Männchen angeboten wurden.

Banana: Adultes Tier. Die schwarzen Punkte sind bei Schlüpflingen noch nicht vorhanden, kommen erst nach einigen Monaten.
Foto und Tier: K. Gubersky

Übersicht über die Banana-Morphen

Morphe	Zuerst gezüchtet (Jahr, Züchter)	auf Seite
Banana	2003 Will Slough	210/218
Super Banana		212
Coral Glow	2002 NERD	–
Combos mit Banana/Coral Glow, rezessiv		
Clown-Banana		138/139
Clown-Super Banana		139
Clown-Banana-Blade-Enchi		138
Clown-Banana-Blade-Enchi-Pastel		138
Clown-Coral Glow-Blade-Leopard	2016 J. Kobylka Reptiles	141
Clown-Banana-Butter		139
Clown-Banana-Enchi		139
Clown-Super Banana-Enchi		139
Clown-CoralGlow-Leopard-Spotnose	2016 J. Kobylka Reptiles	141
Desert Ghost-Banana		148
Desert Ghost-Banana-Enchi		148
Desert Ghost-Super Banana-Enchi		146
Desert Ghost-Banana-Super Enchi		148
Genetic Stripe-Banana		154
Genetic Stripe-Banana-GHI-Pastel		154
Genetic Stripe-Banana-Pastel		154
Ghost-Banana-GHI		158
Ghost-Banana-Orange Dream		160
Piebald-Banana		179
Piebald-Coral Glow		179/180
Piebald-Super Banana-Enchi		178
Piebald-Banana-Panther-Pastel	2017 Freek Nuyt	358
Piebald-Banana-Pastel		180
Piebald-Banana-Pinstripe		178
Tristripe-Banana-Lesser-Spider		197
Combos mit Banana/Coral Glow, (co-)dominant		
Acid-Banana		202
Bamboo-Banana	2015 M&S Reptilien	208
Bamboo-Banana-Black Pastel		208
Bamboo-Banana-Creme	2017 M&S Reptilien	279
Bamboo-Coral Glow-Creme	2017 M&S Reptilien	–
Bamboo-Banana-Spider		391
Banana-Black Head-Champagne		214
Banana-Black Head-Champagne-Pastel		214
Banana-Black Head-Pastel		214
Banana-Bongo-Butter		227
Banana-Bongo-Pastel-Spider		227
Banana-Bongo-Spider		227
Banana-Lesser	2011 Brock Wagner	–
Coral Glow-Lesser-Lemon Pastel	2010 NERD	–
Coral Glow-Calico	2011 Dynasty Reptiles	–
Banana-Calico		215
Banana-Champagne-Leopard	2016 Petra Pietschker	215
Coral Glow-Cinnamon	2011 Keo Santoso	–
Banana-Cinnamon		216
Banana-Super Black Pastel		213

Morphe	Zuerst gezüchtet (Jahr, Züchter)	auf Seite
Banana-Cinnamon-GHI-Pastel		214/215
Banana-Black Pastel-Mahogany		335
Banana-Cinnamon-Mojave-Super Pastel-Pinstripe-Spider		215
Banana-Cinnamon-Pastel	2011 Doug Matuszak	213/214
Banana-Cinnamon-Pastel-Pinstripe		216
Banana-Black Pastel-Yellowbelly		212
Coral Glow-Creme (poss. Pastel)		279
Coral Glow-Creme-Pastel-Pinstripe-Spider		279
Coral Glow-Creme-Pinstripe		279
Coral Glow-Creme -Spider		279
Coral Glow-Enchi	2010 NERD	213
Super Banana-Enchi		218
Banana-Super Enchi		216
Banana-Enchi-GHI-Yellowbelly		216
Coral Glow-Enchi-Mojave	2012 Dynasty Reptiles	213
Coral Glow-Enchi-Pastel	2010 NERD	213
Coral Glow-Enchi-Pastel-Spider	2012 Dynasty Reptiles	213
Coral Glow-Enchi-Spider	2010 NERD	–
Banana-Fire-Vanilla		404
Banana-GHI		217
Banana-Super GHI		218
Banana-GHI-Pinstripe		217
Banana-Gravel-Pastel-Spider		391
Coral Glow-Gravel-Pastel-Yellowbelly		314
Coral Glow-Gravel-Yellowbelly		314
Banana-Leopard		218
Banana-Mahogany		335
Coral Glow-Mahogany	2012 Dynasty Reptiles	334
Banana-Mahogany-Spider		335
Banana-Mojave	2010 Brock Wagner	218
Coral Glow-Mojave	2012 Dynasty Reptiles	214
Banana-Orange Dream	2011 Ozzy Boids	–
Banana-Orange Dream-Pastel	2011 Ozzy Boids	–
Banana-Orange Dream-Yellowbelly	2011 Ozzy Boids	–
Coral Glow-Phantom-Spider	2010 NERD	–
Coral Glow-Pastel	2010 NERD	215
Banana-Pastel-Pinstripe-Spider	2011 Brock Wagner	–
Coral Glow-Pastel-Pinstripe-Spider	2010 Brock Wagner	–
Coral Glow-Lemon Pastel-Specter	2011 NERD	–
Coral Glow-Pastel-Spider	2005 NERD	–
Banana-Pastel-Genetic Tiger		400
Banana-Spark (Paradox)		381
Coral Glow-Specter	2011 NERD	–
Banana-Specter-Yellowbelly		386
Coral Glow-Spider	2005 NERD	216
Banana-Spotnose	2011 Brock Wagner	–
Banana-Woma	2010 Brock Wagner	217
Coral Glow-Woma	2012 Dynasty Reptiles	217

Zu der Zeit wurde dann behauptet, Brock Wagner und Kevin McCurley hätten Männchen aus „strategischen Gründen“ bewusst zurückgehalten.

Die Wahrheit liegt wie immer irgendwo dazwischen: Die Vererbung von Banana ist enorm spannend und zumindest für mein biologisches Verständnis völlig unerklärlich. Ich hielt es lange für ein Gerücht, aber es ist tatsächlich so: Bei den Bananas gibt es sogenannte Male Maker und Female Maker. Male Maker sind Männchen, die zu 95 % nur weitere Banana-Männchen hervorbringen. Die nicht zu Banana zählenden Tiere aus dem Gelege sind Weibchen. Female Maker sind entsprechend Weibchen, die nur Weibchen hervorbringen. Wie ist das erklärbar? Es gibt Theorien, in der F2- und F3-Generation wechsle das. Allerdings dürften wir bei den Bananas schon bei mindestens F5 sein.

Am besten fragt man den Züchter, ob das von ihm angebotene Exemplar aus so einer Male- oder Female-Linie kommt. Ich persönlich habe Männchen, deren Nachkommen fast nur männlich sind, ein Weibchen von mir hat beide Geschlechter unter seinen Nachzuchten, und diese wiederum scheinen auch männliche und weibliche Nachzuchten zu bringen.

Insgesamt ist Banana eine sehr spannende und farblich tolle Morphe. Nach wie vor kommen spektakuläre neue Combos mit Banana, und es ist vorerst kein Ende in Sicht. Preislich liegen die Tiere jetzt nur noch bei wenigen hundert Euro.

Dies ist übrigens auch ein Teil der aufregenden Banana-Story. Kaum eine andere Morphe ist im Preis so rasant verfallen wie diese: Innerhalb eines Jahres (etwa 2013) von 20.000 € auf unter 2.000 € und dann 2015 auf nur noch wenige hundert Euro. Das hat viele verunsichert, die hier investiert hatten und sich mit den Bananas etwas dazuverdienen wollten. Jedoch hat jeder, der mit den Tieren in absehbarer Zeit gezüchtet hat, seine Investition zurückbekommen. Wirklich gut verdient haben daran vermutlich nur Brock Wagner und ein paar andere, die ganz am Anfang eingestiegen sind. Aber Geld verloren haben auch nur jene, die ein Tier teuer gekauft und es dann ein Jahr später aus Enttäuschung verkauft haben.

Banana-Black Pastel-Yellowbelly
Foto: C. Voight

Super Banana
Foto: H. van Hellem

Banana-Super Black Pastel Foto: H. van Hellem

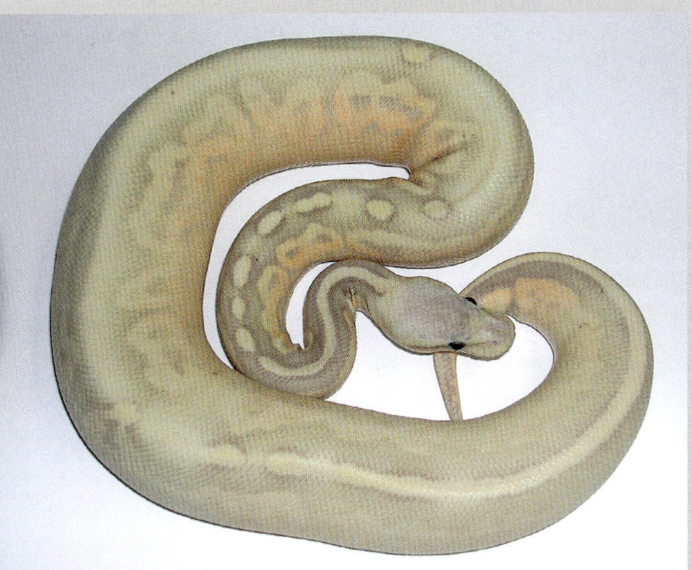

Banana-Cinnamon-Pastel, Tier von Doug Matuszak Foto: F. Visconti

Coral Glow-Enchi, Tier von Dynasty Reptiles Foto: S. Broghammer

Coral Glow-Enchi-Mojave, Tier von Dynasty Reptiles Foto: S. Broghammer

Coral Glow-Enchi-Pastel, Tier von Dynasty Reptiles Foto: S. Broghammer

Coral Glow-Enchi-Pastel-Spider, Tier von Dynasty Reptiles Foto: S. Broghammer

Banana-Black Head-Champagne-Pastel Foto: A. Holzer

Banana-Black Head-Champagne Foto: A. Holzer

Banana-Black Head-Pastel Foto: H. van Hellem

Coral Glow-Mojave, Tier von Dynasty Reptiles Foto: S. Broghammer

Banana-Cinnamon-GHI-Pastel (links) + **Banana-Cinnamon-Pastel** (rechts) Foto: H. van Hellem

Coral Glow-Pastel, Tier von Darren Biggs Foto: D. Carguillo

Banana-Champagne-Leopard Foto: P. Pietschker

Banana-Calico Foto: P. Michel

Banana-Cinnamon-GHI-Pastel Foto: H. van Hellem

Banana-Cinnamon-Mojave-Super Pastel-Pinstripe-Spider Foto: L. Hopfe

Banana-Cinnamon-Pastel-Pinstripe Foto: H. vanHellem

Banana-Cinnamon Foto: M&S Reptilien

Coral Glow-Spider,
Tier von Austrian Reptiles + Royalsnakes Foto: W. Obermayer

Banana-Super Enchi Foto: G. Day

Banana-Enchi-GHI-Yellowbelly
Foto: H. van Hellem

Banana-Woma, Tier von Dave Green
Foto: D. Green

Banana-GHI-Pinstripe Foto: A. Holzer

Banana-GHI Foto: H. vanHellem

Coral Glow-Woma,
Tier von Dynasty
Reptiles
Foto: S. Broghammer

Banana-Super GHI Foto: H. van Hellem

Banana-Leopard Foto: H. van Hellem

Super Banana-Enchi
Foto: H. van Hellem

Banana-Mojave
Foto: H. van Hellem

Super Banana-GHI Foto: H. van Hellem

Banana: Jungtier; hat noch keine schwarzen Punkte
Foto: M&S Reptilien

BLACK HEAD

keine	Weitere Namen / Synonyme
codominant	**Genetik**
2002 von Ralph Davis	Zuerst gezüchtet / importiert

Superform: Super Black Head. Zuerst gezüchtet: 2008 von Ralph Davis

Ralph Davis hatte schon 1999 ein adultes Männchen aus Afrika bekommen und es 2002 als (co-)dominant geprüft. Diese Morphe ist bis jetzt noch nicht sehr weit verbreitet – ich kann nicht sagen, ob das an einem Mangel an Interesse oder einem Mangel an Nachzuchten liegt. Erst seit etwa 2010 werden regelmäßig schöne Combos mit Black Head angeboten. Aber vor allem Combos mit Super Black Head sind wahre Eyecatcher!.

Black Head,
Tier von Markus Theimer
Foto: W. Lang

Übersicht über die Black-Head-Morphen

Morphe	Zuerst gezüchtet (Jahr, Züchter)	auf Seite
Black Head	2002 Ralph Davis Reptiles	219
Super Black Head		220
Combos mit Black Head, rezessiv		
Albino-Black Head	2014 Stefan Liedl	113
Albino-Super Black Head		113
Ghost-Black Head		157
Ghost-Super Black Head	2008 Ralph Davis	–
Ghost-Black Head-Lesser-Spider-Red and Ringer Gene		159
Ghost-Black Head-Enchi	2016 Rene Albrecht	160
Ghost-Black Head-Enchi-Fire	2016 Rene Albrecht	158
Ghost-Black Head-Fire-Pinstripe	2016 Rene Albrecht	162
Ghost-Black Head-Mojave-Pastel-Red and Ringer Gene		162
Ghost-Black Head-Mojave-Red and Ringer Gene		162
Ghost-Black Head-Super Phantom-Red and Ringer Gene		162
Lavender-Black Head-Leopard	2016 J. Kobylka Reptiles	169
Combos mit Banana, (co-)dominant		
Banana-Black Head-Champagne		214
Banana-Black Head-Champagne-Pastel		214
Banana-Black Head-Pastel		214

Morphe	Zuerst gezüchtet (Jahr, Züchter)	auf Seite
Black Head-Bongo-Black Pastel-Red Gene		423
Black Head-Bongo-Red and Ringer Gene		227
Black Head-Butter-Enchi-Leopard-Red and Ringer Gene		222
Black Head-Butter-Leopard-Red and Ringer Gene		222
Black Head-Black Pastel		221
Black Head-Cinnamon-Pastel		221
Black Head-Black Pastel-Pastel-Red and Ringer Gene		221
Black Head-Calico	2011 Ralph Davis Reptiles	–
Super Black Head-Het Red Axanthic-Leopard-Red and Ringer Gene		321
Black Head-Leopard-Pastel-Yellowbelly	2017 Justin Kobylka	221
Black Head-Leopard-Red and Ringer Gene		220
Super Black Head-Leopard-Red and Ringer Gene		222
Black Head-Mojave	2011 ReticBalls Markus Theimer	221
Black Head-Mojave-Phantom-Red and Ringer Gene		349
Black Head-Mojave-Pinstripe		222
Black Head-Phantom-Red and Ringer Gene		222
Black Head-Super Phantom-Red and Ringer Gene		222
Black Head-Spotnose-Yellowbelly		394
Black Head-Yellowbelly	2011 ReticBalls Markus Theimer	220

Black Head-Yellowbelly, Tier von Markus Theimer
Foto: W. Lang

Super Black Head, Tier von Austrian Reptiles
Foto: W. Obermayer

Black Head-Leopard-Red and Ringer Gene
Foto: M. Thakkar

Black Head-Mojave, Tier von Markus Theimer Foto: W. Lang

Black Head-Black Pastel-Pastel-Red and Ringer Gene Foto: M. Thakkar

Black Head-Black Pastel Foto: A. Burger

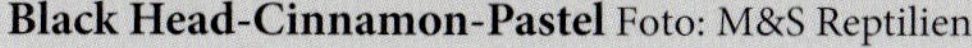

Black Head-Cinnamon-Pastel Foto: M&S Reptilien

Black Head-Leopard-Pastel-Yellowbelly Foto: J. Kobylka

Black Head-Super Phantom-Red and Ringer Gene Foto: M. Thakkar

Black Head-Mojave-Pinstripe Foto: M&S Reptilien

Black Head-Butter-Enchi-Leopard-Red and Ringer Gene Foto: M. Thakkar

Black Head-Butter-Leopard-Red and Ringer Gene Foto: M. Thakkar

Black Head-Phantom-Red and Ringer Gene Foto: M. Thakkar

Super Black Head-Leopard-Red and Ringer Gene Foto: M. Thakkar

BLACK MAGIC

LC Black Magic	Weitere Namen / Synonyme
codominant	**Genetik**
importiert ca. 2010 von Lutz Hopfe	Zuerst gezüchtet / importiert

Superform 2012 von Lutz Hopfe

Übersicht über die Black-Magic-Morphen

Morphe	Zuerst gezüchtet (Jahr, Züchter)	auf Seite
Black Magic	2012 Lutz und Christine Hopfe	223
Super Black Magic	2012 Lutz und Christine Hopfe	224
Combos mit Acid/Confusion, (co-)dominant		
Black Magic-Cinnamon	2015 Lutz und Christine Hopfe	224

2006 kaufte der deutsche Züchter Lutz Hopfe einen Odd Ball bei mir, der Granit ähnelte.
Schon nach zwei Jahre gelang ihm die erste Nachzucht mit einem Yellowbelly-Weibchen. Die resultierenden Jungtiere verkaufte Lutz als einfache Yellowbellys, der Black Magic kam nicht so sehr zum Vorschein. Somit könnten jetzt noch unbekannte Yellowbellys bzw. Ivorys mit dem Black-Magic-Gen unterwegs sein.
Erst 2010 fiel ihm auf, dass da noch mehr drinstecken könnte, da die Nachzuchten zum Teil anders aussahen. Folglich behielt er drei männliche Jungtiere zurück. Eines davon hat er mit der Mutter rückverpaart, woraus 2012 die ersten Super Black Magic hervorgingen. Diese Tiere waren spektakulär und sehr auffällig. Leider hatten zwei von drei Tieren einen Wirbelsäulenknick. Auch in den Jahren danach schlüpften immer wieder Superformtiere mit Knicken, ähnlich wie bei den Super Cinnamons. Das trübt leider die Freude an diesem Projekt.
Lutz Hopfe ist kein großer Freund von Rummel und Social Media, daher sind die Black Magic und vor allem die Super Black Magic bis heute nicht so prominent, wie sie es sein könnten. Dies zeigt ganz gut, dass es natürlich wichtig ist, wie eine Morphe aussieht, aber auch die „Vermarktung" ist entscheidend, um es mal kaufmännisch zu betrachten. Entweder muss man sich selber viel Mühe geben und die Tiere über die Medien berühmt machen, oder man hat Glück und ein prominenter Züchter springt auf den Zug auf. Dann geht die Werbung viel leichter, und die Nachfrage kommt fast automatisch. Die meisten züchten natürlich nicht nur, um die Tiere möglichst teuer zu verkaufen. Aber es ist auch schade, wenn so ein spektakuläres Tier wie der Super Black Magic ein derartiges Stiefmütterchendasein fristet, national und noch viel mehr International.
Da der Name Black Magic schon für andere Kombos im Umlauf war, stellte Lutz Hopfe den Zusatz LC dazu, für „Lutz und Christine". Allerdings scheint sich in der Szene der Name Black Magic für diese Morphe zu behaupten, was es etwas einfacher macht.

Black Magic
Foto: Unbekannt

Super Black Magic: Jungtiere. Foto: L. Hopfe

Super Black Magic.
Subadultes Tier
Foto: L. Hopfe

Black Magic-Cinnamon
Foto: L. Hopfe

BONGO

Weitere Namen / Synonyme	keine
Genetik	**codominant**
Zuerst gezüchtet / importiert	ca. 2009 von E.B. Noah
	Superform 2012 von E.B. Noah

Der Bongo entstand ungefähr zeitgleich mit dem Bamboo, ebenfalls bei Noah in Afrika. Der erste Super Bongo wurde schon 2012 gezüchtet. Noah hatte schon einige Jahre davor mit Bongo experimentiert, dem Projekt aber im ganzen Champagne- und Ultramel-Hype nicht so viel Aufmerksamkeit geschenkt.

Ich erinnere mich, wie er mir 2011 den ersten Bongo Lesser Pastel zeigte und meinte, der sei doch viel schöner als der damals recht legendäre Highway. Ungefähr zu der Zeit erkannte Noah das Potenzial, das im Bongo steckte. Er schwärmte mir vor, was man alles damit machen könne, wie viele neue Möglichkeiten es gebe. Ich war dann aber mehr vom Bamboo angetan. Der sah wenigstens als Single Morph schon toll aus. Preislich waren beide ungefähr gleich, und ich dachte mir, dass die Bamboos sicher gut in der Szene ankommen würden – was sich die ersten Jahre ja auch bestätigte, jeder wollte Bamboo, fast niemand einen Bongo.

Das Ganze hielt dann auch an bis ca. 2014/15, als mehr Züchter erkannten, dass mit dem Bamboo etliche Combos weiß werden, mit dem Bongo dagegen viel mehr Farben möglich sind. Ab da wurde der Bongo zum Star aus Afrika.

Spannend am Bongo ist auch, dass er wohl allel zu Yellowbelly, Gravel, Spark, Specter und Asphalt ist, diese Formen also einen Komplex bilden. Peter Balg, ein Züchter aus Deutschland, war einer der Ersten, der dies schon 2015 erkannte. Er verpaarte Spark mit Bongo und bekam ein Superstripe-ähnliches Tier. Als er mir zum ersten Mal davon erzählte und die Fotos zeigte, dachte ich, sein Bongo sei sicherlich ein Bongo-Yellowbelly, daher das Superstripe-ähnliche Aussehen. Dies war jedoch falsch: Ein Bongo-Yellowbelly ist klar als solcher zu erkennen und nicht mit dem Tier zu verwechseln, das er mir damals zeigte. Siehe dazu auch die Fotos vom Bongo-Spark und Bongo-Yellowbelly (s.S. 231).

Ähnliche Verpaarungen im Jahr 2016 zeigten, dass Balg wohl Recht hatte. Der Bongo ist wohl das Tier, das am dunkelsten ist, und bleibt in diesem Komplex. Alle anderen haben zumindest als Superform viel Weißanteil, der Bongo dagegen bleibt recht dunkel, mit viel Braun. Gar nicht so schlecht, wenn man bedenkt, dass doch viele codominante Combos dazu neigen, am Schluss einfach nur weiß zu werden, je mehr Morphen darin sind.

Das passiert mit dem Bongo nicht. Aufgrund seiner Verwandtschaft zu Yellowbelly, Gravel und Co. neigt der Bongo wohl auch dazu, bei Combos mehr oder weniger eine Streifenzeichnung zu erzeugen, wie z. B. beim Bongo-Lesser Pastel. Also war auch Noah 2011 mit seinem Vergleich zum Highway gar nicht so weit vom Thema weg. Es wird die nächsten Jahre sicher weiterhin spannend, was der Bongo uns noch bringt.

Bongo
Foto: S. Broghammer

Super Bongo, Tier von Noah Foto: S. Broghammer

Übersicht über die Bongo-Morphen

Morphe	Zuerst gezüchtet (Jahr, Züchter)	auf Seite
Bongo		225
Super Bongo	2012 Noah	226
Cypress		280
Super Cypress		281
Bongo-Cypress		226
Combos mit Bongo/Cypress, rezessiv		
Clown-Bongo		231
Clown-Bongo-Cinnamon	2016 M&S Reptilien	230
Clown-Bongo-Pastel		231
Clown-Bongo-Pastel-Spider		226
Ghost-Cypress-Mojave		281
Combos mit Bongo/Cypress, (co-)dominant		
Banana-Bongo-Butter		227
Banana-Bongo-Pastel-Spider		227
Banana-Bongo-Spider		227
Black Head-Bongo-Black Pastel-Red Gene		423
Black Head-Bongo-Red and Ringer Gene		227
Bongo-Lesser	2012 Noah	230
Bongo-Lesser-Cinnamon		228
Bongo-Lesser-Cinnamon-Pastel		228
Bongo-Butter-GHI		228
Bongo-Butter-GHI-Pastel		228
Bongo-Lesser-Fire-Pastel		229
Bongo-Lesser-Circle		229
Bongo-Lesser-Pastel	2011 Noah	229
Bongo-Sugar-Pastel		230
Bongo-Champagne		227
Bongo-Cinnamon		228
Super Bongo-Cinnamon		226
Bongo-Cinnamon-Pastel		229
Cypress-Black Pastel-Pastel		281
Bongo-Enchi		229
Bongo-GHI		229
Cypress-GHI	2017 Justin Kobylka	281
Bongo-GHI-Super Pastel		228
Cypress-Mojave		281
Bongo-Mojave-Pastel		230
Bongo-Mojave-Vanilla		230
Bongo-Super Pastel		230
Bongo-Spark		231
Cypress-Specter-Yellowbelly		281
Bongo-Spider		391
Bongo-Yellowbelly		231
Cypress-Yellowbelly		280

Bongo-Cypress, World‘s First 2018, S. Broghammer
Foto: A. Gilbert

Clown-Bongo-Pastel-Spider
Foto: M&S Reptilien

Banana-Bongo-Butter
Foto: S. Broghammer

Banana-Bongo-Spider Foto: H. van Hellem

Banana-Bongo-Pastel-Spider Foto: H. van Hellem

Black Head-Bongo-Red and Ringer Gene Foto: M. Thakkar

Bongo-Champagne Foto: M&S Reptilien

Bongo-Butter-GHI-Pastel Foto: H. van Hellem

Bongo-Butter-GHI Foto: H. van Hellem

Bongo-Lesser-Cinnamon (poss. Pastel) Foto: M&S Reptilien

Bongo-Lesser-Cinnamon-Pastel Foto: M&S Reptilien

Bongo-GHI-Super Pastel
Foto: H. van Hellem

Bongo-Cinnamon
Foto: M&S Reptilien

Bongo-Cinnamon-Pastel Foto: H. van Hellem

Bongo-Enchi Foto: H. van Hellem

Bongo-GHI Foto: H. van Hellem

Bongo-Lesser-Circle Foto: M&S Reptilien

Bongo-Lesser-Pastel Foto:M&S Reptilien

Bongo-Lesser-Pastel Foto: Noah

Bongo-Lesser-Fire-Pastel
Foto: M&S Reptilien

Bongo-Lesser M&S Reptilien

Bongo-Mojave-Pastel Foto: H. van Hellem

Bongo-Mojave-Vanilla Foto: H. van Hellem

Bongo-Super Pastel Foto: M&S Reptilien

Bongo-Sugar-Pastel
Foto: W. Obermayer & G. Hiendlmeyer.

Clown-Bongo-Cinnamon
Foto: M&S Reptilien

Bongo-Spark Foto: P. Balg

Bongo-Yellowbelly Foto: M&S Reptilien

Bongo-Yellowbelly Foto: P. Balg

Clown-Bongo Foto: M&S Reptilien

Clown-Bongo-Pastel
Foto: M&S Reptilien

BLACK PASTEL: SIEHE CINNAMON (S. 268)

BUTTER

Weitere Namen / Synonyme: Lesser Platin, Lesser

Genetik: **codominant**

Zuerst gezüchtet / importiert: Lesser 2001 von Ralph Davis, Butter 2001 von Mark Bell

Lesser, Tier von M&S Reptilien
Foto: A. Gibert

Der ursprüngliche Platin Ball, also der Vater aller Lesser Platins, kam 1999 aus Afrika, genauer gesagt aus dem Grenzgebiet Togo/Benin. Ich war damals gerade in Ghana und wurde um 5 Uhr morgens von einem Bekannten im Hotel geweckt, dessen Bruder (in Afrika ist so ziemlich jeder jedermanns Bruder) etwas „ganz Großes" bei sich habe – auch das muss in Afrika nichts heißen, selbst um 5 Uhr morgens nicht! Aber als er die Schlange dann aus dem Sack holte, war ich doch sehr schnell wach: Es war wirklich ein fantastisches Tier, völlig anders als alles, was ich je zuvor gesehen hatte! Der Python war mit einer Art grünem bzw. metallischem Schimmer überzogen, woher auch später der Name Platin rührte. Es war ein schönes adultes Männchen, das sich auch noch in einem sehr guten Zustand befand. Ich war begeistert! Es war leider mein Abreisetag, und meine Finanzen waren so ziemlich ausgeschöpft – 1999 gab es in Westafrika noch keine Bankautomaten, also musste mit Bargeld, Traveller Checks oder Blitzüberweisungen gearbeitet werden. Ich bot 6.000,- US-$ für das Tier, das war damals die Grenze des „Auftreibbaren". Der Mann lehnte mein Angebot leider ab, denn zu jener Zeit wurden auch Pieds noch für 15.000–20.000,- US-$ verkauft.

So ging dieses Tier einige Tage später (meines Wissens für 20.000,- US-$ in die USA und landete dort bei Ralph Davis. Dieser zog sein Zuchtprojekt dann wirklich perfekt durch, einschließlich sehr guter Promotion: Er taufte das Tier „Platin Ball" und hatte 2001 die ersten Babys. Zu dieser Zeit waren fast alle bekannten Königspython-Morphen – außer Pastel – noch genetisch rezessiv. Umso mehr freute sich Ralph Davis, dass rund die Hälfte seiner Babys beinahe so aussah wie der Vater, wenn auch nicht ganz so intensiv platinfarben. Er nannte sie daher „Lesser Platin", also übersetzt etwa „weniger Platin" – und damit war auch schon der Ausdruck „Lesser" als Abkürzung für „Lesser Platin" geboren.

Butter, Tier von M&S Reptilien
Foto: A. Gibert

Der Schlüssel zur Zucht eines „richtigen" Platin wurde erst in den letzten Jahren gefunden: Es muss beim Zuchtpartner noch eine zweite Genmutation hineinspielen, um einen Platin zu bekommen. Diese zusätzlich benötigten Zuchttiere werden aktuell unter dem Namen „Platty Daddy Siblings" angeboten. Sie sehen normal aus und lassen sich optisch nicht erkennen. Verpaart man sie aber mit Butter oder Lesser, erhält man unter den Nachzuchten ein Viertel Platinum-Tiere.
Fast parallel zum Lesser nahm auch die Karriere der Butter Balls ihren Lauf, die erstmals Kim und Mark Bell 2001 in den USA züchteten. Meiner Meinung nach beruhen beide Morphen letztlich auf der gleichen Mutation; es sind einfach zwei verschiedene Linien, die sich auch optisch kaum abgrenzen lassen. In beiden Linien gibt es extrem schöne, klar gezeichnete Tiere, und in beiden Linien gibt es eher unscheinbare Exemplare. Ich persönlich kann keine deutlichen Unterschiede erkennen. Trotzdem verwende ich im Buch immer den Namen, den mir der Züchter gegeben hat, also entweder Butter oder Lesser.
Interessant ist vielleicht noch, dass bei dieser Mutation regelmäßig sogenannte Paradox-Tiere auftreten, also Exemplare mit einem Rest an schwarzer Zeichnung. Leider scheint sich dieses Merkmal nicht zu vererben. Die Paradox-Zeichnung wäre gerade bei der Superform äußerst interessant und ergäbe ein weißes Tier mit schwarzen Flecken und Sprenkeln.

Superform: Super Lesser bzw. Super Butter
Weitere Namen: Leuzist, Blue Eyed Lucy
Als Superform kommt ein fast rein weißes Tier heraus. Meist kann man noch leichte Zeichnungsschattierungen bzw. so etwas wie ein schwaches Rückenband erkennen. Der Leuzist hat bläuliche Augen und wurde erstmals 2004 von Ralph Davis gezüchtet.

Platty Daddy,
Tier von Darren Biggs
Foto: D. Carguillo

Übersicht über die Butter-Morphen

Morphe	Zuerst gezüchtet (Jahr, Züchter)	auf Seite
Butter	2001 Reptiles Industries	232
Lesser		232
Platty Daddy	Ralph Davis Reptiles	233
Super Butter		–
Super Lesser	2004 Ralph Davis Reptiles	236
Lesser (Paradox)		240
Combos mit Butter/Lesser, rezessiv		
Albino-Lesser	2011 Dan Uremovic	–
Axanthic-Lesser	2009 Wes Harris	–
Clown-Banana-Butter		139
Clown-Blade-Butter	2012 Markus Jayne Ball Pythons	138
Clown-Lesser	2009 Brock Wagner	136
Clown-Butter-Enchi-Pastel		140
Clown-Butter-Leopard-Yellowbelly		140
Clown-Lesser-Pastel	2011 Marc Bailey	–
Clown-Butter-Pastel-Spider		140
Clown-Lesser-Pastel-Super Spotnose	2017 J. Kobylka Reptiles	144
Clown-Lesser-Spotnose		144
Desert Ghost-Butter		147
Desert Ghost-Butter-Leopard		149
Genetic Stripe-Butter		153
Genetic Stripe-Lesser		–
Genetic Stripe-Butter-GHI		150
Genetic Stripe-Butter-Pastel		152
Ghost-Black Head-Lesser-Spider-Red and Ringer Gene		159
Ghost-Butter		157
Ghost-Super Butter (Paradox)		158
Ghost-Butter-Champagne	2010 Joshua Marki	–
Ghost-Butter-Super Chocolate		163
Ghost-Butter-Black Pastel-Pastel	2011 Jon Courtney	–
Ghost-Butter-Cinnamon-Fire	2017 Rene Albrecht	163
Ghost-Butter-Enchi		158/165
Ghost-Butter-Enchi-Fire-Pinstripe		164
Ghost-Lesser-Fire-Pinstripe	2015 Rene Albrecht	166
Ghost-Lesser-Pastel		158
Ghost-Butter-Pastel-Spider	2009 Joshua Marki	–
Piebald-Lesser		177
Scaleless Head-Butter-Pastel		190
Scaleless-Butter-Pastel		191
Tristripe-Banana-Lesser-Spider		197
Tristripe-Lesser		197
Combos mit Butter/Lesser, (co-)dominant		
Confusion-Butter-Leopard		205
Confusion-Butter-Shatter		203
Banana-Bongo-Butter		227
Banana-Lesser	2011 Brock Wagner	–
Coral Glow-Lesser-Lemon Pastel	2010 NERD	–
Black Head-Butter-Enchi-Leopard-Red and Ringer Gene		222
Black Head-Butter-Leopard-Red and Ringer Gene		222
Bongo-Lesser	2012 Noah	230

Morphe	Zuerst gezüchtet (Jahr, Züchter)	auf Seite
Bongo-Lesser-Cinnamon		228
Bongo-Lesser-Cinnamon-Pastel		228
Bongo-Butter-GHI		228
Bongo-Butter-GHI-Pastel		228
Bongo-Lesser-Fire-Pastel		229
Bongo-Lesser-Circle		229
Bongo-Lesser-Pastel	2011 Noah	229
Lesser-Calico	2008 Ralph Davis Reptiles	236
Lesser-Sugar	2009 MA-Reptiles	236
Butter-Calico-Cinnamon-Fire	2017 Julian Kosney	245
Lesser-Sugar-Enchi	2011 MA-Reptiles	236
Lesser-Calico-Super Pastel		237
Lesser-Calico-Super Pastel-Pinstripe-Spider	2011 Ben Renick	237
Lesser-Calico-Pastel-Spider		237
Lesser-Calico-Super Pastel-Spider		237
Butter-Champagne	2011 R.V.R-Nordic	245
Lesser-Champagne-Cinnamon-Pastel		243
Butter-Champagne-Fire	2012 Mike Wilbanks	–
Lesser-Champagne-Red and Ringer Gene		244
Lesser-Chocolate	2010 Keo Santoso	238
Lesser-Chocolate-Pinstripe-Woma	BHB	–
Butter-Cinnamon	Bill Buchmann	–
Lesser-Cinnamon		238
Lesser-Cinnamon-Enchi	2011 Ebby Simon	–
Butter-Black Pastel-GHI		244
Lesser-Black Pastel-GHI-Pastel	2017 Sandra Balkau	243
Butter-Black Pastel-Granit	2011 Jon Courtney	–
Lesser-Cinnamon-Pastel	Bradford Cole	238
Lesser-Cinnamon-Super Pastel	2011 Albeys Reptiles	237
Lesser-Black Pastel-Super Pastel-???	2012 Roland van den Oever	244
Butter/Lesser-Cinnamon-Pastel-Pinstripe	2011 VPI	–
Lesser-Black Pastel-Pastel-Pinstripe-Spider	2011 Sloan Reptiles	238
Lesser-Cinnamon-Pastel-Spider	2011 Omega Pythons	–
Lesser-Black Pastel-Super Pastel-Spider	2016 Michael Vock	388
Lesser-Black Pastel-Pinstripe	2011 Sloan Reptiles	238
Lesser-Black Pastel-Pinstripe-Spider	2011 Sloan Reptiles	–
Butter-Creme		279
Butter-Desert		247
Butter-Desert-Enchi		247
Lesser-Desert-Enchi	2011 Cold Blood Evolution	–
Butter-Desert-Pastel	2011 Markus Jayne	–
Lesser-Desert-Pinstripe-Spider	2012 JB Pythons	239
Lesser-Enchi	2009 Matt Lerer	–
Butter-Enchi	2006 Lars Brandell	245
Butter-Super Enchi		248
Lesser-Super Enchi	2009 Matt Lerer	–
Butter-Enchi-Fire	2011 Lars Brandell	–
Butter-Super Enchi-Fire-Pastel		246
Lesser-Enchi-Fire-Pinstripe		239/244
Butter-Enchi-Leopard		245
Lesser-Enchi-Leopard-Spider		244
Butter-Enchi-Pastel		246
Lesser-Enchi-Super Pastel	2012 BHB	238

Morphe	Zuerst gezüchtet (Jahr, Züchter)	auf Seite
Lesser-Enchi-Pastel-Pinstripe	2011 Fred Kick	239
Lesser-Enchi-Pinstripe-Spider	2012 Ben Renick	239
Butter-Enchi-Special		245
Lesser-Enchi-Spider		239
Butter-Super Enchi-Spider	2011 M.C. Serpenti	248
Butter-Fire-Pastel		246
Lesser-Fire-Pastel	2010 Killermorph	–
Butter-Fire-Super Pastel	2011 Mike Wilbanks	–
Lesser-Fire-Super Pastel	2011 M.C. Serpenti	239
Butter-Fire-Pastel-Spider	2011 Mike Wilbanks	246
Butter-Fire-Pinstripe	2011 Mike Wilbanks	–
Butter-Fire-Pinstripe-Spider	2011 Mike Wilbanks	–
Butter-Fire-Stranger-Project Gene	2011 Mike Wilbanks	397
Lesser-Fire-Woma	2011 Julian Calcagno	–
Lesser-Genetic Jungle	M&S Reptilien	240
Lesser-GHI	2009 Matt Lerer	235
Butter-GHI		247
Super Lesser-GHI		244
Butter-Super GHI		247
Lesser-GHI-Pastel	2010 Matt Lerer	–
Butter-GHI-Pastel-Woma		407
Butter-GHI-Woma		–
Lesser-Granit	2011 Gotham Reptile	–
Butter-Circle	2012 M&S Reptilien	245
Lesser-Granit-Pastel-Vanilla-Hidden Gene Woma		404
Lesser-Granit-Pastel-Hidden Gene Woma		407
Butter-Granit-Yellowbelly	2011 Jon Courtney	–
Lesser-Gravel-Woma-Yellowbelly		408
Butter-Green Pastel		247
Lesser-Het Red Axanthic	2009 Corey Woods	–
Lesser-Het Red Axanthic-Pastel	Corey Woods	–
Lesser-Het Red Axanthic-Spider	2011 Corey Woods	–
Lesser-Red Axanthic-Spider	2011 Corey Woods	–
Lesser-Hurricane	2010 Hans-Jörg Winner	326
Lesser-Leopard-Pastel-Spider	2011 Peter Kahl	–
Lesser-Leopard-Spider	2011 Peter Kahl	–
Lesser-Mojave	2003 Wes Harris	240
Butter-Mystic	2012 M&S Reptilien	247
Lesser-Phantom	2003 Ralph Davis	–
Lesser-Orange Dream-Pastel-Spider	2011 Ozzy Boids	–
Lesser-Orange Dream-Spider	2011 Ozzy Boids	–
Lesser-Pastel	2003 Ralph Davis	241
Lesser-Citrus Pastel	2011 Amir Soleymani	240

Morphe	Zuerst gezüchtet (Jahr, Züchter)	auf Seite
Platty Daddy-Pastel		249
Butter-Super Pastel		248
Lesser-Pastel-Fader		240
Lesser-Pastel-Pinstripe	2009	–
Platty Daddy-Pastel-Pinstripe		249
Butter-Super Pastel-Pinstripe	2010 Brock Wagner	–
Lesser-Pastel-Pinstripe-Spider	2008 NERD	241
Butter-Pastel-Pinstripe-Spider	2009 Brock Wagner	–
Lesser-Citrus Pastel-Spider	2011 Dennis Müller	–
Butter/Lesser-Lemon Pastel-Spider	2008 Mike Wilbanks	–
Butter-Pastel-Spider	2009 Markus Jayne	–
Lesser-Pastel-Spider	2005 NERD	–
Butter-Super Pastel-Spider	2009 Joshua Marki	–
Lesser-Pastel-Spotnose	2011 Ben Renick	–
Butter-Pastel-Stranger		397
Lesser-Pastel-Vanilla	Gulf Coast Reptiles	404
Lesser-Super Pastel-Vanilla		241
Butter-Citrus Pastel-Whiteout	2011 Amir Soleymani	242
Lesser-Citrus Pastel-Whiteout-Yellowbelly		241
Butter-Pastel-Yellowbelly		249
Lesser-Pastel-Yellowbelly-Hidden Gene Woma		241
Butter-Pastel-???	2012 Roland van den Oever	248
Butter-Pinstripe	2005 Ralph Davis	–
Lesser-Pinstripe		242
Butter-Pinstripe-Spider	2009 Markus Jayne	–
Lesser-Pinstripe-Spider-Yellowbelly	2011 BHB	–
Butter-Pinstripe-Woma		408
Butter-Pinstripe-Yellowbelly	2011 Simon Hamelin	–
Butter-Sable	2010 Jon Courtney	248
Butter-Specter	Mark Haas	–
Lesser-Specter-Vanilla	Mark Haas	242
Butter-Spider	2004 Reptile Industries	–
Lesser-Spider	2005 NERD	–
Lesser-Spider-Hidden Gene Woma		242
Lesser-Spider-Woma	2006 NERD	–
Lesser-Spotnose	Ben Renick	243
Lesser-Tiger		243
Platty Daddy-Hidden Gene Woma	2006 NERD	249
Platty Daddy-Hidden Gene Woma (Purple)		249
Platty Daddy-Hidden Gene Woma-???		249
Platty Daddy-Super Hidden Gene Woma	2010 NERD	–
Lesser-Woma	2005 NERD	243
Butter-Yellowbelly	2008 Bill Buchmann	–

Lesser-GHI
Foto: M&S Reptilien

Super Lesser, Tier von M&S Reptilien Fotos: A. Gibert

Lesser-Sugar, Tier von Udo Näscher Foto: U. Näscher

Lesser-Calico (Flame), Tier von Darren Biggs Foto: D. Carguillo

Lesser-Sugar-Enchi,
Tier von MA-Reptiles
Foto: MA-Reptiles

Lesser-Calico-Pastel-Spider, Tier von Ben Renick Foto: B. Renick

Lesser-Calico-Super Pastel, Tier von Ben Renick Foto: B. Renick

Lesser-Calico-Super Pastel-Pinstripe-Spider, Tier von Ben Renick Foto: B. Renick

Lesser-Calico-Super Pastel-Spider, Tier von Ben Renick Foto: B. Renick

Lesser-Cinnamon-Super Pastel, Tier von Omega Pythons Foto: Omega Pythons

Lesser-Cinnamon-Super Pastel, Tiere von Brandon Osborne Foto: B. Osborne

Lesser-Cinnamon-Pastel, Tier von Luis Moreno Foto: L. Moreno

Lesser-Black Pastel-Pastel-Pinstripe-Spider, Tier von Sloan Reptiles Foto: S. Broghammer

Lesser-Enchi-Super Pastel, Tier von Herman van Hellem Foto: H. van Hellem

Lesser-Black Pastel-Pinstripe, Tier von Sloan Reptiles Foto: S. Broghammer

Lesser-Cinnamon, Tier von Aaron Jones Foto: A. Jones

Lesser-Chocolate, Tier von Rocking Royal Foto: Rocking Royal

Lesser-Desert-Pinstripe-Spider aka **Desert King Spin**, Tier von Birgit Uebach Foto: B. Uebach

Lesser-Enchi-Pinstripe-Spider, Tier von Ben Renick Foto: B. Renick

Lesser-Enchi-Pastel-Pinstripe, Tiere von Fred Kick Foto: F. Kick

Lesser-Enchi-Fire-Pinstripe, Tiere von M.C. Serpenti Foto: D. D'Agostino

Lesser-Fire-Super Pastel, Tiere von M.C. Serpenti Foto: D. D'Agostino

Lesser-Enchi-Spider, Tier von MA-Reptiles Foto: MA-Reptiles

Lesser-Genetic Jungle, Tier von M&S Reptilien Foto: A. Gibert

Lesser-Mojave, Tier von M&S Reptilien Foto: A. Gibert

Lesser-Citrus Pastel, Tier von Darren Biggs Foto: D. Carguillo

Lesser-Pastel-Fader, Tier von Omega Pythons Foto: Omega Pythons

Lesser (Paradox), Tier von M&S Reptilien Foto: A. Gibert

Lesser-Pastel, Tier von Philipp Schäfer Foto: P. Schäfer

Lesser-Pastel-Pinstripe-Spider aka **Queen Spin,** Tier von Sloan Reptiles
Foto: S. Broghammer

Lesser-Citrus Pastel-Whiteout-Yellowbelly, Tier von Maki Goskowicz
Foto: M. Goskowicz

Lesser-Pastel-Yellowbelly-Hidden Gene Woma, Tier von Darren Biggs
Foto: D. Carguillo

Lesser-Super Pastel-Vanilla,
Tier von Gulf Coast Reptiles
Foto: S. Broghammer

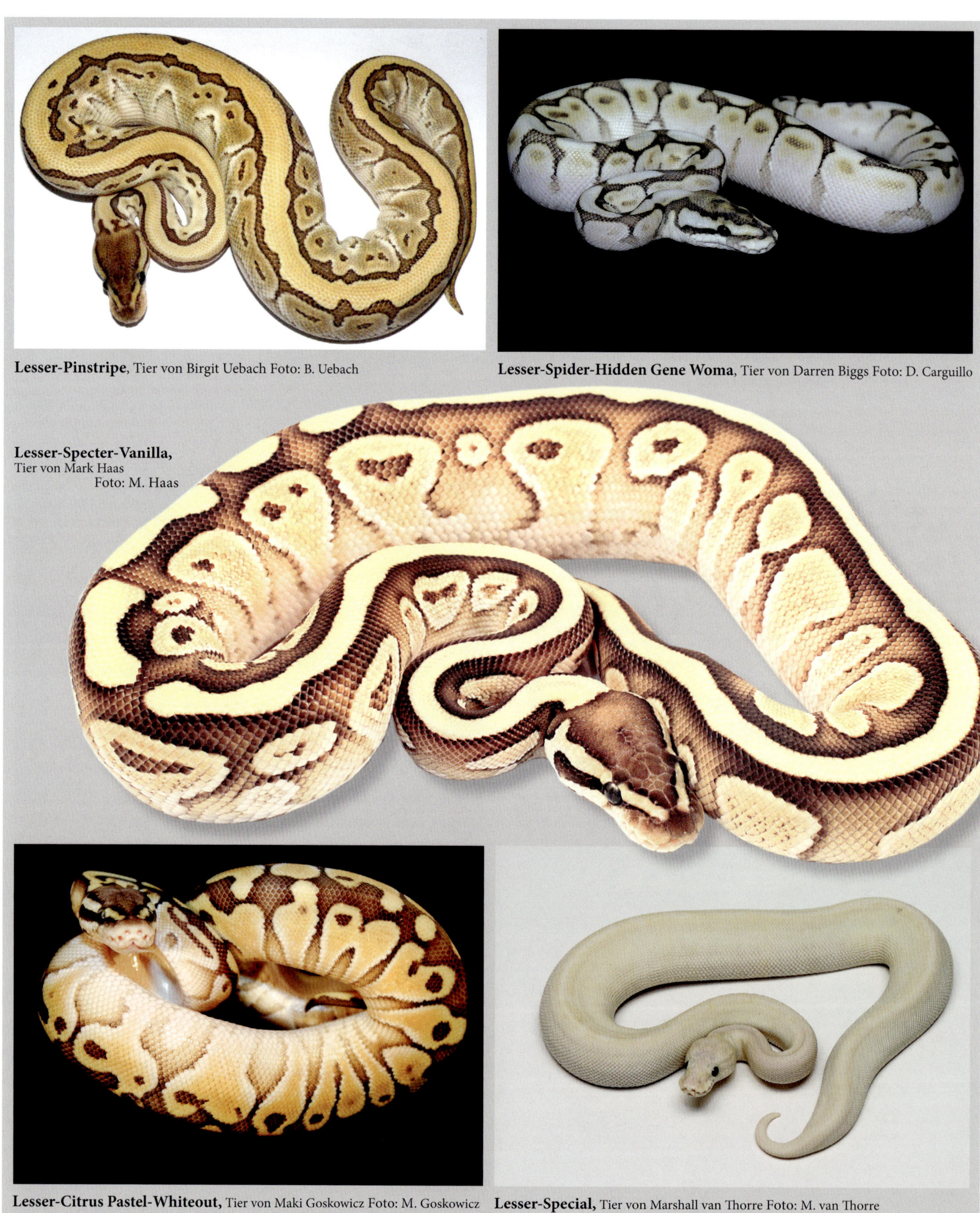

Lesser-Pinstripe, Tier von Birgit Uebach Foto: B. Uebach

Lesser-Spider-Hidden Gene Woma, Tier von Darren Biggs Foto: D. Carguillo

Lesser-Specter-Vanilla, Tier von Mark Haas Foto: M. Haas

Lesser-Citrus Pastel-Whiteout, Tier von Maki Goskowicz Foto: M. Goskowicz

Lesser-Special, Tier von Marshall van Thorre Foto: M. van Thorre

Lesser-Spotnose, Tier von Ben Renick Foto: B. Renick

Lesser-Woma, Tier von M&S Reptilien Foto: A. Gibert

Lesser-Genetic Tiger, Tier von M&S Reptilien Foto: A. Gibert

Lesser-Black Pastel-GHI-Pastel Foto: S. Balkau

Lesser-Champagne-Cinnamon-Pastel Foto: S. Haskamp

Lesser-Champagne-Red and Ringer Gene Foto: M. Thakkar

Lesser-Enchi-Fire-Pinstripe Foto: R. Albrecht

Lesser-Enchi-Leopard-Spider Foto: S. Schulz & J. Hammon

Super Lesser-GHI Foto: S. Schulz & J. Hammon

Butter-Black Pastel-Super Pastel-???, Tier von Roland van den Oever
Foto: R. van den Oever

Butter-Black Pastel-GHI Foto: H. van Hellem

Butter-Calico-Cinnamon-Fire Foto: J. Kobylka

Butter-Champagne, Tier von Dynasty Reptiles Foto: S. Broghammer

Butter-Circle (neue Granit-Linie), Tier von M&S Reptilien Foto: A. Gibert

Butter-Enchi-Leopard Foto: L Brandell

Butter-Enchi (Paradox), Tier von Lars Brandell Foto: L. Brandell

Butter-Enchi-Special, Tier von Lars Brandell Foto: L. Brandell

Butter-Enchi-Pastel, Tier von Lars Brandell Foto: L. Brandell

Butter-Super Enchi-Fire-Pastel (rechts) **& Super Enchi-Fire-Pastel** (links) Foto: L. Brandell

Butter-Super Enchi-Fire-Pastel
Foto: L. Brandell

Butter-Fire-Pastel-Spider, Tier von Mike Wilbanks Foto: M. Wilbanks

Butter-Fire-Pastel aka **Butter Fly,** Tier von Mike Wilbanks Foto: M. Wilbanks

Butter-GHI Foto: H. van Hellem

Butter-Super GHI Foto: H. van Hellem

Butter-Green Pastel, Tier von Amir Soleymani Foto: S. Broghammer

Butter-Mystic, Tier von M&S Reptilien Foto: A. Gibert

Butter-Desert (links) und **Butter-Desert-Enchi** (rechts), Tiere von L. Brandell Foto: L. Brandell

Butter-Super Enchi, Tier von L. Brandell Foto: L. Brandell

Butter-Super Enchi-Spider, Tier von M.C. Serpenti Foto: D. D'Agostino

Butter-Super Pastel, Tier von Scott Austin Foto: S. Austin

Butter-Pastel-???, Tier von Roland van den Oever Foto: R. van den Oever

Butter-Sable, Tier von Jörg Flücken Foto: J. Flücken

Butter-Pastel-Yellowbelly, Tier von Ken Gubersky Foto: K. Gubersky

Platty Daddy-Hidden Gene Woma aka **Soul Sucker**, Tier von Scott Austin Foto: S. Austin

Platty Daddy-Hidden Gene Woma (Purple), Tier von Darren Biggs Foto: D. Carguillo

Platty Daddy-Hidden Gene Woma-???, Tier von Darren Biggs Foto: D. Carguillo

Platty Daddy-Pastel, Tier von Chad Foto: Chad

Platty Daddy-Pastel-Pinstripe, Tier von Chad Foto: Chad

CALICO

Weitere Namen / Synonyme Sugar, Bubblegum, White Sided, Flame (Crystal-Palace-Linie)

Genetik **dominant**

Zuerst gezüchtet / importiert 2002 von Kevin McCurley/NERD

Im Jahr 2000 habe ich in Ghana ein Tier erhalten, das ich aufgrund von „Löchern" in der Zeichnung bzw. der fehlenden Musterung an manchen Stellen „Puzzle" nannte. Es war ein Weibchen, das heute noch bei mir lebt und riesengroß ist. Doch leider weigerte es sich von Anfang an, sich fortzupflanzen. Das Maximum, was mir dieses Tier 2010 einmal „geschenkt" hat, waren einige Wachseier.
Ebenfalls im Jahr 2000 hat Kevin McCurley/NERD ein solches Tier bekommen. Er war erfolgreicher bei der Zucht und nannte die Form, die er 2002 als dominant prüfte, „White Sided". In den folgenden Jahren kamen noch weitere Tiere dieser Morphe aus Afrika, und mittlerweile hat sich für sie der Name „Calico" durchgesetzt. Die drei bekannten Linien sind Calico (NERD), Sugar (VPI) sowie Calico (Fauna and Flora).

Calico, Tier von Philipp Schäfer
Foto: P. Schäfer

Calico,
Tier von Royalsnakes
Foto: W. Obermayer

Übersicht über die Calico-Morphen

Morphe	Zuerst gezüchtet (Jahr, Züchter)	auf Seite
Calico	2002 NERD	250
Sugar	2002 NERD	252
Combos mit Calico, rezessiv		
Albino-Calico	2011 Morton Wright	–
Albino-Calico-Pastel (Paradox)		112
Clown-Sugar-Enchi-Leopard	2017 Canzoneri Tony	142
Genetic Stripe-Calico	2011 Exotics by Nature	–
Genetic Stripe-Calico-Cinnamon	2011 Exotics by Nature	–
Genetic Stripe-Calico-Pastel	2011 Exotics by Nature	–
Piebald-Calico-Pastel		179
Scaleless Head-Calico-Pastel		192
Combos mit Calico, (co-)dominant		
Confusion-Calico		203
Acid-Calico-Super Pastel		202
Bamboo-Calico		208
Bamboo-Calico-Pastel		208
Coral Glow-Calico	2011 Dynasty Reptiles	–
Banana-Calico		215
Black Head-Calico	2011 Ralph Davis Reptiles	–
Bongo-Sugar-Pastel		230
Lesser-Calico	2008 Ralph Davis Reptiles	236
Lesser-Sugar	2009 MA-Reptiles	236
Butter-Calico-Cinnamon-Fire	2017 Julian Kosney	245
Lesser-Sugar-Enchi	2011 MA-Reptiles	236
Lesser-Calico-Super Pastel		237
Lesser-Calico-Super Pastel-Pinstripe-Spider	2011 Ben Renick	237
Lesser-Calico-Pastel-Spider		237
Lesser-Calico-Super Pastel-Spider		237
Calico-Champagne		253/254
Calico-Champagne-Pastel		253
Calico-Champagne-Yellowbelly	2011 Amir Soleymani	–
Calico-Cinnamon	2010 Chris Berrios	–
Sugar-Cinnamon	2010 Royalsnakes	253
Calico-Black Pastel	2010 Chris Berrios	–
Sugar-Cinnamon-Enchi	2015 Armin Burger	256
Calico-Cinnamon-GHI-Pastel		254
Calico-Black Pastel-Super Pastel	2009 Amir Soleymani	–
Sugar-Desert	2011 JP-Reptiles	–
Calico-Enchi	2011 Maki Goskowicz / 2011 Pacific Coas Reptiles	253
Sugar-Enchi	2010 MA-Reptiles	254
Calico-Enchi-Pastel	2011 Ophiological Services	–
Calico-Enchi-Spotnose	2017 Justin Kobylka	392

Morphe	Zuerst gezüchtet (Jahr, Züchter)	auf Seite
Sugar-Enchi-Yellowbelly		258
Calico-Fire	2009 Dan Wolfe	–
Sugar-Fire	2009 Austrian Reptiles + Royalsnakes	–
Calico-Sulfur	2011 John Berry	–
Calico-Sulfur-Mojave	2011 John Berry	–
Calico-Fire-Pastel-Spider		254
Calico-Fire-Spider	2011 Michael Haitz	–
Calico-Super Fusion-Super Pastel		255
Calico-GHI	2010 Matt Lerer	–
Sugar-GHI		256
Calico-GHI-Pastel		255
Sugar-Granit-Pastel	2012 Fred Kick	252
Calico-Asphalt-Yellowbelly		254
Sugar-Green Pastel	2009 Amir Soleymani	–
Sugar-Super Hurricane-Yellowbelly	2017 Hans-Jörg Winner	236
Calico-Mojave-Pastel	2010 Marc Bailey	–
Calico-Mojave-Super Pastel	2011 Simon Ebbi	255
Calico-Mojave-Super Pastel-Spider	2011 Simon Ebbi	255
Calico-Paintball	2009 Charles Glaspie	–
Calico-Super Paintball	2012 Charles Glaspie	–
Calico-Pastel	2006 Ballroom Pythons South	256
Sugar-Pastel		256
Calico-Pastel (Paradox)		255
Sugar-Super Pastel	2009 Peter Kahl	256
Calico-Citrus Pastel	2011 Amir Soleymani	–
Calico-Pastel-Pinstripe (Paradox)		256
Sugar-Super Pastel-Pinstripe		257
Calico-Pastel-Pinstripe-Spider	2012 Ben Renick	253
Calico-Super Pastel-Pinstripe-Spider-Spotnose	2016 Steve Beamer	395
Calico-Citrus Pastel-Spark	2012 Amir Soleymani	252
Calico-Pastel-Spider	2009 Luke Pankratz	257
Calico-Super Pastel-Spider	2010 NERD	–
Calico-Pastel-Spotnose	2011 Morton Wright	257
Calico-Super Pastel-Spotnose	2012 Morton Wright	257
Calico-Super Citrus Pastel-White Out		257
Calico-Pastel-Yellowbelly		252
Calico-Citrus Pastel-Yellowbelly	2008 Amir Soleymani	258
Calico-Pinstripe		258
Calico-Pinstripe-Yellowbelly		257
Calico-Spark	2012 Amir Soleymani	255
Calico-Spider	2009 Ralph Davies	390
Calico-Spotnose	2009 Morton Wright	258

Sugar, Tier von Philipp Schäfer Foto: P. Schäfer

Calico-Pastel-Yellowbelly, Tier von Royalsnakes Foto: W. Obermayer

Sugar-Granit-Pastel, Tier von Fred Kick Foto: F. Kick

Calico-Citrus Pastel-Spark, Tier von Amir Soleymani Foto: S. Broghammer

Calico-Champagne, Tier von M&S Reptilien Foto: A. Gibert

Calico-Pastel-Pinstripe-Spider, Tier von Ben Renick Foto: B. Renick

Calico-Champagne-Pastel, Tier von Austrian Reptiles + Royalsnakes Foto: W. Obermayer

Sugar-Cinnamon, Tier von Royalsnakes Foto: W. Obermayer

Calico-Enchi, Tier von Omega Pythons Foto: Omega Pythons

Sugar-Enchi, Tier von Paintball Reptiles Foto: Paintball Reptiles

Calico-Fire-Pastel-Spider, Tier von Michael Haitz Foto: M. Haitz

Calico-Asphalt-Yellowbelly Foto: D. Kiel & I. Kiel

Calico-Cinnamon-GHI-Pastel Foto: H. van Hellem

Calico-Champagne
Foto: M&S Reptilien

Calico-Spark, Tier von Amir Soleymani Foto: S. Broghammer

Calico-Mojave-Super Pastel aka **Calico Half Power,** Tier von Simon Ebbi Foto: S. Ebbi

Calico-Mojave-Super Pastel-Spider aka **Calico Power**, Tier von Simon Ebbi Foto: S. Ebbi

Calico-Super Fusion-Super Pastel Foto: M. Freedmann

Calico-Pastel (Paradox) Foto: J. Zielke

Calico-GHI-Pastel Foto: H. van Hellem

Calico (Flame)-Pastel, Tier von Darren Biggs Foto: D. Carguillo

Sugar-Pastel, Tier von Birgit Uebach Foto: B. Uebach

Sugar-Super Pastel, Tier von Austrian Reptiles + Royalsnakes Foto: W. Obermayer

Calico-Pastel-Pinstripe (Paradox) Foto: L. Wefers

Sugar-Cinnamon-Enchi Foto: A. Burger

Sugar-GHI Foto: A. Burger

Sugar (Flame)-Super Pastel-Pinstripe, Tier von Darren Biggs Foto: D. Carguillo

Calico-Super Citrus Pastel-White Out, Tier von Darren Biggs Foto: D. Carguillo

Calico-Pastel-Spider, Tiere von Royalsnakes Foto: W. Obermayer

Calico-Pinstripe-Yellowbelly, Tier von BHB Foto: A. Jones

Calico-Pastel-Spotnose, Tiere von Morton Wright Foto: S. Broghammer

Calico-Super Pastel-Spotnose, Tier von Morton Wright Foto: S. Broghammer

Sugar-Enchi-Yellowbelly Foto: L. Brandell

Calico-Citrus Pastel-Yellowbelly, Tier von Amir Soleymani Foto: S. Broghammer

Calico-Pinstripe, Tier von M. Thakkar Foto: S. Robertson

Calico-Spotnose, Tier von Morton Wright Foto: S. Broghammer

CHAMPAGNE

keine	Weitere Namen / Synonyme
dominant	**Genetik**
2006 von Noah in Afrika	Zuerst gezüchtet / importiert

Der Champagne tauchte zum ersten Mal 2005 in Ghana auf: ein adultes Männchen sowie ein ebenfalls männliches Baby. Das Baby wurde laut Aussage Noahs auf einer Farm in Ghana geboren, das große Tier wohl ebenfalls in Ghana gefunden. Das adulte Männchen wurde für 45.000,- US-$ an Brian Barczyk/BHB verkauft, und ich vermute, dass es zuvor noch in Afrika mit einem Weibchen verpaart wurde, denn 2006 verkaufte Noah ein erstes frisch gezüchtetes Baby dieser Morphe nach Italien.
Brian Barczyk hatte mit seinem adulten Männchen nicht viel Glück: Das Tier befruchtete lediglich ein Weibchen und verstarb knapp zwei Jahre später – Brian vermutete, dass es wohl schon ein älteres Exemplar gewesen sein muss.
In den folgenden 2–3 Jahren kamen fast alle Champagne-Tiere aus Afrika, bis sich auch in den USA und Europa ein Zuchtbestand etabliert hat. Champagne ist somit eine der jüngeren „Single"-Morphen, die selbst schon überaus auffallend und extravagant sind, aber auch einige spektakuläre Combos hervorgebracht haben. Für einige Jahre war der Champagne der Star der dominanten Morphen. Er war von Farbe und Muster einfach so ganz anders als alle anderen Morphen bisher. Mittlerweile hat sich der Hype etwas relativiert. Es ist schwer, dem Champagne noch mehr Farbe oder Zeichnung zu entlocken, fast alles wird von dem hellen, fast einfarbigen Muster überdeckt, oder die Tiere werden ganz weiß.
Einige Combos, wie der Champagne-Neon-Pastel, sind aber nach wie vor spektakulär und aufsehenerregend.
Viele Züchter, so auch ich selber, haben jahrelang versucht, die Superform zu züchten. Es wollte nicht gelingen. Aus den Gelegen starben einige Eier ab, die vermutlich die Superform enthielten, aus anderen schlüpften sehr helle Tiere, die aber nach kurzer Zeit starben. So mussten wir zu der Erkenntnis kommen, dass ein Super Champagne nicht lebensfähig ist. Ähnlich verhält es sich auch bei der Verpaarung mit Spider und Woma – die Nachzuchten sind leider nicht lebensfähig.
An manchen Champagnes lässt sich eine sehr leichte Form von Wobbeln erkennen, bei den meisten Tieren jedoch nicht.

Champagne (Pumpkin-Linie), Tier von Mike Wilbanks
Foto: M. Wilbanks

Champagne, Tier von M&S Reptilien
Foto: A. Gibert

Übersicht über die Champagne-Morphen

Morphe	Zuerst gezüchtet (Jahr, Züchter)	auf Seite
Champagne	2005 Noah	259
Super Champagne	2012 Dave Green	–
Champagne (Pumpkin-Linie)		259
Champagne (Paradox)		260
Combos mit Champagne, rezessiv		
Albino Champagne	2010 Crystal Palace	116
Albino-Champagne-Cinnamon-Pastel		114
Axanthic-Champagne	2011 Genetic Gems	–
Ghost-Butter-Champagne	2010 Joshua Marki	–
Ghost-Champagne		157/165
Ghost-Champagne-Cinnamon	2010 Ken Macek	157
Ghost-Champagne-Black Pastel	2012 Jeff Luman	165
Ghost-Champagne-Enchi		165
Ghost-Champagne-Fire-Pastel	2012 Mike Wilbanks	159
Lavender-Champagne	2012 Jon´s Jungle	170
Combos mit Champagne, (co-)dominant		
Banana-Black Head-Champagne		214
Banana-Black Head-Champagne-Pastel		214
Banana-Champagne-Leopard	2016 Petra Pietschker	214
Bongo-Champagne		227
Butter-Champagne	2011 R.V.R-Nordic	245
Lesser-Champagne-Cinnamon-Pastel		243
Butter-Champagne-Fire	2012 Mike Wilbanks	–
Lesser-Champagne-Red and Ringer Gene		244
Calico-Champagne		253/254
Calico-Champagne-Pastel		253
Calico-Champagne-Yellowbelly	2011 Amir Soleymani	–
Champagne-???	Stefan Broghammer	264

Morphe	Zuerst gezüchtet (Jahr, Züchter)	auf Seite
Champagne-Cinnamon		261
Champagne-Cinnamon-Het Red Axanthic	2012 Ben Renick	262
Champagne-Cinnamon-Pastel	2011 Alexander Ernst	261
Champagne-Cinnamon-Super Pastel	2011 Markus Jayne	–
Champagne-Cinnamon-Pinstripe	2012 Dynasty Reptiles	–
Champagne-Enchi (Pumpkin-Linie)	2011 Mike Wilbanks	261
Champagne-Fire	2010 Dave Green	262
Champagne-Fire (Extreme Ringer)	2010 Dave Green	262
Champagne-Fire-Pastel	2012 Mike Wilbanks	261
Champagne-Genetic Jungle-Yellowbelly-?		304
Champagne-Gravel	2011 M&S Reptilien	262
Champagne-Gravel-Pastel-Yellowbelly		314
Champagne-Leopard	2012 Graziani Reptiles Inc.	–
Champagne-Mojave	2010 Sloan Reptile	–
Champagne-Neon-Pastel		261/421
Champagne-Neon-Pastel (Paradox)		263
Champagne-Super Orange Dream-Pastel		263
Champagne-Pastel		263/264
Champagne-Super Pastel	2010 NERD	–
Champagne-Citrus Pastel	2011 Amir Soleymani	–
Champagne-Pastel-Pinstripe		263
Champagne-Pinstripe		263
Champagne-Shatter	2011 Amir Soleymani	264
Champagne-Specter	2011 M&S Reptilien	264
Champagne-Specter-Yellowbelly	2011 M&S Reptilien	262
Champagne-Spider	2011 Noah	–
Champagne-Spotnose	2011 Daniel Pottier	–
Champagne-Hidden Gene Woma		264
Champagne-Super Yellowbelly	2012 Florida Reptile Room	415

Champagne (Paradox), Tier von Jeff Luman
Foto: J. Luman

Champagne-Cinnamon, Tier von M&S Reptilien Foto: S. Broghammer

Champagne-Neon-Pastel Foto: S. Gimmel

Champagne-Cinnamon-Pastel, Tiere von Alexander Ernst Foto: A. Ernst

Champagne-Fire-Pastel Foto: S. Bergmann

Champagne-Enchi (Pumpkin-Linie),
Tier von Mike Wilbanks
Foto: M. Wilbanks

Champagne-Fire, Tier von Dave Green Foto: D. Green

Champagne-Fire-(Extrem Ringer) (links mit, rechts ohne Fire), Tiere von Dave Green Foto: D. Green

Champagne-Gravel, Tier von M&S Reptilien Foto: A. Gibert

Champagne-Specter-Yellowbelly aka **Superstripe Champagne**, Tier von M&S Reptilien Foto: A. Gibert

Champagne-Cinnamon-Het Red Axanthic, Tier von Ben Renick Foto: B. Renick

Champagne-Pastel, Tier von Scott Austin Foto: S. Austin

Champagne-Super Orange Dream-Pastel Foto: H. van Hellem

Champagne-Pinstripe, Tier von Royalsnakes Foto: W. Obermayer

Champagne-Pastel-Pinstripe, Tier von M&S Reptilien Foto: A. Gibert

Champagne-Neon-Pastel (Paradox)
Foto: S. Broghammer

Champagne-Shatter, Tier von Darren Biggs Foto: D. Carguillo

Champagne-Specter, Tier von M&S Reptilien Foto: A. Gibert

Champagne-Hidden Gene Woma, Tier von Darren Biggs Foto: D. Carguillo

Champagne-Pastel Foto: M&S Reptilien

Champagne mit einem anderen, noch unklaren Gen Foto: S. Broghammer

CHOCOLATE

keine	Weitere Namen / Synonyme
codominant	**Genetik**
2005 von Brian Barczyk/BHB	Zuerst gezüchtet / importiert

Die ersten Chocolates kamen als Black-Tiere aus Afrika. Brian Barczyk verpaarte zum ersten Mal 2005 zwei solche Exemplare, vermutlich Geschwister, miteinander. Der Chocolate selbst ist nicht sehr spektakulär, nur etwas dunkler gefärbt als ein wildfarbenes Tier. Die Superform dagegen ist sehr schön, und als Combo wird sie in den nächsten Jahren sicher noch einige Überraschungen bereithalten.

Superform: Super Chocolate. Zuerst gezüchtet: 2005 von Brian Barczyk/BHB

Chocolate-Cinnamon-Mojave, Tier von Randy Remington Foto: R. Remington

Chocolate-Super Pastel-Pinstripe, Tier von Darren Biggs Foto: D. Carguillo

Super Chocolate, Tier von Scott Austin Foto: S. Austin

Chocolate-Mojave, Tier von Scott Austin Foto: S. Austin

Übersicht über die Chocolate-Morphen

Morphe	Zuerst gezüchtet (Jahr, Züchter)	auf Seite
Chocolate	2005 Brian Barczyk	–
Super Chocolate		265
Combos mit Chocolate, rezessiv		
Ghost-Butter-Super Chocolate		163
Ghost-Chocolate		159
Combos mit Chocolate, (co-)dominant		
Lesser-Chocolate	2010 Keo Santoso	238
Lesser-Chocolate-Pinstripe-Woma	BHB	–
Chocolate-Cinnamon-Mojave	2011 Randy Remington (Garcia-Linie)	265
Chocolate-Fire	2010 Motor City Morphs	–
Chocolate-Granit	2011 Daniel Kowalski	–
Chocolate-Granit-Pastel	2011 Daniel Kowalski	–
Chocolate-Mojave		266
Super Chocolate-Pastel	BHB	267
Chocolate-Pastel-Pinstripe	2007 BHB	266
Chocolate-Super Pastel-Pinstripe		265
Chocolate-Pastel-Pinstripe-Spider	2010 Keo Santoso	–
Chocolate-Pastel-Spider	2010 Keo Santoso	–
Chocolate-Super Pastel-Spider		267
Chocolate-Pinstripe	2007 BHB	–
Super Chocolate-Pinstripe	2006 BHB	267
Chocolate-Pinstripe-Woma	BHB	–
Chocolate-Spider	2008 BHB	–

Chocolate-Pastel-Pinstripe, Tier von Darren Biggs Foto: D. Carguillo

Super Chocolate-Pinstripe aka **Camo**, Tier von BHB Foto: S. Broghammer

Chocolate-Super Pastel-Spider, Tier von BHB Foto: A. Riis

Super Chocolate-Pastel,
Tier von BHB
Foto: A. Jones

CINNAMON

Weitere Namen / Synonyme: Cinnamon Pastel, Black Pastel
Genetik: **codominant**

Zuerst gezüchtet / importiert: 2001 von mir aus Benin importiert, von Brian Barczyk 2002 gezüchtet. 2002 von Graziani Reptiles als Cinnamon sowie von Gulf Coast Reptiles als Black Pastel gezüchtet.

Black Pastel, Tier von Austrian Reptiles
Foto: W. Obermayer

2001 kam eine weitere codominante Königspython-Morphe auf den Markt: der Cinnamon (auf Deutsch: Zimt). Ich hatte 2001 vier Tiere aus Afrika bekommen und benannte sie damals „Red Axanthic", weil sie mich an axanthische Tiere erinnerten, dazu aber noch diese rotbraune Tönung aufwiesen. Der Name „Red Axanthic" wurde später jedoch für eine andere Morphe verwendet – bitte nicht verwechseln! Ich verkaufte noch im selben Jahr zwei Tiere an Brian Barczyk, der sie im folgenden Jahr züchtete und als dominant prüfte. Ein oder zwei Jahre später züchtete Brian auch die erste Superform und hatte den Cinnamon somit als codominant geprüft.
Ungefähr zeitgleich kamen auch „Black Pastel"-Tiere auf den Markt, was alles noch ein wenig verwirrender machte – ich persönlich halte beide Formen, genetisch betrachtet, für dasselbe, also für die gleiche Mutation mit leichten farblichen Unterschieden, die sich jedoch nicht klar bestimmen lassen. Von beiden Linien gibt es auffallend schöne und eher dezent gefärbte Tiere.

Superform: Super Cinnamon, Super Black Pastel
Weitere Namen: Eight Ball
Zuerst gezüchtet: 2002 Super Black Pastel von Gulf Coast Reptiles und 2003 Super Cinnamon von BHB
Leider neigen Super Cinnamon und Super Black Pastel zu genetisch bedingten Wirbelsäulenverkrümmungen. Viele Nachzuchten schlüpfen deformiert und sind nicht lebensfähig, daher werden nur wenige Exemplare gezüchtet. Wie bei den Caramels kann man diese Deformationen durch etwas niedrigere Bruttemperaturen offenbar leicht positiv beeinflussen, jedoch nicht ausschließen.

Cinnamon,
Tier von M&S Reptilien
Foto: A. Gibert

Übersicht über die Cinnamon-Morphen

Morphe	Zuerst gezüchtet (Jahr, Züchter)	auf Seite
Cinnamon	2002 Graziani Reptiles Inc.	268
Black Pastel	2002 Gulf Coast Reptiles	268
Super Cinnamon	2003 BHB	271/273
Super Black Pastel	2002 Gulf Coast Reptiles	–
Combos mit Cinnamon/Black Pastel, rezessiv		
Albino-Axanthic-Black Pastel	2011 Major League Reptiles	–
Albino-Champagne-Cinnamon.Pastel		114
Albino-Black Pastel	Gulf Coast Reptile	117
Albino-Super Black Pastel		117
Albino-Cinnamon	2006 Reptile Industries	–
Albino-Black Pastel-Enchi		114
Albino-Black Pastel-Mahogany		335
Albino-Cinnamon-Pastel	Reptile Industries	117
Albino-Cinnamon-Super Pastel		117
Albino-Piebald-Chimera-Black Pastel-Super Pastel		428
Axanthic-Black Pastel (VPI-Linie)		122
Axanthic-Super Black Pastel (VPI-Linie)		122
Bourgogne-Caramel	2013 JP Paynot	129
Caramel-Cinnamon	2011 Graziani Reptiles Inc.	–
Clown-Bongo-Cinnamon	2016 M&S Reptilien	230
Clown-Cinnamon	2009 Graziani Reptiles Inc.	141
Clown-Super Cinnamon	2011 Graziani Reptiles Inc.	–
Clown-Cinnamon-Pastel		140
Clown-Black Pastel-Pastel	2012 J. Kobylka Reptiles	141
Clown-Cinnamon-Super Pastel	2011 Markus Jayne	–
Clown-Cinnamon-Pastel-Spotnose		140
Clown-Cinnamon-Pastel-Trick		401
Desert Ghost-Black Pastel		–
Genetic Stripe-Calico-Cinnamon	2011 Exotics by Nature	–
Genetic Stripe-Cinnamon	2008 Exotics by Nature	–
Genetic Stripe-Super Black Pastel		153
Genetic Stripe-Cinnamon-Pastel	2008 Ballroom Pythons South	–
Genetic Stripe-Cinnamon-Super Pastel	2009 Exotics by Nature	153
Genetic Stripe-Super Cinnamon-Pastel	2011 Ballroom Pythons South	–
Genetic Stripe-Super Cinnamon-Super Pastel	2011 Ballroom Pythons South	–
Ghost-Butter-Black Pastel-Pastel	2011 Jon Courtney	–
Ghost-Butter-Cinnamon-Fire	2017 Rene Albrecht	163
Ghost-Champagne-Cinnamon	2010 Ken Macek	157
Ghost-Champagne-Black Pastel	2012 Jeff Luman	165
Ghost-Cinnamon	2007 Graziani Reptiles Inc.	158
Ghost-Black Pastel		159
Ghost-Super Cinnamon		159
Ghost-Cinnamon-Fire	2016 Rene Albrecht	165
Ghost-Cinnamon-Hurricane	2016 Hans-Jörg Winner	324
Ghost-Black Pastel-Mojave		–
Orange Ghost-Black Pastel-Mojave	2010 Fred Kick	160
Ghost-Cinnamon-Pastel	2009 Graziani Reptiles Inc.	160
Ghost-Cinnamon-Super Pastel		160
Ghost-Cinnamon-Super Pastel-Spider	2011 Doug Matuszak	158
Ghost-Black Pastel-Pinstripe	2012 BHB	165
Ghost-Cinnamon-Spider	2011 Graziani Reptiles Inc.	–
Ghost-Black Pastel-Yellowbelly	2011 Jon Courtney	–

Morphe	Zuerst gezüchtet (Jahr, Züchter)	auf Seite
Lavender-Black Pastel		171
Lavender-Black Pastel-GHI		169/170
Lavender-Cinnamon-Pastel	2012 KGB Reptiles	170
Piebald-Cinnamon		–
Piebald-Super Cinnamon	2009 Mich Cole	177
Piebald-Super Black Pastel		179
Piebald-Cinnamon-Leopard-Spider	2012 Graziani Reptiles Inc.	–
Piebald-Cinnamon-Pastel	2010 Brandon Osborne	177
Piebald-Black Pastel-Pastel	2014 Steve Beamer	178
Piebald-Cinnamon-Super Pastel	2012 Brandon Osborne	182/271
Piebald-Black Pastel-Super Pastel	2014 Steve Beamer	179
Combos mit Cinnamon/Black Pastel, (co-)dominant		
Acid-Black Pastel-Mystic		202
Bamboo-Banana-Black Pastel		208
Bamboo-Cinnamon		208
Bamboo-Black Pastel-Mahogany		335/336
Banana-Cinnamon		216
Banana-Super Black Pastel		213
Banana-Cinnamon-GHI-Pastel		214/215
Banana-Black Pastel-Mahogany		335
Banana-Cinnamon-Mojave-Super Pastel-Pinstripe-Spider		215
Banana-Cinnamon-Pastel	2011 Doug Matuszak	213/214
Banana-Cinnamon-Pastel-Pinstripe		216
Banana-Black Pastel-Yellowbelly		212
Black Head-Bongo-Black Pastel-Red Gene		423
Black Head-Black Pastel		221
Black Head-Cinnamon-Pastel		221
Black Head-Black Pastel-Pastel-Red and Ringer Gene		221
Black Magic-Cinnamon	2015 Lutz und Christine Hopfe	224
Bongo-Lesser-Cinnamon		228
Bongo-Lesser-Cinnamon-Pastel		228
Bongo-Cinnamon		228
Super Bongo-Cinnamon		226
Bongo-Cinnamon-Pastel		229
Butter-Calico-Cinnamon-Fire	2017 Julian Kosney	245
Lesser-Champagne-Cinnamon-Pastel		243
Butter-Cinnamon	Bill Buchmann	–
Lesser-Cinnamon		238
Lesser-Cinnamon-Enchi	2011 Ebby Simon	–
Butter-Black Pastel-GHI		244
Lesser-Black Pastel-GHI-Pastel	2017 Sandra Balkau	243
Butter-Black Pastel-Granit	2011 Jon Courtney	–
Lesser-Cinnamon-Pastel	Bradford Cole	238
Lesser-Cinnamon-Super Pastel	2011 Albeys Reptiles	237
Lesser-Black Pastel-Super Pastel-???	2012 Roland van den Oever	244
Butter/Lesser-Cinnamon-Pastel-Pinstripe	2011 VPI	–
Lesser-Black Pastel-Pastel-Pinstripe-Spider	2011 Sloan Reptiles	238
Lesser-Cinnamon-Pastel-Spider	2011 Omega Pythons	–
Lesser-Black Pastel-Super Pastel-Spider	2016 Michael Vock	388
Lesser-Black Pastel-Pinstripe	2011 Sloan Reptiles	238

Morphe	Zuerst gezüchtet (Jahr, Züchter)	auf Seite
Lesser-Black Pastel-Pinstripe-Spider	2011 Sloan Reptiles	–
Lesser-Cinnamon-Spotnose	2011 O.C.D. Reptiles	–
Calico-Cinnamon	2010 Chris Berrios	–
Sugar-Cinnamon	2010 Royalsnakes	253
Calico-Black Pastel	2010 Chris Berrios	–
Sugar-Cinnamon-Enchi	2015 Armin Burger	256
Calico-Cinnamon-GHI-Pastel		254
Calico-Black Pastel-Super Pastel	2009 Amir Soleymani	–
Champagne-Cinnamon		261
Champagne-Cinnamon-Het Red Axanthic	2012 Ben Renick	262
Champagne-Cinnamon-Pastel	2011 Alexander Ernst	261
Champagne-Cinnamon-Super Pastel	2011 Markus Jayne	–
Champagne-Cinnamon-Pinstripe	2012 Dynasty Reptiles	–
Chocolate-Cinnamon-Mojave	2011 Randy Remington (Garcia-Linie)	265
Black Pastel-Desert	2010 Philipp Schäfer	–
Cinnamon-Desert	Exotics by Nature	–
Cinnamon-Desert-Enchi	20011 Mark Haas	–
Black Pastel-Enchi	2009 Matthias Lundahl	272
Cinnamon-Enchi-Hurricane-Yellowbelly	2016 Hans-Jörg Winner	323
Cinnamon-Enchi-Pastel	2011 Benfis Exotics	–
Cinnamon-Enchi-Pastel-Pinstripe-Spider	2010 NERD	–
Cinnamon-Enchi-Spider	2010 Simon Ebbi	–
Black Pastel-Fire	2010 Mike Wilbanks	–
Black Pastel-Sulfur	2011 Darin Taylor	–
Cinnamon-Fire		271
Super Cinnamon-Fire	2010 Mike Wilbanks	272
Black Pastel-Fire-Mojave-Pinstripe	2017 Daniel Dorst	342
Black Pastel-Sulfur-Super Pastel	2011 Darin Taylor	–
Cinnamon-Fire-Twister	2017 TCL-Pythons & R´n´B Snakes	272
Black Pastel-Fire-Vanilla	2011 Sloan Reptiles	–
Cinnamon-Fire-Yellowbelly	2011 Creative Constrictors	–
Cinnamon-Genetic Jungle		273
Black Pastel-GHI		271
Cinnamon-GHI-Mojave-Pastel	2012 Dynasty Reptiles	273
Cinnamon-GHI-Pastel	2012 Dynasty Reptiles	–
Black Pastel-Granit-Super Pastel-Spider	2010 NERD	–
Black Pastel-Granit-Yellowbelly	2011 Chris Berrios	–
Black Pastel-Green Pastel	2007 Amir Soleymani	–
Cinnamon-Gravel-Pastel-Yellowbelly	2017 Royalsnakes	314
Cinnamon-Gravel-Yellowbelly		314
Black Pastel-Het Red Axanthic	2008 Heather Herps	–
Cinnamon-Green Pastel-poss. Clown		273
Cinnamon-Red Axanthic	Ralph Davis Reptiles	–
Black Pastel-Red Axanthic	2006 Amir Soleymani	–
Cinnamon-Het Red Axanthic-Pastel	2011 Jamie Sword	274
Cinnamon-Hurricane-Mojave-Pastel	2016 Hans-Jörg Winner	323
Cinnamon-Leopard	2009 Graziani Reptiles Inc.	–
Cinnamon-Leopard-Spider	2012 Graziani Reptiles Inc.	–
Cinnamon-Mahogany	2012 BHB	334
Cinnamon-Mojave	2006 NERD	–
Black Pastel-Mojave		274

Morphe	Zuerst gezüchtet (Jahr, Züchter)	auf Seite
Black Pastel-Mojave-Pastel		274
Cinnamon-Mojave-Pastel	2009 John Berry	–
Cinnamon-Mojave-Super Pastel	2011 Doug Shedorick	–
Cinnamon-Mojave-(Super?) Pastel-Special		274
Cinnamon-Mojave-Pastel-Spider	2011 Matt Schifflett	–
Black Pastel-Mojave-Pastel-Spotnose	2014 Steve Beamer	393
Super Black Pastel-Mojave-Super Pastel-Spotnose	2016 Steve Beamer	395
Cinnamon-Mystic	2010 Anthony McCain	275
Cinnamon-Phantom	2010 Ralph Davis	–
Black Pastel-Phantom	2011 Thomas Schöll	–
Black Pastel-Phantom-Yellowbelly	2011 Thomas Schöll	275
Cinnamon-Neon		272
Black Pastel-Orange Dream	2011 Rico Feliciano	275
Cinnamon-Pastel	2003 Graziani Reptiles Inc.	–
Super Cinnamon-Pastel	2005 Graziani Reptiles Inc.	274
Super Cinnamon-Super Pastel	2008 Doug Matuszak	277
Black Pastel-Pastel		275
Black Pastel-Super Pastel	2005	–
Black Pastel-Super Pastel (Paradox)		271
Cinnamon-Citrus Pastel	2011 Ace of Snakes	275
Black Pastel-Super Citrus Pastel	2010 Amir Soleymani	276
Cinnamon-Pastel-Pinstripe		276
Cinnamon-Super Pastel-Pinstripe	2010 Pi Reptiles	276
Cinnamon-Pastel-Pinstripe-Spider	2011 Clark Tucker	–
Black Pastel-Super Pastel-Pinstripe-Spider	2010 NERD	–
Cinnamon-Pastel-Pinstripe-Spider-Spotnose	2012 Ben Renick	394
Cinnamon-Pastel-Special	2009 Tom Baker	–
Cinnamon-Pastel-Specter	2011 Mark Haas	–
Cinnamon-Pastel-Specter-Vanilla-Yellowbelly	2011 Mark Haas	276
Cinnamon-Pastel-Specter-Yellowbelly	2011 Mark Haas	–
Cinnamon-Pastel-Spider	2006 NERD	–
Black Pastel-Pastel-Spider	2008 Mike Wilbanks	–
Black Pastel-Super Pastel-Spider	2010 Clockwork Reptile Company	–
Cinnamon-Pastel-Spotnose	2011 O.C.D. Reptiles	–
Super Black Pastel-Super Pastel-Spotnose	2016 Steve Beamer	394
Cinnamon-Pastel-Vanilla	2008 Gulf Coast Reptiles	–
Cinnamon-Super Pastel-Vanilla	2011 Chad James	–
Cinnamon-Super Pastel-Vanishing	2012 Brandon Osborne	272
Cinnamon-Pastel-Yellowbelly		277
Cinnamon-Super Pastel-Yellowbelly	2010 Albeys Reptiles	–
Cinnamon-Pinstripe-Woma	2010 BHB	–
Cinnamon-Sable		277
Cinnamon-Special	2011 Tom Baker	–
Cinnnamon-Specter	Mark Haas	–
Cinnamon-Specter-Yellowbelly	2011 Mark Haas	276
Cinnamon-Spider	2005 NERD	–
Cinnamon-Spotnose	2008 O.C.D. Reptiles	–
Cinnamon-Vanilla	2011 Ball Pythons Only	–
Cinnamon-Vanilla-Yellowbelly		277
Super Cinnamon-Woma	2010 BHB	–

Super Cinnamon, Tier von Royalsnakes Foto: W. Obermayer

Piebald-Cinnamon-Super Pastel, Animal of Brandon Osborne Photo: B. Osborne

Black Pastel-GHI
Foto: A. Burger

Black Pastel-Super Pastel (Paradox), Tier von Steve Beamer Foto: S. Beamer

Cinnamon-Fire aka **Firemon**, Tier von Mike Wilbanks Foto: M. Wilbanks

Black Pastel-Enchi Foto: H. van Hellem

Cinnamon-Super Pastel-Vanishing, Tiere von B. Osborne Foto: B. Osborne

Super Cinnamon-Fire aka **Mercury Ball**, Tier von Mike Wilbanks
Foto: M. Wilbanks

Cinnamon-Fire-Twister Foto: Tcl-Pythons & R´n´B Snakes

Cinnamon-Neon
Foto: S. Gimmel

Cinnamon-Genetic Jungle, Tier von M&S Reptilien Foto: A. Gibert

Cinnamon-GHI-Mojave-Pastel, Tier von Dynasty Reptiles Foto: S. Broghammer

Cinnamon-Green Pastel poss. Clown aka Gem Ball (Poss Clown)
Foto: S. Broghammer

Super Cinnamon Foto: M&S. Reptilien

Cinnamon-Het Red Axanthic,
Tier von M. Thakkar
Foto: S. Robertson

Cinnamon-Het Red Axanthic-Pastel aka **Pastel Onyx**, Tier von Royalsnakes Foto: W. Obermayer

Cinnamon-Mojave-(Super?) Pastel-Special, Tier von Philipp Schäfer Foto: P. Schäfer

Black Pastel-Mojave aka **Black Mojo**, Tier von Luis Moreno Foto: L. Moreno

Black Pastel-Mojave-Pastel, Tier von Michael Steiner Foto: M. Steiner

Super Cinnamon-Pastel aka **Silverbullet**, Tier von Royalsnakes

Foto: W. Obermayer

Cinnamon-Mystic, Tier von M&S Reptilien Foto: A. Gibert

Cinnamon-Citrus Pastel aka **Citrus Pewter**, Tier von M&S Reptilien Foto: A.Gibert

Black Pastel-Orange Dream, Tier von Rico Feliciano Foto: R. Feliciano

Black Pastel-Pastel aka **Black Pewter,** Tier von M&S Reptilien Foto: A. Gibert

Black Pastel-Phantom-Yellowbelly, Tier von Thomas Schöll Foto: T. Schöll

Cinnamon-Pastel-Specter-Vanilla-Yellowbelly aka **Pewter Vanilla Super Stripe**, Tier von Mark Haas Foto: M. Haas

Cinnamon-Pastel-Pinstripe, Tier von R. van den Oever Foto: R. van den Oever

Cinnamon-Specter-Yellowbelly aka **Cinnamon Super Stripe**, Tier von Mark Haas Foto: M. Haas

Cinnamon-Super Citrus Pastel aka **Citrus Sterling**, Tier von Darren Biggs Foto: D. Carguillo

Cinnamon-Super Pastel-Pinstripe aka **Sonnet Ball**, Tier von M.C. Serpenti

Foto: D. D'Agostino

Cinnamon-Pastel-Yellowbelly, Tiere von Jörg Flücken Foto: J. Flücken

Cinnamon-Sable, Tier von Jörg Flücken Foto: J. Flücken

Cinnamon-Vanilla-Yellowbelly, Tier von Motor City Morphs Foto: Motor City Morphs

Super Cinnamon-Super Pastel aka **Super Pewter**, Tier von Doug Matuszak Foto: F. Visconti

CREME

Weitere Namen / Synonyme	keine
Genetik	(co-?)dominant
Zuerst gezüchtet / importiert	2013 von Stefan Broghammer

Der Creme darf nicht mit dem Cream verwechselt werden. Letzterer ist eine Combo Fire-Vanilla.

Creme dagegen ist eine noch junge Single Morph. Die Mutation verändert Farbe und Muster. Das Muster wird enger und erinnert an Pinstripe. Die Farbe wird heller, daher der Name Creme.

2016 hatte ich das erste Gelege aus einer Verpaarung Creme mit Creme. Unglücklicherweise hat der Brutapparat überhitzt – das erste und bislang letzte Mal bisher in meiner Züchterlaufbahn, vermutlich ausgelöst durch einen Blitzeinschlag in mein Stromnetz. Ausgerechnet in diesem Brutapparat befand sich das Gelege mit dem vermeintlichen Super Creme, das Ganze zehn Tage vor dem Schlupf. Ich habe die leider abgestorbenen Eier geöffnet, und in einem befand sich ein Tier, das ich als Superform vermute: deutlich heller und noch viel enger gezeichnet. Im Jahr 2018 werde ich hoffentlich ein Tier züchten und fotografieren können.

Der Ursprung des Creme ist ein Odd-Weibchen, das ich 2010 aus Afrika bekam.

Übersicht über die Creme-Morphen

Morphe	Zuerst gezüchtet (Jahr, Züchter)	auf Seite
Creme	2013 Stefan Broghammer	278
Super Creme		–
Combos mit Creme, (co-)dominant		
Bamboo-Banana-Creme	2017 M&S Reptilien	279
Bamboo-Coral Glow-Creme	2017 M&S Reptilien	–
Coral Glow-Creme (poss. Pastel)		279
Coral Glow-Creme-Pastel-Pinstripe-Spider		279
Coral Glow-Creme-Pinstripe		279
Coral Glow-Creme-Spider		279
Butter-Creme		279

Creme
Foto: M&S Reptilien

Butter-Creme Foto: A. Gilbert

Coral Glow-Creme (poss. Pastel) Foto: M&S Reptilien

Bamboo-Banana-Creme
Foto: S. Broghammer

Coral Glow-Creme-Pinstripe
Foto: M&S Reptilien

Coral Glow-Creme-Pastel-Pinstripe-Spider Foto: M&S Reptilien

Coral Glow-Creme-Spider Foto: M&S Reptilien

CYPRESS BALL

Weitere Namen / Synonyme Bongo ?
Genetik **codominant**

Zuerst gezüchtet / importiert Outback Reptiles

Eine neue, codominante Morphe, die in den USA von Outback Reptiles gezogen und geprüft wurde. Cypress und auch die Superform ähneln den Bongos. Es wird sich noch herausstellen, ob die Morphe eventuell den gleichen genetischen Hintergrund hat.

Cypress
Foto: M&S Reptilien

Cypress-Yellowbelly
Foto: M. Freedmann

Super Cypress Foto: I. Gniazdowski, Outback Reptiles

Cypress-GHI
Foto: J. Kobylka

Cypress-Specter-Yellowbelly Foto: I. Gniazdowski, Outback Reptiles

Ghost-Cypress-Mojave Foto: I. Gniazdowski, Outback Reptiles

Cypress-Mojave Foto: M. Freedmann

Cypress-Black Pastel-Pastel Foto: I. Gniazdowski, Outback Reptiles

DESERT

Weitere Namen / Synonyme	keine
Genetik	**dominant**
Zuerst gezüchtet / importiert	2001 als halbwüchsiges Tier aus Afrika importiert; NERD und Pete Kahl waren die ersten, die mit Desert züchteten. 2003 wurde diese Morphe als dominant geprüft.

In den ersten Jahren wurde der Desert nur wenig beachtet, denn er ist auf den ersten Blick nicht so spektakulär gefärbt wie manch andere Morphe – einfach nur klar und hell gezeichnet. Erst durch die wunderschönen Combos in den letzten Jahren hat der Desert einen regelrechten Hype erlebt. 2011 kamen die ersten Gerüchte auf, Desert-Weibchen seien nicht fruchtbar bzw. nicht fortpflanzungsfähig. Dies bestätigte sich in den folgenden Jahren tatsächlich. Nur mit Männchen lassen sich Nachkommen zeugen. Das war dann leider so ziemlich das Ende für die Desert-Zucht. Sehr schade um diese wunderschöne Morphe. Biologisch ist es bis heute nicht geklärt, was zu dieser Unfruchtbarkeit der Weibchen führt. Es gibt Theorien von deformierten Geschlechtsorganen – nachweisen, beispielsweise anhand eines Präparats, konnte es bis heute jedoch meines Wissens niemand.

Übersicht über die Desert-Morphen

Morphe	Zuerst gezüchtet (Jahr, Züchter)	auf Seite
Desert		282
Combos mit Desert, rezessiv		
Albino-Desert	2011 JB Pythons	117
Genetic Stripe-Desert	2011 Pro Exotics	–
Ghost-Desert	Joshua Marki	161
Orange Ghost-Desert-Pastel	2011 Joshua Marki	–
Ghost-Desert-Spider	2010 Brock Wagner	–
Piebald-Desert		177
Piebald-Desert-Spider	2010 Pro Exotics	–
Combos mit Desert, (co-)dominant		
Butter-Desert		247
Butter-Desert-Enchi		247
Lesser-Desert-Enchi	2011 Cold Blood Evolution	–
Butter-Desert-Pastel	2011 Markus Jayne	–
Lesser-Desert-Pinstripe-Spider	2012 JB Pythons	239
Sugar-Desert	2011 JP-Reptiles	–
Black Pastel-Desert	2010 Philipp Schäfer	–
Cinnamon-Desert	Exotics by Nature	–

Morphe	Zuerst gezüchtet (Jahr, Züchter)	auf Seite
Cinnamon-Desert-Enchi	20011 Mark Haas	–
Desert-Enchi		285
Desert-Enchi-Pastel		283
Desert-Enchi-Pastel-Pinstripe		283
Desert-Enchi-Pinstripe		283
Desert-Enchi-Spider		284
Desert-Enchi-Yellowbelly	2011 Amir Soleymani	284
Desert-Fire	2010 AleXtreme Reptiles	284
Desert-Fire-Mojave	2011 George Sampson	284
Desert-Mojave		284
Desert-Mojave-Pastel-Woma	2011 Ken Macek/Ray Wilke	–
Desert-Mojave-Spider	2011 Pro Exotics	–
Desert-Mystic-Pastel	2011 Dan Wolfe	–
Desert-Pinstripe		283
Desert-Pinstripe-Spider	2011 Brock Wagner	–
Desert-Specter	Mark Haas	–
Desert-Woma	2011 Exotics by Nature	–
Desert-Jungle Woma		285
Desert-Yellowbelly		285

Desert,
Tier von Philipp Schäfer
Foto: P. Schäfer

Desert-Enchi-Pastel aka **Pastel Tiger**, Tier von Austrian Reptiles + Royalsnakes Foto: W. Obermayer

Desert-Enchi-Pastel-Pinstripe aka **Lemonblast Tiger**, Tier von Darren Biggs Foto: D. Carguillo

Desert-Enchi-Phantom aka **Phantom Tiger**, Tier von Austrian Reptiles + Royalsnakes Foto: W. Obermayer

Desert-Pinstripe, Tier von Birgit Uebach Foto: B. Uebach

Desert-Enchi-Pinstripe, Tier von Austrian Reptiles + Royalsnakes Foto: W. Obermayer

Desert-Enchi-Spider, Tier von Austrian Reptiles + Royalsnakes Foto: W. Obermayer

Desert-Enchi-Yellowbelly aka **Tiger Yellowbelly**, Tier von L. Brandell Foto: L. Brandell

Desert-Fire-Mojave aka **Oasis**, Tier von George Sampson

Foto: G. Sampson

Desert-Fire aka **Phoenix**, Tier von Birgit Uebach Foto: B. Uebach

Desert-Mojave, Tier von Philipp Schäfer Foto: P. Schäfer

Desert-Yellowbelly,
Tier von Austrian Reptiles + Royalsnakes
Foto: W. Obermayer

Desert-Enchi aka **Tiger**,
Tier von Austrian Reptiles + Royalsnakes
Foto: W. Obermayer

Desert-Jungle Woma,
Tier von J. Kobylka Reptiles
Foto: J. Kobylka Reptiles

DISCO

Weitere Namen / Synonyme keine
Genetik **codominant**

Zuerst gezüchtet / importiert 2004 als Disco und 2009 die Superform von Ted Thompson; 2011 der Disco Fire von Paul Miles

Übersicht über die Disco-Morphen

Morphe	Zuerst gezüchtet (Jahr, Züchter)	auf Seite
Disco	2004 Ted Thompson	–
Super Disco	2009 Ted Thomson	286
Combos mit Disco, rezessiv		
Albino-Disco-Granite-Lemon Pastel-Spider-Hidden Gene Woma-Yellowbelly	2017 Alexander Nowak	287
Albino-Disco Granite-Lemon Pastel-Hidden Gene Woma-Yellowbelly	2017 Alexander Nowak	287
Albino-Disco-Spider	2017 Alexander Nowak	287
Combos mit Disco, (co-)dominant		
Disco-Fire	2011 Paul Miles	–
Disco-Granit-Lemon Pastel-Spider-Hidden Gene Woma-Yellowbelly	2017 Alexander Nowak	287
Disco-Granit-Lemon Pastel-Hidden Gene Woma-Yellowbelly		286

Der Disco ähnelt als Single Morph stark einem Vanilla oder einem nicht sehr kräftig gezeichneten Fire. Für sich allein genommen ist er nicht sehr spektakulär. Erst in Verbindung mit Fire zeigt sich sein großes Potenzial. Die Tiere sind allel zu den verschiedenen Fire-Linien (u. a. Sulfur), verhalten sich also wie eine Superform: Mit einem Disco Fire bekommt man als Nachzuchten Disco oder Fire, aber keine weiteren Disco Fire.

Die Superform ähnelt ebenfalls einem schönem Fire, ist also nicht weiß, wie zumindest ich aufgrund der Nähe zu Fire vermutet hätte – dies zeigt dann übrigens auch, dass es genetisch offensichtlich nicht einfach eine Linie des Fire ist.

Die Geschichte des Disco beginnt wie so viele mit einem Farmzucht-Schlüpfling aus Afrika, einem Weibchen. Dies war im Jahr 2000. Es hat bis 2009 gedauert, bis die Superform geprüft war, und erst 2011 kam der Disco Fire, der den Disco aus seinem Schattendasein herausgeholt hat.

Super Disco
Foto: A. Nowak

Disco-Granite-Pastel-Hidden Gene Woma-Yellowbelly
Foto: H. van Hellem

Albino-Disco-Spider Foto: A. Nowak

Albino-Disco-Granite-Lemon Pastel-Spider-Hidden Gene Woma-Yellowbelly Foto: A. Nowak

Disco-Granite-Lemon Pastel-Spider-Hidden Gene Woma-Yellowbelly Foto: A. Nowak

Albino-Disco-Granite-Lemon Pastel-Hidden Gene Woma-Yellowbelly Foto: A. Nowak

ENCHI

Weitere Namen / Synonyme: Enchi Pastel (dieser Name ist wegen der Verwechslungsgefahr mit einer Enchi-Pastel-Combo etwas irreführend; er wurde vor allem in den ersten Jahren verwendet, doch hat Enchi mit Pastel so wenig zu tun wie z. B. Cinnamon mit Pastel)

Genetik: **codominant**

Zuerst gezüchtet / importiert: Lars Brandell aus Schweden hatte 1998 zwei Tiere dieser Morphe aus Afrika bekommen und sie Enchi genannt, nach dem Ort in Ghana, wo die Tiere gefunden wurden.

Glücklicherweise waren die Tiere ein Pärchen, und 2002 züchtete Brandell damit die ersten Enchis. Das erste Exemplar der Superform schlüpfte bereits ein Jahr später, womit die Enchis als codominant geprüft waren.

Superform: Super Enchi. Zuerst gezüchtet: 2003 von Lars Brandell

Enchi, Tier von M&S Reptilien
Foto: A. Gibert

Super Enchi, Tier von Markus Theimer
Foto: W. Lang

Übersicht über die Enchi-Morphen

Morphe	Zuerst gezüchtet (Jahr, Züchter)	auf Seite
Enchi	2002 Lars Brandell	288
Super Enchi	2003 Lars Brandell	288
Combos mit Enchi, rezessiv		
Albino-Black Pastel-Enchi		114
Albino-Enchi	Reptile Industries	118
Albino-Enchi-Spider		115
Clown-Banana-Blade-Enchi		138
Clown-Banana-Blade-Enchi-Pastel		138
Clown-Banana-Enchi		139
Clown-Super Banana-Enchi		139
Clown-Blade-Enchi-Leopard	2017 J. Kobylka Reptiles	139
Clown-Blade-Enchi-Pastel-Spider		139
Clown-Butter-Enchi-Pastel		140
Clown-Sugar-Enchi-Leopard	2017 Canzoneri Tony	142
Clown-Enchi	2012 Casey Lazik	134
Clown-Enchi-Fire		142
Clown-Enchi-Fire-Pastel		142
Clown-Enchi-Fire-Jungle Pastel-Woma		141
Clown-Enchi-Leopard-Spotnose	2017 J. Kobylka Reptiles	142
Clown-Enchi-Pastel	2012 Casey Lazik	136
Desert Ghost-Banana-Enchi		148
Desert Ghost-Super Banana-Enchi		146
Desert Ghost-Banana-Super Enchi		148
Ghost-Bamboo-Enchi		159
Ghost-Black Head-Enchi	2016 Rene Albrecht	160
Ghost-Black Head-Enchi-Fire	2016 Rene Albrecht	158
Ghost-Butter-Enchi		158/165
Ghost-Butter-Enchi-Fire-Pinstripe		164
Ghost-Champagne-Enchi		165
Ghost-Enchi	2009 Simon Ebbi	161
Ghost-Super Enchi-Fire		166
Ghost-Enchi-Fire-Mojave	2015 Rene Albrecht	157
Ghost-Enchi-Fire-Phantom-Pinstripe	2017 Rene Albrecht	161
Ghost-Enchi-GHI	2017 Rene Albrecht	161
Ghost-Enchi-Mojave-Pinstripe	2015 Rene Albrecht	166
Ghost-Super Enchi-Pinstripe	2015 Rene Albrecht	166
Ghost-Enchi-Spider	2011 Fred Kick	–
Ghost-Piebald-Super Enchi		167
Piebald-Super Banana-Enchi		–
Piebald-Enchi-Fire-Pastel-Yellowbelly	2017 J. Kobylka Reptiles	181
Piebald-Enchi-Gene X-Orange Dream	2017 J. Kobylka Reptiles	182
Piebald-Enchi-Gene X-Orange Dream-Yellowbelly	2017 J. Kobylka Reptiles	182
Piebald-Enchi-Hurricane	2016 Hans-Jörg Winner	326
Rainbow-Enchi		186
Rainbow-Super Enchi		186
Combos mit Enchi, (co-)dominant		
Acid-Enchi-Fire-Pastel		202
Bamboo-Super Enchi		209
Bamboo-Enchi-Leopard-Spider	2017 Jana+Sebastian Schulz	208
Bamboo-Enchi-Mystic-Spider		348
Bamboo-Enchi-Phantom-Pastel		209
Bamboo-Enchi-Pastel		209
Bamboo-Enchi-Pinstripe		209

Morphe	Zuerst gezüchtet (Jahr, Züchter)	auf Seite
Bamboo-Enchi-Spider		391
Bamboo-Enchi-Yellowbelly		209
Coral Glow-Enchi	2010 NERD	213
Super Banana-Enchi		218
Banana-Super Enchi		216
Banana-Enchi-GHI-Yellowbelly		216
Coral Glow-Enchi-Mojave	2012 Dynasty Reptiles	213
Coral Glow-Enchi-Pastel	2010 NERD	213
Coral Glow-Enchi-Pastel-Spider	2012 Dynasty Reptiles	213
Coral Glow-Enchi-Spider	2010 NERD	–
Black Head-Butter-Enchi-Leopard-Red and Ringer Gene		222
Bongo-Enchi		229
Lesser-Cinnamon-Enchi	2011 Ebby Simon	–
Butter-Desert-Enchi		247
Lesser-Desert-Enchi	2011 Cold Blood Evolution	–
Lesser-Enchi	2009 Matt Lerer	–
Butter-Enchi	2006 Lars Brandell	245
Butter-Super Enchi		248
Lesser-Super Enchi	2009 Matt Lerer	–
Butter-Enchi-Fire	2011 Lars Brandell	–
Butter-Super Enchi-Fire-Pastel		246
Lesser-Enchi-Fire-Pinstripe		239/244
Butter-Enchi-Leopard		245
Lesser-Enchi-Leopard-Spider		244
Butter-Enchi-Pastel		246
Lesser-Enchi-Super Pastel	2012 BHB	238
Lesser-Enchi-Pastel-Pinstripe	2011 Fred Kick	239
Lesser-Enchi-Pinstripe-Spider	2012 Ben Renick	239
Butter-Enchi-Special		245
Lesser-Enchi-Spider		239
Butter-Super Enchi-Spider	2011 M.C. Serpenti	248
Sugar-Cinnamon-Enchi	2015 Armin Burger	256
Calico-Enchi	2011 Maki Goskowicz / 2011 Pacific Coas Reptiles	253
Sugar-Enchi	2010 MA-Reptiles	254
Calico-Enchi-Pastel	2011 Ophiological Services	–
Calico-Enchi-Spotnose	2017 Justin Kobylka	392
Sugar-Enchi-Yellowbelly		258
Champagne-Enchi (Pumpkin-Linie)	2011 Mike Wilbanks	261
Cinnamon-Desert-Enchi	20011 Mark Haas	–
Black Pastel-Enchi	2009 Matthias Lundahl	272
Cinnamon-Enchi-Hurricane-Yellowbelly	2016 Hans-Jörg Winner	323
Cinnamon-Enchi-Pastel	2011 Benfis Exotics	–
Cinnamon-Enchi-Pastel-Pinstripe-Spider	2010 NERD	–
Cinnamon-Enchi-Spider	2010 Simon Ebbi	–
Desert-Enchi		285
Desert-Enchi-Pastel		283
Desert-Enchi-Pastel-Pinstripe		283
Desert-Enchi-Pinstripe		283
Desert-Enchi-Spider		284
Desert-Enchi-Yellowbelly	2011 Amir Soleymani	284
Enchi-Fader-Pastel	2010 NERD	–
Enchi-Fire	2007 Lars Brandell	290

Morphe	Zuerst gezüchtet (Jahr, Züchter)	auf Seite
Super Enchi-Fire	2010 Lars Brandell	291
Enchi-Fire-Mojave	2010 Tropical Snakes	–
Enchi-Fire-Pastel		291
Super Enchi-Fire-Pastel	2010 Lars Brandell	291
Super Enchi-Fire-Spider	2010 Morton Jorgenson	–
Enchi-Fire-Vanilla	2011 George Sampson	291
Enchi-GHI	2009 Matt Lerer	–
Enchi-GHI-Phantom		295
Enchi-Granit	2010 Jon Courtney	–
Super Enchi-Super Asphalt		316
Enchi-Asphalt-Pastel-Yellowbelly		293
Enchi-Asphalt-Yellowbelly		292/293
Enchi-Hurricane-Orange Dream	2016 Hans-Jörg Winner	323
Super Enchi-Jungle Woma-Leopard	2017 Justin Kobylka	329
Enchi-Jungle Woma-Pastel		328
Enchi-Leopard	2011 Graziani Reptiles Inc.	292
Enchi-Super Mojave	2011 Doug Matuszak	–
Enchi-Mojave-Orbit	2015 Phil Danch	353
Enchi-Mojave-Super Orbit	2017 Phil Danch	353
Enchi-Mojave-Super Pastel	2011 Nick Mutton	–
Enchi-Mojave-Pastel-Pinstripe	2011 Doug Matuszak	292

Morphe	Zuerst gezüchtet (Jahr, Züchter)	auf Seite
Enchi-Mojave-Pinstripe	2011 Doug Matuszak	293
Enchi-Mojave-Yellowbelly	2011 Nick Mutton	–
Enchi-Orange Dream-Pastel-Vanilla		295
Super Enchi-Orbit-Pinstripe	2017 Phil Danch	354
Enchi-Pastel	2006 Lars Brandell	–
Enchi-Pastel (Extreme Orange)	2011 Sweball	293
Enchi-Pastel-Pinstripe	2008 NERD	294
Super Enchi-Pastel-Pinstripe-Spider	2010 NERD	294
Enchi-Pastel-Spider	2006 NERD	–
Enchi-Super Pastel-Spider	2010 NERD	–
Enchi-Pastel-Super Vanilla		295
Enchi-Pastel-Yellowbelly	2009 NERD	277
Enchi-Pinstripe		295
Enchi-Spark	2011 The Animal House	–
Enchi-Spider	2004 Lars Brandell	–
Super Enchi-Spider	2009 Paintball Reptiles	–
Enchi-Tiger		295
Enchi-Super Vanilla		294
Enchi-Woma	2009 Crystal Palace	–
Enchi-Woma-Yellowbelly		294
Enchi-Yellowbelly	2006 NERD	294
Enchi-Super Yellowbelly	2010 Lars Brandell	–

Enchi-Fire, Tier von Sweball
Foto: L. Brandell

Enchi-Fire-Pastel aka **Enchi Firefly**, Tier von L. Brandell Foto: L. Brandell

Super Enchi-Fire, Tier von Birgit Uebach Foto: B. Uebach

Super Enchi-Fire-Pastel, Tier von L. Brandell Foto: L. Brandell

Enchi-Fire-Vanilla aka **Enchi Cream**,
Tier von George Sampson
Foto: G. Sampson

Enchi-Asphalt-Yellowbelly & Asphalt-Yellowbelly Foto: M. Freedmann

Enchi-Leopard, Tier von M.C. Serpenti Foto: D. D'Agostino

Enchi-Mojave-Pastel-Pinstripe, Tier von Doug Matuszak Foto: F. Visconti

Enchi-Asphalt-Pastel-Yellowbelly
Foto: M. Freedmann

Enchi-Mojave-Pinstripe, Tier von Doug Matuszak Foto: F. Visconti

Enchi-Asphalt-Yellowbelly Foto: L. Brandell

Enchi-Pastel (extreme Orange), Tier von L. Brandell Foto: L. Brandell

Enchi-Pastel-Yellowbelly, Tier von BHB Foto: A. Riis

Enchi-Super Vanilla, Tier von Gulf Coast Reptiles Foto: S. Broghammer

Enchi-Pastel-Pinstripe, Tier von Jon's Jungle Foto: S. Broghammer

Enchi-Woma-Yellowbelly, Tier von L. Brandell Foto: L. Brandell

Enchi-Yellowbelly, Tier von Herman van Hellem Foto: H. van Hellem

Super Enchi-Pastel-Pinstripe-Spider, Tier von NERD Foto: A. Jones

Enchi-Pastel-Super Vanilla, Tier von Gulf Coast Reptiles Foto: S. Broghammer **Enchi-GHI-Phantom** Foto: A. Holzer

Enchi-Pinstripe, Tier von Austrian Reptiles + Royalsnakes Foto: W. Obermayer

Enchi-Orange Dream-Pastel-Vanilla Foto: H. van Hellem **Enchi-Genetic Tiger**, Tier von M&S Reptilien Foto: A. Gibert

FIRE

Weitere Namen / Synonyme: Sulfur, Hetero Leucistic, Hetero Black Eyed Lucy

Genetik: **codominant**

Zuerst gezüchtet / importiert: 2003 hatte der Engländer Eric Davies seinen ersten Fire mit einem weiteren Fire verpaart und so die ersten Leuzisten und Fires bekommen. Ich vermute, dass Fire an sich schon früher gezüchtet wurde, allerdings unerkannt blieb, da zunächst nicht bekannt war, was dahintersteckte.

Super Fire, Tier von Aaron Jones. Das Exemplar ist extrem schön und ausgefallen gezeichnet. Normalerweise haben Super Fire nur schwach gelbe Punkte auf der weißen Grundfarbe.
Foto: A. Jones

2003 war die Jagd nach weißen Königspythons in vollem Gange. Im Nachhinein werden sich einige wohl ärgern, die die „Zutaten" schon besaßen, sie aber nicht zusammenbrachten und Tiere entsprechend verpaarten. Es gibt mehrere verschiedene Fire-Linien, und es kommen immer wieder neue Tiere aus Ghana. Bis jetzt sind meines Wissens alle Linien miteinander kombinierbar, bringen also immer wieder Leuzisten hervor. Einige dieser Hetero Black Eyed Lucy (oder kurz Het Lucys) haben optisch wirklich nichts mit den klassischen Fires zu tun. Ich selbst besitze eine Linie, die eher wie Desert oder Vanilla aussieht, aber mit Fire zusammen Lucys hervorbringt. Oft weisen die daraus resultierenden Lucys auch mehr oder weniger intensive gelbe Punkte auf, was meinem Geschmack nach attraktiver aussieht als ein rein weißes Tier.

Superform: Super Fire, Black Eyed Lucy aka BLEL. Zuerst gezüchtet: 2003 von Eric Davies

Fire, Tier von M&S Reptilien
Foto: A. Gibert

Übersicht über die Fire-Morphen

Morphe	Zuerst gezüchtet (Jahr, Züchter)	auf Seite
Fire		296
Super Fire	2002 Eric Davies	296/300
Super Fire (Paradox)		298
Super Flame		298
Combos mit Fire, rezessiv		
Axanthic-Fire	2012 Ken McAlexander	–
Clown-Bamboo-Fire	2017 Canzoneri Tony	138
Clown-Enchi-Fire		142
Clown-Enchi-Fire-Pastel		142
Clown-Enchi-Fire-Jungle Pastel-Woma		141
Clown-Fire	2012 J. Kobylka Reptiles	136
Clown-Fire-Jungle Woma		328
Clown-Fire-Jungle Woma-Pastel		328
Clown-Fire-Leopard-Orange Dream	2017 J. Kobylka Reptiles	143
Clown-Fire-Pinstripe	2016 Tim Aumüller	143
Clown-Fire-Project Gene	2017 IRES Reptiles	143
Ghost-Black Head-Enchi-Fire	2016 Rene Albrecht	158
Ghost-Black Head-Fire-Pinstripe	2016 Rene Albrecht	162
Ghost-Butter-Cinnamon-Fire	2017 Rene Albrecht	163
Ghost-Butter-Enchi-Fire-Pinstripe		164
Ghost-Champagne-Fire-Pastel	2012 Mike Wilbanks	159
Ghost-Cinnamon-Fire	2016 Rene Albrecht	165
Ghost-Super Enchi-Fire		166
Ghost-Enchi-Fire-Mojave	2015 Rene Albrecht	157
Ghost-Enchi-Fire-Phantom-Pinstripe	2017 Rene Albrecht	161
Orange Ghost-Fire	2007 Mike Wilbanks	161
Ghost-Fire-GHI-Mojave		–
Ghost-Fire-Pinstripe	2015 Rene Albrecht	166
Ghost-Fire-Spider	2011 NOTM	–
Piebald-Enchi-Fire-Pastel-Yellowbelly	2017 J. Kobylka Reptiles	181
Piebald-Fire	2010 J. Kobylka Reptiles	177
Piebald-Fire-Gene X-Pastel-Yellowbelly		182
Piebald-Fire-Orange Dream-Yellowbelly	2017 J. Kobylka Reptiles	183
Piebald-Fire-Pinstripe	2012 BHB	182
Piebald-Fire-Vanilla	2017 Royalsnakes	183
Combos mit Fire, (co-)dominant		
Acid-Enchi-Fire-Pastel		202
Bamboo-Fire-Pastel-Vanilla		404
Banana-Fire-Vanilla		404
Bongo-Lesser-Fire-Pastel		229
Butter-Calico-Cinnamon-Fire	2017 Julian Kosney	245
Butter-Champagne-Fire	2012 Mike Wilbanks	–
Butter-Enchi-Fire	2011 Lars Brandell	–
Butter-Super Enchi-Fire-Pastel		246
Lesser-Enchi-Fire-Pinstripe		239/244
Butter-Fire-Pastel		246
Lesser-Fire-Pastel	2010 Killermorph	–
Butter-Fire-Super Pastel	2011 Mike Wilbanks	–
Lesser-Fire-Super Pastel	2011 M.C. Serpenti	239
Butter-Fire-Pastel-Spider	2011 Mike Wilbanks	246
Butter-Fire-Pinstripe	2011 Mike Wilbanks	–
Butter-Fire-Pinstripe-Spider	2011 Mike Wilbanks	–
Butter-Fire-Spider	2011 Mike Wilbanks	–
Butter-Fire-Stranger-Project Gene		397
Lesser-Fire-Woma	2011 Julian Calcagno	–
Calico-Fire	2009 Dan Wolfe	–
Sugar-Fire	2009 Austrian Reptiles + Royalsnakes	–
Calico-Sulfur	2011 John Berry	–
Calico-Sulfur-Mojave	2011 John Berry	–
Calico-Fire-Pastel-Spider		254
Calico-Fire-Spider	2011 Michael Haitz	–
Champagne-Fire	2010 Dave Green	262
Champagne-Fire (Extreme Ringer)	2010 Dave Green	262
Champagne-Fire-Pastel	2012 Mike Wilbanks	261
Chocolate-Fire	2010 Motor City Morphs	–
Black Pastel-Fire	2010 Mike Wilbanks	–
Black Pastel-Sulfur	2011 Darin Taylor	–
Cinnamon-Fire		271
Super Cinnamon-Fire	2010 Mike Wilbanks	272
Black Pastel-Fire-Mojave-Pinstripe	2017 Daniel Dorst	342
Black Pastel-Sulfur-Super Pastel	2011 Darin Taylor	–
Cinnamon-Fire-Twister	2017 TCL-Pythons & R´n´B Snakes	272
Black Pastel-Fire-Vanilla	2011 Sloan Reptiles	–
Cinnamon-Fire-Yellowbelly	2011 Creative Constrictors	–
Desert-Fire	2010 AleXtreme Reptiles	284
Desert-Fire-Mojave	2011 George Sampson	284
Disco-Fire	2011 Paul Miles	–
Enchi-Fire	2007 Lars Brandell	290
Super Enchi-Fire	2010 Lars Brandell	291
Enchi-Fire-Mojave	2010 Tropical Snakes	–
Enchi-Fire-Pastel		291
Super Enchi-Fire-Pastel	2010 Lars Brandell	291
Super Enchi-Fire-Spider	2010 Morton Jorgenson	–
Enchi-Fire-Vanilla	2011 George Sampson	291
Fire-GHI-Leopard-Soptnose	2016 Justin Kobylka	394
Fire-GHI-Orange Dream	2017 Alexander Nowak	300
Fire-Granit	2011 Steve Roussis	298
Fire-Leopard	2011 Eric Musser	–
Fire-Leopard-Pastel	2011 Graziani Reptiles Inc.	–
Fire-Leopard-Pastel-Red Stripe	2016 Justin Kobylka	375
Fire-Leopard-Pastel-Spotnose	2016 Justin Kobylka	300
Fire-Leopard-Spotnose	2017 Justin Kobylka	395
Fire-Mathew		298
Fire-Mojave-Orange Dream-Yellowbelly	2012 George Sampson	299
Sulfur-Mojave-Pastel-Pinstripe	2011 Dave Campagne	–
Fire-Mojave-Pinstripe		299
Fire-Mojave-Special	2010 Anthony McCain	–
Sulfur-Mojave-Spider		299
Fire-Mojave-Vanilla		299
Fire-Mystic	2009 Anthony McCain	–
Fire-Phantom		300
Fire-Mystic-Pastel	2011 Royals Unlimited	–
Fire-Orange Dream	2009 Ozzy Boids	300
Fire-Super Orange Dream	2011 Ozzy Boids	–
Fire-Super Orange Dream-Spider	2011 Ozzy Boids	–
Fire-Orange Dream-Yellowbelly	2011 Ozzy Boids	–
Fire-Super Orange Dream-Yellowbelly	2011 Ozzy Boids	–
Fire-Panther-Super Pastel	2015 Freek Nuyt	357
Fire-Pastel		301
Fire-Super Pastel	2009 Joshua Marki	301
Super Fire-Pastel		301
Fire-Pastel-Pinstripe	2010 Bob Clark	301
Fire-Pastel-Pinstripe-Specter	2012 BHB	299
Fire-Pastel-Pinstripe-Spider	2011 Mike Wilbanks	–
Fire-Pastel-Red Stripe-Yellowbelly	2016 Justin Kobylka	375
Fire-Pastel-Spark-Yellowbelly	2016 James Husa	381
Fire-Pastel-Spider	2010	–
Fire-Pastel-Spotnose	2011 J. Kobylka Reptiles	302
Fire-Pastel-Vanilla	2011 Gulf Coast Reptiles	302
Fire-Pastel-Woma	2011 Julian Calcagno	–
Fire-Pastel-Yellowbelly	2010 Markus Jayne	–
Fire-Pinstripe		302
Fire-Pinstripe-Spider	2010 Jeff Luman Reptiles	–
Fire-Red Stripe-Spotnose	2017 Justin Kobylka	374
Fire-Sable	2010 KSC Exotics	–
Fire-Spider	2003 NERD	–
Fire-Stranger	2017 IRES Reptiles	397
Fire-Vanilla	2009 Gulf Coast Reptiles	301
Flame-Vanilla (Amir-Linie)		302
Fire-Vanilla-Spider		302
Fire-Vanilla-Yellowbelly	2011 Marc Bailey	–
Flame-Vanilla-Yellowbelly		302
Fire-Super Yellowbelly		415

Mathew-Fire aka **Math-Fire**, Tier von M&S Reptilien Foto: A. Gibert

Super Flame (Reiner Black Eyed Lucy ohne Flecken), Tier von Darren Biggs Foto: D. Carguillo

Fire-Granit, Tiere von Steve Roussis Foto: S. Roussis

Super Fire (Paradox), Tier von Steve Roussis Foto: S. Roussis

Fire-Mojave-Orange Dream-Yellowbelly aka **Inception**, Tier von George Sampson Foto: G. Sampson

Fire-Pastel-Pinstripe-Specter, Tier von BHB

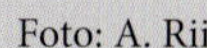

Foto: A. Riis

Sulfur-Mojave-Spider, Tier von Philipp Schäfer Foto: P. Schäfer

Fire-Mojave-Vanilla, Tier von Dynasty Reptiles Foto: S. Broghammer

Fire-Mojave-Pinstripe, Tier von Michael Haitz
Foto: M. Haitz

Fire-GHI-Orange Dream Foto: A. Nowak

Fire-Phantom, Tier von Eidmann Foto: Eidmann

Fire-Orange Dream, Tier von Ken Gubersky Foto: K. Gubersky

Fire-Leopard-Pastel-Spotnose Foto: J. Kobylka

Super Fire
Foto: M&S Reptilien

Fire-Pastel aka **Firefly**, Tier von NERD Foto: A. Jones

Super Fire-Pastel, Tier von Michael Haitz Foto: M. Haitz

Fire-Super Pastel aka **Super Fly**, Tier/Foto von J. Kobylika Reptiles

Fire-Pastel-Pinstripe aka **Dragon Fly**, Tier/Foto von Ken Gubersky

Fire-Vanilla aka **Vanilla Cream**,
Tier von Austrian Reptiles + Royalsnakes
Foto: W. Obermayer

Flame-Vanilla (Flame = Amir x Fire Linie), Tier von A. Soleymani Foto: S. Broghammer

Fire-Vanilla-Spider aka **Blizzard Bee**, Tier von Darren Biggs Foto: D. Carguillo

Fire-Pastel-Spotnose aka **Spotifly**, Tier/Foto von J. Kobylka Reptiles

Fire-Pastel-Vanilla aka **Vanilla Scream**, Tier/Foto von Herman van Hellem

Flame-Vanilla-Yellowbelly, Tier von Gulf Coast Reptiles Foto: S. Broghammer

Fire-Pinstripe, Tier von M&S Reptilien Foto: A. Gibert

GENETIC JUNGLE

vermutlich die Maze-Linie von H.-J. Winner	Weitere Namen / Synonyme
codominant	**Genetik**
1998 von Stefan Broghammer/M&S Reptilien	Zuerst gezüchtet / importiert

Auf einer der ersten Terraristika-Börsen in Hamm habe ich 1996 von einem Berliner Züchter wunderschöne, extrem kontrastreiche, gelb-schwarze Jungtiere gekauft. Es waren drei Exemplare: ein Männchen und zwei Weibchen. Ich verpaarte diese Tiere in den darauffolgenden Jahren mit verschiedenen anderen Pythons und bekam immer schöne gelbe Babys. Alles, was damals gelb und schwarz war, nannte man „Jungle", und so übernahm ich diesen Namen. Leider dauerte es über zehn Jahre, bis ich 2007 meine Jungles das erste Mal miteinander verpaarte und die ersten Super Jungles bekam. Es sind die ersten und bis jetzt auch einzigen Jungles, die sich nicht nur als genetisch erbfest, sondern auch als codominant herausstellten.

Die Genetic Jungles sind wunderschöne Tiere, doch leider fehlt bis heute offenbar eine völlig ausgefallene Combo, damit diese Tiere den „großen Durchbruch" schaffen. Ich bin mir sicher, dass dieser noch kommt, denn alle Formen, in denen Genetic Jungle steckt, sind einfach noch sehr viel schöner – man kann damit in jede andere Morphe mehr Farbe und bessere Kontraste einzüchten. Bei der Vielzahl mittlerweile nachgezogener Königspython-Morphen wird es immer mehr von Bedeutung sein, nicht nur die Morphe an sich zu züchten, sondern auch jeweils besonders schöne Exemplare zu erhalten.

Superform: Super Jungle. Zuerst gezüchtet: 2007 von Stefan Broghammer/ M&S Reptilien

Übersicht über die Genetic-Jungle-Morphen

Morphe	Zuerst gezüchtet (Jahr, Züchter)	auf Seite
Genetic Jungle	1998 M&S Reptilien	303
Super Genetic Jungle	2007 M&S Reptilien	304
Combos mit Genetic Jungle, (co-)dominant		
Champagne-Genetic Jungle-Yellowbelly-?		304
Lesser-Genetic Jungle	M&S Reptilien	240
Cinnamon-Genetic Jungle		273
Genetic Jungle-Mojave		304
Genetic Jungle-Pastel		304
Genetic Jungle-Yellowbelly		304

Genetic Jungle, Tier von M&S Reptilien
Foto: A. Gibert

Super Genetic Jungle, Tier von M&S Reptilien Foto: S. Broghammer

Genetic Jungle-Mojave, Tier von M&S Reptilien Foto: A. Gibert

Genetic Jungle-Pastel, Tier von M&S Reptilien Foto: A. Gibert

Champagne-Genetic Jungle-Yellowbelly-? Foto: S. Broghammer

Genetic Jungle-Yellowbelly, Tier von M&S Reptilien Foto: A. Gibert

GHI

keine	Weitere Namen / Synonyme
codominant	**Genetik**
2007 aus Afrika in die USA importiert	Zuerst gezüchtet / importiert

Matt Lerer, ein Züchter aus Florida, fand bei einem Importeur in Miami unter frisch importierten Pythonbabys drei fast identisch aussehende Tiere dieser Form, die er sofort kaufte. 2008 züchtete er das erste Mal mit den Tieren und konnte die neue Morphe als codominant prüfen. Er taufte sie „GHI Ball" – GHI ist der Name seiner Firma und steht als Abkürzung für „gotta have it", auf Deutsch: „was man haben muss".

Superform: Super GHI. Zuerst gezüchtet: 2010 von Matt Lerer/GHI

GHI, Tier von Ken Gubersky
Foto: K. Gubersky

Übersicht über die GHI-Morphen

Morphe	Zuerst gezüchtet (Jahr, Züchter)	auf Seite
GHI	Matt Lerer	305
Super GHI	2010 Matt Lerer	–
Combos mit GHI, rezessiv		
Clown-GHI		143
Genetic Stripe-Banana-GHI-Pastel		154
Genetic Stripe-Butter-GHI		150
Genetic Stripe-GHI		154
Genetic Stripe-GHI-Pastel		153
Genetic Stripe-GHI-Super Pastel		152
Ghost-Banana-GHI		158
Ghost-Enchi-GHI	2017 Rene Albrecht	161
Ghost-Fire-GHI-Mojave		–
Ghost-GHI-Pastel		167
Lavender-Black Pastel-GHI		169/170
Lavender-GHI		169/171
Combos mit GHI, (co-)dominant		
Bamboo-GHI-Yellowbelly		209
Banana-Cinnamon-GHI-Pastel		214/215
Banana-Enchi-GHI-Yellowbelly		216
Banana-GHI		217
Banana-Super GHI		218
Banana-GHI-Pinstripe		217
Bongo-Butter-GHI		228
Bongo-Butter-GHI-Pastel		228
Bongo-GHI		229
Cypress-GHI	2017 Justin Kobylka	281
Bongo-GHI-Super Pastel		228
Butter-Black Pastel-GHI		244
Lesser-Black Pastel-GHI-Pastel	2017 Sandra Balkau	243
Lesser-GHI	2009 Matt Lerer	235
Butter-GHI		247
Super Lesser-GHI		244

Morphe	Zuerst gezüchtet (Jahr, Züchter)	auf Seite
Butter-Super GHI		247
Lesser-GHI-Pastel	2010 Matt Lerer	–
Butter-GHI-Pastel-Woma		407
Butter-GHI-Woma		–
Calico-Cinnamon-GHI-Pastel		254
Calico-GHI	2010 Matt Lerer	–
Sugar-GHI		256
Calico-GHI-Pastel		255
Black Pastel-GHI		271
Cinnamon-GHI-Mojave-Pastel	2012 Dynasty Reptiles	273
Cinnamon-GHI-Pastel	2012 Dynasty Reptiles	–
Enchi-GHI	2009 Matt Lerer	–
Enchi-GHI-Phantom		295
Fire-GHI-Leopard-Soptnose	2016 Justin Kobylka	394
Fire-GHI-Orange Dream	2017 Alexander Nowak	300
GHI-Mahogany		336
GHI-Mahogany-Mojave		334
GHI-Mojave	2010 Matt Lerer	306
GHI-Mojave-Phantom		344
GHI-Mojave-Phantom-Pinstripe		306
GHI-Mojave-Pastel	2012 Dynasty Reptiles	306
GHI-Mojave-Special		383
GHI-Mojave-Spider	2012 Dynasty Reptiles	–
GHI-Mojave-Stranger	2017 IRES Reptiles	397
GHI-Super Phantom		307
Super GHI-Super Phantom		306
GHI-Pastel	Matt Lerer	307
GHI-Pastel-Woma		407
GHI-Pastel-Yellowbelly	2010 Matt Lerer	–
GHI-Spider	2009 Matt Lerer	–
GHI-Stranger	2017 IRES Reptiles	397
GHI-Yellowbelly	Matt Lerer	307

GHI-Mojave, Tier von Dynasty Reptiles Foto: S. Broghammer

GHI-Mojave-Pastel, Tier von Dynasty Reptiles Foto: S. Broghammer

Super GHI Foto: M. Lerer

Super GHI-Super Phantom Foto: A. Holzer

GHI-Mojave-Phantom-Pinstripe Foto: M. Thakkar

GHI-Pastel, Tier von Ken Gubersky Foto: K. Gubersky

GHI-Yellowbelly Foto: L. Brandell

GHI-Super Phantom Foto: A. Holzer

GRANIT

Weitere Namen / Synonyme IMG (?) / Circle (Broghammer-Granit-Linie)

Genetik **codominant**

Zuerst gezüchtet / importiert Keine andere Morphe ist genetisch betrachtet so unklar und weist so viele unterschiedliche Linien auf wie Granit. Die ersten Tiere kamen etwa 2003 aus Afrika. Damals ging das Gerücht um, dass man mit Granit und Yellowbelly sogenannte Ebonys züchten könne (Ebonys sind fast schwarze Tiere, die seit vielen Jahren immer mal wieder in Afrika auftauchen, sich aber anscheinend nicht züchten lassen). Es hat einige Jahre gedauert, bis dieses Gerücht wieder aus der Welt war.

2003 hatte Ralph Davis erstmals ein Granit-Exemplar nachgezogen und somit zumindest für eine dieser Linien die Vererbung nachgewiesen. Danach folgten mehrere Jahre, in denen sich niemand so richtig für die Granits interessierte. Erst seit 2009, als u. a. Ralph Davis die Zucht der ersten Super Granits gelang, steigt das Interesse wieder.
Es gibt wie erwähnt viele verschiedene Linien von Granit, mehr als von jeder anderen Morphe, doch nur ein Teil davon ist genetisch fixiert. Es gibt wohl auch keine andere Form des Königspythons, die in solch großen Mengen in Afrika schlüpft. Ich vermute daher, dass es Gebiete gibt, in denen von Natur aus Populationen dieser granitfarbener Tiere vorkommen. Es gab schon Jahre, in denen Farmen Hunderte mehr oder weniger schön gezeichneter Granits anboten. Welche davon genetisch fixierte Linien sind, gilt es bei den Ranching-Tieren entweder selbst durch Zucht auszuprobieren – was die günstigere Lösung ist –, oder man geht den sicheren Weg und kauft sich geprüfte „Genetic Granits“. Unter den verschiedenen Linien sehen manche vielleicht weniger spektakulär aus, viele aber sind wirklich sehr schön gezackt und gesprenkelt.
In den Anfängen der Königspython-Zucht gab es eine Morphe, die Tracy und David Barker IMG („increased melanin gen“, also etwa: „zu viel Melanin-Information“) nannten. Diese IMG-Morphe, die mich stark an Granit erinnerte, tauchte nie mehr auf, sodass ich davon ausgehe, dass die Barkers damit nicht weiterzüchten konnten oder die Tiere letztlich zu Granit stellten. Ich glaube, dass viele Morphen, vor allem der neueren, sich unter den Überbegriff Granit stellen lassen müssten. Es ist sehr variabel und untereinander kombinierbar. Gemein sind allen die fleckige Seitenzeichnung und mehr oder weniger Kringel und Kreise in der Rückenbandzeichnung.

Superform: Super Granit. Zuerst gezüchtet: 2007 von Ralph Davis. Super Circle, 2011 von Stefan Broghammer

Granit, Tier von Austrian Reptiles + Royalsnakes
Foto: W. Obermayer

Übersicht über die Granit-Morphen

Morphe	Zuerst gezüchtet (Jahr, Züchter)	auf Seite
Granit		308
Granit (RB-Linie)	2011 ReticBalls Markus Theimer	309
Circle	2011 M&S Reptilien	310
Super Granit	2007 Ralph Davis	310
Super Circle	2011 M&S Reptilien	310
Combos mit Granit, rezessiv		
Albino-Disco-Granite-Lemon Pastel-Spider-Hidden Gene Woma-Yellowbelly	2017 Alexander Nowak	287
Albino-Disco-Granite-Lemon Pastel-Hidden Gene Woma-Yellowbelly	2017 Alexander Nowak	287
Albino-Granite	Crystal Palace	–
Combos mit Granit, (co-)dominant		
Bongo-Lesser-Circle		229
Butter-Black Pastel-Granit	2011 Jon Courtney	–
Lesser-Granit	2011 Gotham Reptile	–
Butter-Circle	2012 M&S Reptilien	245
Lesser-Granit-Pastel-Vanilla-Hidden Gene Woma		404
Lesser-Granit-Pastel-Hidden Gene Woma		407
Butter-Granit-Yellowbelly	2011 Jon Courtney	–
Sugar-Granit-Pastel	2012 Fred Kick	252
Chocolate-Granit	2011 Daniel Kowalski	–
Chocolate-Granit-Pastel	2011 Daniel Kowalski	–
Black Pastel-Granit-Super Pastel-Spider	2010 NERD	–
Black Pastel-Granit-Yellowbelly	2011 Chris Berrios	–
Enchi-Granit	2010 Jon Courtney	–
Fire-Granit	2011 Steve Roussis	298
Granit-Mojave	Rainer Groß	311
Super Granit-Mojave	2015 Michael Vock	310
Granit-Mojave-Pastel-Pinstripe	2017 Michael Vock	311
Granit-Mojave-Twister		310
Granit-Phantom	2011 Millz ReptilePit	–
Granit-Super Pastel-Phantom-Hidden Gene Woma-Yellowbelly		407
Granit-Pastel-Hidden Gene Woma-Yellowbelly	2006 NERD	–
Granit-Super Pastel-Hidden Gene Woma-Yellowbelly		311
Granit-Pastel-Woma-Yellowbelly	2011 Jon Courtney	–
Granit-Hidden Gene Woma-Yellowbelly	2006 NERD	–
Granit-Woma	2010 Jon Courtney	–
Granit-Yellowbelly	2006 NERD	–

Granit (RB-Linie) aka **Galaxy**,
Tier von Markus Theimer
Foto: W. Lang

Granit-Mojave-Twister aka Chaos, Tier von Karsten Kamke Foto: K. Kamke

Circle, Granit-Linie von M&S Reptilien Foto: A. Gibert

Super Granit, Tier von Royalsnakes Foto: W. Obermayer

Super Circle, Tier von M&S Reptilien Foto: A. Gibert

Super Granit-Mojave Foto: M. Vock

Granit-Mojave, Tier von Austrian Reptiles + Royalsnakes Foto: W. Obermayer

Granit-Mojave-Pastel-Pinstripe
Foto: M. Vock

Granit-Super Pastel-Hidden Gene Woma-Yellowbelly aka **Super Inferno**, Tier von NERD Foto: A. Jones

GRAVEL

Weitere Namen / Synonyme	Het Highway, Gravel, Highway Maker
Genetik	**codominant**
Zuerst gezüchtet / importiert	2008 von Bill Brant

Der Gravel ist mit seiner Erstzucht von 2008 (als Highway Maker) eine der jüngeren Morphen. Bill Brant hat den ersten Highway durch Zufall gezüchtet, indem er zwei Tiere verpaarte, die er beide für Yellowbellys hielt. Heraus kamen aber keine Ivorys, wie erwartet, sondern eben der erste Highway, ein Weibchen. Rund zwei Jahre lang wusste Bill Brant nicht einmal, welches der beiden Exemplare das Highway-Gen in sich trug – ich habe diese Tiere bei ihm selbst gesehen, sie sahen auch für mich aus wie Yellowbellys.

Ende 2010 konnte Bill Brant mit einem Highway-Männchen von 2009 und einem Yellowbelly-Weibchen beweisen, dass der Highway eine Combo aus Gravel und Yellowbelly ist, wie vermutet.

Anfang 2012 hat Bill Brant diese Morphe nun Gravel getauft, zu Deutsch „Geröll", was auf die entsprechend gefärbten Ränder am gelblichen Bauch bzw. auf die Yellowbelly-ähnliche Ventralzeichnung anspielt.

Der auch oft verwendete Begriff „Het Highway" ist eigentlich unpassend, denn das würde logisch betrachtet bedeuten, dass ein Hetero Highway rezessiv ist und nur eine Verpaarung mit einem weiteren Hetero Highway einen Highway ergeben sollte – was so nicht korrekt ist.

Obwohl Gravel zusammen mit Puma, Specter, Yellowbelly und Asphalt einen genetischen Komplex bildet, unterscheiden sich alle drei Formen doch recht deutlich, sodass man nicht mehr von Linien sprechen kann. Allenfalls bei Gravel und Asphalt (daraus resultierend Highway und Freeway) kann ich mir gut vorstellen, dass es sich nur um Linien handelt. Aus meiner Sicht sind beide sehr ähnlich – ich bin nicht sicher, ob der Unterschied ausreichend ist, um daraus zwei eigenen Morphen zu „machen".

Gravel, Tier von Bill Brant
Foto: B. Brant

Super Gravel
Foto: M&S Reptilien

Ivory, Superstripe, Highway/Freeway und Puma sind das atemberaubende Ergebnis von an sich sehr unscheinbaren Morphen aus diesem Komplex. Untereinander verpaart, kommt oft ein Superstripe-ähnliches Tier heraus. Anfangs hat dies andere Züchter und mich selbst sehr verwirrt. So hatte ich den Gravel schon jahrelang in meinen Bestand, bis ich 2011 meinen ersten Highway züchtete.
Zuvor hatte ich den Gravel mit Specter verpaart und Tiere bekommen, die ich für Superstripes hielt. Im Nachhinein betrachtet wirklich schade – Highways waren eine der gesuchtesten Morphen, und ich hatte die ganze Zeit die Zutaten und wusste nichts davon. Das Problem dabei, wie auch in den Kapiteln „Not without a yellowbelly" und „Possibles" angesprochen, ist die Ähnlichkeit von Yellowbelly und Gravel. Sie lassen sich einfach nicht sicher voneinander unterscheiden. So bekam ich denn auch meine ersten Gravels als vermeintliche Yellowbellys aus Afrika.
Der Super Gravel ist nach wie vor das Highlight in diesem Komplex. Wunderschöne, dunkle Tiere mit heller, manchmal gestreifter, manchmal quer gebänderter Zeichnung. Das noch als Combo, mit Pastel zum Beispiel, ist aus meiner Sicht optisch fast unschlagbar.

Superform: Super Gravel. Zuerst gezüchtet: Anfang 2012 von Bill Brant

Gravel-Pastel-Yellowbelly aka **Pastel Highway**
Tier von Bill Brant Foto: B. Brant

Super Gravel-Mojave
Foto: M&S Reptilien

Übersicht über die Gravel-Morphen

Morphe	Zuerst gezüchtet (Jahr, Züchter)	auf Seite
Gravel		312
Super Gravel		312
Combos mit Gravel/Asphalt, (co-)dominant		
Ghost-Gravel-Yellowbelly	2016 J. Kobylka Reptiles	167
Piebald-Super Gravel	2016 J. Kobylka Reptiles	183
Piebald-Gravel-Yellowbelly	2015 J. Kobylka Reptiles	183
Combos mit Gravel/Asphalt, (co-)dominant		
Banana-Gravel-Pastel-Spider		391
Coral Glow-Gravel-Pastel-Yellowbelly		314
Coral Glow-Gravel-Yellowbelly		314
Lesser-Gravel-Woma-Yellowbelly		408
Calico-Asphalt-Yellowbelly		254
Champagne-Gravel	2011 M&S Reptilien	262
Champagne-Gravel-Pastel-Yellowbelly		314
Cinnamon-Gravel-Pastel-Yellowbelly	2017 Royalsnakes	314
Cinnamon-Gravel-Yellowbelly		314

Morphe	Zuerst gezüchtet (Jahr, Züchter)	auf Seite
Super Enchi-Super Asphalt		316
Enchi-Asphalt-Pastel-Yellowbelly		293
Enchi-Asphalt-Yellowbelly		292/293
Super Gravel-Mojave		313
Super Gravel-Pastel		316
Super Gravel-Super Pastel		316
Gravel-Pastel-Spark		315
Gravel-Pastel-Woma-Yellowbelly		408
Gravel-Pastel-Yellowbelly	2011 The Animal House	313
Gravel-Super Pastel-Yellowbelly		315
Gravel-Pinstripe		315
Gravel-Spark		315
Gravel-Specter	2011 M&S Reptilien	317
Gravel-Specter-Woma	2017 Royalsnakes	315
Gravel-Spider-Yellowbelly		316
Gravel-Yellowbelly	The Animal House	–

Champagne-Gravel-Pastel-Yellowbelly aka **Champagne-Pastel-Highway** Foto: M&S Reptilien

Cinnamon-Gravel-Pastel-Yellowbelly Foto: Royalsnakes

Cinnamon-Gravel-Yellowbelly aka **Cinnamon-Highway** Foto: Royalsnakes

Coral Glow-Gravel-Pastel-Yellowbelly Foto: J. Hochholzer

Coral Glow-Gravel-Yellowbelly aka **Coral Glow-Highway** Foto: J. Hochholzer

Gravel-Specter-Woma
Foto: Royalsnakes

Gravel-Super Pastel-Yellowbelly Foto: M&S Reptilien

Gravel-Spark Foto: H. van Hellem

Gravel-Pastel-Spark Foto: H. van Hellem

Gravel-Pinstripe Foto: M&S Reptilien

Super Enchi-Super Asphalt
Foto: M. Freedmann

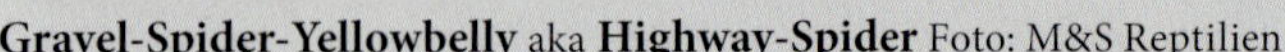

Gravel-Spider-Yellowbelly aka **Highway-Spider** Foto: M&S Reptilien

Super Gravel-Pastel Foto: M&S Reptilien

Super Gravel-Super Pastel
Foto: M&S Reptilien

Gravel-Specter, Tier von M&S Reptilien Foto: A. Gibert

Gravel-Yellowbelly aka **Highway**, Tier von M&S Reptilien Foto: A. Gibert

GREEN PASTEL

Weitere Namen / Synonyme	Lace Black Back
Genetik	**codominant**
Zuerst gezüchtet / importiert	1993 von Mike Garvey

Der Green Pastel ist der Schlüssel zum Gargoyle, eine sehr schöne Combo aus Green Pastel und Black Pastel (Erstzucht 2006) oder Green Pastel und Green Pastel (also die Superform). Mich erinnert der Green Pastel stark an Cinnamon oder Black Pastel, aber die Superform und der Gargoyle zeigen, dass es genetisch etwas völlig anderes ist.

Superform: Gargoyle. Zuerst gezüchtet: 2006 von Amir Soleymani
Bisher gezüchtet: Black Pastel × Green Pastel (Gargoyle); Vanilla-Green Pastels, Fire-Green Pastels, Calico-Green Pastels, Yellowbelly-Green Pastels, Mocha-Green Pastels, Pastel-Green Pastels

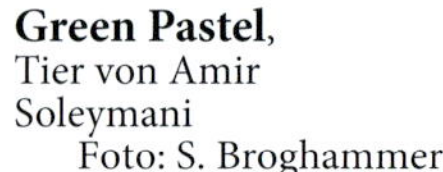

Green Pastel, Tier von Amir Soleymani
Foto: S. Broghammer

Green Pastel, Tier von Luis Moreno
Foto: L. Moreno

Übersicht über die Green-Pastel-Morphen

Morphe	Zuerst gezüchtet (Jahr, Züchter)	auf Seite
Green Pastel		318/319
Super Green Pastel	Amir Soleymani	319
Combos mit Green Pastel, (co-)dominant		
Butter-Green Pastel		247
Sugar-Green Pastel	2009 Amir Soleymani	–
Black Pastel-Green Pastel	2007 Amir Soleymani	–
Cinnamon-Green Pastel		273

Green Pastel
Foto: H. van Hellem

Super Green Pastel
Foto: H. van Hellem

HET RED AXANTHIC

Weitere Namen / Synonyme	keine
Genetik	**codominant**
Zuerst gezüchtet / importiert	2001 von Corey Woods

Die Het Red Axanthics scheinen weitgehend verwandt mit den Green Pastels zu sein. Diese Tiere ähneln optisch den Black Backs, erst die Verpaarung von Het Red Axanthics untereinander ergibt einen Red Axanthic – für mich bis heute eine der „dubiosesten" Morphen.

Superform: Red Axanthic, ein Tier, das stark an Black Pastel bzw. Cinnamon erinnert

Red Axanthic, Tier von Royalsnakes Foto: W. Obermayer

Übersicht über die Het-Red-Axanthic-Morphen

Morphe	Zuerst gezüchtet (Jahr, Züchter)	auf Seite
Het Red Axanthic	2001 Corey Woods	–
Red Axanthic	2001 Corey Woods	320
Combos mit Het Red Axanthic, rezessiv		
Albino-Het Red Axanthic	2009 Corey Woods	–
Clown-Het Red Axanthic	2009 NERD	–
Clown-Het Red Axanthic-Pastel-Spider	2011 NERD	–
Genetic Stripe-Het Red Axanthic	Corey Woods	–
Orange Ghost-Het Red Axanthic	Corey Woods	–
Combos mit Het Red Axanthic, (co-)dominant		
Super Black Head-Het Red Axanthic-Leopard-Red and Ringer Gene		321
Lesser-Het Red Axanthic	2009 Corey Woods	–
Lesser-Het Red Axanthic-Pastel	Corey Woods	–
Lesser-Het Red Axanthic-Spider	2011 Corey Woods	–
Lesser-Red Axanthic-Spider	2011 Corey Woods	–
Champagne-Cinnamon-Het Red Axanthic	2012 Ben Renick	262
Black Pastel-Het Red Axanthic	2008 Heather Herps	–
Cinnamon-Red Axanthic	Ralph Davis Reptiles	–

Morphe	Zuerst gezüchtet (Jahr, Züchter)	auf Seite
Black Pastel-Red Axanthic	2006 Amir Soleymani	–
Cinnamon-Het Red Axanthic-Pastel	2011 Jamie Sword	274
Het Red Axanthic-Mojave-Vanilla	2009 Mike Brandauer	–
Het Red Axanthic-Mystic	2009 BRB Reptiles	–
Het Red Axanthic-Mystic-Woma	2012 UK Exotics	–
Het Red Axanthic-Phantom-Yellowbelly	2011 BRB Reptiles	321
Het Red Axanthic-Orange Dream	2009 Ozzy Boids	–
Het Red Axanthic-Pastel	2005 Corey Woods	–
Het Red Axanthic-Super Pastel	Corey Woods	–
Het Red Axanthic-Pastel-Spotnose	2011 Donald Patterson	–
Het Red Axanthic-Super Pastel-Spotnose	2011 Donald Patterson	–
Het Red Axanthic-Pastel-Yellowbelly	Corey Woods	–
Het Red Axanthic-Spider	Corey Woods	–
Red Axanthic-Spider	2011 Corey Woods	–
Het Red Axanthic-Spotnose	2011 P. Tate Reptiles	–
Het Red Axanthic-Tiger	2011 Corey Woods	–
Het Red Axanthic-Vanilla	2009 Mike Brandauer	–
Het Red Axanthic-Woma	2008 BRB Reptiles	–
Red Axanthic-Woma	2010 BRB Reptiles	–

Het Red Axanthic-Phantom-Yellowbelly,
Tier von Salvatore Brighina
Foto: S. Brighina

Super Black Head-Het Red Axanthic-Leopard-Red and Ringer Gene (links Dreamsicle) Foto: M. Thakkar

Super Black Head-Het Red Axanthic-Leopard-Red and Ringer Gene
Foto: M. Thakkar

HURRICANE

Weitere Namen / Synonyme	keine
Genetik	(co-)dominant
Zuerst gezüchtet / importiert	2010 von Hans-Jörg Winner

Übersicht über die Hurricane-Morphen

Morphe	Zuerst gezüchtet (Jahr, Züchter)	auf Seite
Hurricane	2010 Hans-Jörg Winner	322
Super Hurricane	2013 Hans-Jörg Winner	322
Combos mit Hurricane, rezessiv		
Albino-Hurricane	2017 Hans-Jörg Winner	323
Clown-Hurricane	2017 Hans-Jörg Winner	323
Ghost-Cinnamon-Hurricane	2016 Hans-Jörg Winner	324
Ghost-Super Hurricane-Pastel	2017 Hans-Jörg Winner	324
Piebald-Enchi-Hurricane	2016 Hans-Jörg Winner	326
Piebald-Hurricane	2016 Hans-Jörg Winner	326
Combos mit Hurricane, (co-)dominant		
Lesser-Hurricane	2010 Hans-Jörg Winner	326
Sugar-Super Hurricane-Yellowbelly	2017 Hans-Jörg Winner	326
Cinnamon-Enchi-Hurricane-Yellowbelly	2016 Hans-Jörg Winner	323
Cinnamon-Hurricane-Mojave-Pastel	2016 Hans-Jörg Winner	323
Enchi-Hurricane-Orange Dream	2016 Hans-Jörg Winner	323
Super Hurricane-Mojave	2015 Hans-Jörg Winner	325
Hurricane-Mojave-Pinstripe	2016 Hans-Jörg Winner	324
Super Hurricane-Pastel	2016 Hans-Jörg Winner	325
Hurricane-Super Pastel	2016 Hans-Jörg Winner	325
Hurricane-Pastel-Pinstripe	2015 Hans-Jörg Winner	324
Hurricane-Pastel-Super Vanilla-Yellowbelly	2015 Hans-Jörg Winner	325
Super Hurricane-Spider	2016 Hans-Jörg Winner	324
Hurricane-Super Vanilla-Yellowbelly	2017 Hans-Jörg Winner	325

Der erste Hurricane kam 2007 mit einer Sendung aus Afrika zu einem Großhändler nach Deutschland. Er ging an den deutschen Züchter Hans-Jörg Winner, der die Genetik drei Jahre später als (co-)dominant prüfte. 2013 gelang ihm die Zucht der Superform, die er Hayabusa nannte.
Davon hatte er 2016 ein Gelege und machte somit die „Rückprüfung“, dass alle Nachzuchten wieder Hurricane waren, also das Elterntier sicher die Superform.
Um den Namen Hurricane gab es etwas Verwirrung, weil auch ein US-amerikanischer Züchter eine neue Morphe Hurricane genannt hatte. Diese war zumindest in Europa wenig bis gar nicht bekannt. Die Morphe von Winner dagegen wurde u. a. auf der „World of Ballpython“-Seite schon vielfach gelistet. Somit hat sich der Name für die Winner-Morphe durchgesetzt. Es gibt einige andere, etwas ähnlich aussehende Morphen. Meines Wissens ist Hurricane aber die einzige, die als codominant geprüft wurde.

Hurricane
Foto: H. Winner

Super Hurricane aka **Hayabusa**
Foto: H. Winner

Clown-Hurricane
Foto: H. Winner

Albino-Hurricane Foto: H. Winner

Cinnamon-Enchi-Hurricane-Yellowbelly Foto: H. Winner

Enchi-Hurricane-Orange Dream Foto: H. Winner

Cinnamon-Hurricane-Mojave-Pastel Foto: H. Winner

Enchi-Hurricane-Yellowbelly Foto: H. Winner

Hurricane-Pastel-Pinstripe Foto: H. Winner

Ghost-Cinnamon-Hurricane Foto: H. Winner

Hurricane-Mojave-Pinstripe Foto: H. Winner

Ghost-Super Hurricane-Pastel Foto: H. Winner

Super Hurricane-Spider Foto: H. Winner

Hurricane-Pastel-Super Vanilla-Yellowbelly Foto: H. Winner

Hurricane-Super Pastel Foto: H. Winner

Hurricane-Super Vanilla-Yellowbelly Foto: H. Winner

Super Hurricane-Pastel Foto: H. Winner

Super Hurricane-Mojave
Foto: H. Winner

Sugar-Super Hurricane-Yellowbelly Foto: H. Winner

Piebald-Enchi-Hurricane Foto: H. Winner

Lesser-Hurricane Foto: H. Winner

Piebald-Hurricane Foto: H. Winner

JUNGLE WOMA

keine	Weitere Namen / Synonyme
codominant	**Genetik**
2005 von East Coast Reptiles	Zuerst gezüchtet / importiert

Der Name ist etwas missverständlich, weil man zunächst eine Combo aus Jungle und Woma vermuten würde. Es handelt sich jedoch um eine Basic Morph, die in den USA mehr gezüchtet wird als hier in Europa.

Übersicht über die Jungle Woma-Morphen

Morphe	Zuerst gezüchtet (Jahr, Züchter)	auf Seite
Jungle Woma	2005 East Coast Reptiles	327
Super Jungle Woma		327
Combos mit Jungle Woma, rezessiv		
Clown-Blade-Jungle Woma-Pastel	2017 Justin Kobylka	329
Clown-Fire-Jungle Woma		328
Clown-Fire-Jungle Woma-Pastel		328
Combos mit Jungle Woma, (co-)dominant		
Super Enchi-Jungle Woma-Leopard	2017 Justin Kobylka	329
Enchi-Jungle Woma-Pastel		328
Jungle Woma-Leopard-Pastel	2017 Justin Kobylka	329

Jungle Woma
Foto: J. Kobylka

Super Jungle Woma
Foto: J. Kobylka

Clown-Fire-Jungle Woma
Foto: J. Kobylka

Clown-Fire-Jungle Woma-Pastel
Foto: J. Kobylka

Enchi-Jungle Woma-Pastel
Foto: J. Kobylka

Clown-Blade-Jungle Woma-Pastel
Foto: J. Kobylka

Jungle Woma-Leopard-Pastel
Foto: J. Kobylka

Super Enchi-Jungle Woma-Leopard
Foto: J. Kobylka

LEOPARD

Weitere Namen / Synonyme	keine
Genetik	**dominant**
Zuerst gezüchtet / importiert	Pete Kahl

Es ist bis heute nicht sicher geprüft und vor allem nicht rückwärts geprüft, ob es einen Super Leopard gibt. Der US-Amerikaner Justin Kobylka hatte 2017 einige schöne Nachzuchten, die vermutlich die Superform sind. Ganz sicher bestätigen lässt sich dies jedoch erst, wenn die Superform wieder mit Tieren verpaart wird, die kein Leopard-Gen enthalten. Wenn dann die Nachzuchten zu 100 % wieder Leopard sind, war das Elterntier ein Super. So funktioniert der endgültige Test, um dies zu überprüfen. Das gilt natürlich für alle codominanten Morphen/Superformen.

Die Community dachte für lange Zeit, Leopard sei automatisch hetero für Piebald. Das stellte sich als Fehler heraus. Es war nur zufällig sozusagen im Pied als Combo versteckt – ein weiteres Beispiel dafür, dass manche Dinge bei jungen Morphen einfach noch unbekannt sind und so beim Verkauf oder Weitergeben der Tiere unbewusst Fehler gemacht werden. Das gab in machen Fällen böses Blut, nicht zuletzt, weil ja schließlich auch mehr oder weniger Geld im Spiel ist. Wer von solchen unbewussten Fehlern schon betroffen war, ob als Käufer oder Verkäufer, weiß, wovon ich spreche. Beide Seiten lassen dann Federn und sollten versuchen, eine vertretbare Lösung für beide zu finden. Was aus meiner Sicht nicht vertretbar ist: Wenn versucht wird, vermeintlich entgangene Nachzuchten einzufordern. Das ist praktisch einfach nicht machbar. Sonst müsste bei jedem verkauften Tier Verträge vom Anwalt aufgesetzt werden.

Superform: bisher nicht bekannt

Leopard-Mojave-Pastel-Spider aka **Leopard Extra**, Tier von Simon Ebbi
Foto: S. Ebbi

Leopard-Citrus Pastel-White Out, Tier von Simon Ebbi
Foto: S. Ebbi

Leopard, Tier von Austrian Reptiles + Royalsnakes
Foto: W. Obermayer

Übersicht über die Leopard-Morphen

Morphe	Zuerst gezüchtet (Jahr, Züchter)	auf Seite
Leopard	Peter Kahl	330
Combos mit Leopard, rezessiv		
Axanthic-Piebald-Pastel-Leopard (VPI-Linie)		121
Clown-Coral Glow-Blade-Leopard	2016 J. Kobylka Reptiles	141
Clown-CoralGlow-Leopard-Spotnose	2016 J. Kobylka Reptiles	141
Clown-Butter-Leopard-Yellowbelly		140
Clown-Sugar-Enchi-Leopard	2017 Canzoneri Tony	142
Clown-Enchi-Leopard-Spotnose	2017 J. Kobylka Reptiles	142
Clown-Fire-Leopard-Orange Dream	2017 J. Kobylka Reptiles	143
Clown-Leopard-Super Pastel-Spider	2016 J. Kobylka Reptiles	143
Clown-Leopard-Stranger	2017 IRES Reptiles	144
Desert Ghost-Butter-Leopard		149
Desert Ghost-Ghost-Leopard-Pinstripe	2016 J. Kobylka Reptiles	149
Desert Ghost-Leopard-Spotnose	2017 J. Kobylka Reptiles	148
Lavender-Black Head-Leopard	2016 J. Kobylka Reptiles	169
Piebald-Candy-Leopard		195
Piebald-Cinnamon-Leopard-Spider	2012 Graziani Reptiles Inc.	–
Piebald-Leopard	Peter Kahl	177
Piebald-Leopard-Super Orange Dream-Yellowbelly	2016 J. Kobylka Reptiles	185
Piebald-Leopard-Pastel	2009 Graziani Reptiles Inc.	–
Piebald-Super Leopard-Pastel	2009 Graziani Reptiles Inc.	–
Piebald-Leopard-Pastel-Spider	2012 Graziani Reptiles Inc.	–
Piebald-Leopard-Spider	2009 Graziani Reptiles Inc.	–
Combos mit Leopard, (co-)dominant		
Confusion-Butter-Leopard		205
Confusion-Leopard-Pastel		203
Confusion-Leopard-Spider		204
Bamboo-Enchi-Leopard-Spider	2017 Jana+Sebastian Schulz	208
Banana-Champagne-Leopard	2016 Petra Pietschker	215
Banana-Leopard		218
Black Head-Butter-Enchi-Leopard-Red and Ringer Gene		222
Black Head-Butter-Leopard-Red and Ringer Gene		222
Super Black Head-Het Red Axanthic-Leopard-Red and Ringer Gene		321
Black Head-Leopard-Pastel-Yellowbelly	2017 Justin Kobylka	221
Black Head-Leopard-Red and Ringer Gene		220
Super Black Head-Leopard-Red and Ringer Gene		222
Butter-Enchi-Leopard		245
Lesser-Enchi-Leopard-Spider		244
Lesser-Leopard-Pastel-Spider	2011 Peter Kahl	–
Lesser-Leopard-Spider	2011 Peter Kahl	–
Champagne-Leopard	2012 Graziani Reptiles Inc.	–
Cinnamon-Leopard	2009 Graziani Reptiles Inc.	–
Cinnamon-Leopard-Spider	2012 Graziani Reptiles Inc.	–
Super Enchi-Jungle Woma-Leopard	2017 Justin Kobylka	329
Enchi-Leopard	2011 Graziani Reptiles Inc.	292
Fire-GHI-Leopard-Soptnose	2016 Justin Kobylka	394
Fire-Leopard	2011 Eric Musser	–
Fire-Leopard-Pastel	2011 Graziani Reptiles Inc.	–
Fire-Leopard-Pastel-Red Stripe	2016 Justin Kobylka	375
Fire-Leopard-Pastel-Spotnose	2016 Justin Kobylka	300
Fire-Leopard-Spotnose	2017 Justin Kobylka	395
Jungle Woma-Leopard-Pastel	2017 Justin Kobylka	329
Leopard-Mojave (Stripy-Linie)		331
Leopard-Mojave-Pastel-Spider	2012 Simon Ebbi	330
Leopard-Mojave-Pinstripe	2011 Peter Kahl	–
Leopard-Pastel	2005 Graziani Reptiles Inc.	–
Leopard-Super Pastel	2011 Graziani Reptiles Inc.	–
Leopard-Pastel-Spark-Yellowbelly	2017 Sandra Frye	381
Leopard-Pastel-Spotnose-Yellowbelly	2017 Justin Kobylka	395
Leopard-Pastel-Spider	2011 Eric Musser	–
Leopard-Pastel-Spider-Yellowbelly	2011 Daniel Parker	–
Leopard-Pastel-Yellowbelly	2012 Graziani Reptiles Inc.	–
Leopard-Citrus Pastel-White Out	2012 Simon Ebbi	330
Leopard-Spider	2005 Graziani Reptiles Inc.	–
Leopard-Spotnose	2012 Ben Renick	331
Leopard-Trick		401
Leopard-Super Yellowbelly		415

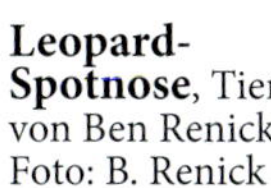

Leopard-Spotnose, Tier von Ben Renick Foto: B. Renick

Leopard-Mojave (Stripy Linie) Foto: M. Thakkar

LESSER: SIEHE BUTTER (S. 232)

LORI

Weitere Namen / Synonyme: keine
Genetik: **codominant**

Zuerst gezüchtet / importiert: Brian Barczyk/BHB

Der „Lori Ball" kam ursprünglich aus Afrika. Der Frau von Brian Barczyk, Lori, waren in einer Importlieferung zwei vermutliche Geschwistertiere aufgefallen, die etwas anders aussahen und zurückbehalten und „genetisch geprüft" wurden. Da dies Loris Idee war, benannten sie die Morphe „Lori Ball". 2006 wurden mit dem Afrika-Männchen die ersten Loris gezogen, 2007 kam der erste Super Lori.

Superform: Super Lori. Zuerst gezüchtet: 2007 von Brian Barczyk/BHB

Lori, Tier von Philipp Schäfer
Foto: P. Schäfer

Super Lori, Tier von BHB
Foto: A. Jones

Übersicht über die Lori-Morphen

Morphe	Zuerst gezüchtet (Jahr, Züchter)	auf Seite
Lori	BHB	332
Super Lori	2007 BHB	332

MAHOGANY

keine	Weitere Namen / Synonyme
codominant	**Genetik**
2005; 2009 die Superform „Suma“ von Amir Soleymani	Zuerst gezüchtet / importiert

Mahogany selber ist nicht sonderlich auffallend. Es sind dunkle Tiere, ähnlich den het Red Axantic oder eher hellen Cinnamons. Die Superform, der Suma, ist das eigentliche Highlight: Ein sehr dunkles Tier, das sich toll mit anderen, am besten auch dunklen Morphen kombinieren lässt. Das Schöne daran ist, das es im Gegensatz zu Super Cinammon/Super Black Pastel keine Probleme mit Wirbelsäulen-Deformationen gibt.

2015 wurde der Cinnamon-Suma von Bushhill Reptiles USA gezogen: Ein wunderschöner, pechschwarzer Python.

Bamboo-Mahogany-Spider
Foto: H. van Hellem

Übersicht über die Mahogany/Suma-Morphen

Morphe	Zuerst gezüchtet (Jahr, Züchter)	auf Seite
Mahogany	2005 Amir Soleymani	–
Super Mahogany (aka Suma)	2009 Amir Soleymani	333
Combos mit Mahogany, rezessiv		
Albino-Black Pastel-Mahogany		335
Piebald-Super Mahogany	2017 J. Kobylka Reptiles	335
Combos mit Mahogany, (co-)dominant		
Bamboo-Black Pastel-Mahogany		335/336
Bamboo-Mahogany-Spider		333
Banana-Black Pastel-Mahogany		335
Banana-Mahogany		335
Coral Glow-Mahogany	2012 Dynasty Reptiles	334
Banana-Mahogany-Spider		335
Cinnamon-Mahogany	2012 BHB	334
GHI-Mahogany		336
GHI-Mahogany-Mojave		334
Mahogany-Mojave		336
Mahogany-Citrus Pastel		334
Super Mahogany-Spider	2012 BHB	334

Super Mahogany vs. **Genetic Stripe-GHI**
Foto: H. van Hellems

Coral Glow-Mahogany, Tier von Dynasty Reptiles Foto: S. Broghammer

Super Mahogany-Spider, Tier von BHB Foto: A. Riis

Mahogany-Citrus Pastel, Tier von Amir Soleymani Foto: S. Broghammer

Cinnamon-Mahogany, Tier von BHB Foto: A. Riis

GHI-Mahogany-Mojave
Foto: H. van Hellem

Albino-Black Pastel-Mahogany Foto: H. van Hellem

Bamboo-Black Pastel-Mahogany Foto: H. van Hellem

Banana-Black Pastel-Mahogany (links), **Banana-Mahogany** (rechts) & **Black Pastel-Mahogany** (oben) Foto: H. van Hellem

Banana-Mahogany-Spider Foto: H. van Hellem

Piebald-Super Mahogany Foto: J. Kabylka

Banana-Black Pastel-Mahogany
Foto: J. Kabylka

GHI-Mahogany
Foto: J. Kabylka

Mahogany-Mojave
Foto: H. van Hellem

MOCHA

keine	Weitere Namen / Synonyme
codominant	**Genetik**
2003 von Amir Soleymani	Zuerst gezüchtet / importiert

Auch der Mocha kam ursprünglich als „ungeprüftes Tier" aus Afrika. Amir Soleymani züchtete mit diesem Exemplar 2003 die ersten Mochas und hatte die Morphe somit als genetisch (co?)-dominant geprüft. 2005 verpaarte Amir Soleymani zwei Mochas miteinander und erhielt aus dem Gelege ein weißes Tier, das er „Latte" nannte, womit die „codominante Genetik" feststand.
Mocha, Russo, Mojave, Bamboo und Mystic/Phantom gehören alle zum gleichen Komplex, da sie miteinander kombiniert ebenfalls Blue Eyed Lucys ergeben.

Superform: Super Mocha oder Latte Ball. Zuerst gezüchtet: 2005 von Amir Soleymani

Übersicht über die Mocha-Morphen

Morphe	Zuerst gezüchtet (Jahr, Züchter)	auf Seite
Mocha	2003 Amir Soleymani	337
Super Mocha	2005 Amir Soleymani	337/338
Combos mit Mocha, (co-)dominant		
Mocha-Mojave-Special		338
Mocha-Phantom	2011 Raphy Martinez/NERD	–
Mocha-Phantom-Spider	2011 Raphy Martinez/NERD	–
Mocha-Citrus Pastel-Spark-Yellowbelly	2012 Amir Soleymani	379
Mocha-Citrus Pastel-Yellowbelly	Amir Soleymani	–
Mocha-Pinstripe		338
Mocha-Spark-Yellowbelly	2011 Amir Soleymani	–
Mocha-Yellowbelly	Amir Soleymani	–

Super Mocha aka **Latte**, Tier von M&S Reptilien Foto: A. Gibert

Mocha, Tier von M&S Reptilien Foto: A. Gibert

Super Mocha, Tier von M&S Reptilien Foto: A. Gibert

Mocha-Mojave-Special, Tier von Amir Soleymani Foto: S. Broghammer

Butter-Mocha, ein **Blue Eyed Lucy** aka **BEL** Foto: M&S Reptilien

Mocha-Pinstripe, Tier von M&S Reptilien Foto: A. Gibert

MOJAVE

keine	Weitere Namen / Synonyme
codominant	**Genetik**
2000 von Colette und Dan Sutherland/TSK gezüchtet	Zuerst gezüchtet / importiert

1999 bekamen Colette und Dan Sutherland von einem Reptilienhändler ein hübsches Jungtier. Dass aus ihm einmal ein Grundstein in der Königspython-Zucht werden sollte, war ihnen damals sicher nicht bewusst. Ich vermute, dass der Mojave heute nach dem Pastel die am weitesten verbreitete und am meisten gezüchtete Morphe ist – und dass sie nach all den Jahren noch immer für Überraschungen gut ist, wie wir z. B. am Crystal oder Mystic Potion sehen konnten. Ich hatte schon immer Schwierigkeiten, zu beschreiben, was am Mojave eigentlich anders als an einem wildfarbenen Tier ist. Der Mojave besticht durch klare Farben und ein tiefes Schwarz, aber was letztlich den Unterschied zur Wildfarbe ausmacht, kann zumindest ich mit Worten nicht richtig ausdrücken.
2004 kam mit dem fast komplett weißen Super Mojave und dem Ghost Mojave der „Durchbruch“ für diese Morphe. Als dann 2005 auch noch der Paradox Ghost Super Mojave vorgestellt wurde, war der Hype um diese Form am Höhepunkt. Es scheint allerdings so, dass die Paradox-Tiere nur zufällig nachgezogen werden, sie lassen sich bisher nicht gezielt züchten.

Superform: Super Mojave/Blue Eyed Lucy. Zuerst gezüchtet: 2004 von Colette und Dan Sutherland/TSK

Diese Morphe zählt zum Blue-Eyed-Lucy-Komplex. Verpaart man Tiere aus diesem Komplex untereinander, bekommt man als Ergebnis weiße Tiere, manche davon mit mehr oder weniger Zeichnung.

Super Mojave, Tier von Alex Barreiro
Foto: A. Barreiro

Mojave, Tier von M&S Reptilien
Foto: A. Gibert

Übersicht über die Mojave-Morphen

Morphe	Zuerst gezüchtet (Jahr, Züchter)	auf Seite
Mojave	2000 Colette & Dan Sutherland/TSK	339
Super Mojave	2004 Colette & Dan Sutherland/TSK	339
(Super?) Mojave (Paradox)		340
Combos mit Mojave, rezessiv		
Albino-Mojave	2010 WF Reptiles	112
Albino-Super Mojave	2010 WF Reptiles	–
Axanthic-Mojave	2008 Wes Harris	–
Caramel-Mojave	2009 Bill Buchman	–
Ghost-Black Head-Mojave-Pastel-Red and Ringer Gene		162
Ghost-Black Head-Mojave-Red and Ringer Gene		162
Ghost-Black Pastel-Mojave		–
Orange Ghost-Black Pastel-Mojave	2010 Fred Kick	160
Ghost-Enchi-Fire-Mojave	2015 Rene Albrecht	157
Ghost-Enchi-Mojave-Pinstripe	2015 Rene Albrecht	166
Ghost-Fire-GHI-Mojave		–
Ghost-Mojave	2003 Snake Keeper	161
Ghost-Mojave-Orange Dream-Pastel	2017 Rene Albrecht	167
Ghost-Mojave-Super Orbit	2016 Phil Danch	354
Ghost-Mojave-Pastel		162
Ghost-Mojave-Pinstripe	2008 Marshall van Thorre	162
Ghost-Mojave-Sable	2011 Jon Courtney	–
Ghost-Mojave-Spider	2010 Fred Kick	–
Monsoon-Mojave	Dave Green	172
Piebald-Mojave	2008 WF Reptiles	178/184
Piebald-Mojave-Pastel	2011 Steve Markevich	184
Ultramel-Mojave		200
Combos mit Mojave, (co-)dominant		
Banana-Cinnamon-Mojave-Super Pastel-Pinstripe-Spider		215
Coral Glow-Enchi-Mojave	2012 Dynasty Reptiles	213
Banana-Mojave	2010 Brock Wagner	218
Coral Glow-Mojave	2012 Dynasty Reptiles	214
Black Head-Mojave	2011 ReticBalls Markus Theimer	221
Black Head-Mojave-Phantom-Red and Ringer Gene		349
Black Head-Mojave-Pinstripe		222

Morphe	Zuerst gezüchtet (Jahr, Züchter)	auf Seite
Cypress-Mojave		281
Bongo-Mojave-Pastel		230
Bongo-Mojave-Vanilla		230
Lesser-Mojave	2003 Wes Harris	240
Calico-Sulfur-Mojave	2011 John Berry	–
Calico-Mojave-Pastel	2010 Marc Bailey	–
Calico-Mojave-Super Pastel	2011 Simon Ebbi	255
Calico-Mojave-Super Pastel-Spider	2011 Simon Ebbi	255
Champagne-Mojave	2010 Sloan Reptile	–
Chocolate-Cinnamon-Mojave	2011 Randy Remington (Garcia-Linie)	265
Chocolate-Mojave		266
Black Pastel-Fire-Mojave-Pinstripe	2017 Daniel Dorst	342
Cinnamon-GHI-Mojave-Pastel	2012 Dynasty Reptiles	273
Cinnamon-Hurricane-Mojave-Pastel	2016 Hans-Jörg Winner	323
Cinnamon-Mojave	2006 NERD	–
Black Pastel-Mojave		274
Black Pastel-Mojave-Pastel		274
Cinnamon-Mojave-Pastel	2009 John Berry	–
Cinnamon-Mojave-Super Pastel	2011 Doug Shedorick	–
Cinnamon-Mojave-(Super?) Pastel-Special		274
Cinnamon-Mojave-Pastel-Spider	2011 Matt Schifflett	–
Black Pastel-Mojave-Pastel-Spotnose	2014 Steve Beamer	393
Super Black Pastel-Mojave-Super Pastel-Spotnose	2016 Steve Beamer	395
Desert-Fire-Mojave	2011 George Sampson	284
Desert-Mojave		284
Desert-Mojave-Pastel-Woma	2011 Ken Macek/Ray Wilke	–
Desert-Mojave-Spider	2011 Pro Exotics	–
Enchi-Fire-Mojave	2010 Tropical Snakes	–
Enchi-Super Mojave	2011 Doug Matuszak	–
Enchi-Mojave-Orbit	2015 Phil Danch	353
Enchi-Mojave-Super Orbit	2017 Phil Danch	353
Enchi-Mojave-Super Pastel	2011 Nick Mutton	–
Enchi-Mojave-Pastel-Pinstripe	2011 Doug Matuszak	292
Enchi-Mojave-Pinstripe	2011 Doug Matuszak	293
Enchi-Mojave-Yellowbelly	2011 Nick Mutton	–

Mojave- oder Super Mojave (Paradox), Tier von Philipp Schäfer
Foto: P. Schäfer

Morphe	Zuerst gezüchtet (Jahr, Züchter)	auf Seite
Fire-Mojave-Orange Dream-Yellowbelly	2012 George Sampson	299
Sulfur-Mojave-Pastel-Pinstripe	2011 Dave Campagne	–
Fire-Mojave-Pinstripe		299
Fire-Mojave-Special	2010 Anthony McCain	–
Sulfur-Mojave-Spider		299
Fire-Mojave-Vanilla		299
Genetic Jungle-Mojave		304
GHI-Mahogany-Mojave		334
GHI-Mojave	2010 Matt Lerer	306
GHI-Mojave-Phantom		344
GHI-Mojave-Phantom-Pinstripe		306
GHI-Mojave-Pastel	2012 Dynasty Reptiles	306
GHI-Mojave-Special		383
GHI-Mojave-Spider	2012 Dynasty Reptiles	–
GHI-Mojave-Stranger	2017 IRES Reptiles	397
Granit-Mojave	Rainer Groß	311
Super Granit-Mojave	2015 Michael Vock	310
Granit-Mojave-Pastel-Pinstripe	2017 Michael Vock	311
Granit-Mojave-Twister		310
Super Gravel-Mojave		313
Het Red Axanthic-Mojave-Vanilla	2009 Mike Brandauer	–
Super Hurricane-Mojave	2015 Hans-Jörg Winner	325
Hurricane-Mojave-Pinstripe	2016 Hans-Jörg Winner	324
Leopard-Mojave (Stripy-Linie)		331
Leopard-Mojave-Pastel-Spider	2012 Simon Ebbi	330
Leopard-Mojave-Pinstripe	2011 Peter Kahl	–
Mahogany-Mojave		336
Mocha-Mojave-Special		338
Mojave-Super Fusion-Yellowbelly		343
Mojave-Mystic	2009 Anthony McCain	342
Mojave-Phantom	2007 NERD	–
Mojave-Phantom (Patternless)		342
Mojave-Phantom-Pastel	2011 Royals Unlimited	–
Mojave-Mystic-Special	2010 Anthony McCain	–
Mojave-Mystic-Spider		349
Mojave-Mystic-Spider (Paradox)	2012 M&S Reptilien	343

Morphe	Zuerst gezüchtet (Jahr, Züchter)	auf Seite
Mojave-Phantom-Yellowbelly		412
Mojave-Orange Dream	2011 Adrian Heigh	–
Mojave-Orbit	2012 Phil Danch	353
Mojave-Super Orbit	2015 Phil Danch	353
Mojave-Orbit-Pastel	2015 Phil Danch	354
Mojave-Pastel	2003 Wes Harris	–
Super Mojave-Pastel		343
Mojave-Super Pastel		343
Mojave-Super Pastel-Pinstripe		342
Mojave-Pastel-Pinstripe-Spider	2011 Marc Seif	–
Mojave-Pastel-Special	Tom Baker	–
Mojave-Super Pastel-Special	Tom Baker	–
Mojave-Pastel-Specter-Yellowbelly		387
Mojave-Super Pastel-Specter-Yellowbelly		387
Mojave-Pastel-Spider-Vanilla	2011 ULTIMATE Morphs	–
Mojave-Pastel-Spotnose	2011 Steve Beamer	–
Mojave-Pastel-Vanilla	Gulf Coast Reptiles	–
Mojave-Super Pastel-Vanilla		341
Mojave-Pastel-Woma-Yellowbelly		344
Mojave-Super Pastel-Yellowbelly	2010 Albeys Reptiles	–
Mojave-Pinstripe		344
Mojave-Sable	2009 Jon Courtney	344
Mojave-Special	Tom Baker	344
Mojave-Special-Spider	2012 BHB	383
Mojave-Specter		345/387
Mojave-Specter-Yellowbelly	2012 Björn Pils	–
Super Mojave-Specter-Yellowbelly		387
Mojave-Spotnose	2008 Steve Beamer	–
Mojave-Spotnose-Yellowbelly	2011 Donald Patterson	–
Mojave-Stranger	2017 IRES Reptiles	398
Mojave-Vanilla		404
Mojave-Super Vanilla	Gulf Coast Reptiles	345
Mojave-Vanilla-Yellowbelly	2009 Dirk Hasselberg	–
Mojave-White Out		345
Mojave-Woma		345
Mojave-Hidden Gene Woma		407

Mojave-Super Pastel-Vanilla,
Tier von Gulf Coast Reptiles
Foto: S. Broghammer

Mojave-Super Pastel-Pinstripe, Tier von BHB Foto: A. Jones

Mojave-Pastel-Special, Tier von William Rows Foto: W. Rows

Mojave-Phantom-Pastel aka **Deep Purple Passion**, Tier von M&S Reptilien Foto: A. Gibert

Mojave-Phantom (Patternless), Tier von M&S Reptilien Foto: A. Gibert

Mojave-Mystic aka **Mystic Potion**, Tier von Michael Haitz Foto: M. Haitz

Black Pastel-Fire-Mojave-Pinstripe Foto: D. Dorst

Super Mojave-Pastel, Tier von Birgit Uebach Foto: B. Uebach

Mojave-Super Fusion-Yellowbelly Foto: M. Freedmann

Mojave-Super Pastel, Tier von M&S Reptilien Foto: A. Gibert

Mojave-Mystic-Spider (Paradox) aka **Mystic Potion Bee**, Tier von M&S Reptilien Foto: A. Gibert

Mojave-Pinstripe aka **Jigsaw**, Tier von M&S Reptilien Foto: A. Gibert

GHI-Mojave-Phantom Foto: M. Thakkar

Mojave-Sable, Tier von Jörg Flücken Foto: J. Flücken

Mojave-Special aka **Crystal**, Tier von Austrian Reptiles + Royalsnakes Foto: W. Obermayer

Mojave-Pastel-Woma-Yellowbelly, Tier von Scott Austin Foto: S. Austin

Mojave-Super Vanilla, Tier von Luis Moreno Foto: L. Moreno

Mojave-Specter, Tier von M&S Reptilien Foto: A. Gibert

Mojave-White Out, Tier von M. Thakkar Foto: S. Robertson

Mojave-Woma, Tier von M&S Reptilien Foto: A. Gibert

MYSTIC

Weitere Namen / Synonyme: Phantom (?)

Genetik: **codominant**

Zuerst gezüchtet / importiert: Phantoms 2001 von Ralph Davis; Mystics 2005 von Anthony McCain

Ralph Davis hatte Phantoms zum ersten Mal 2001 mit Yellowbellys (er nannte seine Yellowbellys allerdings „Goblins") gezüchtet. Zum damaligen Zeitpunkt legte der Züchter nicht sehr viel Augenmerk auf das Ur-Phantom-Weibchen, ein als Baby erworbenes Exemplar aus Afrika, das etwas anders aussah, aber nicht zu speziell war. Das Zuchtergebnis mit den Yellowbellys war zwar schön, aber immer noch keine Sensation. Erst 2003, als Ralph Davis den Phantom mit Lesser verpaarte, kam die große Überraschung, indem fast vollständig weiße Tiere (Blue Eyed Lucys) erzielt wurden. 2005 wurde auch der erste Super Phantom gezüchtet.

Das Interesse an den Phantoms war riesengroß; diese Tiere wurden lange Zeit für ca. 20.000,- US-$ verkauft. Erst ca. 2008/2009 waren die Tiere so erschwinglich, dass auch der normale Züchter sich welche leisten konnte.

Ich behaupte, dass Mystic und Phantom genetisch betrachtet das Gleiche sind und dass es sich lediglich um zwei Linien derselben Mutation handelt, denn die Single-Morphe und die Combos unterscheiden sich optisch nur leicht – meiner Meinung nach bewegen sie sich innerhalb der normalen Bandbreite einer Linie. Der Phantom von Ralph Davis war zuerst da, danach hat Anthony McCain mit einem anderen Tier die Grundlage für seine Mystics gelegt.

Superform: Super Phantom. Zuerst gezüchtet: 2005 von Ralph Davis / Super Mystic. Zuerst gezüchtet: 2009 von Anthony McCain

Diese Morphe zählt zum Blue-Eyed-Lucy-Komplex. Verpaart man Tiere aus diesem Komplex untereinander, bekommt man als Ergebnis weiße Tiere, manche davon mit mehr oder weniger Zeichnung.

Mystic-Phantom, Tier von Dan und Claudia Bowling
Foto: D. & C. Bowling

Übersicht über die Mystic-Morphen

Morphe	Zuerst gezüchtet (Jahr, Züchter)	auf Seite
Mystic	2005 Anthony McCain	–
Phantom	2001 Ralph Davis	–
Super Mystic	2009 Anthony McCain	–
Super Phantom	2005 Ralph Davis	347
Mystic-Phantom		346
Combos mit Mystic-/-Phantom, rezessiv		
Black Lace-Mystic	2010 Dan Wolfe	127
Het Black Lace-Mystic-Nova		127
Clown-Pastel-Phantom		144
Ghost-Black Head-Super Phantom-Red and Ringer Gene		162
Ghost-Enchi-Fire-Phantom-Pinstripe	2017 Rene Albrecht	161
Ghost-Super Phantom-Red and Ringer Gene		167
Piebald-Mystic	2012 M&S Reptilien	179
Combos mit Mystic-/-Phantom, (co-)dominant		
Acid-Black Pastel-Mystic		202
Bamboo-Enchi-Mystic-Spider		348
Bamboo-Enchi-Phantom-Pastel		209
Coral Glow-Phantom-Spider	2010 NERD	–
Black Head-Mojave-Phantom-Red and Ringer Gene		349
Black Head-Phantom-Red and Ringer Gene		222
Black Head-Super Phantom-Red and Ringer Gene		222
Butter-Mystic	2012 M&S Reptilien	247
Lesser-Phantom	2003 Ralph Davis	–
Cinnamon-Mystic	2010 Anthony McCain	275
Cinnamon-Phantom	2010 Ralph Davis	–
Black Pastel-Phantom	2011 Thomas Schöll	–
Black Pastel-Phantom-Yellowbelly	2011 Thomas Schöll	275
Desert-Mystic-Pastel	2011 Dan Wolfe	–
Enchi-GHI-Phantom		295
Fire-Mystic	2009 Anthony McCain	–
Fire-Phantom		300
Fire-Mystic-Pastel	2011 Royals Unlimited	–
GHI-Mojave-Phantom		344
GHI-Mojave-Phantom-Pinstripe		306
GHI-Super Phantom		307

Morphe	Zuerst gezüchtet (Jahr, Züchter)	auf Seite
Super GHI-Super Phantom		306
Granit-Phantom	2011 Millz ReptilePit	–
Granit-Phantom-Super Pastel-Hidden Gene Woma-Yellowbelly		407
Het Red Axanthic-Mystic	2009 BRB Reptiles	–
Het Red Axanthic-Mystic-Woma	2012 UK Exotics	–
Het Red Axanthic-Phantom-Yellowbelly	2011 BRB Reptiles	321
Mocha-Phantom	2011 Raphy Martinez/NERD	–
Mocha-Phantom-Spider	2011 Raphy Martinez/NERD	–
Mojave-Mystic	2009 Anthony McCain	342
Mojave-Phantom	2007 NERD	–
Mojave-Phantom (Patternless)		342
Mojave-Phantom-Pastel	2011 Royals Unlimited	–
Mojave-Mystic-Special	2010 Anthony McCain	–
Mojave-Mystic-Spider		349
Mojave-Mystic-Spider (Paradox)	2012 M&S Reptilien	343
Mojave-Phantom-Yellowbelly		412
Mystic-Pastel	2007 Anthony McCain	348
Super Mystic-Pastel	2010 Anthony McCain	–
Mystic-Pastel-Pinstripe	2011 Bailey & Bailey Reptiles	–
Phantom-Pastel-Pinstripe-Spider	2010 NERD	–
Phantom-Pastel-Yellowbelly	2010 Austrian Reptiles + Royalsnakes	348
Phantom-Pastel-Super Yellowbelly	2010 Austrian Reptiles + Royalsnakes	–
Mystic-Pinstripe	2011 Daniel Allison	–
Phantom-Pinstripe	2010 Ralph Davis	–
Phantom-Russo	2009 Allen Belchar	348
Phantom-Sable	2011 NERD	–
Phantom-Specter-Yellowbelly	2012 M&S Reptilien	348
Super Phantom-Specter-Yellowbelly		386
Mystic-Spider	2011 Phil Traat	–
Super Phantom-Spider		349
Phantom-Spider-Yellowbelly		349
Phantom-Woma-Yellowbelly	2011 Daniel Kowalski	–
Super Phantom-Yellowbelly		349
Phantom-Super Yellowbelly	2012 M&S Reptilien	349
Super Phantom-Super Yellowbelly		415

Super Phantom, Tier von Austrian Reptiles + Royalsnakes
Foto: W. Obermayer

Phantom-Pastel-Yellowbelly, Tier von M&S Reptilien Foto: A. Gibert

Phantom-het Russo aka **Opal Diamond**, Tier von M&S Reptilien Foto: A. Gibert

Phantom-Specter-Yellowbelly aka **Phantom Super Stripe**, Tier von M&S Reptilien Foto: A. Gibert

Bamboo-Enchi-Mystic-Spider Foto: H. Hellem

Mystic-Pastel, Tier von Dan Wolfe Foto: D. Wolfe

Black Head-Mojave-Phantom-Red and Ringer Gene Foto: M. Thakkar

Super Phantom-Spider, Tier von M. Thakkar Foto: S. Robertson

Phantom-Spider-Yellowbelly, Tier von Austrian Reptiles + Royalsnakes Foto: W. Obermayer

Mojave-Mystic-Spider Foto: M&S Reptilien

Super Phantom-Yellowbelly, Tiere von Austrian Reptiles + Royalsnakes Foto: W. Obermayer

Phantom-Super Yellowbelly aka **Phantom Ivory**, Tier von M&S Reptilien Foto: A. Gibert

ORANGE DREAM

Weitere Namen / Synonyme	OD
Genetik	**codominant**
Zuerst gezüchtet / importiert	2004 von Ozzy Boids

Orange Dream ist eine sehr schöne, nach wie vor eher seltene Morphe, die eine intensive orangegelbe Färbung zeigt.

Superform: Super Orange Dream, Super OD. Zuerst gezüchtet, 2011 von Ozzy Boids

Übersicht über die Orange-Dream-Morphen

Morphe	Zuerst gezüchtet (Jahr, Züchter)	auf Seite
Orange Dream	2004 Ozzy Boids	350
Super Orange Dream	2011 Ozzy Boids	350
Combos mit Orange Dream, rezessiv		
Axanthic-Piebald-Orange Dream-Yellowbelly	2017 Justin Kobylka	121
Clown-Fire-Leopard-Orange Dream	2017 J. Kobylka Reptiles	143
Desert Ghost-Orange Dream-Pastel		149
Ghost-Banana-Orange Dream		160
Ghost-Mojave-Orange Dream-Pastel	2017 Rene Albrecht	167
Piebald-Enchi-Gene X-Orange Dream	2017 J. Kobylka Reptiles	182
Piebald-Fire-Orange Dream-Yellowbelly	2017 J. Kobylka Reptiles	183
Piebald-Leopard-Super Orange Dream-Yellowbelly	2016 J. Kobylka Reptiles	185
Combos mit Orange Dream, (co-)dominant		
Acid-Orange Dream-Pastel-Yellowbelly		203
Banana-Orange Dream	2011 Ozzy Boids	–
Banana-Orange Dream-Pastel	2011 Ozzy Boids	–
Banana-Orange Dream-Yellowbelly	2011 Ozzy Boids	–
Lesser-Orange Dream-Pastel-Spider	2011 Ozzy Boids	–
Lesser-Orange Dream-Spider	2011 Ozzy Boids	–
Champagne-Super Orange Dream-Pastel		263
Black Pastel-Orange Dream	2011 Rico Feliciano	275

Morphe	Zuerst gezüchtet (Jahr, Züchter)	auf Seite
Enchi-Hurricane-Orange Dream	2016 Hans-Jörg Winner	323
Enchi-Orange Dream-Pastel-Vanilla		295
Fire-GHI-Orange Dream	2017 Alexander Nowak	300
Fire-Mojave-Orange Dream-Yellowbelly	2012 George Sampson	299
Fire-Orange Dream	2009 Ozzy Boids	300
Fire-Super Orange Dream	2011 Ozzy Boids	–
Fire-Super Orange Dream-Spider	2011 Ozzy Boids	–
Fire-Orange Dream-Yellowbelly	2011 Ozzy Boids	–
Fire-Super Orange Dream-Yellowbelly	2011 Ozzy Boids	–
Het Red Axanthic-Orange Dream	2009 Ozzy Boids	–
Mojave-Orange Dream	2011 Adrian Heigh	–
Orange Dream-Pastel	2011 Marty Kemnitz	–
Orange Dream-Pastel-Spider	2012 TnT Reptiles	351
Orange Dream-Spider	2008 Ozzy Boids	351
Orange Dream-Spider-Yellowbelly	2009 Ozzy Boids	–
Orange Dream-Spotnose	2009 Ozzy Boids	–
Orange Dream-Spotnose-Yellowbelly		351
Orange Dream-Yellowbelly	2007 Ozzy Boids	–
Super Orange Dream-Yellowbelly	2011 Ozzy Boids	–
Orange Dream-Super Yellowbelly	2011 Adrian Haigh	–

Super Orange Dream
Foto: A. Wood

Orange Dream, Tier von Omega Pythons
Foto: Omega Pythons

Orange Dream-Spotnose-Yellowbelly
Foto: L. Brandell

Orange Dream-Spider, Tier von K. Kobylka Reptiles
Foto: K. Kobylka Reptiles

Orange Dream-Pastel-Spider, Tier von Markus Jayne
Foto: M. Jayne

ORBIT

Weitere Namen / Synonyme	keine
Genetik	**codominant**
Zuerst gezüchtet / importiert	Philipp & Reinhold Danch 2012

Der Orbit ist sowohl eine Zeichnungs- als auch eine Farbmutation. Besonderes Merkmal ist vor allem die dorsal (über den Rücken) verlaufende Schlüsselzeichnung, die nicht selten im letzten Drittel gestreift ausläuft. Diese Rückenzeichnung intensiviert sich mit zunehmenden Alter. Die laterale (seitliche) Zeichnung ist verwaschen und pixelartig. Der Name Orbit ist auf diese runden Schlüssel/Kreise zurückzuführen.

Das Ursprungstier stammte wie so oft aus einer Farmzucht und ist seit 2010 im Bestand von Philip und Reinhold Danch. Die Danchs sind ein deutsches Züchterteam, aus Vater und Sohn bestehend. Sie hatten aufgrund des aberranten Aussehens den damals noch als „Odd Ball" kategorisierten Python ausgesucht und gekauft. Die erste Verpaarung 2012 erfolgte mit einem Ghost-Mojave, woraus die ersten Mojave-Orbits (het Ghost) entstanden. Damit war die Morphe als dominant geprüft. Die Superform kam 2015 als Mojave-Super Orbit

Übersicht über die Orbit-Morphen

Morphe	Zuerst gezüchtet (Jahr, Züchter)	auf Seite
Orbit	2012 Philipp & Reinhold Danch	352
Super Orbit		–
Combos mit Orbit, rezessiv		
Ghost-Mojave-Super Orbit	2016 Phil Danch	354
Ghost-Orbit	2016 Phil Danch	354
Combos mit Orbit, (co-)dominant		
Enchi-Mojave-Orbit	2015 Phil Danch	353
Enchi-Mojave-Super Orbit	2017 Phil Danch	353
Super Enchi-Orbit-Pinstripe	2017 Phil Danch	354
Mojave-Orbit	2012 Phil Danch	353
Mojave-Super Orbit	2015 Phil Danch	353
Mojave-Orbit-Pastel	2015 Phil Danch	354

Orbit
Foto: P. Danch

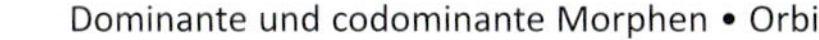

Mojave-Super Orbit
Foto: P. Danch

Mojave-Orbit
Foto: P. Danch

Enchi-Mojave-Orbit Foto: P. Danch

Enchi-Mojave-Super Orbit Foto: P. Danch

Mojave-Orbit-Pastel
Foto: P. Danch

Ghost-Orbit
Foto: P. Danch

Super Enchi-Orbit-Pinstripe Foto: P. Danch

Ghost-Mojave-Super Orbit Foto: P. Danch

PAINTBALL

Neo? (von Ralph Davies), Sentinel? (von Ben Siegel), Speckleds? (von Mark Haas)	Weitere Namen / Synonyme
codominant	**Genetik**
2006 von Charles Glaspie	Zuerst gezüchtet / importiert

Die Super Paintballs erinnern mich stark an Fefe/Autumn Gloss, der Paintball selbst ist eher unscheinbar – ich persönlich hätte diese Form, zumindest nach meinem derzeitigen Wissensstand, als rezessive Morphe eingestuft; Charles Glaspie spricht jedoch von einer codominanten Morphe. Sie steht erst am Anfang, mit den Super Paintballs werden sicher noch viele spektakuläre Combos erzielt werden.

Superform: Super Paintball. Zuerst gezüchtet: 2008 von Charles Glaspie

Übersicht über die Paintball-Morphen

Morphe	Zuerst gezüchtet (Jahr, Züchter)	auf Seite
Paintball	2006 Charles Glaspie	355
Super Paintball	2008 Charles Glaspie	355
Combos mit Paintball, (co-)dominant		
Calico-Paintball	2009 Charles Glaspie	–
Calico-Super Paintball	2012 Charles Glaspie	–
Paintball-Yellowbelly	2007 Charles Glaspie	355
Super Paintball-Yellowbelly	2010 Charles Glaspie	–

Paintball + Super Paintball, Tiere von Charles Glaspie Foto: C. Glaspie

Paintball-Yellowbelly, Tier von Charles Glaspie Foto: C. Glaspie

PANTHER

Weitere Namen / Synonyme	keine
Genetik	**codominant**
Zuerst gezüchtet / importiert	2007 von Freek Nuyt

Übersicht über die Panther-Morphen

Morphe	Zuerst gezüchtet (Jahr, Züchter)	auf Seite
Panther	2007 Freek Nuyt	356
Super Panther	2012 Freek Nuyt	357
Combos mit Panther, (co-)dominant		
Piebald-Banana-Panther-Pastel	2017 Freek Nuyt	358
Piebald-Panther-Pastel	Freek Nuyt	358
Piebald-Super Panther-Pastel	2012 Freek Nuyt	358
Piebald-Super Panther-Super Pastel	2014 Freek Nuyt	184
Combos mit Panther, (co-)dominant		
Fire-Panther-Super Pastel	2015 Freek Nuyt	357
Super Panther-Pastel	2012 Freek Nuyt	358
Panther-Super Pastel	2009 Freek Nuyt	357
Super Panther-Super Pastel	Freek Nuyt	357

Der Panther hat eine recht dunkle Grundfarbe, kombiniert mit deutlich ausgeprägten Augenflecken in den Flanken. Freek Nuyt züchtet mit dem Panther schon seit 2007. Fünf Jahre später, also 2012, schlüpften die ersten Super Panther, Pastel-Super Panther und vor allem auch Piebald-Pastel-Super Panther.

Vor allem mit hellen Morphen wie Pastel, Russo etc. scheint die dunkle Grundfarbe bei Panther gut zur Geltung zu kommen. Piebald-Panther-Combos sind ebenfalls spektakulär.

Es gibt noch nicht sehr viele Züchter, die mit Panther arbeiten, fast alle Combos kommen bisher von Freek Nuyt.

Panther
Foto: F. Nuyt

Super Panther
Foto: F. Nuyt

Super Panther-Super Pastel
Foto: F. Nuyt

Fire-Panther-Super Pastel Foto: F. Nuyt

Panther-Super Pastel Foto: F. Nuyt

Piebald-Banana-Panther-Pastel
Foto: F. Nuyt

Piebald-Panther-Pastel
Foto: F. Nuyt

Super Panther-Pastel Foto: F. Nuyt

Piebald-Super Panther-Pastel Foto: F. Nuyt

PASTEL

Weitere Namen / Synonyme: Pastel Jungle
Genetik: **codominant**

Zuerst gezüchtet / importiert: 1997 von Kevin McCurley/NERD; der Urvater dieser Morphe war ein aus Afrika importiertes Männchen.

Der Pastel ist sozusagen der Urahn aller codominanten Morphen, denn zum Zeitpunkt seiner Entdeckung steckte die Königspython-Zucht noch in den Kinderschuhen und Farbmorphen hielt man generell für rezessiv. Die Überraschung war daher groß, als Kevin McCurley mit seinem Pastel weitere Pastels produzierte und den dominanten Erbgang bewies. Als 1999 dann die erste Superform gelang, war die Sensation perfekt. Danach wurden Pastels viele Jahre lang für etliche Tausend Dollar verkauft. Erst um 2005 fielen die Preise auf einen dreistelligen Betrag.
Anfänglich lautete der Name dieser Morphe „Pastel Jungle" – Jungle in Anlehnung an die schönen schwarz-gelben Jungle-Teppichpythons. Im Laufe der Jahre wurde der Zusatz „Jungle" jedoch „verschluckt", und man spricht heute fast nur noch von „Pastel" – beides meint aber ein und dasselbe!
Für Verwirrung und Gesprächsstoff sorgen bei dieser Morphe die vielen verschiedenen Linien – welche davon ist wohl die schönste? Jeder Züchter will seine Linie natürlich als die beste promoten und gibt ihr einen eigenen Namen, doch letztlich ist das meistens nur Werbung. Ich habe von allen Linien schon intensiv und sauber gezeichnete Tiere gesehen, aber auch eher verwaschene. In den letzten Jahren hat diese Linien-Diskussion, auch dank vieler neuer spannender Morphen und Combos, zum Glück wieder nachgelassen – in den meisten Linien wurde auch schon kreuz und quer gezüchtet.
Pastel ist bis heute eine wichtige– oder gar die grundlegende – Morphe in der *Python-regius*-Zucht. Es gibt kaum eine neue Morphe, die nicht innerhalb kürzester Zeit mit Pastel „ausprobiert" wurde – es sind einfach wunderschöne Tiere, und der starke Gelb-Schwarz-Kontrast ist einhellig einer der auffälligsten bei Königspython-Morphen. An bekannten Linien gibt es u. a. Citrus Pastel, Lemon Pastel, Graziani Pastel, Ruppel Pastel, Blond Pastel, Bell Pastel.

Super Pastel, Tier von Royalsnakes
Foto: W. Obermayer

Superform: Super Pastel. Zuerst gezüchtet: 1999 von Kevin McCurley/NERD

Pastel, Tier von M&S Reptilien
Foto: A. Gibert

Übersicht über die Pastel-Morphen

Morphe	Zuerst gezüchtet (Jahr, Züchter)	auf Seite
Pastel	1997 NERD	359
Super Pastel	1999 NERD	359
Citrus Pastel	2002 Amir Soleymani	–
Super Citrus Pastel	Amir Soleymani	364
Graziani Pastel	1997 Graziani Reptile Inc.	–
Lemon Pastel	1999 NERD	–
Super Lemon Pastel	2000 NERD	–
Zebra Pastel	2005 Steve Roussis	366
Combos mit Pastel, rezessiv		
Albino-Calico-Pastel (Paradox)		112
Albino-Cinnamon-Pastel	Reptile Industries	117
Albino-Cinnamon-Super Pastel		117
Albino-Disco-Granite-Lemon Pastel-Spider-Hidden Gene Woma-Yellowbelly	2017 Alexander Nowak	287
Albino-Disco-Granite-Lemon Pastel-Hidden Gene Woma-Yellowbelly	2017 Alexander Nowak	287
Albino-Genetic Stripe-Pastel	2011 Fred Kick	114
Albino-Pastel	2004 Reptile Industries	116
Albino-Pastel-Spider	2011 Simon Ebbi	–
Albino-Piebald-Chimera-Black Pastel-Super Pastel		428
Axanthic-Genetic Stripe-Pastel	2011 Bradford Cole	–
Axanthic-Pastel (TSK-Linie)	2004 NERD	122
Axanthic-Pastel-Pinstripe	2010 Jared Carr	121
Axanthic-Pastel-Spider	2006 NERD	–
Axanthic-Super Pastel-Spider	2006 NERD	122
Axanthic-Pastel-Yellowbelly	2011 Jon Courtney	–
Axanthic-Piebald-Pastel-Leopard (VPI-Linie)		121
Bourgogne-Pastel		129
Caramel-Clown-Pastel	2012 MA-Reptiles	133
Caramel-Desert Ghost-Pastel		131/132 /149
Caramel-Desert Ghost-Pastel-Spider		131
Caramel-Super Pastel	2011 Jürgen Hochholzer	133
Caramel-Pastel-Pinstripe	2010 Peter Nilson	–
Clown-Banana-Blade-Enchi-Pastel		138
Clown-Blade-Enchi-Pastel-Spider		139
Clown-Blade-Jungle Woma-Pastel	2017 Justin Kobylka	328
Clown-Bongo-Pastel		231
Clown-Bongo-Pastel-Spider		226
Clown-Butter-Enchi-Pastel		140
Clown-Lesser-Pastel	2011 Marc Bailey	–
Clown-Butter-Pastel-Spider		140
Clown-Lesser-Pastel-Super Spotnose	2017 J. Kobylka Reptiles	144
Clown-Cinnamon-Pastel		140
Clown-Black Pastel-Pastel	2012 J. Kobylka Reptiles	141
Clown-Cinnamon-Super Pastel	2011 Markus Jayne	–
Clown-Cinnamon-Pastel-Spotnose		140
Clown-Cinnamon-Pastel-Trick		401
Clown-Enchi-Fire-Pastel		142
Clown-Enchi-Fire-Jungle Pastel-Woma		141
Clown-Enchi-Pastel	2012 Casey Lazik	136
Clown-Fire-Jungle Woma-Pastel		328
Clown-Het Red Axanthic-Pastel-Spider	2011 NERD	–
Clown-Leopard-Super Pastel-Spider	2016 J. Kobylka Reptiles	143
Clown-Pastel	2005 BHB	137

Morphe	Zuerst gezüchtet (Jahr, Züchter)	auf Seite
Clown-Super Pastel		137
Clown-Pastel-Phantom		144
Clown-Super Pastel-Pinstripe-Spider		145
Clown-Pastel-Spider	2011 Simon Ebbi	137
Clown-Super Pastel-Spider	2011 Simon Ebbi	137/145
Clown-Pastel-Yellowbelly	2012 Graziani Reptiles Inc.	–
Clown-Scaleless Head-Pastel		191
Desert Ghost-Orange Dream-Pastel		149
Desert Ghost-Pastel		147/149
Desert Ghost-Pastel-Pinstripe		147/149
Genetic Stripe-Banana-GHI-Pastel		154
Genetic Stripe-Banana-Pastel		154
Genetic Stripe-Butter-Pastel		152
Genetic Stripe-Calico-Pastel	2011 Exotics by Nature	–
Genetic Stripe-Cinnamon-Pastel	2008 Ballroom Pythons South	–
Genetic Stripe-Cinnamon-Super Pastel	2009 Exotics by Nature	153
Genetic Stripe-Super Cinnamon-Pastel	2011 Ballroom Pythons South	–
Genetic Stripe-Super Cinnamon-Super Pastel	2011 Ballroom Pythons South	–
Genetic Stripe-GHI-Pastel		153
Genetic Stripe-GHI-Super Pastel		152
Genetic Stripe-Orange Ghost-Pastel	2010 Fred Kick	152
Genetic Stripe-Orange Ghost-Pastel-Spider	Fred Kick	152
Genetic Stripe-Super Pastel		154
Genetic Stripe-Pastel-Pinstripe	2011 Fred Kick	–
Genetic Stripe-Pastel-Spider	2010 Fred Kick	153
Genetic Stripe-Pastel-Yellowbelly		153
Ghost-Black Head-Mojave-Pastel-Red and Ringer Gene		162
Ghost-Butter-Black Pastel-Pastel	2011 Jon Courtney	–
Ghost-Lesser-Pastel		158
Ghost-Butter-Pastel-Spider	2009 Joshua Marki	–
Ghost-Champagne-Fire-Pastel	2012 Mike Wilbanks	159
Ghost-Cinnamon-Pastel	2009 Graziani Reptiles Inc.	160
Ghost-Cinnamon-Super Pastel		160
Ghost-Cinnamon-Super Pastel-Spider	2011 Doug Matuszak	158
Orange Ghost-Desert-Pastel	2011 Joshua Marki	–
Ghost-GHI-Pastel		167
Ghost-Super Hurricane-Pastel	2017 Hans-Jörg Winner	324
Ghost-Mojave-Orange Dream-Pastel	2017 Rene Albrecht	167
Ghost-Mojave-Pastel		162
Ghost-Pastel	2003 Reptile Industries	167
G1 Ghost-Pastel	2005 Graziani Reptiles Inc.	–
G2 Ghost-Pastel	2012 Graziani Reptiles Inc.	–
Ghost-Super Pastel	2004 Corey Woods	163
Ghost-Pastel-Pinstripe		163
Orange Ghost-Pastel-Specter-Yellowbelly	2012 Brian Hahn	163
Ghost-Pastel-Yellowbelly	2010 Vince Pramuk	–
Ghost-Citrus Pastel-Yellowbelly		163
Lavender-Cinnamon-Pastel	2012 KGB Reptiles	170
Lavender-Pastel		170/171
Lavender-Pastel-Spider		171
Piebald-Banana-Panther-Pastel	2017 Freek Nuyt	358
Piebald-Banana-Pastel		180

Morphe	Zuerst gezüchtet (Jahr, Züchter)	auf Seite
Piebald-Calico-Pastel		179
Piebald-Cinnamon-Pastel	2010 Brandon Osborne	177
Piebald-Black Pastel-Pastel	2014 Steve Beamer	178
Piebald-Cinnamon-Super Pastel	2012 Brandon Osborne	182/271
Piebald-Black Pastel-Super Pastel	2014 Steve Beamer	179
Piebald-Enchi-Fire-Pastel-Yellowbelly	2017 J. Kobylka Reptiles	181
Piebald-Fire-Gene X-Pastel-Yellowbelly		182
Piebald-Leopard-Pastel	2009 Graziani Reptiles Inc.	–
Piebald-Super Leopard-Pastel	2009 Graziani Reptiles Inc.	–
Piebald-Leopard-Pastel-Spider	2012 Graziani Reptiles Inc.	–
Piebald-Mojave-Pastel	2011 Steve Markevich	184
Piebald-Panther-Pastel	Freek Nuyt	358
Piebald-Super Panther-Pastel	2012 Freek Nuyt	358
Piebald-Super Panther-Super Pastel	2014 Freek Nuyt	184
Piebald-Pastel	2005 Steve Roussis	–
Piebald-Super Pastel	2008 Steve Roussis	178/185
Piebald-Pastel-Pinstripe	2009 MA Reptiles	176/185
Piebald-Pastel-Russo	2012 Steve Roussis	182/365
Piebald-Pastel-Specter-Yellowbelly	2017 Royalsnakes	185
Piebald-Pastel-Spider		180
Scaleless Head-Butter-Pastel		190
Scaleless-Butter-Pastel		191
Scaleless Head-Calico-Pastel		192
Scaleless Head-Super Pastel		192
Sunset-Pastel	2017 Theresa Bell	193
Tristripe-Pastel		197
Ultramel-Pastel	2012 Don Patterson	199
Combos mit Pastel, (co-)dominant		
Acid-Calico-Super Pastel		202
Acid-Enchi-Fire-Pastel		202
Confusion-Leopard-Pastel		203
Acid-Orange Dream-Pastel-Yellowbelly		203
Confusion-Pastel		204
Confusion-Pastel-Specter		204
Acid-Pastel-Spotnose		203
Confusion-Pastel-Spotnose		204
Bamboo-Calico-Pastel		208
Bamboo-Enchi-Phantom-Pastel		209
Bamboo-Enchi-Pastel		209
Bamboo-Fire-Pastel-Vanilla		404
Bamboo-Pastel-Vanilla		404
Bamboo-Pastel-Hidden Gene Woma		408
Banana-Black Head-Champagne-Pastel		214
Banana-Black Head-Pastel		214
Banana-Bongo-Pastel-Spider		227
Coral Glow-Lesser-Lemon Pastel	2010 NERD	–
Banana-Cinnamon-GHI-Pastel		214/215
Banana-Black Pastel-Mahogany		335
Banana-Cinnamon-Mojave-Super Pastel-Pinstripe-Spider		215
Banana-Cinnamon-Pastel	2011 Doug Matuszak	213/214
Banana-Cinnamon-Pastel-Pinstripe		216
Banana-Black Pastel-Yellowbelly		212
Coral Glow-Creme-Pastel-Pinstripe-Spider		279

Morphe	Zuerst gezüchtet (Jahr, Züchter)	auf Seite
Coral Glow-Enchi-Pastel	2010 NERD	213
Coral Glow-Enchi-Pastel-Spider	2012 Dynasty Reptiles	213
Banana-Gravel-Pastel-Spider		391
Coral Glow-Gravel-Pastel-Yellowbelly		314
Banana-Orange Dream-Pastel	2011 Ozzy Boids	–
Coral Glow-Pastel	2010 NERD	215
Banana-Pastel-Pinstripe-Spider	2011 Brock Wagner	–
Coral Glow-Pastel-Pinstripe-Spider	2010 Brock Wagner	–
Coral Glow-Pastel-Spider	2005 NERD	–
Coral Glow-Lemon Pastel-Specter	2011 NERD	–
Banana-Pastel-Genetic Tiger		400
Black Head-Black Pastel-Pastel-Red and Ringer Gene		221
Black Head-Leopard-Pastel-Yellowbelly	2017 Justin Kobylka	221
Bongo-Lesser-Cinnamon-Pastel		228
Bongo-Butter-GHI-Pastel		228
Bongo-Lesser-Fire-Pastel		229
Bongo-Lesser-Pastel	2011 Noah	229
Bongo-Sugar-Pastel		230
Bongo-Cinnamon-Pastel		229
Bongo-GHI-Super Pastel		228
Bongo-Mojave-Pastel		230
Bongo-Super Pastel		230
Lesser-Calico-Super Pastel		237
Lesser-Calico-Super Pastel-Pinstripe-Spider	2011 Ben Renick	237
Lesser-Calico-Pastel-Spider		237
Lesser-Calico-Super Pastel-Spider		237
Lesser-Champagne-Cinnamon-Pastel		243
Lesser-Black Pastel-GHI-Pastel	2017 Sandra Balkau	243
Lesser-Cinnamon-Pastel	Bradford Cole	238
Lesser-Cinnamon-Super Pastel	2011 Albeys Reptiles	237
Lesser-Black Pastel-Super Pastel-???	2012 Roland van den Oever	244
Butter/Lesser-Cinnamon-Pastel-Pinstripe	2011 VPI	–
Lesser-Black Pastel-Pastel-Pinstripe-Spider	2011 Sloan Reptiles	238
Lesser-Cinnamon-Pastel-Spider	2011 Omega Pythons	–
Lesser-Black Pastel-Super Pastel-Spider	2016 Michael Vock	388
Butter-Desert-Pastel	2011 Markus Jayne	–
Butter-Super Enchi-Fire-Pastel		246
Butter-Enchi-Pastel		246
Lesser-Enchi-Super Pastel	2012 BHB	238
Lesser-Enchi-Pastel-Pinstripe	2011 Fred Kick	239
Butter-Fire-Pastel		246
Lesser-Fire-Pastel	2010 Killermorph	–
Butter-Fire-Super Pastel	2011 Mike Wilbanks	–
Lesser-Fire-Super Pastel	2011 M.C. Serpenti	239
Butter-Fire-Pastel-Spider	2011 Mike Wilbanks	246
Lesser-GHI-Pastel	2010 Matt Lerer	–
Butter-GHI-Pastel-Woma		407
Lesser-Granit-Pastel-Vanilla-Hidden Gene Woma		404
Lesser-Granit-Pastel-Hidden Gene Woma		407
Lesser-Het Red Axanthic-Pastel	Corey Woods	–
Lesser-Leopard-Pastel-Spider	2011 Peter Kahl	–
Lesser-Orange Dream-Pastel-Spider	2011 Ozzy Boids	–

Morphe	Zuerst gezüchtet (Jahr, Züchter)	auf Seite
Lesser-Pastel	2003 Ralph Davis	241
Lesser-Citrus Pastel	2011 Amir Soleymani	240
Platty Daddy-Pastel		249
Butter-Super Pastel		248
Lesser-Pastel-Fader		240
Lesser-Pastel-Pinstripe	2009	–
Platty Daddy-Pastel-Pinstripe		249
Butter-Super Pastel-Pinstripe	2010 Brock Wagner	–
Lesser-Pastel-Pinstripe-Spider	2008 NERD	241
Butter-Pastel-Pinstripe-Spider	2009 Brock Wagner	–
Lesser-Citrus Pastel-Spider	2011 Dennis Müller	–
Butter/Lesser-Lemon Pastel-Spider	2008 Mike Wilbanks	–
Butter-Pastel-Spider	2009 Markus Jayne	–
Lesser-Pastel-Spider	2005 NERD	–
Butter-Super Pastel-Spider	2009 Joshua Marki	–
Lesser-Pastel-Spotnose	2011 Ben Renick	–
Butter-Pastel-Stranger		397
Lesser-Pastel-Vanilla	Gulf Coast Reptiles	404
Lesser-Super Pastel-Vanilla		241
Butter-Citrus Pastel-Whiteout	2011 Amir Soleymani	242
Lesser-Citrus Pastel-Whiteout-Yellowbelly		241
Butter-Pastel-Yellowbelly		249
Lesser-Pastel-Yellowbelly-Hidden Gene Woma		241
Butter-Pastel-???	2012 Roland van den Oever	248
Calico-Champagne-Pastel		253
Calico-Cinnamon-GHI-Pastel		254
Calico-Black Pastel-Super Pastel	2009 Amir Soleymani	–
Calico-Enchi-Pastel	2011 Ophiological Services	–
Calico-Fire-Pastel-Spider		254
Calico-Super Fusion-Super Pastel		255
Calico-GHI-Pastel		255
Sugar-Granit-Pastel	2012 Fred Kick	252
Calico-Mojave-Pastel	2010 Marc Bailey	–
Calico-Mojave-Super Pastel	2011 Simon Ebbi	255
Calico-Mojave-Super Pastel-Spider	2011 Simon Ebbi	255
Calico-Pastel	2006 Ballroom Pythons South	256
Sugar-Pastel		256
Calico-Pastel (Paradox)		255
Sugar-Super Pastel	2009 Peter Kahl	256
Calico-Citrus Pastel	2011 Amir Soleymani	–
Calico-Pastel-Pinstripe (Paradox)		256
Sugar-Super Pastel-Pinstripe		257
Calico-Pastel-Pinstripe-Spider	2012 Ben Renick	253
Calico-Super Pastel-Pinstripe-Spider-Spotnose	2016 Steve Beamer	395
Calico-Citrus Pastel-Spark	2012 Amir Soleymani	252
Calico-Pastel-Spider	2009 Luke Pankratz	257
Calico-Super Pastel-Spider	2010 NERD	–
Calico-Pastel-Spotnose	2011 Morton Wright	257
Calico-Super Pastel-Spotnose	2012 Morton Wright	257
Calico-Super Citrus Pastel-White Out		257
Calico-Pastel-Yellowbelly		252
Calico-Citrus Pastel-Yellowbelly	2008 Amir Soleymani	258
Champagne-Cinnamon-Pastel	2011 Alexander Ernst	261
Champagne-Cinnamon-Super Pastel	2011 Markus Jayne	–
Champagne-Fire-Pastel	2012 Mike Wilbanks	261

Morphe	Zuerst gezüchtet (Jahr, Züchter)	auf Seite
Champagne-Gravel-Pastel-Yellowbelly		314
Champagne-Neon-Pastel		261/421
Champagne-Neon-Pastel (Paradox)		263
Champagne-Super Orange Dream-Pastel		263
Champagne-Pastel		263/264
Champagne-Super Pastel	2010 NERD	–
Champagne-Citrus Pastel	2011 Amir Soleymani	–
Champagne-Pastel-Pinstripe		263
Chocolate-Granit-Pastel	2011 Daniel Kowalski	–
Super Chocolate-Pastel	BHB	267
Chocolate-Pastel-Pinstripe	2007 BHB	266
Chocolate-Super Pastel-Pinstripe		265
Chocolate-Pastel-Pinstripe-Spider	2010 Keo Santoso	–
Chocolate-Pastel-Spider	2010 Keo Santoso	–
Chocolate-Super Pastel-Spider		267
Cinnamon-Enchi-Pastel	2011 Benfis Exotics	–
Cinnamon-Enchi-Pastel-Pinstripe-Spider	2010 NERD	–
Black Pastel-Sulfur-Super Pastel	2011 Darin Taylor	–
Cinnamon-GHI-Mojave-Pastel	2012 Dynasty Reptiles	273
Cinnamon-GHI-Pastel	2012 Dynasty Reptiles	–
Black Pastel-Granit-Super Pastel-Spider	2010 NERD	–
Cinnamon-Gravel-Pastel-Yellowbelly	2017 Royalsnakes	314
Cinnamon-Het Red Axanthic-Pastel	2011 Jamie Sword	274
Cinnamon-Hurricane-Mojave-Pastel	2016 Hans-Jörg Winner	323
Black Pastel-Mojave-Pastel		274
Cinnamon-Mojave-Pastel	2009 John Berry	–
Cinnamon-Mojave-Super Pastel	2011 Doug Shedorick	–
Cinnamon-Mojave-(Super?) Pastel-Special		274
Cinnamon-Mojave-Pastel-Spider	2011 Matt Schifflett	–
Black Pastel-Mojave-Pastel-Spotnose	2014 Steve Beamer	393
Super Black Pastel-Mojave-Super Pastel-Spotnose	2016 Steve Beamer	395
Cinnamon-Pastel	2003 Graziani Reptiles Inc.	–
Super Cinnamon-Pastel	2005 Graziani Reptiles Inc.	274
Super Cinnamon-Super Pastel	2008 Doug Matuszak	277
Black Pastel-Pastel		275
Black Pastel-Super Pastel	2005	–
Black Pastel-Super Pastel (Paradox)		271
Cinnamon-Citrus Pastel	2011 Ace of Snakes	275
Black Pastel-Super Citrus Pastel	2010 Amir Soleymani	276
Cinnamon-Pastel-Pinstripe		276
Cinnamon-Super Pastel-Pinstripe	2010 Pi Reptiles	276
Cinnamon-Pastel-Pinstripe-Spider	2011 Clark Tucker	–
Black Pastel-Super Pastel-Pinstripe-Spider	2010 NERD	–
Cinnamon-Pastel-Pinstripe-Spider-Spotnose	2012 Ben Renick	394
Cinnamon-Pastel-Special	2009 Tom Baker	–
Cinnamon-Pastel-Specter	2011 Mark Haas	–
Cinnamon-Pastel-Specter-Vanilla-Yellowbelly	2011 Mark Haas	276
Cinnamon-Pastel-Specter-Yellowbelly	2011 Mark Haas	–
Cinnamon-Pastel-Spider	2006 NERD	–
Black Pastel-Pastel-Spider	2008 Mike Wilbanks	–
Black Pastel-Super Pastel-Spider	2010 Clockwork Reptile Company	
Cinnamon-Pastel-Spotnose	2011 O.C.D. Reptiles	–
Super Black Pastel-Super Pastel-Spotnose	2016 Steve Beamer	394

Morphe	Zuerst gezüchtet (Jahr, Züchter)	auf Seite
Cinnamon-Pastel-Vanilla	2008 Gulf Coast Reptiles	–
Cinnamon-Super Pastel-Vanilla	2011 Chad James	–
Cinnamon-Super Pastel-Vanishing	2012 Brandon Osborne	272
Cinnamon-Pastel-Yellowbelly		277
Cinnamon-Super Pastel-Yellowbelly	2010 Albeys Reptiles	–
Desert-Enchi-Pastel		283
Desert-Enchi-Pastel-Pinstripe		283
Desert-Mojave-Pastel-Woma	2011 Ken Macek/Ray Wilke	–
Desert-Mystic-Pastel	2011 Dan Wolfe	–
Disco-Granit-Lemon Pastel-Spider-Hidden Gene Woma-Yellowbelly	2017 Alexander Nowak	287
Disco-Granit-Lemon Pastel-Hidden Gene Woma-Yellowbelly		286
Enchi-Fader-Pastel	2010 NERD	–
Enchi-Fire-Pastel		291
Super Enchi-Fire-Pastel	2010 Lars Brandell	291
Enchi-Asphalt-Pastel-Yellowbelly		293
Enchi-Jungle Woma-Pastel		328
Enchi-Mojave-Super Pastel	2011 Nick Mutton	–
Enchi-Mojave-Pastel-Pinstripe	2011 Doug Matuszak	292
Enchi-Orange Dream-Pastel-Vanilla		295
Enchi-Pastel	2006 Lars Brandell	–
Enchi-Pastel (Extreme Orange)	2011 Sweball	293
Enchi-Pastel-Pinstripe	2008 NERD	294
Super Enchi-Pastel-Pinstripe-Spider	2010 NERD	294
Enchi-Pastel-Spider	2006 NERD	–
Enchi-Super Pastel-Spider	2010 NERD	–
Enchi-Pastel-Super Vanilla		295
Enchi-Pastel-Yellowbelly	2009 NERD	293
Fire-Leopard-Pastel	2011 Graziani Reptiles Inc.	–
Fire-Leopard-Pastel-Spotnose	2016 Justin Kobylka	300
Sulfur-Mojave-Pastel-Pinstripe	2011 Dave Campagne	–
Fire-Mystic-Pastel	2011 Royals Unlimited	–
Fire-Pastel		301
Fire-Super Pastel	2009 Joshua Marki	301
Super Fire-Pastel		301
Fire-Pastel-Pinstripe	2010 Bob Clark	301
Fire-Pastel-Pinstripe-Specter	2012 BHB	299
Fire-Pastel-Pinstripe-Spider	2011 Mike Wilbanks	–
Fire-Pastel-Red Stripe-Yellowbelly	2016 Justin Kobylka	375
Fire-Pastel-Spark-Yellowbelly	2016 James Husa	381
Fire-Pastel-Spider	2010	–
Fire-Pastel-Spotnose	2011 J. Kobylka Reptiles	302
Fire-Pastel-Vanilla	2011 Gulf Coast Reptiles	302
Fire-Pastel-Woma	2011 Julian Calcagno	–
Fire-Pastel-Yellowbelly	2010 Markus Jayne	–
Genetic Jungle-Pastel		304
GHI-Mojave-Pastel	2012 Dynasty Reptiles	306
GHI-Pastel	Matt Lerer	307
GHI-Pastel-Woma		407
GHI-Pastel-Yellowbelly	2010 Matt Lerer	–
Granit-Mojave-Pastel-Pinstripe	2017 Michael Vock	311
Granit-Super Pastel-Phantom-Hidden Gene Woma-Yellowbelly		407
Granit-Pastel-Hidden Gene Woma-Yellowbelly	2006 NERD	–

Morphe	Zuerst gezüchtet (Jahr, Züchter)	auf Seite
Granit-Super Pastel-Hidden Gene Woma-Yellowbelly		311
Granit-Pastel-Woma-Yellowbelly	2011 Jon Courtney	–
Super Gravel-Pastel		316
Super Gravel-Super Pastel		316
Gravel-Pastel-Spark		315
Gravel-Pastel-Woma-Yellowbelly		408
Gravel-Pastel-Yellowbelly	2011 The Animal House	313
Gravel-Super Pastel-Yellowbelly		315
Het Red Axanthic-Pastel	2005 Corey Woods	–
Het Red Axanthic-Super Pastel	Corey Woods	–
Het Red Axanthic-Pastel-Spotnose	2011 Donald Patterson	–
Het Red Axanthic-Super Pastel-Spotnose	2011 Donald Patterson	–
Het Red Axanthic-Pastel-Yellowbelly	Corey Woods	–
Super Hurricane-Pastel	2016 Hans-Jörg Winner	325
Hurricane-Super Pastel	2016 Hans-Jörg Winner	325
Hurricane-Pastel-Pinstripe	2015 Hans-Jörg Winner	324
Hurricane-Pastel-Super Vanilla-Yellowbelly	2015 Hans-Jörg Winner	325
Jungle Woma-Leopard-Pastel	2017 Justin Kobylka	329
Leopard-Mojave-Pastel-Spider	2012 Simon Ebbi	330
Leopard-Pastel	2005 Graziani Reptiles Inc.	–
Leopard-Super Pastel	2011 Graziani Reptiles Inc.	–
Leopard-Pastel-Spark-Yellowbelly	2017 Sandra Frye	381
Leopard-Pastel-Spotnose-Yellowbelly	2017 Justin Kobylka	395
Leopard-Pastel-Spider	2011 Eric Musser	–
Leopard-Pastel-Spider-Yellowbelly	2011 Daniel Parker	–
Leopard-Pastel-Yellowbelly	2012 Graziani Reptiles Inc.	–
Leopard-Citrus Pastel-White Out	2012 Simon Ebbi	330
Mahogany-Citrus Pastel		334
Mocha-Citrus Pastel-Spark-Yellowbelly	2012 Amir Soleymani	379
Mocha-Citrus Pastel-Yellowbelly	Amir Soleymani	–
Mojave-Phantom-Pastel	2011 Royals Unlimited	–
Mojave-Orbit-Pastel	2015 Phil Danch	354
Mojave-Pastel	2003 Wes Harris	–
Super Mojave-Pastel		343
Mojave-Super Pastel		343
Mojave-Super Pastel-Pinstripe		342
Mojave-Pastel-Pinstripe-Spider	2011 Marc Seif	–
Mojave-Pastel-Special	Tom Baker	–
Mojave-Super Pastel-Special	Tom Baker	–
Mojave-Pastel-Specter-Yellowbelly		387
Mojave-Super Pastel-Specter-Yellowbelly		387
Mojave-Pastel-Spider-Vanilla	2011 ULTIMATE Morphs	–
Mojave-Pastel-Spotnose	2011 Steve Beamer	–
Mojave-Pastel-Vanilla	Gulf Coast Reptiles	–
Mojave-Super Pastel-Vanilla		341
Mojave-Pastel-Woma-Yellowbelly		344
Mojave-Super Pastel-Yellowbelly	2010 Albeys Reptiles	–
Mystic-Pastel	2007 Anthony McCain	348
Super Mystic-Pastel	2010 Anthony McCain	–
Mystic-Pastel-Pinstripe	2011 Bailey & Bailey Reptiles	–
Phantom-Pastel-Pinstripe-Spider	2010 NERD	–
Phantom-Pastel-Yellowbelly	2010 Austrian Reptiles + Royalsnakes	348
Phantom-Pastel-Super Yellowbelly	2010 Austrian Reptiles + Royalsnakes	
Orange Dream-Pastel	2011 Marty Kemnitz	–

Morphe	Zuerst gezüchtet (Jahr, Züchter)	auf Seite
Orange Dream-Pastel-Spider	2012 TnT Reptiles	351
Fire-Panther-Super Pastel	2015 Freek Nuyt	357
Super Panther-Pastel	2012 Freek Nuyt	358
Panther-Super Pastel	2009 Freek Nuyt	357
Super Panther-Super Pastel	Freek Nuyt	357
Pastel-Neon		367
Pastel-Pinstripe	2003 BHB	365
Super Pastel-Pinstripe	2005 NERD	365
Citrus Pastel-Pinstripe		365
Super Citrus Pastel-Pinstripe	Amir Soleymani	366
Pastel-Pinstripe-Special	2010 Tom Baker	366
Pastel-Pinstripe-Spider	2008 NERD	–
Pastel-Pinstripe-Spider (Paradox)		366
Super Pastel-Pinstripe-Spider	2005 BHB	–
Pastel-Pinstripe-Spotnose		366
Pastel-Pinstripe-Vanilla	2011 Versus	–
Pastel-Pinstripe-Hidden Gene Woma		367
Pastel-Puzzle		367
Pastel-Super Red Stripe-Yellowbelly	2016 Justin Kobylka	375
Pastel-Sable	2006 NERD	–
Pastel-Shatter		367
Citrus Pastel-Spark	2012 Amir Soleymani	380
Citrus Pastel-Spark-Yellowbelly	2011 Amir Soleymani	380
Pastel-Super Special		367
Pastel-Special-Spotnose	2011 Tom Baker	–
Pastel-Speckled	Mark Haas	–
Super Pastel-Speckled	Mark Haas	369

Morphe	Zuerst gezüchtet (Jahr, Züchter)	auf Seite
Pastel-Specter		368
Pastel-Specter-Spider-Yellowbelly-Fader	2011 Mark Haas	–
Super Pastel-Specter-Spider-Yellowbelly-Fader	2011 Mark Haas	368
Pastel-Specter-Stranger	2017 IRES Reptiles	398
Super Pastel-Specter-Yellowbelly	2011 Reptile Industries	–
Pastel-Specter-Yellowbelly		368
Pastel-Specter-Yellowbelly-Fader	2011 Mark Haas	368
Super Pastel-Specter-Yellowbelly-Fader	2011 Mark Haas	–
Citrus Pastel-Specter-Yellowbelly	Amir Soleymani	–
Pastel-Spider	2001 NERD	–
Super Pastel-Spider	1999 NERD	369
Pastel-Spider-Super Speckled	2009 Mark Haas	369
Super Pastel-Spider-Vanilla	Gulf Coast Reptiles	–
Super Pastel-Spider-Hidden Gene Woma	2009 Doug Matuszak	369
Pastel-Spotnose	2011 Steve Beamer	370
Pastel-Super Spotnose		370
Pastel-Spotnose-Yellowbelly		370
Pastel-Static	2010 Fred Kick	368
Pastel-Static-Yellowbelly	2010 Fred Kick	368
Pastel-Stranger	2017 IRES Reptiles	398
Pastel-Tiger		369
Pastel-Vanilla	2008 Maki Goskowicz	–
Pastel-Super Vanilla	Gulf Coast Reptiles	370
Super Pastel-Super Vanilla	2009 Gulf Coast Reptiles	–
Super Pastel-Yellowbelly		370
Pastel-Super Yellowbelly		370

Super Citrus Pastel, Tier von Amir Soleymani Foto: S. Broghammer

Piebald-Pastel-Russo, Tier von Steve Roussis Foto: S. Roussis

Pastel-Pinstripe aka **Lemon Blast**, Tier von M&S Reptilien Foto: A. Gibert

Super Pastel-Pinstripe aka **Killer Blast/Super Blast**, Tiere/Foto von A. Jones

Citrus Pastel-Pinstripe aka **Citrus Blast**, Tier von M&S Reptilien Foto: A. Gibert

Super Citrus Pastel-Pinstripe aka **Citrus Super Blast**, Tier von Darren Biggs Foto: D. Carguillo

Pastel-Pinstripe-Special, Tier von Jeff Lumann Foto: J. Lumann

Sugar-Pastel Foto: L. Brandell

Pastel-Pinstripe-Spider (Paradox), Tier von Bill Galloway Foto: S. Broghammer

Zebra Pastel Foto: S. Roussis

Pastel-Pinstripe-Spotnose, Tier von Steve Beamer Foto: S. Beamer

Pastel-Pinstripe-Hidden Gene Woma, Tier von Darren Biggs Foto: D. Carguillo

Pastel-Puzzle, Tier von Maki Goskowicz Foto: M. Goskowicz

Pastel-Shatter, Tier von M. Thakkar Foto: S. Robertson

Pastel-Neon
Foto: S. Gimmel

Pastel-Super Special,
Tier von Roland van den Oever
Foto: R. van den Oever

Pastel-Static, Tier von Fred Kick Foto: F. Kick

Pastel-Specter-Yellowbelly aka **Pastel Super Stripe**, Tier von Royalsnakes Foto: W. Obermayer

Pastel-Static-Yellowbelly, Tier von Fred Kick Foto: F. Kick

Pastel-Specter-Yellowbelly-Fader aka **Fader Pastel Super Stripe**, Tier von Mark Haas Foto: M. Haas

Pastel-Specter, Tier von Mark Haas Foto: M. Haas

Super Pastel-Specter-Spider-Yellowbelly-Fader aka **Fader Killer Bee Super Stripe**, Tier/Foto von Mark Haas

Super Pastel-Speckled, Tier von Mark Haas Foto: M. Haas

Pastel-Genetic Tiger, Tier von M&S Reptilien Foto: A. Gibert

Pastel-Spider-Super Speckled, Tier von Mark Haas Foto: M. Haas

Super Pastel-Spider-Hidden Gene Woma, Tier von Doug Matuszak
Foto: F. Visconti

Super Pastel-Spider aka **Killerbee**,
Tier von Royalsnakes
Foto: W. Obermayer

Pastel-Spotnose-Yellowbelly, Tier von Udo Näscher Foto: U. Näscher

Pastel-Spotnose, Tier von Steve Beamer Foto: S. Beamer

Super Pastel-Yellowbelly, Tier von Royalsnakes Foto: W. Obermayer

Pastel-Super Yellowbelly aka **Pastel Ivory**, Tier von Darren Biggs Foto: D. Carguillo

Pastel-Super Vanilla, Tier von George Sampson Foto: G. Sampson

Pastel-Super Spotnose, Tier von Steve Beamer Foto: S. Beamer

PHANTOM

Mystic (?)	Weitere Namen / Synonyme
codominant	**Genetik**
2001 von Ralph Davis	Zuerst gezüchtet / importiert

Beschreibung siehe auch unter unter Mystic S. 346. Wie erwähnt vermute ich, dass Mystic und Phantom genetisch identisch sind und es sich lediglich um zwei Linien handelt, von denen der Phantom zuerst da war. Das wahre Potenzial dieser Morphe kam allerdings erst 2005 zum Tragen, als bei Ralph Davis auch der erste Super Phantom schlüpfte; dieses Tier sorgte für viel Aufsehen, denn bis dahin dachte man, der Phantom sei einfach ein etwas dunklerer Mojave. Die Combos (vor allem mit Yellowbelly) waren bis zu diesem Zeitpunkt noch nicht ganz so spektakulär, obwohl 2003 ein weißes Tier dabei herauskam – es war wohl eine Combo aus Phantom mit Lesser. Diese Tiere waren viele Jahre mit etwa 20.000,- US-$ fast unerschwinglich, erst seit 2008 ist der Preis einigermaßen gefallen.

Superform: Super Phantom. Zuerst gezüchtet: 2005 von Ralph Davis

PINSTRIPE

keine	Weitere Namen / Synonyme
dominant	**Genetik**
2000 aus Benin importiert, 2001 von Brian Barczyk gezüchtet und geprüft	Zuerst gezüchtet / importiert

Das erste Exemplar dieser Morphe wurde im Jahr 2000 auf der Farm von Patrice in Benin gerancht und ging für relativ erschwingliche 5.000,- US-$ an Brian Barczyk in die USA. Ein glückliches Schnäppchen für diesen Züchter, denn dieses Exemplar war definitiv eines der Tiere, die in Afrika deutlich unter Wert verkauft wurden. Brian Barczyk hatte Glück und konnte die Form ein Jahr später als genetisch dominante Morphe prüfen. Oft geht so etwas auch daneben, und eine vermutete Morphe stellt sich in der Folge als nicht genetisch festgelegt heraus.

Superform: Interessanterweise gibt es vom Pinstripe keine Superform, denn Pinstripe mit Pinstripe verpaart erzeugt immer wieder nur „einfache" Pinstripes.

Pinstripe,
Tier von M&S Reptilien
Foto: A. Gibert

Übersicht über die Pinstripe-Morphen

Morphe	Zuerst gezüchtet (Jahr, Züchter)	auf Seite
Pinstripe	2001 Brian Barczyk	371
Combos mit Pinstripe, rezessiv		
Albino-Piebald-Pinstripe		115
Albino-Pinstripe		118
Albino-Candy-Pinstripe	2012 Steve Roussis	112
Axanthic-Pastel-Pinstripe	2010 Jared Carr	121
Caramel-Desert Ghost-Pinstripe		131/133
Caramel-Pastel-Pinstripe	2010 Peter Nilson	–
Caramel-Pinstripe		133
Caramel-Pinstripe-Spider	2012 BHB	132
Clown-Fire-Pinstripe	2016 Tim Aumüller	143
Clown-Super Pastel-Pinstripe-Spider		145
Clown-Pinstripe		145
Desert Ghost-Ghost-Leopard-Pinstripe	2016 J. Kobylka Reptiles	149
Desert Ghost-Pastel-Pinstripe		147/149
Desert Ghost-Pinstripe		147
Genetic Stripe-Pastel-Pinstripe	2011 Fred Kick	–
Genetic Stripe-Pinstripe	2010 Fred Kick	154
Ghost-Black Head-Fire-Pinstripe	2016 Rene Albrecht	162
Ghost-Butter-Enchi-Fire-Pinstripe		164
Ghost-Lesser-Fire-Pinstripe	2015 Rene Albrecht	166
Ghost-Black Pastel-Pinstripe	2012 BHB	165
Ghost-Enchi-Fire-Phantom-Pinstripe	2017 Rene Albrecht	161
Ghost-Enchi-Mojave-Pinstripe	2015 Rene Albrecht	166
Ghost-Super Enchi-Pinstripe	2015 Rene Albrecht	166
Ghost-Fire-Pinstripe	2015 Rene Albrecht	166
Ghost-Mojave-Pinstripe	2008 Marshall van Thorre	162
Ghost-Pastel-Pinstripe		163
Ghost-Pinstripe-Spider		164
Lavender-Pinstripe		170
Piebald-Banana-Pinstripe		178
Piebald-Fire-Pinstripe	2012 BHB	182
Piebald-Pastel-Pinstripe	2009 MA Reptiles	176/185
Piebald-Pinstripe		180
Ultramel-Pinstripe	2012 FlatFoot Reptiles	199
Combos mit Pinstripe, (co-)dominant		
Bamboo-Enchi-Pinstripe		209
Banana-Cinnamon-Mojave-Super Pastel-Pinstripe-Spider		215
Banana-Cinnamon-Pastel-Pinstripe		216
Coral Glow-Creme-Pastel-Pinstripe-Spider		279
Coral Glow-Creme-Pinstripe		279
Banana-GHI-Pinstripe		217
Banana-Pastel-Pinstripe-Spider	2011 Brock Wagner	–
Coral Glow-Pastel-Pinstripe-Spider	2010 Brock Wagner	–
Black Head-Mojave-Pinstripe		222
Lesser-Calico-Super Pastel-Pinstripe-Spider	2011 Ben Renick	237
Lesser-Chocolate-Pinstripe-Woma	BHB	–
Butter/Lesser-Cinnamon-Pastel-Pinstripe	2011 VPI	–
Lesser-Black Pastel-Pastel-Pinstripe-Spider	2011 Sloan Reptiles	238
Lesser-Black Pastel-Pinstripe	2011 Sloan Reptiles	238
Lesser-Black Pastel-Pinstripe-Spider	2011 Sloan Reptiles	–
Lesser-Desert-Pinstripe-Spider	2012 JB Pythons	238
Lesser-Enchi-Fire-Pinstripe		239/244

Morphe	Zuerst gezüchtet (Jahr, Züchter)	auf Seite
Lesser-Enchi-Pastel-Pinstripe	2011 Fred Kick	239
Lesser-Enchi-Pinstripe-Spider	2012 Ben Renick	239
Butter-Fire-Pinstripe	2011 Mike Wilbanks	–
Butter-Fire-Pinstripe-Spider	2011 Mike Wilbanks	–
Lesser-Pastel-Pinstripe	2009	–
Platty Daddy-Pastel-Pinstripe		249
Butter-Super Pastel-Pinstripe	2010 Brock Wagner	–
Lesser-Pastel-Pinstripe-Spider	2008 NERD	241
Butter-Pastel-Pinstripe-Spider	2009 Brock Wagner	–
Butter-Pinstripe	2005 Ralph Davis	–
Lesser-Pinstripe		242
Butter-Pinstripe-Spider	2009 Markus Jayne	–
Lesser-Pinstripe-Spider-Yellowbelly	2011 BHB	–
Butter-Pinstripe-Woma		408
Butter-Pinstripe-Yellowbelly	2011 Simon Hamelin	–
Calico-Pastel-Pinstripe (Paradox)		256
Sugar-Super Pastel-Pinstripe		257
Calico-Pastel-Pinstripe-Spider	2012 Ben Renick	253
Calico-Super Pastel-Pinstripe-Spider-Spotnose	2016 Steve Beamer	395
Calico-Pinstripe		258
Calico-Pinstripe-Yellowbelly		257
Champagne-Cinnamon-Pinstripe	2012 Dynasty Reptiles	–
Champagne-Pastel-Pinstripe		263
Champagne-Pinstripe		263
Chocolate-Pastel-Pinstripe	2007 BHB	266
Chocolate-Super Pastel-Pinstripe		265
Chocolate-Pastel-Pinstripe-Spider	2010 Keo Santoso	–
Chocolate-Pinstripe	2007 BHB	–
Super Chocolate-Pinstripe	2006 BHB	267
Chocolate-Pinstripe-Woma	BHB	–
Cinnamon-Enchi-Pastel-Pinstripe-Spider	2010 NERD	–
Black Pastel-Fire-Mojave-Pinstripe	2017 Daniel Dorst	342
Cinnamon-Pastel-Pinstripe		276
Cinnamon-Super Pastel-Pinstripe	2010 Pi Reptiles	276
Cinnamon-Pastel-Pinstripe-Spider	2011 Clark Tucker	–
Black Pastel-Super Pastel-Pinstripe-Spider	2010 NERD	–
Cinnamon-Pastel-Pinstripe-Spider-Spotnose	2012 Ben Renick	394
Cinnamon-Pinstripe-Woma	2010 BHB	–
Desert-Enchi-Pastel-Pinstripe		283
Desert-Enchi-Pinstripe		283
Desert-Pinstripe		283
Desert-Pinstripe-Spider	2011 Brock Wagner	–
Enchi-Mojave-Pastel-Pinstripe	2011 Doug Matuszak	292
Enchi-Mojave-Pinstripe	2011 Doug Matuszak	293
Super Enchi-Orbit-Pinstripe	2017 Phil Danch	354
Enchi-Pastel-Pinstripe	2008 NERD	294
Super Enchi-Pastel-Pinstripe-Spider	2010 NERD	294
Enchi-Pinstripe		295
Sulfur-Mojave-Pastel-Pinstripe	2011 Dave Campagne	–
Fire-Mojave-Pinstripe		299
Fire-Pastel-Pinstripe	2010 Bob Clark	301
Fire-Pastel-Pinstripe-Specter	2012 BHB	299

Morphe	Zuerst gezüchtet (Jahr, Züchter)	auf Seite
Fire-Pastel-Pinstripe-Spider	2011 Mike Wilbanks	–
Fire-Pinstripe		302
Fire-Pinstripe-Spider	2010 Jeff Luman Reptiles	–
GHI-Mojave-Phantom-Pinstripe		306
Granit-Mojave-Pastel-Pinstripe	2017 Michael Vock	311
Gravel-Pinstripe		315
Hurricane-Mojave-Pinstripe	2016 Hans-Jörg Winner	324
Hurricane-Pastel-Pinstripe	2015 Hans-Jörg Winner	324
Leopard-Mojave-Pinstripe	2011 Peter Kahl	–
Mocha-Pinstripe		338
Mojave-Super Pastel-Pinstripe		342
Mojave-Pastel-Pinstripe-Spider	2011 Marc Seif	–
Mojave-Pinstripe		344
Mystic-Pastel-Pinstripe	2011 Bailey & Bailey Reptiles	–
Phantom-Pastel-Pinstripe-Spider	2010 NERD	–
Mystic-Pinstripe	2011 Daniel Allison	–
Phantom-Pinstripe	2010 Ralph Davis	–

Morphe	Zuerst gezüchtet (Jahr, Züchter)	auf Seite
Pastel-Pinstripe	2003 BHB	365
Super Pastel-Pinstripe	2005 NERD	365
Citrus Pastel-Pinstripe		365
Super Citrus Pastel-Pinstripe	Amir Soleymani	366
Pastel-Pinstripe-Special	2010 Tom Baker	366
Pastel-Pinstripe-Spider	2008 NERD	–
Pastel-Pinstripe-Spider (Paradox)		366
Super Pastel-Pinstripe-Spider	2005 BHB	–
Pastel-Pinstripe-Spotnose		366
Pastel-Pinstripe-Vanilla	2011 Versus	–
Pastel-Pinstripe-Hidden Gene Woma		367
Pinstripe-Super Sable	2011 Exotics by Nature	–
Pinstripe-Specter-Yellowbelly	2011 BHB	373
Pinstripe-Spider	2004 BHB	–
Pinstripe-Super Spotnose	2011 Fred Kick	–
Pinstripe-Tiger		373

Pinstripe-Specter-Yellowbelly aka Pinstripe Super Stripe,
Tier von BHB Foto: A. Jones

Pinstripe-Genetic Tiger,
Tier von M&S Reptilien
Foto: A. Gibert

RED STRIPE

Weitere Namen / Synonyme	keine
Genetik	**codominant**
Zuerst gezüchtet / importiert	Ca. 2010 von Outback Reptiles/Ian Gniazdowski

Übersicht über die Pinstripe-Morphen

Morphe	Zuerst gezüchtet (Jahr, Züchter)	auf Seite
Red Stripe	2010 Outback Reptiles	374
Super Red Stripe		–
Combos mit Red Stripe, (co-)dominant		
Fire-Leopard-Pastel-Red Stripe	2016 Justin Kobylka	375
Fire-Pastel-Red Stripe-Yellowbelly	2016 Justin Kobylka	375
Fire-Red Stripe-Spotnose	2017 Justin Kobylka	374
Pastel-Super Red Stripe-Yellowbelly	2016 Justin Kobylka	375

Der Red Stripe ist schon recht lange in der Szene, ich vermute seit ca. 2010. Die Single Morph lässt sich von einem Classic gut unterscheiden, schon allein anhand der rotbraunen, rostähnlichen Färbung, ist aber kein Tier, das ein Züchterherz höher schlagen lässt. Die Zeichnung ist fast gleich wie beim Classic. Der richtig große Durchbruch kam beim Red Stripe nie. Es gibt einige schöne Combos, aber auch welche, bei denen der Red Stripe fast nicht in Erscheinung tritt. Die richtig spektakuläre Combo damit wurde also noch nicht gefunden.
Die Mutation vererbt sich codominant. Ihre Superform zeigt, woher die Morphe ihren Namen hat, zuerst gezüchtet und geprüft von Outback Reptiles, USA.

Red Stripe
Foto: A. Gibert, M&S

Fire-Red Stripe-Spotnose
Foto: J. Kobylka

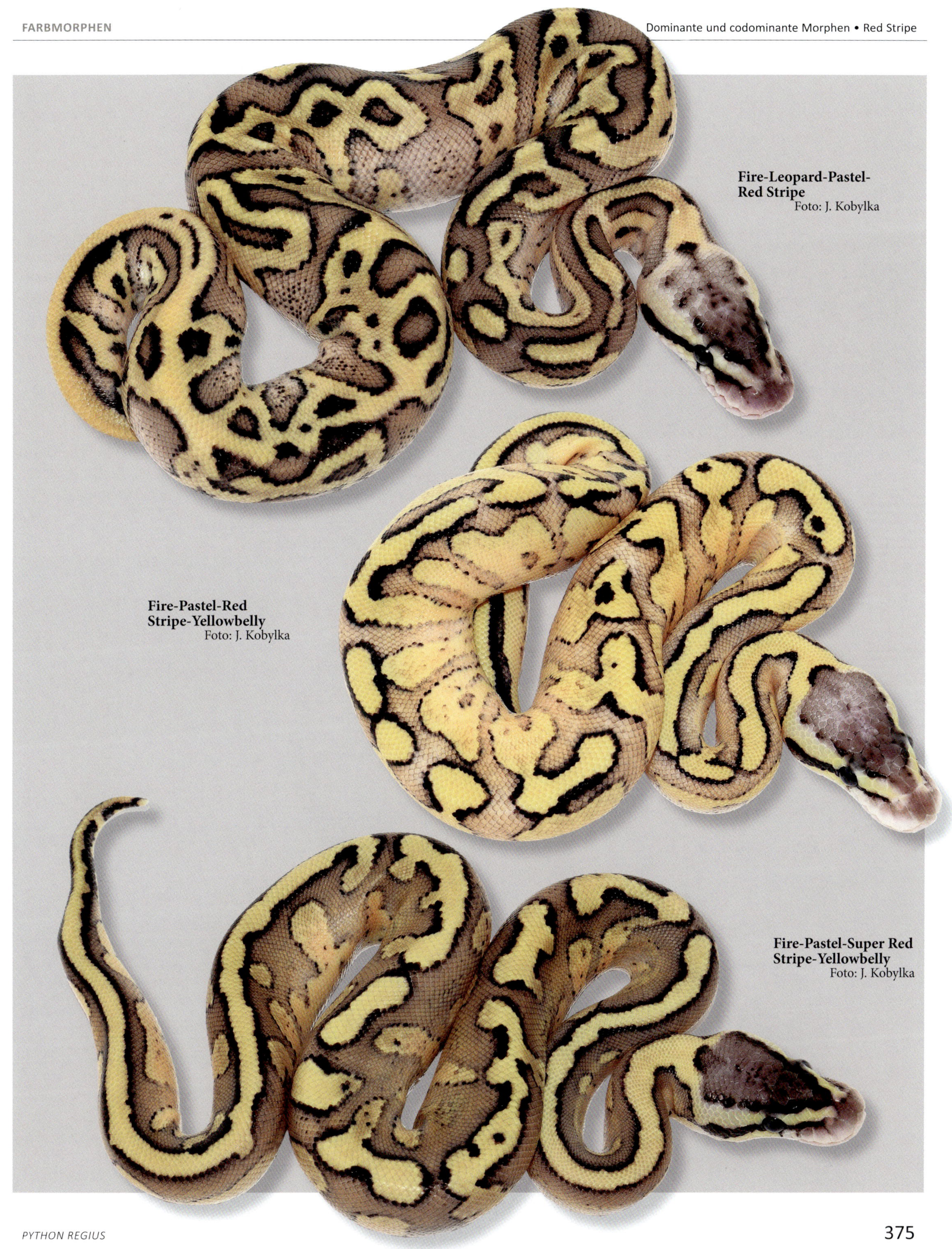

Fire-Leopard-Pastel-Red Stripe
Foto: J. Kobylka

Fire-Pastel-Red Stripe-Yellowbelly
Foto: J. Kobylka

Fire-Pastel-Super Red Stripe-Yellowbelly
Foto: J. Kobylka

RUSSO

Weitere Namen / Synonyme: Lemon, Het Leucistic, Het Blue Eyed Lucy
Genetik: **codominant**

Zuerst gezüchtet / importiert: 1996 von Vin Russo

Russo Foto: A. Gibert

Vin Russo hat Ende 1996 ein schönes gelbes Python-Weibchen aus Afrika bekommen, das er „High Yellow Lemon" nannte. Die Sensation war da, als er zwei Nachzuchttiere dieses Weibchens 2002 miteinander verpaarte und einen schneeweißen Königspython mit blauen Augen erzielte. Damals waren weiße Königspythons noch das Maß aller Dinge bzw. das Ziel jedes Züchters. Mittlerweile gibt es eine ganze Reihe von Het Blue-Eyed-Leuzisten – diese sind also auch untereinander kompatibel, und man bekommt immer weiße Tiere, wenn man sie miteinander verpaart, z. B. Mojave, Lesser/Butter und Mocha.

Superform: Super Russo, Russo Leucistic, White Diamond (drei Synonyme). Zuerst gezüchtet: 2002

Diese Morphe zählt zum Blue-Eyed-Lucy-Komplex. Verpaart man Tiere aus diesem Komplex untereinander, bekommt man als Ergebnis weiße Tiere, manche davon mit mehr oder weniger Zeichnung.

Super Russo, Tier von Philipp Schäfer Foto: P. Schäfer

Übersicht über die Russo-Morphen

Morphe	Zuerst gezüchtet (Jahr, Züchter)	auf Seite
Russo	1996 Vin Russo	376
Super Russo		376
Combos mit Russo, rezessiv		
Albino-Piebald-Super Russo	2012 Steve Roussis	–
Clown-Russo	2011 Brock Wagner	137
Piebald-Metal Flake-Russo		184
Piebald-Pastel-Russo	2012 Steve Roussis	182/365
Piebald-Russo		180/185
Combos mit Russo, (co-)dominant		
Phantom-Russo	2009 Allen Belchar	348
Russo-Spider		376

Russo-Spider, Tier von Michael Steiner Foto: M. Steiner

SABLE

Weitere Namen / Synonyme	Hypermelanistic
Genetik	**codominant**
Zuerst gezüchtet / importiert	2002 von Eric Burkett

Der Sable ist ein dunkles Tier, das viele Sprenkel aufweist und auch stark an Granit erinnert.

Superform: Super Sable. Zuerst gezüchtet: 2005 von Eric Burkett

Übersicht über die Sable-Morphen

Morphe	Zuerst gezüchtet (Jahr, Züchter)	auf Seite
Sable	2002 Eric Burkett	377
Combos mit Sable, rezessiv		
Ghost-Sable	2011 Jon Courtney	–
Combos mit Sable, (co-)dominant		
Butter-Sable	2010 Jon Courtney	248
Fire-Sable	2010 KSC Exotics	–
Mojave-Sable	2009 Jon Courtney	344
Phantom-Sable	2011 NERD	–
Pastel-Sable	2006 NERD	–
Pinstripe-Super Sable	2011 Exotics by Nature	–

Sable, Tier von Markus Theimer
Foto: W. Lang

SPARK

Weitere Namen / Synonyme: Het Puma, Puma Maker
Genetik: **codominant**

Zuerst gezüchtet / importiert: 2007 von Amir Soleymani

Für Spark gilt das Gleiche wie für Gravel (siehe S. 312): Diese Tiere scheinen genetisch in einen Vierer- oder Fünfer-Komplex (mit Gravel, Yellowbelly, Specter, Bongo) zu gehören, der mit Yellowbelly solch wunderschöne Morphen hervorbringt. Ursprünglich hatte Amir Soleymani ein Odd-Weibchen erhalten, das er mit einem Citrus-Yellowbelly-Männchen verpaarte; daraus entstand 2007 der erste Puma.
Superform: Super Spark, Super Puma Maker. Zuerst gezüchtet: 2011 von Bill Brant

Spark,
Tier von M&S Reptilien
Foto: A. Gibert

Super Spark,
Tier von Bill Brant
Foto: B. Brant

Mocha-Citrus Pastel-Spark-Yellowbelly aka **Citrus Mocha Puma,** Tier von Amir Soleymani Foto: S. Broghammer

Spark-Yellowbelly aka **Puma,** Tier von A. Soleymani Foto: S. Broghammer

Übersicht über die Spark-Morphen

Morphe	Zuerst gezüchtet (Jahr, Züchter)	auf Seite
Spark		378
Super Spark	2011 The Animal House	378
Combos mit Spark, (co-)dominant		
Banana-Spark (Paradox)		381
Bongo-Spark		231
Calico-Citrus Pastel-Spark	2012 Amir Soleymani	252
Calico-Spark	2012 Amir Soleymani	255
Enchi-Spark	2011 The Animal House	–
Fire-Pastel-Spark-Yellowbelly	2016 James Husa	381
Gravel-Pastel-Spark		315
Gravel-Spark		315
Leopard-Pastel-Spark-Yellowbelly	2017 Sandra Frye	381
Mocha-Citrus Pastel-Spark-Yellowbelly	2012 Amir Soleymani	379
Mocha-Spark-Yellowbelly	2011 Amir Soleymani	–
Citrus Pastel-Spark	2012 Amir Soleymani	380
Citrus Pastel-Spark-Yellowbelly	2011 Amir Soleymani	380
Spark-Spotnose-Yellowbelly	2016 Alpha Balls	381
Spark-Spider	2011 Trat Trap	–
Spark-Stranger	2017 IRES Reptiles	398
Spark-Yellowbelly	2007 Amir Soleymani	379

Citrus Pastel-Spark, Tier von Amir Soleymani
Foto: S. Broghammer

Citrus Pastel-Spark-Yellowbelly aka **Citrus Puma,** Tier von Darren Biggs
Foto: D. Carguillo

Fire-Pastel-Spark-Yellowbelly Foto: J. Husa

Leopard-Pastel-Spark-Yellowbelly Foto: S. Frye

Spark-Spotnose-Yellowbelly (Paradox)
Foto: Alpha Balls (I. Verheij & D. Hukubun)

Banana-Spark (Paradox)
Foto: M. Thakkar

SPECIAL

Weitere Namen / Synonyme	Crystal Maker
Genetik	**codominant**
Zuerst gezüchtet / importiert	2005 von Tom Baker

Übersicht über die Special-Morphen

Morphe	Zuerst gezüchtet (Jahr, Züchter)	auf Seite
Special	2005 Tom Baker	382
Super Special	2007 Marshall van Thorre	383
Combos mit Special, (co-)dominant		
Butter-Enchi-Special		245
Cinnamon-Mojave-(Super?) Pastel-Special		274
Cinnamon-Pastel-Special	2009 Tom Baker	–
Fire-Mojave-Special	2010 Anthony McCain	–
GHI-Mojave-Special		383
Mocha-Mojave-Special		338
Mojave-Mystic-Special	2010 Anthony McCain	–
Mojave-Pastel-Special	Tom Baker	–
Mojave-Super Pastel-Special	Tom Baker	–
Mojave-Special	Tom Baker	344
Mojave-Special-Spider	2012 BHB	383
Pastel-Pinstripe-Special	2010 Tom Baker	366
Pastel-Super Special		367
Pastel-Special-Spotnose	2011 Tom Baker	–
Special-Spotnose	2011 Tom Baker	–
Special-Woma	2010 Tom Baker	–

Der Special tauchte zufällig in einem Mojave-Gelege auf, wobei es genau genommen nicht der Special war, sondern der Crystal – das ist die Combo „Special mit Mojave“. Tom Baker hatte 2005 ein Mojave-Männchen mit einem (fast) normal aussehenden Weibchen verpaart und damit dieses Tier erzielt, das er Crystal nannte. Als dieser Crystal wiederum mit einem normalen Tier verpaart wurde, kamen Specials und Mojave heraus – folglich war der Crystal die Kombination aus diesen beiden Morphen.

Mich erinnert der Special ein bisschen an die Phantom/Mystic-Morphe, die als Combo mit Mojave ein ähnliches Tier ergibt. Auch die Superform des Specials erinnert etwas an die Mystic/Phantom Superform, und ich denke, man kann den Special dem gleichen Komplex zuordnen. Der Special selbst sieht eigentlich fast „normal“ aus, vielleicht etwas schöner in der Farbe, und die Flanken etwas ausgeprägter „geflammt“. In einem Wurf lassen sich die Specials aber recht deutlich von den normalen Tieren unterscheiden.

2007 tauchte unabhängig von den Baker-Tieren in den USA eine zweite Linie bei Marshall van Thorre auf, der einen Lesser mit einem hübschen Ranching-Weibchen – wir könnten es vielleicht „High Contrast“ nennen – verpaarte und daraus weiße Tiere erhielt. Im Folgejahr stellte sich heraus, dass dieses Ranching-Weibchen ein Special war.

Superform: Super Special. Zuerst gezüchtet: 2007 von Tom Baker (eine weiße Schlange mit gelber Zeichnung)

Special × Lesser: Zuerst 2007 als ein Blue Eyed Lucy mit gelbem Stich von Marshall van Thorre gezüchtet

Weitere Combos bisher: Pastel-Special, Cinnamon-Special, Pinstripe-Special, Butter-Special, Pastel-Special-Yellowbelly

Diese Morphe zählt zum Blue-Eyed-Lucy-Komplex. Verpaart man Tiere aus diesem Komplex untereinander, bekommt man als Ergebnis weiße Tiere, manche davon mit mehr oder weniger Zeichnung.

Special, Tier von Marshall van Thorre
Foto: M. van Thorre

Mojave-Special-Spider,
Tier von BHB
Foto: A. Riis

Super Special,
Tier von Marshall van Thorre
Foto: M. van Thorre

GHI-Mojave-Special Foto: J. Hochholz

SPECTER

Weitere Namen / Synonyme	Superstripe Maker, SS-Maker, Whirlwind (Anthony-McCain-Linie)
Genetik	**codominant**
Zuerst gezüchtet / importiert	2004 von Jared Horenstein

Auch der Specter zeigte sein Potential erst durch Zufall, als er 2004 zusammen mit einem Yellowbelly einen Superstripe hervorbrachte. Jared Horenstein hatte ein Yellowbelly-Männchen mit einem Odd-Weibchen verpaart, das ein bisschen an einen gestreiften Vanilla erinnerte. Das Ergebnis daraus war eine Sensation, und es vergingen einige Jahre, bis man die „Zutaten" wusste. Der Yellowbelly war zwar bekannt, nicht aber die zweite Komponente. So wurde zuerst mit gestreiften Tieren probiert – ohne Erfolg; dann machte das „Vanilla-Gerücht" die Runde, aber auch die Verpaarung mit einem „normalen" Vanilla brachte keinen Erfolg (also keinen Superstripe).

Ich bekam schließlich 2005 von Jared Horenstein ein Foto von dem Muttertier: Es war ein schlecht gestreiftes Exemplar, mit vielen Unterbrechungen und etwas heller. Von da an testete ich alle meine gestreiften, hellen Tiere mit Yellowbelly und glaubte schon nicht mehr an den Erfolg, bis ich 2008 tatsächlich Glück hatte und zwei Superstripes bekam. Für mich ist diese Form nach wie vor die schönste und aufregendste Combo von allen.

Ab 2008 waren auch international die ersten Specters im Handel. Die Anlagen für Specter und Yellowbelly scheinen auf dem gleichen Gen zu liegen; das heißt, ein Superstripe verpaart mit einem anderen, z. B. wildfarbenen Tier bringt weder Superstripes noch normale Jungtiere hervor, sondern entweder Specter oder Yellowbelly (so wie man z. B. nur Pastel bekommt, wenn man Super Pastel mit „Normal" verpaart).

Interessanterweise hatte ich schon zwei Mal bei der Verpaarung von Specter mit Yellowbelly fast weiße Tiere erzielt, diese Tiere sahen aus wie Ivorys. Beim ersten Mal dachte ich noch, dass das Weibchen vielleicht Spermien einer Verpaarung aus dem Vorjahr gespeichert hätte. Das Gleiche wiederholte sich aber ein Jahr später bei einem anderen Weibchen, das seit mehr als zwei Jahren nicht mit einem Yellowbelly-Männchen zusammen gewesen war. Die Zukunft wird zeigen, was der Grund hierfür ist.

Ebenfalls interessant ist, dass bis Frühjahr 2012 noch niemand Specter mit Specter verpaart hatte und die Superform demnach nicht geprüft war. Erst 2012 gelang der Nachweis, dass Specter codominant ist. Der Super Specter ähnelt dem Superstripe.

Superform: Super Specter. Zuerst gezüchtet: 2012 von BHB

Specter,
Jungtier von M&S Reptilien
Foto: A. Gibert

Übersicht über die Specter-Morphen

Morphe	Zuerst gezüchtet (Jahr, Züchter)	auf Seite
Specter	2004 Jared Horenstein	384/386
Super Specter	2012 BHB	385
Combos mit Specter, rezessiv		
Orange Ghost-Pastel-Specter-Yellowbelly	2012 Brian Hahn	163
Ghost-Specter	2011 Mark Haas	164
Piebald-Pastel-Specter-Yellowbelly	2017 Royalsnakes	185
Ultramel-Specter-Yellowbelly		200
Combos mit Specter, (co-)dominant		
Confusion-Pastel-Specter		204
Coral Glow-Lemon Pastel-Specter	2011 NERD	–
Coral Glow-Specter	2011 NERD	–
Banana-Specter-Yellowbelly		386
Butter-Specter	Mark Haas	–
Lesser-Specter-Vanilla	Mark Haas	242
Champagne-Specter	2011 M&S Reptilien	264
Champagne-Specter-Yellowbelly	2011 M&S Reptilien	262
Cinnamon-Pastel-Specter	2011 Mark Haas	–
Cinnamon-Pastel-Specter-Vanilla-Yellowbelly	2011 Mark Haas	276
Cinnamon-Pastel-Specter-Yellowbelly	2011 Mark Haas	–
Desert-Specter	Mark Haas	–
Gravel-Specter	2011 M&S Reptilien	317
Gravel-Specter-Woma	2017 Royalsnakes	315
Mojave-Pastel-Specter-Yellowbelly		387
Mojave-Super Pastel-Specter-Yellowbelly		387
Mojave-Specter		345/387
Mojave-Specter-Yellowbelly	2012 Björn Pils	–
Super Mojave-Specter-Yellowbelly		387
Phantom-Specter-Yellowbelly	2012 M&S Reptilien	348
Super Phantom-Specter-Yellowbelly		386
Pastel-Specter		368
Pastel-Specter-Spider-Yellowbelly-Fader	2011 Mark Haas	–
Super Pastel-Specter-Spider-Yellowbelly-Fader	2011 Mark Haas	368
Pastel-Specter-Stranger	2017 IRES Reptiles	398
Super Pastel-Specter-Yellowbelly	2011 Reptile Industries	–
Pastel-Specter-Yellowbelly		368
Pastel-Specter-Yellowbelly-Fader	2011 Mark Haas	368
Super Pastel-Specter-Yellowbelly-Fader	2011 Mark Haas	–
Citrus Pastel-Specter-Yellowbelly	Amir Soleymani	–
Pinstripe-Specter-Yellowbelly	2011 BHB	373
Specter-Spider-Yellowbelly	2010 Brian Hahn	–
Specter-Spider-Yellowbelly-Fader	Mark Haas	–
Specter-Vanilla	Mark Haas	386
Specter-Vanilla-Yellowbelly	2011 Mark Haas	387
Specter-Yellowbelly	2004 Jared Horenstein	386/439
Specter-Yellowbelly-Fader	2011 Mark Haas	–

Super Specter, Tier von BHB
Foto: A. Riis

Specter, adultes Tier von M&S Reptilien Foto: A. Gibert

Super Phantom-Specter-Yellowbelly Foto. M&S Reptilien

Specter-Vanilla, Tier von Mark Haas Foto: M. Haas

Specter-Yellowbelly aka **Super Stripe**, Tier von M&S Reptilien Foto: A. Gibert

Banana-Specter-Yellowbelly
Foto: H. van Hellem

Specter-Vanilla-Yellowbelly aka **Vanilla Super Stripe**, Tier/Foto von Mark Haas

Mojave-Pastel-Specter-Yellowbelly aka **Mojave-Pastel-Superstripe**
Foto: A. Holzer

Mojave-Super Pastel-Specter-Yellowbelly Foto: A. Holzer

Super Mojave-Specter-Yellowbelly Foto: A. Holzer

Mojave-Specter
Foto: M&S Reptilien

SPIDER

Weitere Namen / Synonyme	Spider Webbed
Genetik	**dominant**
Zuerst gezüchtet / importiert	1999 von Kevin McCurley/NERD

Lesser-Black Pastel-Super Pastel-Spider
Foto: M. Vock

Der Spider war nach dem Pastel die zweite bekannte Morphe, die sich dominant vererbte und ebenfalls einen gravierenden Einfluss auf den Königspython-Farben-Boom hatte. Kevin McCurley/NERD taufte diese Form „Spider", weil er eine Art Spinnennetz in der Zeichnung der Tiere erkannte. 2001 verpaarte McCurley Spider mit Pastel, und dabei kam wohl die erste bedeutende Combo der Königspython-Zucht heraus: der Bumblebee. Diese Form besaß Farben mit einer Intensität und einem Leuchten, die es bis dahin beim Königspython nicht gegeben hatte – eine absolute Sensation, und die Terrarianer waren begeistert. Es war nicht nur ein bisschen eine Mischung aus beiden Morphen, es war im Prinzip ein ganz neues Aussehen. Es folgten danach noch viele weitere Combos mit Spider, die meisten davon erhielten die Endung „-bee": Bumblebee, Killerbee, Wannabee, Cinni Bee usw. Das „bee" in diesen Kombinationen steht immer für den Spider – dummerweise wird diese „bee"-Regel bis dato allerdings nicht konsequent angewendet: Teilweise werden Bumblebee-Combos auf „-bee" abgekürzt, was dann zu Missverständnissen und Verwechslungen führt (siehe S. 96).

Interessant am Spider ist auch, dass es keine Superform wie beim Pastel gibt. Verpaart man Spider mit Spider, kommt als Ergebnis wieder nur Spider hervor. Eine weitere Besonderheit dieser Morphe ist der sogenannte Spider-Tick: Dieser Muskeltick kann sich nur als leichtes Kopfzittern äußern, aber auch als fast unkontrolliertes „Hochschrauben des Körpers". Er ist genetisch verankert, und leider hat jeder Spider (im besten Fall fast unmerklich) und auch jede Spider-Combo diesen Tick. Stress und Unwohlsein sind Faktoren, die ihn verstärken, während bei einem entspannten und gut eingewöhnten Tier der Spider-Tick fast gar nicht zum Tragen kommt.

Der Spider und in geringerem Ausmaß auch der Woma (siehe S. 405) sind zumindest bis heute die einzigen Single-Morphen des Königspythons, die außer dem schönen Aussehen leider auch einen Defekt in der Bewegungskoordination mitbringen. Bemerkenswert ist, dass ich in all den Jahren nie mehr von einem weiteren Spider-Exemplar in Afrika gehört habe. Diese Form scheint im Gegensatz zu fast allen anderen *regius*-Morphen auch in der Natur nur einmalig entstanden zu sein.

Spider,
Tier von M&S Reptilien
Foto: A. Gibert

Übersicht über die Spider-Morphen

Morphe	Zuerst gezüchtet (Jahr, Züchter)	auf Seite
Spider	1999 Kevin McCurley/NERD	388
Combos mit Spider, rezessiv		
Albino-Disco-Granite-Lemon Pastel-Spider-Hidden Gene Woma-Yellowbelly	2017 Alexander Nowak	287
Albino-Disco-Spider	2017 Alexander Nowak	287
Albino-Enchi-Spider		115
Albino-Pastel-Spider	2011 Simon Ebbi	–
Albino-Spider	2003 NERD	–
Axanthic-Super Pastel-Spider	2006 NERD	122
Axanthic-Spider (Paradox)		123
Caramel-Desert Ghost-Pastel-Spider		131
Caramel-Pinstripe-Spider	2012 BHB	132
Clown-Blade-Enchi-Pastel-Spider		139
Clown-Bongo-Pastel-Spider		226
Clown-Butter-Pastel-Spider		140
Clown-Het Red Axanthic-Pastel-Spider	2011 NERD	–
Clown-Leopard-Super Pastel-Spider	2016 J. Kobylka Reptiles	143
Clown-Super Pastel-Pinstripe-Spider		145
Clown-Pastel-Spider	2011 Simon Ebbi	137
Clown-Super Pastel-Spider	2011 Simon Ebbi	137/145
Clown-Spider		134
Genetic Stripe-Orange Ghost-Spider	Fred Kick	152
Genetic Stripe-Pastel-Spider	2010 Fred Kick	153
Genetic Stripe-Spider	2006 NERD	–
Ghost-Black Head-Lesser-Spider-Red and Ringer Gene		159
Ghost-Butter-Pastel-Spider	2009 Joshua Marki	–
Ghost-Cinnamon-Super Pastel-Spider	2011 Doug Matuszak	158
Ghost-Cinnamon-Spider	2011 Graziani Reptiles Inc.	–
Ghost-Desert-Spider	2010 Brock Wagner	–
Ghost-Enchi-Spider	2011 Fred Kick	–
Ghost-Fire-Spider	2011 NOTM	–
Ghost-Mojave-Spider	2010 Fred Kick	–
Ghost-Pinstripe-Spider		164
Ghost-Spider	2003 NERD	164
Lavender-Pastel-Spider		171
Piebald-Cinnamon-Leopard-Spider	2012 Graziani Reptiles Inc.	–
Piebald-Desert-Spider	2010 Pro Exotics	–
Piebald-Leopard-Pastel-Spider	2012 Graziani Reptiles Inc.	–
Piebald-Leopard-Spider	2009 Graziani Reptiles Inc.	–
Piebald-Pastel-Spider		180
Piebald-Spider	2006 Steve Roussis	–
Piebald-Spider (White Wedding)	2007 Steve Roussis	181
Piebald-Spider (Amir-Linie)	Amir Soleymani	181
Scaleless-Spider		192
Tristripe-Banana-Lesser-Spider		197
Combos mit Spider, (co-)dominant		
Confusion-Leopard-Spider		204
Bamboo-Banana-Spider		391
Bamboo-Enchi-Leopard-Spider	2017 Jana+Sebastian Schulz	208
Bamboo-Enchi-Mystic-Spider		348
Bamboo-Enchi-Spider		391
Bamboo-Mahogany-Spider		333
Banana-Bongo-Pastel-Spider		227

Morphe	Zuerst gezüchtet (Jahr, Züchter)	auf Seite
Banana-Bongo-Spider		227
Banana-Cinnamon-Mojave-Super Pastel-Pinstripe-Spider		215
Coral Glow-Creme-Pastel-Pinstripe-Spider		279
Coral Glow-Creme -Spider		279
Coral Glow-Enchi-Pastel-Spider	2012 Dynasty Reptiles	213
Coral Glow-Enchi-Spider	2010 NERD	–
Banana-Gravel-Pastel-Spider		391
Banana-Mahogany-Spider		335
Coral Glow-Phantom-Spider	2010 NERD	–
Banana-Pastel-Pinstripe-Spider	2011 Brock Wagner	–
Coral Glow-Pastel-Pinstripe-Spider	2010 Brock Wagner	–
Coral Glow-Pastel-Spider	2005 NERD	–
Coral Glow-Spider	2005 NERD	216
Bongo-Spider		391
Lesser-Calico-Super Pastel-Pinstripe-Spider	2011 Ben Renick	237
Lesser-Calico-Pastel-Spider		237
Lesser-Calico-Super Pastel-Spider		237
Lesser-Black Pastel-Pastel-Pinstripe-Spider	2011 Sloan Reptiles	238
Lesser-Cinnamon-Pastel-Spider	2011 Omega Pythons	–
Lesser-Black Pastel-Super Pastel-Spider	2016 Michael Vock	388
Lesser-Black Pastel-Pinstripe-Spider	2011 Sloan Reptiles	–
Lesser-Desert-Pinstripe-Spider	2012 JB Pythons	239
Lesser-Enchi-Leopard-Spider		244
Lesser-Enchi-Pinstripe-Spider	2012 Ben Renick	239
Lesser-Enchi-Spider		239
Butter-Super Enchi-Spider	2011 M.C. Serpenti	248
Butter-Fire-Pastel-Spider	2011 Mike Wilbanks	246
Butter-Fire-Pinstripe-Spider	2011 Mike Wilbanks	–
Butter-Fire-Spider	2011 Mike Wilbanks	–
Lesser-Het Red Axanthic-Spider	2011 Corey Woods	–
Lesser-Red Axanthic-Spider	2011 Corey Woods	–
Lesser-Leopard-Pastel-Spider	2011 Peter Kahl	–
Lesser-Leopard-Spider	2011 Peter Kahl	–
Lesser-Orange Dream-Pastel-Spider	2011 Ozzy Boids	–
Lesser-Orange Dream-Spider	2011 Ozzy Boids	241
Lesser-Pastel-Pinstripe-Spider	2008 NERD	–
Butter-Pastel-Pinstripe-Spider	2009 Brock Wagner	–
Lesser-Citrus Pastel-Spider	2011 Dennis Müller	–
Butter/Lesser-Lemon Pastel-Spider	2008 Mike Wilbanks	–
Butter-Pastel-Spider	2009 Markus Jayne	–
Lesser-Pastel-Spider	2005 NERD	–
Butter-Super Pastel-Spider	2009 Joshua Marki	–
Butter-Pinstripe-Spider	2009 Markus Jayne	–
Lesser-Pinstripe-Spider-Yellowbelly	2011 BHB	–
Butter-Spider	2004 Reptile Industries	–
Lesser-Spider	2005 NERD	–
Lesser-Spider-Hidden Gene Woma		242
Lesser-Spider-Woma	2006 NERD	–
Calico-Fire-Pastel-Spider		254
Calico-Fire-Spider	2011 Michael Haitz	–
Calico-Mojave-Super Pastel-Spider	2011 Simon Ebbi	255
Calico-Pastel-Pinstripe-Spider	2012 Ben Renick	253
Calico-Super Pastel-Pinstripe-Spider-Spotnose	2016 Steve Beamer	395

Morphe	Zuerst gezüchtet (Jahr, Züchter)	auf Seite
Calico-Pastel-Spider	2009 Luke Pankratz	257
Calico-Super Pastel-Spider	2010 NERD	–
Calico-Spider	2009 Ralph Davies	390
Champagne-Spider	2011 Noah	–
Chocolate-Pastel-Pinstripe-Spider	2010 Keo Santoso	–
Chocolate-Pastel-Spider	2010 Keo Santoso	–
Chocolate-Super Pastel-Spider		267
Chocolate-Spider	2008 BHB	–
Cinnamon-Enchi-Pastel-Pinstripe-Spider	2010 NERD	–
Cinnamon-Enchi-Spider	2010 Simon Ebbi	–
Black Pastel-Granit-Super Pastel-Spider	2010 NERD	–
Cinnamon-Leopard-Spider	2012 Graziani Reptiles Inc.	–
Cinnamon-Mojave-Pastel-Spider	2011 Matt Schifflett	–
Cinnamon-Pastel-Pinstripe-Spider	2011 Clark Tucker	–
Black Pastel-Super Pastel-Pinstripe-Spider	2010 NERD	–
Cinnamon-Pastel-Pinstripe-Spider-Spotnose	2012 Ben Renick	394
Cinnamon-Pastel-Spider	2006 NERD	–
Black Pastel-Pastel-Spider	2008 Mike Wilbanks	–
Black Pastel-Super Pastel-Spider	2010 Clockwork Reptile Company	–
Cinnamon-Spider	2005 NERD	–
Desert-Enchi-Spider		284
Desert-Mojave-Spider	2011 Pro Exotics	–
Desert-Pinstripe-Spider	2011 Brock Wagner	–
Disco-Granit-Lemon Pastel-Spider-Hidden Gene Woma-Yellowbelly	2017 Alexander Nowak	287
Super Enchi-Fire-Spider	2010 Morton Jorgenson	–
Enchi-Pastel-Spider	2006 NERD	–
Enchi-Super Pastel-Spider	2010 NERD	–
Enchi-Spider	2004 Lars Brandell	–
Super Enchi-Spider	2009 Paintball Reptiles	–
Sulfur-Mojave-Spider		299
Fire-Super Orange Dream-Spider	2011 Ozzy Boids	–
Fire-Pastel-Pinstripe-Spider	2011 Mike Wilbanks	–
Fire-Pastel-Spider		–
Fire-Pinstripe-Spider	2010 Jeff Luman Reptiles	–
Fire-Spider	2003 NERD	–
Fire-Vanilla-Spider		302
GHI-Mojave-Spider	2012 Dynasty Reptiles	–
GHI-Spider	2009 Matt Lerer	–

Morphe	Zuerst gezüchtet (Jahr, Züchter)	auf Seite
Gravel-Spider-Yellowbelly		317
Het Red Axanthic-Spider	Corey Woods	–
Red Axanthic-Spider	2011 Corey Woods	–
Super Hurricane-Spider	2016 Hans-Jörg Winner	324
Leopard-Pastel-Spider	2011 Eric Musser	–
Leopard-Pastel-Spider-Yellowbelly	2011 Daniel Parker	–
Leopard-Spider	2005 Graziani Reptiles Inc.	–
Super Mahogany-Spider	2012 BHB	334
Mocha-Phantom-Spider	2011 Raphy Martinez/NERD	–
Mojave-Mystic-Spider		349
Mojave-Mystic-Spider (Paradox)	2012 M&S Reptilien	343
Mojave-Pastel-Spider-Vanilla	2011 ULTIMATE Morphs	–
Phantom-Pastel-Pinstripe-Spider	2010 NERD	–
Mystic-Spider	2011 Phil Traat	–
Super Phantom-Spider		349
Phantom-Spider-Yellowbelly		349
Orange Dream-Pastel-Spider	2012 TnT Reptiles	351
Orange Dream-Spider	2008 Ozzy Boids	351
Orange Dream-Spider-Yellowbelly	2009 Ozzy Boids	–
Pastel-Pinstripe-Spider	2008 NERD	–
Pastel-Pinstripe-Spider (Paradox)		366
Super Pastel-Pinstripe-Spider	2005 BHB	–
Pastel-Specter-Spider-Yellowbelly-Fader	2011 Mark Haas	–
Super Pastel-Specter-Spider-Yellowbelly-Fader	2011 Mark Haas	368
Pastel-Spider	2001 NERD	–
Super Pastel-Spider	1999 NERD	369
Pastel-Spider-Super Speckled	2009 Mark Haas	369
Super Pastel-Spider-Vanilla	Gulf Coast Reptiles	–
Super Pastel-Spider-Hidden Gene Woma	2009 Doug Matuszak	369
Pinstripe-Spider	2004 BHB	–
Russo-Spider		376
Spark-Spider	2011 Trat Trap	–
Specter-Spider-Yellowbelly	2010 Brian Hahn	–
Specter-Spider-Yellowbelly-Fader	Mark Haas	–
Spider-Speckled	Mark Haas	–
Spider-Super Speckled	Mark Haas	–
Spider-Tiger	2006 NERD	391
Spider-Super Vanilla	2011 Phil Traat	–
Spider-Yellowbelly	2005 NERD	–

Calico-Spider
Foto: M&S Reptilien

Banana-Gravel-Pastel-Spider
Foto: M&S Reptilien

Spider-Genetic Tiger, Tier von M&S Reptilien Foto: A. Gibert

Bamboo-Banana-Spider Foto: H. van Hellem

Bamboo-Enchi-Spider Foto: H. van Hellem

Bongo-Spider Foto: H. van Hellem

SPOTNOSE

Weitere Namen / Synonyme keine
Genetik codominant

Zuerst gezüchtet / importiert 2001 von Tracy und David Barker/VPI

Der erste Spotnose war ein Männchen aus Afrika, das an Tracy und Dave Barker in die USA ging. Ein oder zwei Jahre später tauchten die ersten Spotnose-Babys eines Ranching-Spotnose-Weibchens auf: Es waren fünf Jungtiere geschlüpft, die von Michael aus Ghana für rund 10.000,- US-$ inklusive Muttertier an einen Amerikaner namens Jeff verkauft wurden. Dieser vermittelte die Tiere dann (direkt oder indirekt) an Tracy und Dave Barker, die 2006 den ersten Super Spotnose züchteten. Sie nannten ihn „Powerball" und lösten durch ihn einen Run auf die Spotnose-Form aus. Das Ganze hat sich schon wieder etwas beruhigt, da in der Folge zwar schöne, aber zumindest bis heute keine extrem spektakuläre Combo mit dem Spotnose erzielt wurde – es waren lediglich Mischungen beider beteiligten Morphen, ohne den richtigen „Knaller", den es oft so schön bei den Spider-, Mystic- oder Yellowbelly-Combos gibt. Leider zeigt der Super Spotnose einen Defekt, der sich ähnlich dem Spider-Tick durch Kopfwackeln und -drehen bemerkbar macht.

Calico-Enchi-Spotnose Foto: J. Kobylka

Superform: Super Spotnose, Powerball. Zuerst gezüchtet: 2006 von Tracy und Dave Barker

Spotnose,
Tier von M&S Reptilien
Foto: A. Gibert

Übersicht über die Spotnose-Morphen

Morphe	Zuerst gezüchtet (Jahr, Züchter)	auf Seite
Spotnose	2001 Tracy und David Barker/VPI	392
Super Spotnose	2006 Tracy und David Barker/VPI	394
Combos mit Spotnose, rezessiv		
Albino-Spotnose	2009 Morton Wright	118
Albino-Super Spotnose	2013 Steve Beamer	–
Clown-CoralGlow-Leopard-Spotnose	2016 J. Kobylka Reptiles	141
Clown-Lesser-Pastel-Super Spotnose	2017 J. Kobylka Reptiles	144
Clown-Lesser-Spotnose		144
Clown-Cinnamon-Pastel-Spotnose		140
Clown-Enchi-Leopard-Spotnose	2017 J. Kobylka Reptiles	142
Desert Ghost-Leopard-Spotnose	2017 J. Kobylka Reptiles	148
Piebald-Spotnose	2010 Steve Beamer	–
Combos mit Spotnose, (co-)dominant		
Acid-Pastel-Spotnose		203
Confusion-Pastel-Spotnose		204
Banana-Spotnose	2011 Brock Wagner	–
Black Head-Spotnose-Yellowbelly		394
Lesser-Cinnamon-Spotnose	2011 O.C.D. Reptiles	–
Lesser-Pastel-Spotnose	2011 Ben Renick	–
Lesser-Spotnose	Ben Renick	243
Calico-Enchi-Spotnose	2017 Justin Kobylka	392
Calico-Pastel-Spotnose	2011 Morton Wright	257
Calico-Super Pastel-Spotnose	2012 Morton Wright	257
Calico-Spotnose	2009 Morton Wright	258
Champagne-Spotnose	2011 Daniel Pottier	–
Black Pastel-Mojave-Pastel-Spotnose	2014 Steve Beamer	393
Super Black Pastel-Mojave-Super Pastel-Spotnose	2016 Steve Beamer	395
Cinnamon-Pastel-Pinstripe-Spider-Spotnose	2012 Ben Renick	394
Cinnamon-Pastel-Spotnose	2011 O.C.D. Reptiles	–
Super Black Pastel-Super Pastel-Spotnose	2016 Steve Beamer	394
Cinnamon-Spotnose	2008 O.C.D. Reptiles	–
Fire-GHI-Leopard-Soptnose	2016 Justin Kobylka	394
Fire-Leopard-Pastel-Spotnose	2016 Justin Kobylka	300
Fire-Leopard-Spotnose	2017 Justin Kobylka	395
Fire-Pastel-Spotnose	2011 J. Kobylka Reptiles	302
Het Red Axanthic-Pastel-Spotnose	2011 Donald Patterson	–
Het Red Axanthic-Super Pastel-Spotnose	2011 Donald Patterson	–
Het Red Axanthic-Spotnose	2011 P. Tate Reptiles	–
Leopard-Pastel-Spotnose-Yellowbelly	2017 Justin Kobylka	395
Leopard-Spotnose	2012 Ben Renick	331
Mojave-Pastel-Spotnose	2011 Steve Beamer	–
Mojave-Spotnose	2008 Steve Beamer	–
Mojave-Spotnose-Yellowbelly	2011 Donald Patterson	–
Orange Dream-Spotnose	2009 Ozzy Boids	–
Orange Dream-Spotnose-Yellowbelly		351
Pastel-Pinstripe-Spotnose		366
Pastel-Special-Spotnose	2011 Tom Baker	–
Pastel-Super Spotnose		370
Pastel-Spotnose-Yellowbelly		370
Pinstripe-Super Spotnose	2011 Fred Kick	–
Spark-Spotnose-Yellowbelly	2016 Alpha Balls	381
Special-Spotnose	2011 Tom Baker	–
Spotnose-Yellowbelly	2010 Jon Courtney	395

Black Pastel-Mojave-Pastel-Spotnose
Foto: S. Beamer

Super Spotnose aka **Powerball**, Tier von Austrian Reptiles + Royalsnakes
Foto: W. Obermayer

Cinnamon-Pastel-Pinstripe-Spider-Spotnose, Tier von Ben Renick
Foto: B. Renick

Black Head-Spotnose-Yellowbelly Foto: J. Kobylka

Super Black Pastel-Super Pastel-Spotnose Foto: S. Beamer

Fire-GHI-Leopard-Spotnose
Foto: J. Kobylka

Fire-Leopard-Spotnose Foto: J. Kobylka

Leopard-Pastel-Spotnose-Yellowbelly Foto: J. Kobylka

Calico-Super Pastel-Pinstripe-Spider-Spotnose Foto: S. Beamer

Spotnose-Yellowbelly, Tier von Steve Beamer Foto: S. Beamer

Super Black Pastel-Mojave-Super Pastel-Spotnose Foto: S. Beamer

STRANGER

Weitere Namen / Synonyme	keine
Genetik	**dominant (bisher (2018) noch nicht auf Superform geprüft)**
Zuerst gezüchtet / importiert	Ires Reptiles 2012

Der Stranger wurde 2012 zum ersten Mal in den Niederlanden gezüchtet, eher zufällig und unbewusst. Ires Reptiles ist eine Züchtergemeinschaft von zwei Ehepaaren: Ingrid, Roland, Els und Sander, daher auch der Name Ires.
Sie verpaarten 2012 ein Clown-Weibchen mit einem Butter-Pastel-Männchen. Ein Teil der Nachzuchten sah jedoch überraschend anders aus: Sowohl ein wildfarbenes Tier als auch ein Butter-Pastel entsprachen nicht dem Üblichen bzw. waren von den anderen Jungen deutlich zu unterscheiden.
Glücklicherweise waren beides auch noch Männchen und wurden somit in der Zucht behalten.
2013 wurde das besagte Clown-Weibchen mit Enchi-Pastel verpaart, und wieder war zumindest eines der Jungtiere deutlich anders, diesmal ein Pastel. Somit war geprüft, dass ein Teil der Jungtiere von diesem Weibchen noch eine andere, neue Morphe erbte.
2014 waren die ersten beiden Männchen aus der 2012er-Verpaarung geschlechtsreif. Sie wurden mit diversen Weibchen verpaart, von Clown über andere Morphen bis hin zu wildfarbenen Classics.
Aus dem ersten Gelege, Verpaarung Wildfarben het Clown von 2012 mit Wildfarben, schlüpften u. a. sieben dunkle, dem Vater ähnliche Tiere. Zu diesem Zeitpunkt wurde das Projekt „Stranger" getauft.
Ein paar Wochen später kam dann die große Sensation, als aus einem Gelege zwei Pastel-Stranger-Clowns und ein Butter-Stranger-Clown schlüpften: Sehr schöne Tiere mit völlig anderer und bis dahin neuer Zeichnung. Dies war sozusagen der internationale Durchbruch für den Stranger.
Die ganze Geschichte zeigt, dass doch immer mal wieder in der bestehenden Zucht neue Morphen auftauchen können, die es absolut wert sind, weiter verfolgt zu werden. Es braucht Geduld und auch einen langen Atem, aber dann kann es sich in jeder Hinsicht auszahlen.
Bis zum aktuellen Zeitpunkt (2018) sind noch einige andere tolle Stranger-Combos geschlüpft, z. B. mit Clown, aber auch mit anderen Morphen. Es scheint noch viel Potenzial für die nächsten Jahre darin zu stecken und ist wohl erst der Anfang mit dem Stranger.

Übersicht über die Stranger-Morphen

Morphe	Zuerst gezüchtet (Jahr, Züchter)	auf Seite
Stranger	2012 Ires Reptiles	396
Super Stranger	noch nicht geprüft	–
Combos mit Stranger, rezessiv		
Clown-Fire-Project Gene	2017 IRES Reptiles	143
Clown-Leopard-Stranger	2017 IRES Reptiles	144
Clown-Stranger	2017 IRES Reptiles	145
Combos mit Stranger, (co-)dominant		
Butter-Fire-Stranger-Project Gene		397
Butter-Pastel-Stranger		397
Fire-Stranger	2017 IRES Reptiles	397
GHI-Mojave-Stranger	2017 IRES Reptiles	397
GHI-Stranger	2017 IRES Reptiles	397
Mojave-Stranger	2017 IRES Reptiles	398
Pastel-Stranger	2017 IRES Reptiles	398
Spark-Stranger	2017 IRES Reptiles	398

Stranger
Foto: IRES Reptiles

Butter-Fire-Stranger-Project Gene Foto: IRES Reptiles

Fire-Stranger Foto: IRES Reptiles

GHI-Mojave-Stranger Foto:IRES Reptiles

GHI-Stranger Foto: IRES Reptiles

Butter-Pastel-Stranger
Foto: IRES Reptiles

Mojave-Stranger Foto:IRES Reptiles

Pastel-Specter-Stranger Foto: IRES Reptiles

Pastel-Stranger
Foto: IRES Reptiles

Spark-Stranger
Foto: IRES Reptiles

GENETIC TIGER

Reduced Pattern, Banana, Banded Tiger, Blade (Marc-Mandic-Linie)	Weitere Namen / Synonyme
codominant	**Genetik**
2007 von Stefan Broghammer (M&S Reptilien)	Zuerst gezüchtet / importiert

Der Tiger ist schon recht lange erhältlich und kommt heute noch in jeder Saison (jetzt etwas seltener) als „ungeprüfte Morphe" für nicht allzu viel Geld aus Afrika – meiner Erfahrung nach immer aus Ghana. Dort scheint es Populationen zu geben, in denen diese gebänderten Tiere einigermaßen häufig vorkommen – interessanterweise sind dies fast immer besonders große und kräftige Exemplare, selbst schon beim Schlupf aus dem Ei. Diese Morphe galt jahrelang als genetisch „nicht geprüft" und auch nicht als sonderlich spektakulär. Ich vermute, es wurden schon vor 2007 Tiger gezüchtet, ohne allzu viel Aufsehen zu erregen. Es scheint außerdem so, dass nicht alle aus Afrika kommenden Tiger tatsächlich genetisch festgelegt sind und dass es andererseits Linien gibt, die rezessiv vererbt werden.
Bezüglich der Combos steckt die Tiger-Morphe noch in den Kinderschuhen, z. B. entstehen bei Verpaarungen mit Lesser nun keine „gebänderten Lesser" – wie man erwarten sollte –, sondern schön gezeichnete Lesser-Exemplare mit einer intensiv gelben Färbung. Es bleibt abzuwarten, ob der Super Tiger als Combo die Bänderzeichnung weitervererbt – bei Combos mit rezessivem Partner wird die Bänderung in der Regel weitergegeben, wie beim Albino Tiger, der 2010 von Darren Biggs/Crystal Palace gezüchtet wurde.
In Deutschland bzw. Europa wurden gebänderte Tiere in den Anfangsjahren als „Banana" oder „European Banana" bezeichnet – auch ich habe in meinem Albino-Buch (Broghammer 1998) so ein Exemplar als Banana aufgeführt, in Anlehnung an den Namen „Banana" bei den „High White"-gebänderten Kalifornischen Kettennattern. Vor allem unter dem Begriff Blade wurden tolle Combos mit Clown gezogen. Der Clown-Blade (und somit der Clown-Genetic Stripe) hat eine ganz tolle, reduzierte Zeichnung. Daraus lassen sich wunderschöne Clown-Combos machen.

Übersicht über die Tiger-Morphen

Morphe	Zuerst gezüchtet (Jahr, Züchter)	auf Seite
Tiger (Genetic-/-Banded)	2007 M&S Reptilien	399
Super Genetic Tiger	2011 M&S Reptilien	400
Combos mit Tiger, rezessiv		
Axanthic-Genetic Tiger		120
Clown-Genetic Tiger		400
Combos mit Tiger (Genetic-/-Banded), (co-)dominant		
Banana-Pastel-Genetic Tiger		400
Lesser-Tiger		243
Enchi-Tiger		295
Het Red Axanthic-Tiger	2011 Corey Woods	–
Pastel-Tiger		400
Pinstripe-Tiger		373
Spider-Tiger	2006 NERD	391
Genetic Tiger-Vanilla	2007 M&S Reptilien	–
Genetic Tiger-Yellowbelly		–

Superform: Super Tiger. Zuerst gezüchtet: 2011 von Stefan Broghammer/M&S Reptilien
Die Super Tiger haben noch eine viel intensivere Tiger-Zeichnung, bzw. ihr Schwarz ist noch mehr reduziert. Es sind sehr schöne Tiere, die in Zukunft bestimmt noch einige herausragende Combos hervorbringen werden.

Genetic Tiger,
Tier von M&S Reptilien
Foto: A. Gibert

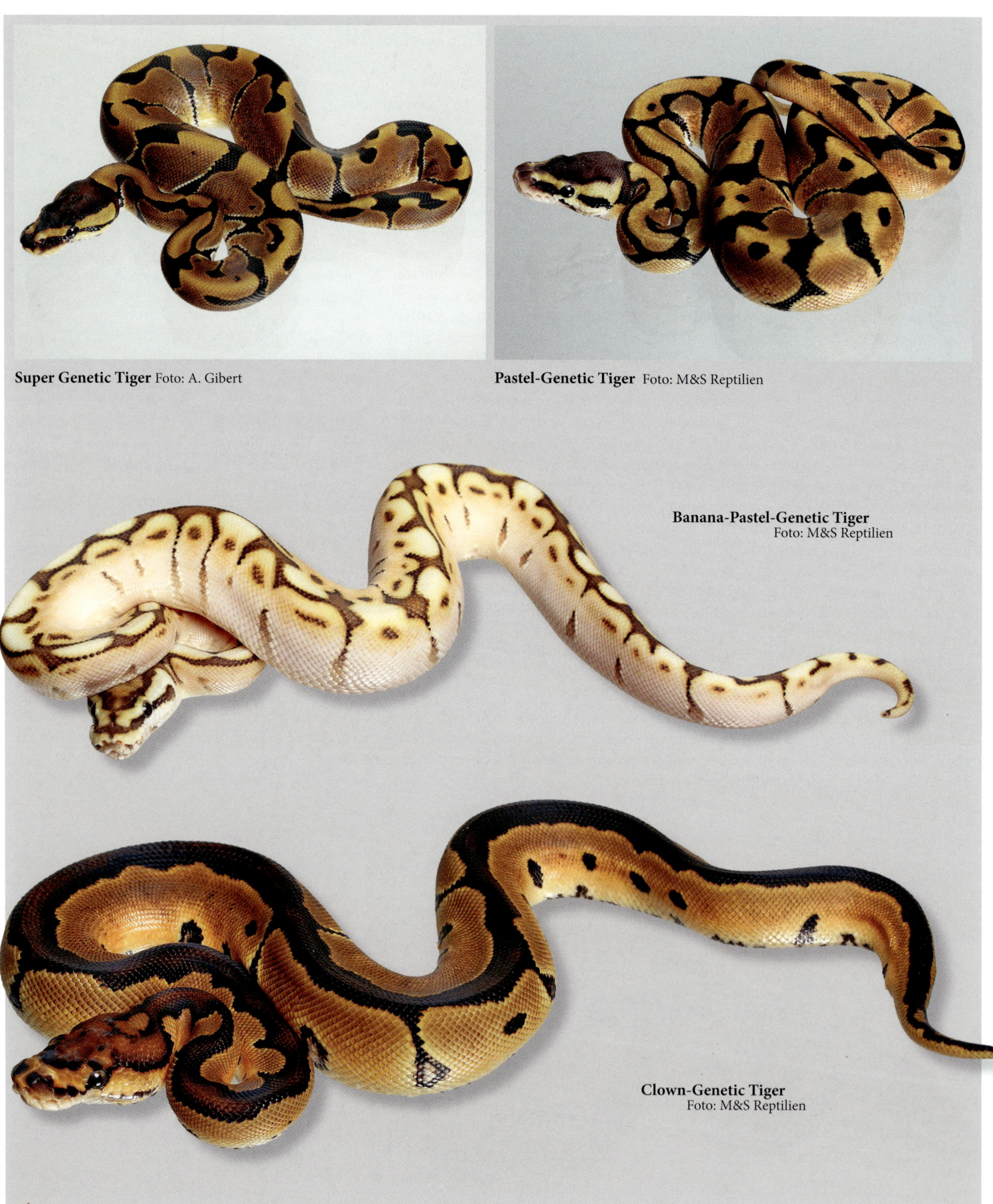

Super Genetic Tiger Foto: A. Gibert

Pastel-Genetic Tiger Foto: M&S Reptilien

Banana-Pastel-Genetic Tiger Foto: M&S Reptilien

Clown-Genetic Tiger Foto: M&S Reptilien

TRICK

keine	Weitere Namen / Synonyme
dominant	**Genetik**
2006 von Gary Liesen	Zuerst gezüchtet / importiert

Gary Liesen hatte im Jahr 2004 ein hübsches Black-Pastel-Männchen gekauft, das aus Afrika kam, also ein Ranching-Tier war. Er zog es groß, und zwei Jahre später, im Jahr 2006, verpaarte er das Männchen mit mehreren wildfarbenen Weibchen. Es schlüpften, wie zu erwarten, Classics, Black Pastel, aber auch andere, seltsam gemusterte Jungtiere. Gary Liesen nannte die neue Morphe „Trick". Diese Mutation hatte sich also scheinbar hinter dem Black Pastel aus Afrika verborgen.

Gary Liesen behielt einige der Tricks und verpaarte sie mit verschiedenen anderen Morphen. Er selber versuchte nur ein Mal, Super Trick zu züchten, also Trick mit Trick zu verpaaren. Es schlüpfte ein Pastel-ähnliches Jungtier, das wohl die Superform sein musste. Liesen nahm jedoch an, aus Trick könne kein Pastel resultieren und dass er wohl einmal versehentlich ein Pastel-Männchen eingesetzt hatte. Das erwähnte Pastel-ähnliche Jungtiere verweigerte jegliches Futter und starb nach einiger Zeit.

Ein Jahr später verpaarte ein mit Liesen befreundeter Züchter ebenfalls Trick mit Trick und bekam auch so ein Pastel-ähnliches Tier als Nachzucht. Es war in diesem Fall ausgeschlossen, dass ein Pastel-Männchen an der Zucht beteiligt gewesen war. Auch dieses Tier verweigerte das Fressen und starb.

Bisher sind wohl keine weiteren Super-Trick-Verpaarungen bekannt. Der Schluss aus diesen zwei Verpaarungen wäre, dass ein Super Trick ähnlich wie Pastel aussieht, aber eventuell nicht lebensfähig ist. Es ist schwer vorstellbar, dass eine Morphe schon seit 2006 gezüchtet wird, aber so grundlegende Dinge nicht sicher bekannt sind. Somit bleibt es spannend – oder gibt es Leser dieses Buches, die hierzu mehr wissen?

Übersicht über die Trick-Morphen

Morphe	Zuerst gezüchtet (Jahr, Züchter)	auf Seite
Trick	2006 Gary Liesen	401
Combos mit Trick, rezessiv		
Clown-Cinnamon-Pastel-Trick		401
Combos mit Trick, (co-)dominant		
Leopard-Trick		401

Leopard-Trick
Foto: G. Liesen

Clown-Cinnamon-Pastel-Trick
Foto: G. Liesen

Trick,
Tier von Dan Wolfe
Foto: D. Wolfe

VANILLA

Weitere Namen / Synonyme	Lightning Ball, Thunder Ball
Genetik	**codominant**
Zuerst gezüchtet / importiert	2000 von Chris McQuade/Gulf Coast Reptiles, USA

Der erste Vanilla kam 1999 mit einer Sendung Wildfangtiere aus Afrika. Vanillas sind sehr helle Tiere und machen als „Combo-Zutat" das Zuchtergebnis in der Folgegeneration deutlich heller und leuchtender, daher auch die synonymen Namen „Lightning" bzw. „Thunder". Es existieren weltweit mehrere Vanilla-Linien, und es werden auch heute noch immer wieder geranchte Vanillas aus Afrika importiert. Die Vanillas weisen einen hellen Fleck auf dem Kopf sowie meistens helle runde Flecken an den Lippen auf, ähnlich der Spotnose-Zeichnung.

Superform: Super Vanilla. Zuerst gezüchtet: 2002 von Chris McQuade/Gulf Coast Reptiles (wunderschöne helle Tiere, bei denen auch eine fast kreisrunde weiße Scheibe auf dem Kopf bemerkenswert ist)

Übersicht über die Vanilla-Morphen

Morphe	Zuerst gezüchtet (Jahr, Züchter)	auf Seite
Vanilla	2000 Chris McQuade/Gulf Coast Reptiles	403
Super Vanilla	2002 Chris McQuade/Gulf Coast Reptiles	403
Combos mit Vanilla, rezessiv		
Ghost-Vanilla		164
Citrus Ghost-Vanilla		164
Piebald-Fire-Vanilla	2017 Royalsnakes	183
Combos mit Vanilla, (co-)dominant		
Bamboo-Fire-Pastel-Vanilla		404
Bamboo-Pastel-Vanilla		404
Banana-Fire-Vanilla		404
Bongo-Mojave-Vanilla		230
Lesser-Granit-Pastel-Vanilla-Hidden Gene Woma		404
Lesser-Pastel-Vanilla	Gulf Coast Reptiles	404
Lesser-Super Pastel-Vanilla		241
Lesser-Specter-Vanilla	Mark Haas	242
Black Pastel-Fire-Vanilla	2011 Sloan Reptiles	–
Cinnamon-Pastel-Specter-Vanilla-Yellowbelly	2011 Mark Haas	276
Cinnamon-Pastel-Vanilla	2008 Gulf Coast Reptiles	–
Cinnamon-Super Pastel-Vanilla	2011 Chad James	–
Cinnamon-Vanilla	2011 Ball Pythons Only	–
Cinnamon-Vanilla-Yellowbelly		277
Enchi-Fire-Vanilla	2011 George Sampson	291
Enchi-Orange Dream-Pastel-Vanilla		295
Enchi-Pastel-Super Vanilla		295
Enchi-Super Vanilla		294
Fire-Mojave-Vanilla		299
Fire-Pastel-Vanilla	2011 Gulf Coast Reptiles	302
Fire-Vanilla	2009 Gulf Coast Reptiles	301
Flame-Vanilla (Amir-Linie)		302
Fire-Vanilla-Spider		302
Fire-Vanilla-Yellowbelly	2011 Marc Bailey	–
Flame-Vanilla-Yellowbelly		302
Het Red Axanthic-Mojave-Vanilla	2009 Mike Brandauer	–
Het Red Axanthic-Vanilla	2009 Mike Brandauer	–
Hurricane-Pastel-Super Vanilla-Yellowbelly	2015 Hans-Jörg Winner	325
Hurricane-Super Vanilla-Yellowbelly	2017 Hans-Jörg Winner	325
Mojave-Pastel-Spider-Vanilla	2011 ULTIMATE Morphs	–
Mojave-Pastel-Vanilla	Gulf Coast Reptiles	–
Mojave-Super Pastel-Vanilla		341
Mojave-Vanilla		404
Mojave-Super Vanilla	Gulf Coast Reptiles	345
Mojave-Vanilla-Yellowbelly	2009 Dirk Hasselberg	–
Pastel-Pinstripe-Vanilla	2011 Versus	–
Super Pastel-Spider-Vanilla	Gulf Coast Reptiles	–
Pastel-Vanilla	2008 Maki Goskowicz	–
Pastel-Super Vanilla	Gulf Coast Reptiles	370
Super Pastel-Super Vanilla	2009 Gulf Coast Reptiles	–
Specter-Vanilla	Mark Haas	386
Specter-Vanilla-Yellowbelly	2011 Mark Haas	387
Spider-Super Vanilla	2011 Phil Traat	–
Genetic Tiger-Vanilla	2007 M&S Reptilien	–

Vanilla,
Tier von Royalsnakes
Foto: W. Obermayer

Super Vanilla, Tier von H.-J. Winner

Foto: H.-J. Winner

Mojave-Vanilla, Tier von Herman van Hellem Foto: H. van Hellem

Bamboo-Fire-Pastel-Vanilla Foto: H. van Hellem

Banana-Fire-Vanilla Foto: H. van Hellem

Bamboo-Pastel-Vanilla Foto: H. van Hellem

Lesser-Granite-Pastel-Vanilla-Hidden Gene Woma Foto: A. Holzer

Lesser-Pastel-Vanilla Foto: A. Holzer

WOMA / HIDDEN GEN WOMA

Woma Tiger, Hidden Gen Woma	Weitere Namen / Synonyme
dominant	**Genetik**
1998 von Kevin McCurley/NERD	Zuerst gezüchtet / importiert

Der Ur-Woma wurde Ende der 90er-Jahre in einem Zoogeschäft entdeckt, kam also zufällig mit einer Afrika-Sendung in die USA. Bis heute gibt es immer wieder einmal solche Tiere, die auf den Farmen in Afrika schlüpfen. Wie die Spider zeigen auch manche Womas einen Muskeltick, allerdings deutlich weniger ausgeprägt, und ich habe den Eindruck, dass dies auch nur einen Teil der Tiere betrifft. Der Tick äußert sich durch leicht unkontrollierte Bewegungen und Kopfdrehen.
2001 züchtete Kevin McCurley/NERD die erste Superform dieser Morphe, die er „Pearl" nannte, ein fast weißes Tier und damals die Sensation des Jahres. Allerdings hörte man danach nicht mehr viel von diesem Tier, ich glaube, es starb recht bald. Auch andere Züchter hatten und haben das Problem, dass der Super Woma offenbar nicht lebensfähig ist.
Beim Woma gibt es außerdem noch Verwirrung durch das sogenannte „hidden gene", also durch ein verstecktes Gen, das offenbar nur wenige Exemplare haben. Diese „Hidden Gene"-Womas bringen beispielsweise mit Lesser eine wunderschöne Morphe hervor, die von Kevin McCurley „Soul Sucker" genannt wird. Andere Womas, die dieses versteckte Gen nicht besitzen, erzeugen mit Lesser nur einen Lesser Woma – auch ein schönes Tier, aber bei Weitem nicht so auffällig wie der Soul Sucker.

Superform: Die Superform, der sogenannte Pearl, ist leider nicht lebensfähig und stirbt noch im Ei oder nach dem Schlupf ab.

Woma,
Tier von Philipp Schäfer
Foto: P. Schäfer

Übersicht über die Woma-Morphen

Morphe	Zuerst gezüchtet (Jahr, Züchter)	auf Seite
Woma	1998 NERD	405
Hidden Gene Woma	NERD	–
Combos mit Woma, rezessiv		
Albino-Disco-Granite-Lemon Pastel-Spider-Hidden Gene Woma-Yellowbelly	2017 Alexander Nowak	287
Albino-Disco-Granite-Lemon Pastel-Hidden Gene Woma-Yellowbelly	2017 Alexander Nowak	287
Albino-Woma	2011 Adrian Haigh	–
Clown-Enchi-Fire-Jungle Pastel-Woma		141
Piebald-Woma	2011 Paul Fischer	–
Combos mit Woma, (co-)dominant		
Bamboo-Pastel-Hidden Gene Woma		408
Banana-Woma	2010 Brock Wagner	217
Coral Glow-Woma	2012 Dynasty Reptiles	217
Lesser-Chocolate-Pinstripe-Woma	BHB	–
Lesser-Fire-Woma	2011 Julian Calcagno	–
Butter-GHI-Pastel-Woma		407
Butter-GHI-Woma		–
Lesser-Granit-Pastel-Vanilla-Hidden Gene Woma		404
Lesser-Granit-Pastel-Hidden Gene Woma		407
Lesser-Gravel-Woma-Yellowbelly		408
Lesser-Pastel-Yellowbelly-Hidden Gene Woma		241
Butter-Pinstripe-Woma		408
Lesser-Spider-Hidden Gene Woma		242
Lesser-Spider-Woma	2006 NERD	–
Platty Daddy-Hidden Gene Woma	2006 NERD	249
Platty Daddy-Hidden Gene Woma (Purple)		249
Platty Daddy-Hidden Gene Woma-???		249
Platty Daddy-Super Hidden Gene Woma	2010 NERD	–
Lesser-Woma	2005 NERD	243
Champagne-Hidden Gene Woma		264
Chocolate-Pinstripe-Woma	BHB	–

Morphe	Zuerst gezüchtet (Jahr, Züchter)	auf Seite
Super Cinnamon-Woma	2010 BHB	–
Desert-Mojave-Pastel-Woma	2011 Ken Macek/Ray Wilke	–
Desert-Woma	2011 Exotics by Nature	–
Desert-Jungle Woma		285
Disco-Granit-Lemon Pastel-Spider-Hidden Gene Woma-Yellowbelly	2017 Alexander Nowak	287
Disco-Granit-Lemon Pastel-Hidden Gene Woma-Yellowbelly		286
Enchi-Woma	2009 Crystal Palace	–
Enchi-Woma-Yellowbelly		294
Fire-Pastel-Woma	2011 Julian Calcagno	–
GHI-Pastel-Woma		407
Granit-Super Pastel-Phantom-Hidden Gene Woma-Yellowbelly		407
Granit-Pastel-Hidden Gene Woma-Yellowbelly	2006 NERD	–
Granit-Super Pastel-Hidden Gene Woma-Yellowbelly		311
Granit-Pastel-Woma-Yellowbelly	2011 Jon Courtney	–
Granit-Hidden Gene Woma-Yellowbelly	2006 NERD	–
Granit-Woma	2010 Jon Courtney	–
Gravel-Pastel-Woma-Yellowbelly		408
Gravel-Specter-Woma	2017 Royalsnakes	315
Het Red Axanthic-Mystic-Woma	2012 UK Exotics	–
Het Red Axanthic-Woma	2008 BRB Reptiles	–
Red Axanthic-Woma	2010 BRB Reptiles	–
Mojave-Woma		345
Mojave-Hidden Gene Woma		407
Phantom-Woma-Yellowbelly	2011 Daniel Kowalski	–
Pastel-Pinstripe-Hidden Gene Woma		367
Super Pastel-Spider-Hidden Gene Woma	2009 Doug Matuszak	369
Special-Woma	2010 Tom Baker	–
Hidden Gene Woma-Yellowbelly	2006 NERD	–
Woma-Yellowbelly		406

Woma-Yellowbelly, Tier von Jürgen Hochholzer
Foto: J. Hochholzer

GHI-Pastel-Woma Foto: M&S Reptilien

Granit-Super Pastel-Phantom-Hidden Gene Woma-Yellowbelly
Foto: W. Obermayer & G. Hiendlmeyer

Lesser-Granit-Pastel-Hidden Gene Woma Foto: A. Holzer

Mojave-Hidden Gene Woma Foto: M&S Reptilien

Butter-GHI-Pastel-Woma
Foto: M&S Reptilien

Gravel-Pastel-Woma-Yellowbelly aka **Highway-Pastel-Woma**
Foto: M. Thakkar

Lesser-Gravel-Woma-Yellowbelly aka **Lesser-Highway-Woma**
Foto: M. Thakkar

Butter-Pinstripe-Woma
Foto: M&S Reptilien

Bamboo-Pastel-Hidden Gene Woma
Foto: A. Holzer

YELLOWBELLY

Goblin (Ralph-Davis-Linie)	Weitere Namen / Synonyme
codominant	**Genetik**
1999 von Amir Soleymani	Zuerst gezüchtet / importiert

Superform: Super Yellowbelly aka Ivory. Zuerst gezüchtet 2003 von The Snake Keepers.

Amir Soleymani aus den USA machte vor zwei Jahren bei der Breeders' Expo in Daytona, der größten Terraristikmesse in den Staaten, eine tolle Werbung mit dem Slogan: „Not without a Yellowbelly – nicht ohne einen Yellowbelly". Tatsächlich ist die Farbform „Gelbbauch", eben der Yellowbelly, verantwortlich für viele wunderschöne Combos. Als einfache „Zugabe" macht er die meisten Combos einfach schöner, intensiviert Färbung und Zeichnung der Tiere. Beispiele hierfür sind der Bumblebee und Bumblebee-Yellowbelly.
Gerade in der aktuellen Situation, in der es fast ein Überangebot an Tieren gibt, wird besonders viel Wert darauf gelegt, dass man ein besonders schönes Exemplar einer bestimmten Morphe bekommt. War man vor wenigen Jahren zufrieden, einfach einen Bumblebee zu besitzen, will man jetzt ein „Highlight"-Tier und ist auch bereit, dafür etwas mehr Geld auszugeben. Der Yellwobelly eignet sich beim Einsatz in der Zucht hervorragend, um die Farben etwas aufzupeppen.
Das ganz Besondere am Yellowbelly ist allerdings die Superform, der Ivory. Im Jahr 2000 wurde eine große Sensation aus Afrika bekannt: ein ganz weißer bzw. elfenbeinfarbiger Königspython. Er ging für 125.000 $ in die USA. Das Tier war und ist wohl bis heute der teuerste Python, der jemals verkauft wurde. Weiße Schlangen, das war zur damaligen Zeit das Nonplusultra. Zu diesem Zeitpunkt war noch nicht klar, was genetisch hinter diesem außergewöhnlichen Tier steckte.
Im selben Jahr und auch in den folgenden Jahren verschickte ich immer wieder „Odd Balls" aus Afrika, die letztlich Yellowbellys waren. Aber niemand wusste von dem Po-

Yellowbelly, Tier von M&S Reptilien
Foto: A. Gibert

Yellowbelly,
Tier von M&S Reptilien
Foto: A. Gibert

Super Yellowbelly (Paradox), Tier von Darren Biggs Foto: D. Carguillo

tenzial, das in diesen Tieren steckte. Die „Snakekeepers" (so heißt das Unternehmen der Züchter Colette und Dan Sutherland aus den USA) kauften ab 2002 alle erhältlichen Yellowbellys auf – sie schienen schon damals wohl etwas mehr zu wissen. 2003 züchteten sie den ersten Ivory in menschlicher Obhut. Im selben Jahr wurde auch in Afrika ein weiterer Ivory gefunden und exportiert. Dieses Tier ging an Ralph Davis in den USA. Ich hatte Glück und bekam die Geschwistertiere, insgesamt fünf Stück. Vier hatten diesen merkwürdigen milchigen Bauch, ein Exemplar sah ganz normal aus. Ich versuchte, zumindest ein paar der Tiere zu verkaufen, um ein bisschen von dem ausgegeben Geld zurückzubekommen. Ich erntete aber hauptsächlich Spott und Häme. Wer denn garantiere, dass diese Tiere so einen Ivory hervorbringen könnten? Woher ich mir sicher sei, dass die Afrikaner mich nicht angelogen haben, vielleicht seien es ja gar nicht die Geschwistertiere? Oder ob ich eventuell einfach nur eine gute Werbestory erzählen würde – und so weiter.
Ich selbst aber war mir sicher. Der Verkäufer war ein langjähriger Bekannter von mir, dem ich voll vertraute. Die Tiere sahen alle (bis auf das eine erwähnte Tier) gleich seltsam aus. Das konnte kein Zufall sein. Die ersten 1–2 Häutungen verliefen genau zeitgleich, was ebenfalls sehr stark für Geschwistertiere sprach. Ich muss ehrlich sagen, dass es schon Nerven gekostet hat, sich wegen dieser neuen Morphe und der Afrika-Tiere belächeln und verspotten zu lassen. Zum damaligen Zeitpunkt waren die USA das Maß aller Dinge in der Pythonzucht.

Super Yellowbelly aka **Ivory,** Tier von M&S Reptilien Foto: A. Gibert

Jeder schaute nach drüben, was es dort Neues gab. Es wurden Tausende Euros für einen Pastel oder Spider ausgegeben, aber kaum jemand war bereit, auch Geld in etwas Neues und Ungeprüftes zu investieren. Explizit ausnehmen will ich hier Gerlinde Hindlmayer aus Bayern. Sie hatte ein Pärchen der Yellowbellys gekauft und war denn im Jahr 2005 auch die Erste, die einen Ivory in Europa nachzog.

Als die ersten ganz weißen Leuzisten kamen, Blue Eyes und Black Eyes, gerieten die Ivorys etwas aus dem Blick. Ein schneeweißes Tier, das war jedermanns Traum. Die Ivorys waren ja nicht ganz weiß: Etwas Gelb (wenn auch Neongelb) und Schwarz waren drin, und das Weiß wirkte auch nicht wie frisch gewaschen. Ein paar Jahre lang musste es also unbedingt ein „Lucy" sein, ein Leuzist. Diese Phase ist aber nun zum Glück überstanden, der Ivory feiert gerade sein großes Comeback. Einerseits, weil es doch interessanter ist, wenn die Tiere nicht nur weiß aussehen, sondern noch weitere Farben und etwas Zeichnung vorhanden sind. Andererseits auch wegen des gesamten sogenannten Yellowbelly-Komplexes.

Bamboo-Super Yellowbelly Foto: H. van Hellem

Der Yellowbelly-Komplex

Im Jahr 2004 züchtete Jared Hornstein aus den USA mehr aus Zufall ein wunderschönes Tier, das er Superstripe nannte. Von Anfang an war bekannt, dass eine „Zutat" der Yellowbelly war. Die zweite Komponente blieb jedoch lange geheim – bzw. ich denke, dass Jared sie gar nicht so genau kannte. Am Anfang war die Rede von einem gestreiften Tier, also probierte jeder all seine gestreiften Tiere aus. Ohne Erfolg. Dann kam ein Gerücht, es sei ein Vanilla. Jeder kaufte Vanilla. Auch nichts. Ich hatte 2008 Glück und zog mit einem Vanilla-ähnlichen Tier die ersten zwei Superstripes in Europa nach. Die fehlende Zutat war gefunden: ein Vanilla-ähnliches Tier, für sich betrachtet eher unscheinbar, das den Namen Specter bekam (siehe Seite 384).

2007 kam ein neuer Kandidat in die Yellowbelly-Runde: der Puma. Gezüchtet wurden die Tiere von Amir Soleymani aus Florida. Der Puma war etwas ähnlich dem Superstripe, aber doch deutlich heller. Auch er war eher ein Zufallsprodukt. Amir war schon immer ein Yellowbelly-Fan und hat somit einen Großteil seiner Zuchttiere mit Yellowbellys verpaart. Die andere Ausgangsvariante des Pumas, der Spark (siehe Seite 378), ist ebenfalls eine eher unscheinbare Form. Sie sieht ein wenig anders aus als normalfarbene Königspythons, aber nicht so, dass es sofort auffiele. Man muss schon an die Odd Balls und an das eigene Glück glauben (und auch ab und zu bereits mal Erfolg gehabt haben), um so ein Tier für die Zucht zu behalten.

Der Vierte und vorläufig Letzte im Bunde war der Highway. Bill Brant aus Florida ist vermutlich der größte Python-regius-Züchter weltweit mit seinen ca. 3.000 Zuchttieren. Er ist bis heute auch vielen Insidern unbekannt, weil er weniger die teuren und spektakulären sogenannten High-End-Morphen züchtet, sondern vielmehr eine große Menge an erschwinglichen Tieren, die großteils in den USA über normale Zoogeschäfte vertrieben werden. Er hat schon immer viel mit Yellowbellys gezüchtet und so 2008 zwei Tiere miteinander verpaart, die er beide für Yellowbellys hielt. Zu seiner großen Überraschung kam ein wunderschönes Tier heraus, das völlig anders war als der erwartete Ivory. Er nannte es Highway, weil dieser Python eine schöne, unterbrochene Linie auf dem Rücken hat, ähnlich dem Mittelstreifen auf einem Highway.

Das große Problem war jetzt allerdings, dass er nicht sagen konnte, welches der Elterntiere kein Yellowbelly war, sondern etwas Anderes, bis dato Neues. Also versuchte er im Jahr darauf die gleiche Verpaarung noch einmal, und wieder hatte er Glück, denn abermals erhielt er zwei Highways. 2010 besuchte ich Bill Brant, und er zeigte mir die beiden Eltern. Auch für mich sahen beide mehr oder weniger einfach nur wie normale Yellowbellys aus.

Noch im selben Jahr hatte ich ebenfalls Glück und bekam aus einer Verpaarung zweier vermeintlicher Yellowbellys einen Highway. Ein wunderschönes Tier – ich glaube, ich habe zwei Tage kaum geschlafen und den Brutkasten (sträflicherweise) mindestens fünfzigmal geöffnet, bis der kleine König endlich geschlüpft war. Bis heute tun sich alle Züchter schwer zu unterscheiden, was ein normaler Yellowbelly und was ein

Highway-Elterntier ist. Bill Brant taufte Letztere übrigens 2012 auf den Namen Gravel (siehe Seite 312) – also Schotter, eben eine Zutat für den Bau von Highways. Es gibt keine hundertprozentigen Merkmale, wie man Gravel-Tiere erkennen oder von Yellowbellys unterscheiden kann. Ich persönlich habe allerdings den Eindruck, dass ein Gravel in der Form der Zeichnung an den Supergravel erinnert, und halte mich an dieses Merkmal. Ken Gubersky aus Kanada, der ebenfalls seit Jahren Highways züchtet, meint, die Gravels hätten Punkte am Bauch, Yellowbellys dagegen nicht. Aber auch dieses Merkmal ist nicht so eindeutig, dass man es sicher heranziehen könnte.

Somit waren es nun also vier Formen im Yellowbelly-Komplex. Dass alle vier irgendwie zusammengehörten, bemerkte man unter anderem bei der Verpaarung dieser Morphen untereinander. Ich verpaarte 2011 durch Zufall Gravel und Specter miteinander und bekam ein Tier, das aussah wie ein Superstripe. Erst ein Jahr später bemerkte ich, dass es ein Gravel-Specter war. Diese Form kann sowohl für Highways als auch für Superstripe-Babys sorgen. Ein Super-Specter sieht aus wie ein Superstripe.

Weiterhin interessant und zu beachten ist, dass alle diese Veränderungen auf dem gleichen Genabschnitt liegen. Auch als „Combo" – also Highway, Puma oder Superstripe – verhalten sie sich wie eine Superform. Ich kann also nicht bei einer Kreuzung von Highway mit einem naturfarbenen Tier weitere Highways züchten. Ebenso erhält man auch bei einer Verpaarung eines Ivory mit einem normalfarbenen Königspython lauter Yellowbellys, da dieses Merkmal sich dominant verhält.

Beide Eltern müssen also zumindest eine Komponente haben. Zum Vergleich: Verpaare ich Bumblebee x Classic (also eine Kreuzung eines Bumblebee mit einem naturfarbenen Tier), bekomme ich Spider, Pastel, Bumblebee und Classic. Bei Highway x Classic dagegen bekomme ich 50 % Gravel und 50 % Yellowbelly.

Zudem werden aktuell in den USA Highway-ähnliche Tiere gezüchtet, die sicher auch in den Komplex gehören und Freeway genannt werden. Ich persönlich bin mir allerdings nicht sicher, ob es sich dabei wirklich um eine neue Morphe handelt, denn diese Pythons ähneln den Highways doch sehr stark. Aber die Zeit wird es zeigen.

Für mich ist der Yellowbelly-Komplex aktuell der spannendste Strang der co-dominanten Königspython-Zucht. Wir stehen erst ganz am Anfang, und es gibt bisher noch kaum Combos davon. Wie spektakulär diese werden könnten, ist jedoch zu erahnen, wenn man den Pastel-Highway betrachtet, eine der ersten Yellowbelly-Combos.

Mojave-Phantom-Yellowbelly, Oft lässt sich eine Morphe aufgrund der starken Veränderung nur schwer erkennen. Yellowbelly ist hier ein klassisches Beispiel. Auf dem Foto ein Phantom-Potion links und Phantom-Potion-Yellowbelly rechts. Der Yellowbelly lässt sich beim rechten Tier am klarer gezeichneten Rückenband erkennen, ähnlich dem des Ivorys oder Superstripes. Tiere von M&S Reptilien Foto: A. Gibert

Übersicht über die Yellowbelly-Morphen

Morphe	Zuerst gezüchtet (Jahr, Züchter)	auf Seite
Yellowbelly	1999 Amir Soleymani	409
Super Yellowbelly	2003 Snake Keeper	410
Super Yellowbelly (Paradox)		410/414
Super Yellowbelly (Graphite-Linie)		415
Combos mit Yellowbelly, rezessiv		
Albino-Disco-Granite-Lemon Pastel-Spider-Hidden Gene Woma-Yellowbelly	2017 Alexander Nowak	287
Albino-Disco-Granite-Lemon Pastel-Hidden Gene Woma-Yellowbelly	2017 Alexander Nowak	287
Albino-Yellowbelly	2007 Amir Soleymani	–
Albino-Super Yellowbelly	2009 Amir Soleymani	118
Axanthic-Pastel-Yellowbelly	2011 Jon Courtney	–
Axanthic-Piebald-Orange Dream-Yellowbelly	2017 Justin Kobylka	121
Axanthic-Yellowbelly	2011 Jon Courtney	–
Clown-Piebald-Yellowbelly	2017 J. Kobylka Reptiles	145
Clown-Butter-Leopard-Yellowbelly		140
Clown-Pastel-Yellowbelly	2012 Graziani Reptiles Inc.	–
Genetic Stripe-Pastel-Yellowbelly		153
Ghost-Black Pastel-Yellowbelly	2011 Jon Courtney	–
Ghost-Gravel-Yellowbelly	2016 J. Kobylka Reptiles	167
Orange Ghost-Pastel-Specter-Yellowbelly	2012 Brian Hahn	163
Ghost-Pastel-Yellowbelly	2010 Vince Pramuk	–
Ghost-Citrus Pastel-Yellowbelly		163
Lavender-Piebald-Yellowbelly	2016 J. Kobylka Reptiles	–
Piebald-Fire-Gene X-Pastel-Yellowbelly		182
Piebald-Fire-Orange Dream-Yellowbelly	2017 J. Kobylka Reptiles	183
Piebald-Gravel-Yellowbelly	2015 J. Kobylka Reptiles	183
Piebald-Leopard-Super Orange Dream-Yellowbelly	2016 J. Kobylka Reptiles	185
Piebald-Pastel-Specter-Yellowbelly	2017 Royalsnakes	185
Piebald-Yellowbelly	2008 J. Kobylka Reptiles	181
Piebald-Super Yellowbelly	2010 Royalsnakes	181
Sahara-Super Yellowbelly		188
Scaleless Head-Super Yellowbelly		192
Ultramel-Specter-Yellowbelly		200
Ultramel-Yellowbelly	2017 Royalsnakes	200
Combos mit Yellowbelly, (co-)dominant		
Confusion-Yellowbelly		205
Bamboo-Enchi-Yellowbelly		209
Bamboo-GHI-Yellowbelly		209
Bamboo-Super Yellowbelly		411
Banana-Black Pastel-Yellowbelly		212
Banana-Enchi-GHI-Yellowbelly		216
Coral Glow-Gravel-Pastel-Yellowbelly		314
Coral Glow-Gravel-Yellowbelly		314
Banana-Orange Dream-Yellowbelly	2011 Ozzy Boids	–
Banana-Specter-Yellowbelly		386
Black Head-Leopard-Pastel-Yellowbelly	2017 Justin Kobylka	221
Black Head-Spotnose-Yellowbelly		394
Black Head-Yellowbelly	2011 ReticBalls Markus Theimer	220
Bongo-Yellowbelly		231
Cypress-Yellowbelly		280
Butter-Granit-Yellowbelly	2011 Jon Courtney	–
Lesser-Gravel-Woma-Yellowbelly		408

Morphe	Zuerst gezüchtet (Jahr, Züchter)	auf Seite
Lesser-Citrus Pastel-Whiteout-Yellowbelly		241
Butter-Pastel-Yellowbelly		249
Lesser-Pastel-Yellowbelly-Hidden Gene Woma		241
Lesser-Pinstripe-Spider-Yellowbelly	2011 BHB	–
Butter-Pinstripe-Yellowbelly	2011 Simon Hamelin	–
Butter-Yellowbelly	2008 Bill Buchmann	–
Calico-Champagne-Yellowbelly	2011 Amir Soleymani	–
Sugar-Enchi-Yellowbelly		258
Sugar-Super Hurricane-Yellowbelly	2017 Hans-Jörg Winner	326
Calico-Pastel-Yellowbelly		252
Calico-Citrus Pastel-Yellowbelly	2008 Amir Soleymani	258
Calico-Pinstripe-Yellowbelly		257
Champagne-Genetic Jungle-Yellowbelly-?		304
Champagne-Gravel-Pastel-Yellowbelly		314
Champagne-Specter-Yellowbelly	2011 M&S Reptilien	262
Champagne-Super Yellowbelly	2012 Florida Reptile Room	415
Cinnamon-Fire-Yellowbelly	2011 Creative Constrictors	–
Black Pastel-Granit-Yellowbelly	2011 Chris Berrios	–
Cinnamon-Gravel-Pastel-Yellowbelly	2017 Royalsnakes	314
Cinnamon-Gravel-Yellowbelly		314
Black Pastel-Phantom-Yellowbelly	2011 Thomas Schöll	275
Cinnamon-Pastel-Specter-Vanilla-Yellowbelly	2011 Mark Haas	276
Cinnamon-Pastel-Specter-Yellowbelly	2011 Mark Haas	–
Cinnamon-Pastel-Yellowbelly		277
Cinnamon-Super Pastel-Yellowbelly	2010 Albeys Reptiles	–
Cinnamon-Specter-Yellowbelly	2011 Mark Haas	276
Cinnamon-Vanilla-Yellowbelly		277
Desert-Enchi-Yellowbelly	2011 Amir Soleymani	284
Desert-Yellowbelly		285
Disco-Granit-Lemon Pastel-Spider-Hidden Gene Woma-Yellowbelly	2017 Alexander Nowak	287
Disco-Granit-Lemon Pastel-Hidden Gene Woma-Yellowbelly		286
Enchi-Asphalt-Pastel-Yellowbelly		293
Enchi-Asphalt-Yellowbelly		292/293
Enchi-Mojave-Yellowbelly	2011 Nick Mutton	–
Enchi-Woma-Yellowbelly		294
Enchi-Yellowbelly	2006 NERD	294
Enchi-Super Yellowbelly	2010 Lars Brandell	–
Fire-Mojave-Orange Dream-Yellowbelly	2012 George Sampson	299
Fire-Orange Dream-Yellowbelly	2011 Ozzy Boids	–
Fire-Super Orange Dream-Yellowbelly	2011 Ozzy Boids	–
Fire-Pastel-Red Stripe-Yellowbelly	2016 Justin Kobylka	375
Fire-Pastel-Spark-Yellowbelly	2016 James Husa	381
Fire-Pastel-Yellowbelly	2010 Markus Jayne	–
Fire-Vanilla-Yellowbelly	2011 Marc Bailey	–
Flame-Vanilla-Yellowbelly		302
Fire-Super Yellowbelly		415
Genetic Jungle-Yellowbelly		304
GHI-Pastel-Yellowbelly	2010 Matt Lerer	–
GHI-Yellowbelly	Matt Lerer	307
Granit-Super Pastel-Phantom-Hidden Gene Woma-Yellowbelly		407
Granit-Pastel-Hidden Gene Woma-Yellowbelly	2006 NERD	–

Morphe	Zuerst gezüchtet (Jahr, Züchter)	auf Seite
Granit-Super Pastel-Hidden Gene Woma-Yellowbelly		311
Granit-Pastel-Woma-Yellowbelly	2011 Jon Courtney	–
Granit-Hidden Gene Woma-Yellowbelly	2006 NERD	–
Granit-Yellowbelly	2006 NERD	–
Gravel-Pastel-Woma-Yellowbelly		408
Gravel-Pastel-Yellowbelly	2011 The Animal House	312
Gravel-Super Pastel-Yellowbelly		315
Gravel-Spider-Yellowbelly		316
Gravel-Yellowbelly	The Animal House	317
Het Red Axanthic-Phantom-Yellowbelly	2011 BRB Reptiles	321
Het Red Axanthic-Pastel-Yellowbelly	Corey Woods	–
Hurricane-Pastel-Super Vanilla-Yellowbelly	2015 Hans-Jörg Winner	325
Hurricane-Super Vanilla-Yellowbelly	2017 Hans-Jörg Winner	325
Leopard-Pastel-Spark-Yellowbelly	2017 Sandra Frye	381
Leopard-Pastel-Spotnose-Yellowbelly	2017 Justin Kobylka	395
Leopard-Pastel-Spider-Yellowbelly	2011 Daniel Parker	–
Leopard-Pastel-Yellowbelly	2012 Graziani Reptiles Inc.	–
Leopard-Super Yellowbelly		415
Mocha-Citrus Pastel-Spark-Yellowbelly	2012 Amir Soleymani	379
Mocha-Citrus Pastel-Yellowbelly	Amir Soleymani	–
Mocha-Spark-Yellowbelly	2011 Amir Soleymani	–
Mocha-Yellowbelly	Amir Soleymani	–
Mojave-Super Fusion-Yellowbelly		343
Mojave-Phantom-Yellowbelly		412
Mojave-Pastel-Specter-Yellowbelly		387
Mojave-Super Pastel-Specter-Yellowbelly		387
Mojave-Pastel-Woma-Yellowbelly		344
Mojave-Super Pastel-Yellowbelly	2010 Albeys Reptiles	–
Mojave-Specter-Yellowbelly	2012 Björn Pils	–
Super Mojave-Specter-Yellowbelly		387
Mojave-Spotnose-Yellowbelly	2011 Donald Patterson	–
Mojave-Vanilla-Yellowbelly	2009 Dirk Hasselberg	–
Phantom-Pastel-Yellowbelly	2010 Austrian Reptiles + Royalsnakes	348
Phantom-Pastel-Super Yellowbelly	2010 Austrian Reptiles + Royalsnakes	–
Phantom-Specter-Yellowbelly	2012 M&S Reptilien	348
Super Phantom-Specter-Yellowbelly		386
Phantom-Spider-Yellowbelly		349
Phantom-Woma-Yellowbelly	2011 Daniel Kowalski	–
Super Phantom-Yellowbelly		349
Phantom-Super Yellowbelly	2012 M&S Reptilien	349
Super Phantom-Super Yellowbelly		415
Orange Dream-Spider-Yellowbelly	2009 Ozzy Boids	–
Orange Dream-Spotnose-Yellowbelly		351
Orange Dream-Yellowbelly	2007 Ozzy Boids	–
Super Orange Dream-Yellowbelly	2011 Ozzy Boids	–
Orange Dream-Super Yellowbelly	2011 Adrian Haigh	–
Paintball-Yellowbelly	2007 Charles Glaspie	355
Super Paintball-Yellowbelly	2010 Charles Glaspie	–
Pastel-Super Red Stripe-Yellowbelly	2016 Justin Kobylka	375
Citrus Pastel-Spark-Yellowbelly	2011 Amir Soleymani	380
Pastel-Specter-Spider-Yellowbelly-Fader	2011 Mark Haas	–
Super Pastel-Specter-Spider-Yellowbelly-Fader	2011 Mark Haas	368
Super Pastel-Specter-Yellowbelly	2011 Reptile Industries	–
Pastel-Specter-Yellowbelly		368
Pastel-Specter-Yellowbelly-Fader	2011 Mark Haas	368
Super Pastel-Specter-Yellowbelly-Fader	2011 Mark Haas	–
Citrus Pastel-Specter-Yellowbelly	Amir Soleymani	–
Pastel-Spotnose-Yellowbelly		370
Pastel-Static-Yellowbelly	2010 Fred Kick	368
Super Pastel-Yellowbelly		370
Pastel-Super Yellowbelly		370
Pinstripe-Specter-Yellowbelly	2011 BHB	373
Spark-Spotnose-Yellowbelly	2016 Alpha Balls	381
Spark-Yellowbelly	2007 Amir Soleymani	379
Specter-Spider-Yellowbelly	2010 Brian Hahn	–
Specter-Spider-Yellowbelly-Fader	Mark Haas	–
Specter-Vanilla-Yellowbelly	2011 Mark Haas	387
Specter-Yellowbelly	2004 Jared Horenstein	386/439
Specter-Yellowbelly-Fader	2011 Mark Haas	–
Spider-Yellowbelly	2005 NERD	–
Spotnose-Yellowbelly	2010 Jon Courtney	395
Genetic Tiger-Yellowbelly		400
Hidden Gene Woma-Yellowbelly	2006 NERD	–
Woma-Yellowbelly		406

Super Yellowbelly (Paradox), Tier von Royalsnakes

Foto: W. Obermayer

Leopard-Super Yellowbelly aka **Ivory-Leopard** Foto: M. Thakkar

Fire-Super Yellowbelly aka **Fire-Ivory** Foto: M&S Reptilien

Super Yellowbelly (Graphite-Linie) aka **Graphite Ivory**, Tiere von Ben Siegel Foto: B. Siegel

Fire-Super Yellowbelly aka **Fire-Ivory** Foto: M&S Reptilien

Super Phantom-Super Yellowbelly aka **Ivory-Super Phantom** Foto: M&S Reptilien

NEUE, GENETISCH BEREITS GEPRÜFTE MORPHEN

BAMBINO

Genetik (co?-)dominante

Bambino ist eine neue (co?-)dominante Morphe. Das hier gezeigte Ursprungstier kam aus Afrika.

Bambino Foto: M. Thakkar

Bambino-Phantom-Yellowbelly Foto: M. Thakkar

BLACK ADDER

Genetik (co?-)dominante

Black Adder ist eine neue (co?-)dominante Morphe. Das Ursprungstier kam aus Afrika.

Black Adder-Pastel Foto: M. Thakkar

Black Adder-Mojave Foto: M. Thakkar

Banana-Black Adder-Yellowbelly Foto: M. Thakkar

BLONDIE

Ist etwas Neues, vermutlich mit rezessivem Erbgang. Es ist geprüft kein Desert Ghost und wird nachweislich auch nicht dominant vererbt (Information vom Züchter, Hans-Jörg Winner).

Blondie Foto: H. Winner

COPPER

aka Unique für Copper-Cinnamon; Copper-Burst für Copper-Pastel — Weitere Namen / Synonyme

codominant — **Genetik**

2010 von Birgit Uebach, Deutschland. — Zuerst gezüchtet / importiert

Copper ist eine neue codominante Morphe. Die Superform, der Suco, ist ein ganz dunkles Tier.

Copper
Foto: B. Uebach

Copper-Pastel
Foto: B. Uebach

Copper-Cinnamon
Foto: B. Uebach

GENETIK

Genetik **codominant**

Genetik ist eine neue, vermutlich co-(?)dominante Morphe von Udo Näscher.

Genetik-Mojave, Tier von Udo Näscher Foto: U. Näscher

Genetik-Pastel, Tier von Udo Näscher Foto: U. Näscher

Genetik-Mojave-Pastel, Tier von Udo Näscher Foto: U. Näscher

HUFFMANN

Genetik **codominant**

Zuerst gezüchtet / importiert Chris Huffmann

Huffman ist eine neue codominante Morphe, gezüchtet von Chris Huffmann, wie es der Name schon sagt.

Super Huffman Foto: M. Freedmann

MASAI

Eine neue, rezessive Morphe, geprüft von M. Thakkar | **Genetik**

Das Muttertier wurde 2011 aus Togo/Afrika importiert. Den Namen Masai hat Millz der Morphe in Anlehnung an die rote, erdige Bemalung der Masai-Krieger gegeben. In den nächsten Jahren muss durch Zucht geprüft werden, ob die Tiere nicht genetisch mit anderen T+Albinos identisch sind, wie Bourgogne und Rainbow oder gar Ultramel.

Masai
Foto: M. Thakkar

MATHEW

codominant | **Genetik**

Stefan Broghammer | **Zuerst gezüchtet / importiert**

Mathew ist eine neue codominante Morphe. Von mir gezüchtet, bisher aber nur in Verbindung mit Fire. Daraus resultieren sehr schöne Tiere. Mathew alleine ist recht unscheinbar, die Superform ist auch nicht viel ausgefallener.

Mathew, Tier von M&S Reptilien Foto: A. Gibert

MILKY

aka eine Linie von Calico/Sugar | **Genetik**

Offenbar eine besonders intensive Calico-Mutation. Basierend auf einem Weibchen aus Afrika. Milky wird dominant vererbt.

Milky-Pastel
Foto: M. Thakkar

MONARCH

Genetik rezessive T+Albino-Form

Monarch ist eine neue rezessive T+Albino-Form, nicht „kompatibel“ mit Bourgogne, Ultramel (unten zum Vergleich gezeigt) oder Caramel.

Monarch Foto: H. van Hellem

Monarch-Black Pastel Foto: H. van Hellem

Monarch (rechts) & **Ultramel** (links)
Foto: H. van Hellem

NANNY

aka Circle (?) von Stefan Broghammer	Weitere Namen / Synonyme
codominant	**Genetik**
2011 von Herps Etc Reptiles	Zuerst gezüchtet / importiert

Nanny würde ich als eine Art von Granit bezeichnen. Die Morphe ähnelt sehr den Circle-Tieren, die ich seit einigen Jahren züchte. Als Combo mit den dazu passenden Morphen kommen wirklich schöne Tiere heraus.

Nanny-Mojave
Foto: M. Thakkar

NEON

dominant	**Genetik**
Erstnachzucht ca. 2012 aus Afrika	Zuerst gezüchtet / importiert

Das Neon-Gen kam ursprünglich zusammen mit Champagne-Pastel aus Afrika. Champagne-Pastel sind generell sehr hübsch weiß und gelb, aber damals kamen zwei Tiere an, bei denen das Gelb auffallend leuchtend neonfarben war – ähnlich dem Calimero Champagne, der 2009 aus Afrika kam und für viel Aufsehen gesorgt hatte.
Im Single Morph Champagne lässt sich das Neon-Gen fast oder gar nicht erkennen. Nur in Verbindung mit anderen Farbmorphen, vor allem wohl dem Pastel, kommt es spektakulär zum Vorschein. Der Schweizer Stephan Gimmel hat sich die Mühe gemacht und viele Jahre damit verschiedene Verpaarungen durchgeführt. Einige Morphen lassen sich auf diese Weise unheimlich „aufpeppen“, nicht nur der Champagne-Pastel.

Champagne-Neon-Pastel-Yellowbelly
Foto: A. Gibert

NR MANDARIN

Genetik **codominant**

Zuerst gezüchtet / importiert Piet Nuyten, Niederlande

NR Mandarin ist eine neue codominante Morphe, zuerst gezüchtet von Piet Nuyten, Niederlande.

NR Mandarin-Red Stripe
Foto: M. Freedmann

NR Mandarin-Ghost
Foto: M. Freedmann

Super NR Mandarin
Foto: M. Freedmann

NR Mandarin-Banana-Pinstripe
Foto: M. Freedmann

NR Mandarin-Pinstripe
Foto: M. Freedmann

RED GENE

dominant	**Genetik**
2012 von Ralph Davis	Zuerst gezüchtet / importiert

Der bzw. das Red Gene kommt ursprünglich von Ralph Davis. Ralph hatte um 2012 seine Black Head mit verschiedenen dunklen Odd Balls verpaart. Darunter hat sich Red Gene als genetisch erwiesen und sich entsprechend vererbt. Wie der Name schon sagt, macht Red Gene die Tiere rötlich hell. Bei helleren Black-Head-Combos ist es ein toller Boost, bei anderen Combos ein willkommener Aufheller und Farbverstärker. Auf Facebook gibt es eine eigene Gruppe für Combos mit dem Red Gene (unter Red Gen Breeders).
Die Single Morph als Jungtier erkennt man gegenüber einem Classic sofort, sie wird mit dem Alter aber unscheinbarer grünlich braun. Zusammenfassend lässt sich sagen: Red Gene macht den Unterschied zwischen richtig schönen, intensiv gezeichneten Black Heads und normalen Black Heads.

Black Head-Bongo-Black Pastel-Red Gene
Foto: W. Obermayer & G. Hiendlmeyer

RIO

Genetik **codominant**

Zuerst gezüchtet / importiert Dan Wolfe

Bei Rio handelt es sich um eine (co-?)dominante Morphe, die schon vor einigen Jahren von Dan Wolfe gezüchtet wurde. In den letzten Jahren hat man nicht mehr viel davon gehört.

Rio, Tier von Dan Wolfe
Foto: D. Wolfe

SILVER GHOST

Genetik **codominant**

Zuerst gezüchtet / importiert von Freek Nuyt 2006

Wie so viele Morphen-Geschichten fängt auch diese mit einem Odd-Weibchen aus Afrika an. Der Niederländer Freek Nuyt bekam 2003 ein halbwüchsiges, vermutlich einjähriges Weibchen aus Afrika. Es war abweichend in Farbe und Zeichnung, hypomelanistisch, erinnerte an einen Ghost. Nuyt hatte mit dem Tier 2006 die ersten Jungtiere, von denen rund die Hälfte der Mutter ähnlich waren und die andere Hälfte normal/classic bzw. wie der Vater aussahen.

Nuyt machte im folgenden Jahr den Test mit dem Vater, ob dieser Hetero Ghost war, indem er ihn mit einem Ghost-Weibchen verpaarte. Aber es kamen keine Ghost-Jungtiere. Somit war dies überprüft.

2008 schlüpfte der erste Super Silver Ghost. Die Superform ist nicht völlig spektakulär anders, jedoch heller und hat eine deutlich reduzierte schwarze Zeichnung.

2013 verpaarte Freek Nuyt den Silver Ghost mit Fire, um auszuschließen, dass Silver Ghost in den Black-Eyed-Lucy-Komplex gehört. Es schlüpften keine weißen Jungtiere, somit war dies überprüft (sogar durch mehrmalige Wiederholung der Verpaarung, um einen dummen Zufall auszuschließen).

Interessant an der Morphe ist, dass die Jungtiere nicht sonderlich spektakulär sind. Sie lassen sich vom Classic unterscheiden, aber viel mehr auch nicht. Erst im Laufe des Wachstums bekommen sie dieses hypomelanistische, Ghost-ähnliche Aussehen.

Silver Ghost
Foto: F. Nuyt

Super Silver Ghost
Foto: F. Nuyt

Silver Ghost-Pinstripe
Foto: F. Nuyt

Super Silver Ghost-Pastel-Pinstripe-Spider
Foto: F. Nuyt

SUPER SENTINEL

Genetik rezessiv

Zuerst gezüchtet / importiert von Ben Siegel

Sentinel ist eine neue Morphe, die schon vor einigen Jahren von Ben Siegel gezüchtet wurde. Zuerst als codominant geführt, da aber der Sentinel recht „normal" aussieht, wird diese Morphe jetzt als rezessiv angegeben. Der Super Sentinel ist sozusagen die homozygote Morphe.

Super Sentinel, Tiere von Ben Siegel Foto: B. Siegel

Sentinel-Yellowbelly, Tier von Ben Siegel Foto: B. Siegel

SPECKLED

Genetik **codominant**

Zuerst gezüchtet / importiert von Mark Haas

Neue codominante Morphe, zuerst gezüchtet von Mark Haas.

Super Speckled, Tier von M. Haas Foto: M. Haas

Speckled, Tier von Mark Haas Foto: M. Haas

NICHT GEPRÜFTE ODER ALS NICHT GENETISCH IDENTIFIZIERTE MORPHEN

BLACK AXANTHIC

Weitere Namen / Synonyme	keine
Genetik	**anscheinend rezessiv**
Zuerst gezüchtet / importiert	Tracy und David Barker/VPI

Tracy und Dave Barker haben etwa 2010 eine Gruppe von 1,3 Tieren (ein Männchen, drei Weibchen) aus Afrika bekommen. Ich hätte bei diesen Tieren vermutet, dass es sich lediglich um dunkle Axanthics handelt, doch nach einer Verpaarung miteinander glichen die Babys alle den Eltern. Es wurden mit fremden Tieren auch schon heterozygote Tiere (Heteros) gezüchtet, diese allerdings noch nicht untereinander verpaart. Die Heteros sind anscheinend etwas dunkler als normal gefärbte Tiere.

Black Axanthic, Tiere von Tracy und David Barker Fotos: T. & D. Barker

BURGUNDY ALBINO

Dieses helle Exemplar ist im Besitz von Tracy und Dave Barker, die damit 2008 die ersten Tiere weiterzüchteten; die Burgundy-Merkmale wurden aber nicht sichtbar vererbt. 2011 wollten die Barkers mit diesem Tier rückkreuzen, bis zum heutigen Tag sind allerdings keine Burgundys geschlüpft (sie müssten dann ja rezessiv sein). Ich könnte mir gut vorstellen, dass Burgundy keine genetisch bedingte Morphe ist.

Burgundy Albino, Tier von Tracy & David Barker Foto: T. & D. Barker

CHIMERA/PARADOX

Weitere Namen / Synonyme	**keine**
Genetik	**rezessiv?**
Zuerst gezüchtet / importiert	Steve Beamer/Jay Gilliland 2014/2015

Albino-Piebald-Chimera-Black Pastel-Super Pastel Foto: S. Beamer

Zwei US-Amerikaner, Steve Beamer und Jay Gilliland, haben ein tolles Zuchtprojekt mit Paradox-Tieren. Bisher war es meines Wissens ausschließlich so, dass sich Paradox-Zeichnungen nicht vererbt haben.

Steve Beamer verpaarte 2012 ein Albino-Pewter-Männchen mit zwei Piebald-Weibchen. Er behielt die Nachzuchten und verpaarte im Jahr 2014 Pewter doppelhetero Albino-Piebald mit Pewter doppelhetero.

Aus diesem Gelege schlüpfte „Skittles“: Ein Paradox Albino-Piebald-Silver Streak mit einem pinkfarbenen und einem schwarzen Auge sowie ein leider deformierter, nicht überlebensfähiger Panda Pied mit den gleichen ungewöhnlichen verschiedenfarbigen Augen. Außerdem schlüpfte in dem Jahr noch ein Paradox Silver Streak (Black Pastel-Super Pastel) aus einer Verpaarung der gleichen Linie.

Zuchtpartner Jay Gilliland hatte ein Jahr später Erfolg mit Pewter-Doppelheteros aus dieser Linie, und es schlüpften u. a. ein Paradox/Chimera Albino Piebald und ein Pewter, ebenfalls mit einem pinkfarbenen und einem normalfarbenen Auge (das pinkfarbene Auge leider vergrößert, nicht tadellos in Ordnung). Diese Anhäufung von Paradox-Tieren und diese kuriose Sache mit den zwei verschiedenen Augenfarben konnte nun kein Zufall mehr sein. Leider gab es aber in dieser Konstellation auch viele verkrüppelte Tiere, was bestimmt u. a. auf die problematische Verpaarung Black Pastel mit Black Pastel zurückzuführen ist.

Der weitere Plan ist, diese beiden paradoxen Albino-Piebalds im Jahr 2018 miteinander zu verpaaren. Vielleicht gibt es ja schon mit Erscheinen dieses Buches oder zumindest kurze Zeit später neue Informationen zu diesem spannenden Projekt.

Albino-Piebald-Chimera Foto: J. Gilliland

CLASSIC JUNGLE (siehe Foto Genetic Jungel-Pastel Seite 87)

Als Classic Jungle werden Tiere bezeichnet, die intensiv schwarz und gelb gezeichnet sind. Auch ihre Augen sind gelblich und deutlich heller als die dunkelbraunen bis schwarzen Augen der wildfarbenen Tiere. Die Schnauzenschilde (Subralabialia und Rostrale) sind ebenfalls intensiv gelborange, mit schwarzen Strichen durchzogen, wie eine Art Schnauzbart. Auf dem Kopf haben die Tiere eine helle, gelbe „Scheibe“.

Classic Jungles scheinen leider nicht genetisch fixiert zu sein, sondern es treten zufällig immer wieder mal Tiere auf, sei es in Afrika oder bei Züchtern in Europa und Amerika, zum Teil auch als Combo mit einer bestimmten Morphe. So gab es z. B. einmal einen Classic Jungle-Caramel von Mark Bell, und ich besaß schon einen Classic Jungle-Ultramel.

DALMATINER PIED

Genetik vermutlich rezessiv mit Piebald einhergehend

Ich bekam 2015 von einem Kunden mehrere Piebald Nachzuchten. Zumindest eines der Tiere hatte schon drei bis vier schwarze Flecken, diese waren nur wenige Schuppen groß. Ich schenkte dem wenig Beachtung. Diese Flecken wurden aber immer zahlreicher und immer größer. Es sah nach einiger Zeit wirklich toll aus. Der Züchter gab 2016 seine Zucht auf, und ich übernahm seinen Bestand, darunter zwei weitere von diesen gefleckten Piebalds und einige Hetero-Tiere aus der Linie. Ich taufte das Projekt Dalmatiner Pied. Es gefiel mir von Anfang an sehr gut, trotzdem schenkte ich dem Ganzen nicht die Beachtung, die es vielleicht verdient hätte.

Unbewusst verkaufte ich 2016 eine der Nachzuchten als normalen Piebald an einen Kunden aus Italien. 2017 wollte er unbedingt noch weitere Tiere aus der Linie kaufen. Allerdings hatten wir 2017 damit keinen Zuchterfolg, eventuell weil einfach andere Projekte wie Super Gravel und Sunset im Vordergrund standen. Der Italiener mailte mir ein Bild von seinem Dalmatiner Pied, und ich nahm mir vor, mich viel mehr auf dieses interessante Projekt zu konzentrieren. Das Schwierige dabei ist, dass die Jungtiere alle ohne diese schwarzen Punkte schlüpfen und sie erst im Lauf der ersten Monate bekommen. Zuerst eine Schuppe, dann mehrere, bis es schließlich schöne „Dalmatiner“-Punkte sind. Im Jahr 2018 werde ich das erste Mal mit einem homozygoten Dalmatiner-Pied-Pärchen züchten.

Piebald Dalmatiner Line poss **Pastel**
Tier von R. Caspani, gezüchtet von Stefan Broghammer: Foto: R. Caspani

FEFE

Weitere Namen / Synonyme Autumn Gloss
Genetik **unbekannt**

Zuerst gezüchtet / importiert 2010 von Jörg Flücken, HD Snakeman

Die ersten acht Tiere dieser Morphe, die alle von derselben Farm kamen, habe ich schon 2007 aus Afrika importiert. Obwohl ich die Tiere in Ghana gekauft habe, vermute ich, dass sich die Farm in Togo befindet, denn der Verkäufer sprach nur französisch. Der Name Fefe kommt aus dem Afrikanischen; Fe heißt „schön“, und wenn man den Begriff verdoppelt, bedeutet das so viel wie „besonders schön“. Ich fand diesen Namen recht passend, weil die Tiere im Jahr 2007 die schönsten und aufregendsten waren, die aus Afrika kamen. Zwei Exemplare gingen an Daniel Schnell, damals Besitzer des Fantasticball-Forums, der sie „Autumn Gloss“ nannte – daher sind heute beide Namen im Umlauf.

Ich hatte zu Beginn vermutet, dass die Morphe dominant oder codominant sei, weil sonst kaum acht Tiere von einer einzigen kleinen Farm hätten kommen können. 2010 wurde die Morphe dann zum ersten Mal von Jörg Flücken in Deutschland gezüchtet und damit genetisch geprüft, allerdings als rezessiv. 2011 habe ich selbst mit drei Tieren gezüchtet, aber nur normal gefärbte, eventuell heterozygote Pythons erhalten, womit die Vermutung von Jörg Flücken bestätigt wurde. Leider habe ich in der weiteren Zucht keine Fefes bekommen und muss gestehen, ich habe es aufgegeben.

Fefe,
Tier von M&S Reptilien
Foto: A. Gibert

ODD BALLS/QUESTION BALLS

Königspythons, die anders aussehen als die normalen wildfarbenen Tiere, werden oft allgemein als „Odd Balls“ oder auch als „Question Balls“ bezeichnet. Es lässt sich zwar erkennen, dass sie nicht wie üblich aussehen – aber was steckt dahinter? Ist dieses Merkmal genetisch fixiert oder nicht? Gibt es vielleicht eine Superform, oder kann man in Kombination mit einer anderen Morphe (der Yellowbelly gilt hier oft als „key knacker“) sogar etwas ganz Neues entlocken?

Ich selbst bin – und war schon immer – ein Fan von Odd Balls. Oft wird man zwar enttäuscht, und die erwünschten Eigenschaften vererben sich nicht. Aber manchmal hat man auch Glück, und es kommt etwas ganz Neues heraus. Dann ist es umso aufregender. Es macht einfach Spaß, Tiere zu züchten, bei denen im Vorfeld nur zu vermuten ist, dass vielleicht eine kleine Überraschung, ein tolles Ergebnis herauskommen könnte – da kann man hoffen oder bangen, sich ärgern oder freuen. Und vielleicht ist man wirklich der Erste, der etwas Neues hervorbringt und zumindest für kurze Zeit ein Star auf dem „Ball Python“-Markt wird.

Ich habe meinen ersten Superstripe mit solch einem Question-Männchen gezogen, und ich habe auch immer an die Yellowbellys geglaubt; in Europa war ich daher zumindest der Zweite, der Ivorys gezüchtet hat (Gratulation, Gerlinde, zu deinen vier Wochen Vorsprung ...).

Ein sogenannter **Odd Ball**. Er sieht irgendwie anders aus. Aber ob und wie er sich vererbt, muss erst noch herausgefunden werden.
Foto: M&S Reptilien

Odd Balls, dieses Fünffach-Gelege schlüpfte 1993 auf einer Farm in Afrika. Die Tiere sind in der internationalen Terraristik leider nie wieder aufgetaucht. Foto: S. Broghammer

Odd Ball-Spotnose, Tier von Jörg Flücken Foto: J. Flücken

2011 habe ich mit all meinen paarungsbereiten Question Balls Zuchtversuche unternommen, um vielleicht einen Puma oder Highway zu bekommen – der „Königspython-Glücksgott“ hat mich tatsächlich mit zwei Highways belohnt. Und bei zwei Granit-ähnlichen Tieren kam schließlich ein „Circle“ heraus – auch das eine tolle Überraschung. Was alles nicht geklappt hat, erzähle ich jetzt allerdings lieber nicht, ich will ja niemandem den Mut nehmen ...

Sicherlich wird es auch immer schwieriger, etwas Neues zu bekommen. Es gibt einfach schon so viel. Trotzdem hat es noch lange kein Ende ...

ORANGE GENE

Genetik	**bisher unbekannt**
Zuerst gezüchtet / importiert	2016 von Omnipotent Serpents

Randall Tennant übernahm das Projekt Orange Gene von Omnipotent Anfang 2017. Aus einer Verpaarung Ghost-Enchi mit Hetero Ghost schlüpfte ein wunderbar orangefarbener Ghost (possible Enchi).

Orange Gene (rechts) & **Ghost** (links)
Foto: R. Tennant

RINGER

Ringer Balls sind Königspythons, die ähnlich wie die Piebalds im hinteren Körperdrittel ein oder zwei mehr oder weniger große weiße Dreiecke aufweisen, um die herum die Tiere orange gefärbt sind. Die Größe der weißen Flecke ist sehr unterschiedlich: Bei manchen Schlangen ist der Fleck so groß wie ein Fünf-Mark-Stück, bei anderen ist er so stark reduziert, dass nur noch die orange Färbung am Bauch vorhanden ist.
Manchmal scheinen sich die Ringer-Merkmale zu vererben, meist aber nicht. Etwas Neues bzw. noch Spezielleres lässt sich dieser Form daher wohl nicht entlocken. Allerdings scheinen Ringer oft heterozygot für Piebald zu sein. Oder anders herum: Unter vielen Hetero-Piebalds gibt es Ringer.

Ringer,
Tiere von M&S Reptilien
Foto: A. Gibert

Achimota, Tier von M&S Reptilien Foto: A. Gibert

Brindle-Piebald Foto: F. Nuyt

Boycon, Tier von M&S Reptilien Foto: A. Gibert

Chocolo Foto: Royalsnakes

Chocolo (Jungtiere) Foto: Royalsnakes

Eclipse, Tier von Mike Wilbanks Foto: M. Wilbanks

Flowstone, Tier von Antony Swallow Foto: A. Swallow

Golden Ball Foto: M. Thakkar

Hamatan,
Tier von M&S Reptilien
Foto: A. Gibert

Harlequin, Tier von Royalsnakes Foto: W. Obermayer

Kente, Tier von Noah Foto: S. Brogammer

McKenzie Foto: M. Thakkar

Mystery-Pastel-Super Vanilla, Tier von Gulf Coast Foto: S. Broghammer

Nova-Super Pastel, Tier von Dan Wolfe Foto: D. Wolfe

Odd-Mojave, Tier von Fashion-Balls Foto: Fashion-Balls

Olive Oils
Foto: M. Thakkar

Red Baron, Tier von Jörg Flücken Foto: J. Flücken

Red Dragon Foto: M. Thakkar

Rusty, Tier von Royalsnakes
Foto: W. Obermayer

Sunrise Ball
Foto: M. Thakkar

Shadow
Foto: M. Thakkar

Stripe, nicht genetische, zufällige Streifenzeichnung, Tier von M&S Reptilien
Foto: A. Gibert

Woba
Tier von M&S Reptilien
Foto: A. Gibert

Viper, Tier von Lambert Foto: S. Broghammer

DIE SCHÖNSTE MORPHE?

Ich werde oft gefragt, welches für mich die schönste *Python-regius*-Morphe ist. Das ist schwer zu beantworten, aber mir persönlich haben schon immer besonders die Yellowbelly-Combos gefallen, vor allem Super Stripe, Highway und Puma. Die Flankenzeichnung bei diesen Tieren ist wirklich sensationell! Mit etwas Fantasie – diese lässt sich noch mit einem Glas Wein beflügeln (aber bitte erst ab 18 Jahren!) – erkenne ich dort Hunderte Gesichter, Männchen, Formen und Farben. Außerdem bin ich seit jeher ein Piebald-Fan, ganz gleich, ob nun Low oder High White, Combo oder Single-Morphe – Pieds sind einfach der Kracher, und sie erzeugen selbst bei Königspython-Laien das größte Staunen.
2014 kam bei mir dann noch der Sunset dazu. Diese Morphe ist für mich nach wie vor völlig neu und unendlich in den Möglichkeiten, die darin stecken. Wie mag ein Albino-Sunset aussehen? Rot? Oder der Sunset-Ultramel? Das wird noch sehr spannend, da bin ich mir sicher, und aufgrund der rezessiven Genetik wird es das auch noch einige Jahre bleiben. Genau das ist es doch, was unser Hobby so reizvoll macht. Die Fantasie, sich vorzustellen, was herauskommt, wenn ich diese mit jener Morphe verpaare. Ich glaube, das macht diesen enormen „Suchtfaktor" an unserem Hobby aus.

Piebald: Selbst ein schöner „einfacher" Pied wird immer eine kleine Sensation sein und Blicke auf sich ziehen. Es muss nicht immer eine Kombo mit vielen Zutaten sein.
Foto: A. Gibert/M&S

Oder ist der neue (ungeprüfte) **Odd Ball** aus Afrika die schönste Morphe im Moment? Es liegt immer im Auge des Betrachters, und alles, was neu ist, hat natürlich einen besonderen Reiz.
Foto: A. Gibert/M&S

DANK

Ich möchte mich bei allen herzlich bedanken, die mich mit Informationen und Bildern für dieses Buch unterstützt haben, besonders Willi Obermayer, Gerlinde Hiendlmeyer, Hans-Jörg Winner, Steve Roussis, Justin Kobylka Reptiles, Hermann von Hellem und Jörg Pieters, außerdem Theresa Bell, Josh Jensen, Gary Liesen, Millz Tucker, Roalnd und Sander von IRES, Aaron Jones, Darren Biggs, Ralph Davis, Amir Soleymani, Dan Wolfe, Mark Mandic, Ken Gubersky, Chun Ku (Dynasty Reptiles), Doug Matuszak, Fred Kick, MA Reptiles, Casey Lazik, Carl Gilmore, Alice Cobb (Florida Reptile Room), Mike Wilbanks, Ben Siegel, Mark Haas, Sheila und Chris Mc Quade (Gulf Coast Reptiles), Michael Cole, Vin Russo, Jürgen Hochholzer, Alexander Nowak, Ross Motor, Petra Pietschker, Philipp Danch, Sven Bornemann, Alexander Bonsels, Peter Balg, Daniel Dorst, Michael Vock, Dave Green, Freek Nuyt, Dirk und Inge von I&D Reptiles, James Husa, Paul Greil, Rene Albrecht, Jana Hammon, Stephan Gimmel, Tim Aumüller, Linda Wefers, Lutz Hopfe, Michael Haitz, Marem Speckle, Philipp Schäfer, Omega Pythons, Deano von Crystal Palace, Brandon Osborne, Ben Renick, Udo Näscher, Allan Riis (WOB), Marshall van Thorre, Jörg Flücken, Charles Glaspie, Dan und Claudia Bowlin, Steve Beamer, Scott Austin, Birgit und Jürgen Übach, Marco von M.C. Serpenti, Simon Ebbi, Bill Brant, George Sampson, Lars Brandell (Sweball), Andreas Holzer, Carsten Voigt, Philipp Michel, Karsten Kamke, Petra Pitschler, Gary Day, Armin Burger, Michael Freedmann, Julian Kosney, Sandra Balkau, Sebastian Haskamp, Jutta Zielke, JP Paynot, Jay Gilliland, Stefan Liedl, Sascha Bergmann, Tcl-Pythons, R´n`B Snakes, Sandra Frye, Stefan Wieser, Alphaballs, Maciej Wojciechowski, Craig Ross, Canzonery Toni, Johannes Höchtl, Miachael Koke,Timo Reuther, Peter Nilsson, TSK, Wes Harris Gilmore, Jared Carr.

Und natürlich danke ich meiner „Python-Welt“ in Afrika: Auntey Oguns (meine „Mama“in Afrika, die mich immer verpflegt und versorgt – God bless you!), Bienvenue, Patrice, Lambert und Francois, Tall Mathieu, Small Mathieu und Noah, sowie (ma grande soeur) Josée Sambo aus Togo. Danke auch den Lektoren Dr. Axel Kwet, Mike Zawadzki und Kriton Kunz für die sehr schöne Zusammenarbeit. Ebenso danke ich Thomas Kölpin als „Co-Lektor“ für seine Hilfe und die Durchsicht des Genetik-Kapitels. Schließlich danke ich meinen Mitarbeitern bei M&S Reptilien. Dadurch, dass sie so eine tolle und selbstständige Arbeit leisten, hatte ich überhaupt erst die Zeit, dieses Buch zuschreiben. Außerdem führten viele Beobachtungen meiner Kollegen sowie Gespräche mit ihnen zu neuen Ideen und Haltungsansätzen. Ohne sie ginge es nicht! Besonderen Dank auch meinem Mitarbeiter Alex Gibert. Ich hatte ihn vor rund 20 Jahren für Lager und Versand eingestellt. Mittlerweile ist er der Starfotograf hier und lichtet im Jahr sicher über 2.000 Pythons ab, besser als jeder Profi, echt toll! Dann nicht zu vergessen Christian Strohm, der fleißig und kompetent alle Fotos tabelliert und sortiert hat. Bei der ersten Auflage hat er mir immer gesagt, an sich habe er ja das Buch geschrieben; nicht ganz, aber eine unverzichtbare Hilfe.

Herzlichen Dank auch an Grafiker Mirko Barts, der gefühlt 24/7 am Arbeiten ist und wirklich einen tollen Job macht. Und natürlich ein herzliches Konnichiwa an alle Freunde in Japan, vor allem Genki von Tropcial Gem, Kimura, Shirawa, Ayumu und Kiyo von Pure Line.

Zum Schluss danke ich meiner Frau Stella. Sie tadelt mich immer, ich beachte ihre Arbeit in Familie und Geschäft zu wenig. Das macht die schwäbische Heimat wohl: „Nicht getadelt ist genug gelobt!“ Aber dann hier noch mal ausdrücklich danke für die immerwährende tolle Unterstützung im Beruf, im Hobby und für den freien Rücken, gerade auch bei den unzähligen Reptilien-Reisen. Das wäre sonst alles nicht möglich.

WEITERE INFORMATIONEN

Zur Vertiefung der in diesem Buch gegebenen Informationen und zum tieferen Einblick in terraristische und herpetologische Themenbereiche empfehlen sich die Mitgliedschaft in einem Verein gleich gesinnter Terrarianer sowie ein intensives Literaturstudium. Die folgenden Auflistungen sollen dabei behilflich sein, einen Einstieg in die Thematik zu finden, können aber natürlich nur einen kleinen Ausschnitt aufzeigen.

VEREINE UND INTERESSENGRUPPEN

Facebook: Faszination Königspython
Youtube: Reptil.TV

Die Deutsche Gesellschaft für Herpetologie und Terrarienkunde (DGHT e. V.; www.dght.de; E-Mail: gs@dght.de) ist mit über 7.000 Mitgliedern die weltweit größte Gesellschaft ihrer Art und bringt Wissenschaftler und Hobbyherpetologen zusammen. Mitglieder erhalten verschiedene herpetologisch/terraristische DGHT-Zeitschriften und haben Zugriff auf ein Kleinanzeigen-Internet-Portal.

Innerhalb der DGHT existiert die AG Schlangen, die sich auch mit dem Königspython beschäftigt. Sie veranstaltet jährliche Fachtagungen. Kontakt über die DGHT-Geschäftsstelle.

UNTERSUCHUNGSSTELLEN

Kotproben, Sektionen und andere Untersuchungen können von spezialisierten Tierärzten oder von veterinärmedizinischen Untersuchungsstellen, die es in vielen Städten gibt, vorgenommen werden. Eine Liste mit Tierärzten, die sich mit Reptilien und Amphibien beschäftigen, kann über die DGHT bezogen oder auf www.dght.de eingesehen werden. Die Firma M&S Reptilien bietet auch fertige Kotproben-Sets an, die im Terraristik-Handel erhältlich sind und bei denen die Untersuchung im Kaufpreis enthalten ist.
Überregional bekannt sind z. B. folgende Einrichtungen:

EXOMED

www.exomed.de/

UNIVERSITÄT MÜNCHEN

Klinik für Vögel, Reptilien, Amphibien und Zierfische
E-Mail: reptilienstation@vogelklinik.vetmed.uni-muenchen.de
www.vogelklinik.vetmed.uni-muenchen.de

CHEMISCHES UND VETERINÄRUNTERSUCHUNGSAMT OSTWESTFALEN-LIPPE

Westerfeldstr. 1, 32758 Detmold
Tel.: 05231-9119
E-Mail: Poststelle@cvua-owl.de
www.cvua-owl.de

LABOKLIN

Labor für medizinische Diagnostik GmbH & Co. KG
Prinzregentenstrasse 3
97688 Bad Kissingen
laboklin.de/de/

ZEITSCHRIFTEN

REPTILIA

Natur und Tier - Verlag GmbH
An der Kleimannbrücke 39/41
48157 Münster
Tel.: 0251-133390
E-Mail: verlag@ms-verlag.de
www.reptilia.de

SAURIA

Terraristik und Herpetologie
erscheint vier Mal jährlich
Terrariengemeinschaft Berlin e.V.
Bruno Treu, Bauerwitzerweg 23
D–12621 Berlin
E-Mail: abo@sauria.de
www.sauria.de

ARTENSCHUTZFRAGEN

Bundesamt für Naturschutz
Artenschutzvollzug
Konstantinstr. 110
53179 Bonn
Tel.: 0228-8491-0
E-Mail: info@bfn.de
www.bfn.de

VERWENDETE UND WEITERFÜHRENDE LITERATUR

Ackermann, L. (2000): Atlas der Reptilienkrankheiten. Band I und II. – Bede Verlag, Ruhmannsfelden.

Aubret, F., X. Bonnet, M. Harris & S. Maumelat (2005): Sex differences in body size and ectoparasite load in the Ball Python, *Python regius*. – Journal of Herpetology 39(2): 315–320.

Barker, D.G. & T.M. Barker (2006): Ballpythons. The History, Natural History, Care and Breeding (Pythons of the World, Volume 2). – VPI Library, Boerne.

Bechtel, H.B. (1995): Reptiles and amphibian variants: colors, patterns, and scales. – Krieger Publishing, Malabar, Florida, USA.

Benl, G.(1983): Vererbung. – Philler Verlag, Minden.

Berry, J.R. (2010): Designer Morphs. Vol. One. Ball Python and *Boa constrictor*. A guide to mutations and variation – Edition Chimaira, Frankfurt am Main, 348 S.

Bick, F. (2008): Rack-Haltung: Pro und Kontra. – DRACO 35: 39–42.

Broghammer, S. (1998): Albinos. – Edition Chimaira, Frankfurt am Main.

– (2000): Albinos. Revised English Edition. – M&S Verlag, Villingen-Schwenningen.

– (2004): Königspythons: Lebensraum, Pflege und Zucht. 2. Auflage. – M&S Verlag, Villingen-Schwenningen, 80 S.

– (2013a): Nicht tierschutzgerecht? Anmerkungen zur Rack-Haltung von Königspythons. - REPTILIA 104: 26-29.

– (2013b): Neue Farben für den König. - REPTILIA 104: 30-34.

– (2013c): „Not without a Yellowbelly“. - REPTILIA 104: 36-39.

– (2013d): Champagner! - REPTILIA 104: 40-41.

Bundesministerium für Ernährung, Landwirtschaft und Forsten, Referat Tierschutz (1997): Gutachten über Mindestanforderungen an die Haltung von Reptilien. – Bonn, 78 S.

Daoues, K. & P. Gerard (1997): L'élevage du python royal. – Phillipe Gerard, Paris, 66 S.

Duméril, A.M.C. & G. Bibron (1844): Erpetologie Générale ou Histoire Naturelle Complete des Reptiles. Vol.6. – Libr. Encyclopédique Roret, Paris, 609 S.

Gorzula, S., W.O. Nsiah & W. Oduro (1997): Survey of the Status and Management of the Royal Python (*Python regius*) in Ghana. Part 1. – Report to the Secretariat of the Convention on the International Trade in Endangered Species of Wild Fauna and Flora (CITES), Genf, Schweiz, 55 S.

– (1998): A ball python survey in Ghana. – Reptile Hobbyist 3(6): 43–50.

Kirschner, A. & H. Seufer (1999): Der Königspython: Pflege, Zucht und Lebensweise. – Kirschner & Seufer Verlag, Keltern-Weiler, 102 S.

Köhler, G. (1996): Krankheiten der Amphibien und Reptilien. – Ulmer Verlag, Stuttgart.

– (1997): Inkubation von Reptilieneiern. – Herpeton Verlag, Offenbach.

Kok, W. (2000): Breeding the ball python. – Literatura Serpentium, Utrecht, 20(4).

Kölpin, T. (2002): *Python regius*: Der Königspython. – Natur und Tier - Verlag, Münster, 94 S.

Luiselli, L. & F.M. Angelici (1998): Sexual size dimorphism and natural history traits are correlated with intersexual dietary divergence in royal pythons (*Python regius*) from the rainforests of southeastern Nigeria. – Italian Journal of Zoology 65: 183–185.

McCurley, K. (2007): *Python regius*. Das Kompendium. – Edition Chimaira, Frankfurt am Main, 310 S.

Mutschmann, F. (2008): PraxisRatgeber: Erkrankungen von Schlangen. – Edition Chimaira, Frankfurt am Main, 307 S.

Pees, M., V. Schmidt, R.E. Marschang, K.O. Heckers & M.E. Krautwald-Junghans (2010): Prevalence of viral infections in captive collections of boid snakes in Germany. – Veterinary Record 166: 422–425.

Philippen, H.-D. (2010): Farbmutationen bei Schildkröten. Eine aktuelle Übersicht. – MARGINATA 28: 10–30, 35–37.

Poschadel, J.R. & M. Plath (2012): Genetik für Terrarianer – Eine Einführung in ausgewählte Aspekte der klassischen und molekularen Genetik unter besonderer Berücksichtigung der Reptilien und Amphibien. – Natur und Tier - Verlag, Münster.

Ross, R. & G. Marzec (1994): Riesenschlangen, Zucht und Pflege. – bede-Verlag, Ruhmannsfelden, 247 S.

Shaw, G. (1802): General Zoology, or Systematic Natural History. Vol. 3(2). – G. Kearsley, Thomas Davison, London: 313–615.

Spataro, M.A. & P. Kahl (1999): Piebald Ball Pythons: genetic gems. – Reptiles Magazin 7(4): 10–17.

Vosjoli, P. de, R. Klingenberg, T. Barker &. D. Barker (1995): The Ball Python Manual. – Advanced Vivarium Systems, Santee, Kalifornien, USA, 78 S.

Walls, J.G. (1998): The living Pythons. – TFH, New York.

Wilms, T. (2004): Terrarieneinrichtung. Grundlagen – Materialien – Methoden. – Natur und Tier - Verlag, Münster, 128 S.

HILFREICHES AUS DEM INTERNET

www.youtube.com/reptiltv

Foren:
www.dghtserver.de/foren

Specter-Yellowbelly,
Tiere von M&S Reptilien
Foto: S. Broghammer

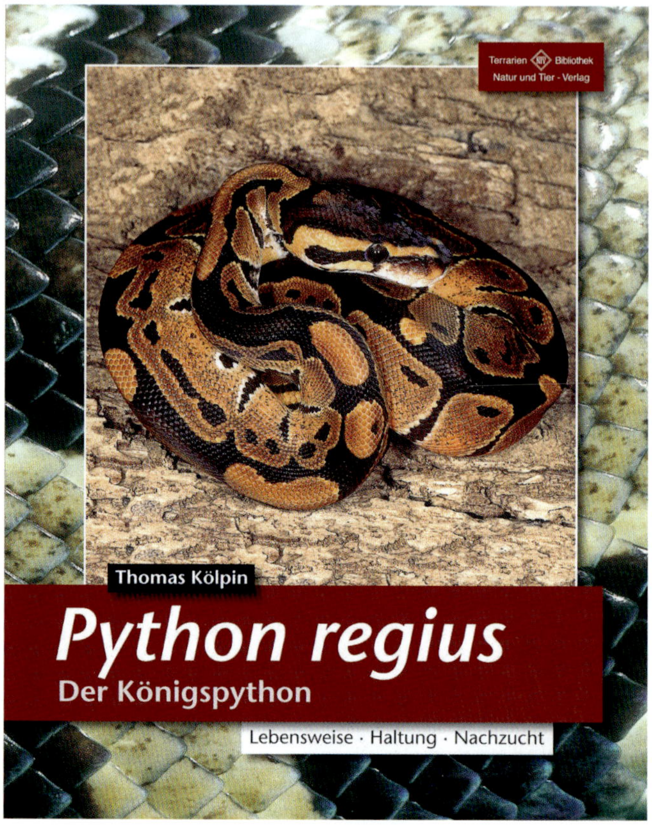

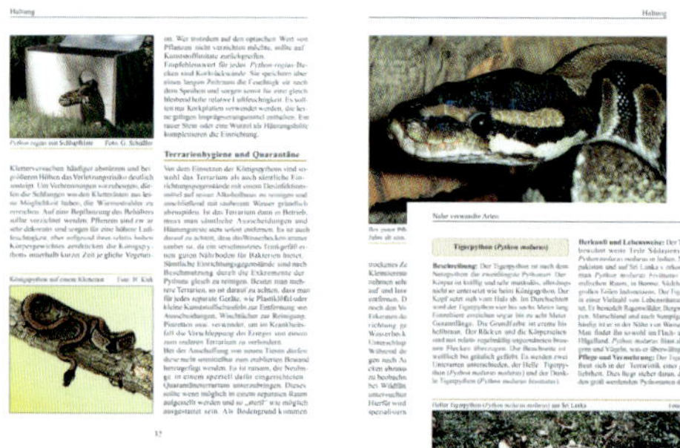

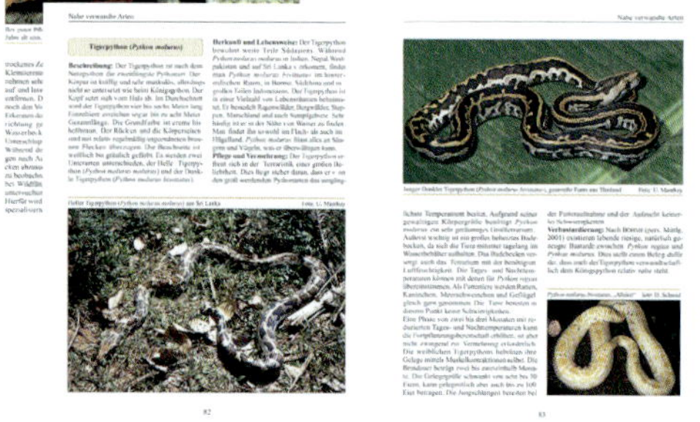

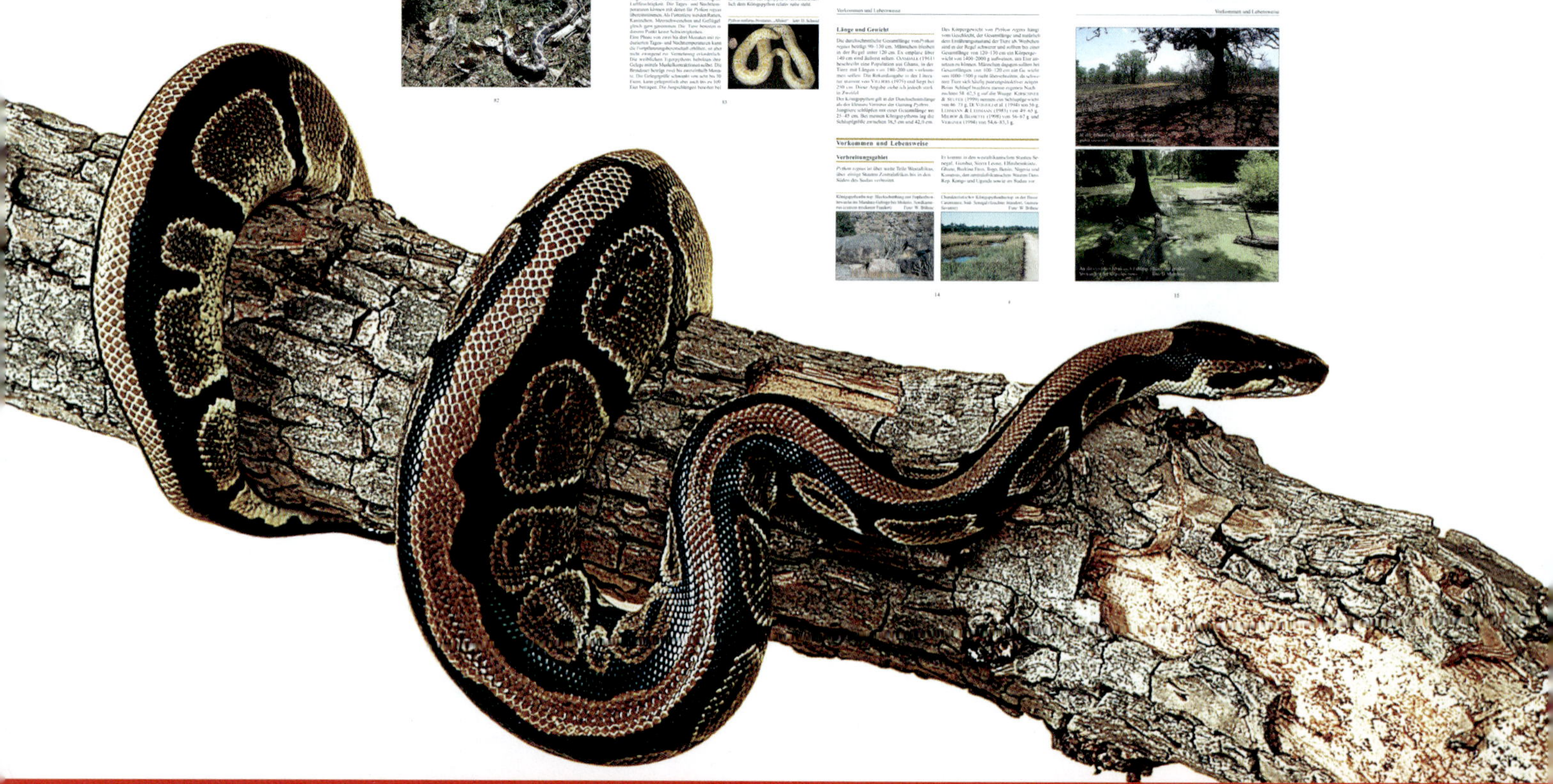